江苏省高等学校重点教材

民航特色专业系列教材

飞机电气系统

（第三版）

周洁敏　编著

科学出版社

北京

内 容 简 介

本书是江苏省高等学校重点教材(编号：2021-1-050)。

本书系统地介绍飞机电气系统的基础知识和电气系统的组成、结构，包括电气导线互联系统，交流电源系统，直流电源系统，外电源和辅助动力装置，电动机的工作原理，飞机操纵系统电气设备，发动机点火、启动与电气功率提取，燃油系统的电气控制，飞机结冰、防冰、除冰与防雾，飞机火警与烟雾探测及灭火系统，警告系统，灯光照明系统，最后一章还简单介绍电力电子技术在多电飞机上的应用。书中收集了 A380、B787 等多电飞机的电气系统的结构和原理，以引导读者继续学习和研究。

本书可作为高等学校民航电子电气工程、民航机务工程、飞行技术及民航维修技术等专业的教材，也可供相关专业的研究生、科研和生产部门的电子电气人员及相关科技人员参考。

图书在版编目(CIP)数据

飞机电气系统 / 周洁敏编著. —3版. —北京：科学出版社，2023.3
江苏省高等学校重点教材 · 民航特色专业系列教材
ISBN 978-7-03-075199-7

Ⅰ. ①飞…　Ⅱ. ①周…　Ⅲ. ①飞机–航空电气设备–高等学校–教材
Ⅳ. ①V242

中国国家版本馆 CIP 数据核字(2023)第 045951 号

责任编辑：余　江/责任校对：王　瑞
责任印制：赵　博/封面设计：迷底书装

科学出版社 出版
北京东黄城根北街 16 号
邮政编码：100717
http://www.sciencep.com

天津市新科印刷有限公司印刷

科学出版社发行　各地新华书店经销

*

2010 年 11 月第　一　版　开本：787×1092　1/16
2018 年 1 月第　二　版　印张：21 3/4
2023 年 3 月第　三　版　字数：529 000
2024 年 12 月第二十一次印刷

定价：79.80 元

(如有印装质量问题，我社负责调换)

前　言

由于电能具有清洁、安静、容易实现自动控制等特点，飞机上完成飞行任务的各个系统几乎都想用电能作为工作能源，因此飞机电气系统具有从飞机的“心脏”（发动机）获取新鲜的“血液”（电流）向飞机机身的各个部件和组件输送电能的功能，所以飞机电气系统的性能直接影响整个飞机的运行质量。

自1996年起，作者陆续为大学本科生开设了“飞机电气仪表与设备”“飞机电气系统”的学位课，于2003年编写了《民用飞机电气系统》校内讲义，2007年对该讲义进行修订；“民用飞机电气系统”于2004年列入校级百门精品课程网站建设项目，配套教材于2009年列入学校“十一五”规划教材。2010年《飞机电气系统》正式出版，该书出版后社会反响良好。随着航空技术的突飞猛进，根据用户几年的使用反馈以及专家的审查与指导意见，作者对《飞机电气系统》进行了再版，并且第二版入选“十三五”江苏省高等学校重点教材。

随着新形态教材的不断涌现，“智慧教学”与信息技术等的高度融合，以及课程思政教学的推进与改革，作者再次对《飞机电气系统》进行了改版，第三版于2021年列入江苏省高等学校重点教材立项建设名单。

航空公司在机务执照上岗前的培训工作中，是把电气和机械的机务维修工作结合在一起的，也就是说机械装置的动作几乎离不开电能的驱动。应运而生的“多电飞机”投入运行，典型的民用飞机有B787和空客A380，军用飞机有F-35。它们的电气系统已经采用了新的供电体制，其中有少量的低压28VDC、115VAC、230V VFAC变频交流电源和270V HVDC高压直流电源，输配电线路中大量采用了带微处理器控制的固态功率控制器SSPC，新型的负载管理系统对故障的检测、隔离、保护和监控有很好的实时性，作动系统已经逐步用电能驱动，采用液压作动的系统越来越少。

考虑到各航空公司现役飞机的机种较多，本书以讲解原理为主，并举例说明，即使电子电气技术发展迅速，一旦清楚飞机电气系统的工作原理，工程技术人员就可以在工程应用维护领域进行深入研究。

作为教学用书，本书以讲解飞机电气系统的基本原理和组成结构为主，不可能穷尽某机型的各个电气部分的原理，所采取的分析例子摘自某些机型相应部分线路图，以说明工作原理，学习者掌握了基本原理，就应着力培养举一反三和融会贯通的能力。

书中所选的内容适应航空电气工程专业本科生的专业学位课的要求，书中涉及的一些电气和电子方面的名词术语、计量单位，力求与国际计量委员会、民航局机务工程部所颁发的文件相符。

考虑到目前大学生已经具备工科的数理基础，还具备电路分析基础、数字电路、模拟电路、自动控制原理、电器原理、磁场理论、电力电子技术、传感器原理和电机学等的基础和专业知识，涉及的有关定理和公式推导与证明本书不再详述，只对物理概念作简略讲述。本书在编著体系和叙述方法上除考虑教学要求外，还顾及自学的需要，便于读者掌握和运用所讲述的内容。本书编入了各种电路图例及分析，融入了很多课程思政教学内容，并结合新技术手段，可通过扫描书中二维码阅读扩展材料，观看讲解视频。

本书由南京航空航天大学周洁敏教授编著，部分内容是作者科研工作的总结。在编著过程中，参考了南京航空航天大学民航学院郑罡副教授提供的来自国外电气专业教学的专业教材。关于最新型飞机的资料大都是基于各专家学者在杂志上公开发表的论文、各种相关的博士和硕士学位论文进行的整理和总结。在本书编写过程中，陶思钰在文字录入和图表制作方面做了大量的工作，研究生崔倩、李霄翔、王一民、秦吉娜、许天赐等进行了详细的文字校对与编排。南京航空航天大学严仰光教授为全书审稿，在审稿过程中提出了非常宝贵的有建设性的建议。本书的编写还得到南京航空航天大学民航学院领导的关心、鼓励和支持。作者在此一并向他们表示衷心感谢。

本书适用 60~80 学时的专业课教学，如果有条件也可以开设相应的动手实验和观摩实验，以缩小书本理论学习与工程应用实践方面的差距。

由于作者经验和水平的局限，书中难免存在不足之处，恳请读者批评指正。

周洁敏

2022 年 10 月于南京航空航天大学

目 录

第1章 概　述

课程导学

飞机是借助于空气飞行的装置，飞行功能需要众多设备在有机的协调工作下完成，如图 1.0.1 所示是通用飞机系统与设备简图，要完成飞行任务几乎每个分系统都要用到电源，另外为了提高经济效益和减轻飞行员的负担，几乎所有的设备都离不开电气自动化的控制，本书将以飞机电气系统的结构组成为单元向读者介绍各个系统的工作原理。

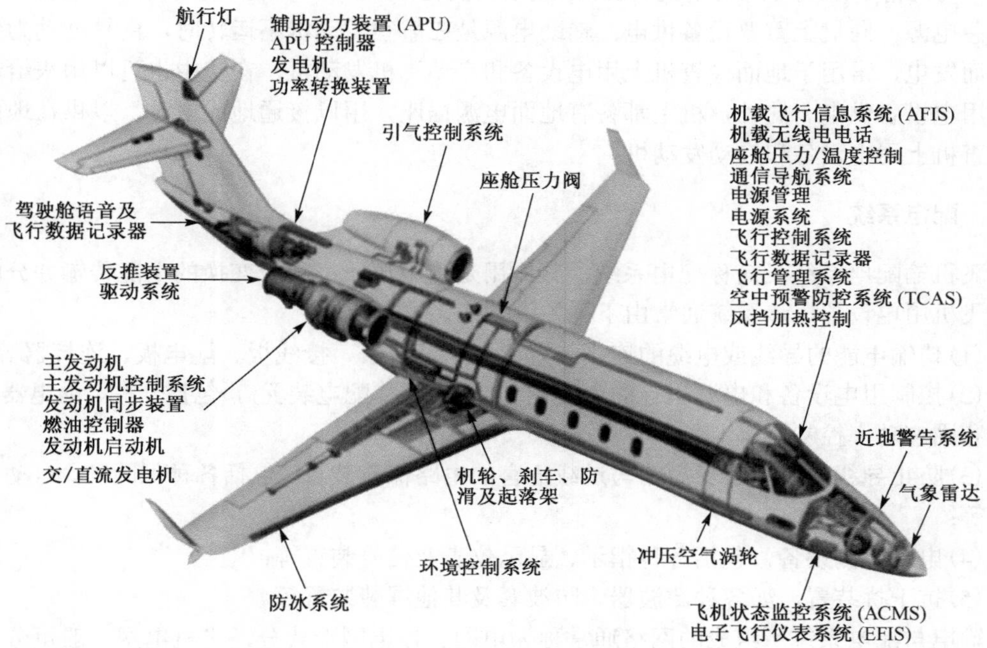

图 1.0.1　通用飞机系统与设备

从图 1.0.1 可以看出，飞机座舱、发动机及附件、环境控制、刹车、防冰系统、引气控制、座舱压力控制、飞行状态监控等几乎都需要电能工作，需要电气自动化的控制。

1.1　飞机电气系统的组成和作用

飞机电气系统是现代飞机的一个重要组成部分，它由供电系统和用电设备组成。供电系统指的是电能的产生、变换、调节和输配电的一整套装置所组成的一个完整系统，它又可以分为电源系统和输配电系统两大部分。

1.1.1 供电电源

飞机电源系统按其功用可分为主电源、二次电源和应急电源，中大型飞机上还包括辅助电源。主电源由航空发动机传动的发电机和电源的调节、控制、保护设备等构成，它是飞机上全部用电设备的能源。二次电源是指将主电源电能变换为另一种形式或规格的电能装置，用以满足不同用电设备的需要，也是飞机电源系统的重要组成部分。在低压直流电源系统中，有变流机、静止变流器、直流变换器等装置，将低压直流电变换成交流电或另一种或多种电压的直流电。在交流电源系统中，有变压器和变压整流器，将一种交流电变换成另一种电压的交流电或直流电。应急电源是一个独立的电源系统，飞行中当主电源失效时，飞机蓄电池或应急发电机(如冲压式空气涡轮(Ram Air Turbine，RAT)发电机）即成为应急电源，向机上重要设备供电。辅助电源是在航空发动机不运转时，由辅助动力装置驱动而发电，常用于地面检查机上用电设备和启动飞机发动机，在空中也可以用来给部分机上用电设备供电。此外，机上都备有地面电源插座，用以接通地面电源，以供在地面通电检查机上用电设备和启动发动机。

1.1.2 配电系统

飞机输配电系统又简称配电系统，其作用是将电源所产生或变换的电能传输并分配到各个飞机用电设备，该系统通常由下列各设备或装置构成。

(1) 传输电能的导线或电缆的连接装置，包括汇流条、接线板、配电板、连接器等；

(2) 控制用电设备和电源运行的电路控制装置(又称配电装置)，包括开关、继电器、接触器和固态功率控制器等；

(3) 防止导线和设备遭受短路与过载危害的电路保险装置，包括各种保险丝、自动保险开关等；

(4) 电路检测设备，包括各种指示、显示仪表及信号装置等；

(5) 抗干扰装置，如各种滤波器、防波套及其他屏蔽装置等。

输电与配电系统所组成的网络通常称为电网。按电网形式分，飞机电网一般可分为集中式、分散式和混合式三种。采用集中式输配电电网时，所有电源产生的电能都输送到中央配电装置，然后再由该配电装置将电能分配到各用电设备。采用分散式电网时，各电源产生的电能分别输送到各自的配电装置，然后由各配电装置给其靠近的用电设备供电。采用混合式电网时，由电源所产生的电能都输到中央配电装置，除了中央配电装置外，还有若干二级配电装置，又叫分配电装置，它们安装在飞机的不同部位，各用电设备可分别由上述两种配电装置供电。按电网的控制方式，飞机电网又可分为常规式、遥控式和固态式三种。常规式的配电功率线全部引入座舱内的中央配电装置，早期和目前的小型飞机均采用此种控制方式；遥控式的汇流条靠近用电设备，由空勤人员或指令控制中心发出的遥控信号通过功率控制器(如接触器)对用电设备进行控制，座舱内只引入控制线，现代大、中型飞机均采用此类控制方式，以利减轻飞机电网的重量；固态式是由计算机控制的一条多路传输总线传递全部信息和控制信号，再由固态功率控制器对用电设备进行控制，这种控制方式取消了众多的控制线，具有遥控特点，因此可以减轻导线重量，提高供电的可靠性和自动化程度，目前正在发展中。此外，根据电压分类时，有低压电网和高压电网。根据电流类型来分，则有直流电网和交流电网。就交流电网来说又有单相和三相之分。就电网的线制来分，则有单线、双线、三线、四线等几种。根据电网的用途来划分，则有主电网(即供电网)、配电网、辅助电网和应急电网等。

1.1.3 用电设备

用电设备(又称负载)是使用电能进行工作的设备。在用电设备中电能被转换成机械能、热能、光能、声能或化学能，以达到某种特定的目的。飞机用电设备是飞机电气系统的重要组成部分。随着航空事业日新月异的发展，飞机用电设备的数量和种类也越来越多。根据飞机的大小和类型以及所用系统是全部用电还是部分用电，飞机用电设备的研究可涉及很宽的领域。按照一般习惯，通常将飞机用电设备分为以下几类。

(1)飞机电力传动设备，如调整片电动机构、起落架收放和舱门启闭设备、电动泵和电磁活门等；

(2)发动机的启动、喷油和点火设备，如电力启动机、启动箱、启动自动定时器、高能点火装置和电嘴等；

(3)灯光系统和加温防冰设备，如各种照明灯、信号灯、电加温和防冰设备；

(4)电气仪表和控制设备，如电动地平仪、转弯仪、自动驾驶仪、火警探测与灭火设备以及由各种电力电子装置所构成的控制系统等；

(5)航空电子设备，如无线电通信、导航设备、雷达设备等；

(6)民用飞机厨房用电设备等。

如果按重要性划分，飞机用电设备还可分为重要负载、主要负载、次要负载。重要负载(又称应急负载)是确保飞机安全返航或就近降落(包括维持可操纵飞行)所必需的最低限度的用电设备，如甚高频电台、地平仪、火警探测器与灭火设备等。

重要负载一旦断电，将威胁飞机和机上人员的安全，为此，必须将其配置在重要的负载汇流条上。正常供电期间由主电源供电，当主电源失效转入应急供电时，应能自动或人工地转为由应急电源供电。主要负载是保证飞机安全飞行和完成特定任务所需要的用电设备，是机上电能的主要使用者。但在飞机应急供电时，为确保重要负载得到供电，将视故障程度，切除部分以至全部主要负载。次要负载是与飞行安全无关的负载，为完成某项任务或满足某项要求而设置的用电设备，如旅客机厨房中的某些用电设备。次要设备不工作时，并不危及飞行安全，故当主电源发生局部故障而提供的功率有限时，为确保对重要负载和主要负载的供电，根据故障的严重程度，将首先切除部分以至全部次要负载。此外，还常用到下列分类方法：按用电种类可分为直流用电设备和交流用电设备；按对电压精度的要求分可分为一、二、三类用电设备；按工作制还可分为连续工作(用电设备的接通时间足以达到稳定温升)、短时工作(用电设备的接通时间不足以达到稳定温升)、重复短时工作(用电设备多次接通和断开，而且它们的一次接通时间和接通之间的间隔时间都不足以达到稳定温升或完全冷却)的用电设备。

1.1.4 多电飞机用电负载

相关内容请扫描二维码观看。

多电飞机用电负载

1.2 大型民用飞机电源系统的现状与发展

1.2.1 飞机电源系统发展的历程

飞机电源系统经历了低压直流、交流、高压直流的发展过程，其中交流电源系统还经历了恒速恒频、变速恒频、变速变频交流电源系统几个过程。

1. 低压直流电源系统

自1914年飞机上第一次使用航空直流发电机以来，飞机直流电源系统经历了近110余年的发展过程，其额定电压由6V、12V，逐步发展为28V的低压直流电源系统，一直沿用至今，28V低压直流电源系统主要由直流发电机、调压器、保护器、滤波器和蓄电池等组成。

2. 交流电源系统

随着机载电子设备和电力传动装置不断增加，机上用电量大大增加，而且对供电质量要求不断提高，低压直流电源系统已不能满足要求，促进了飞机交流电源系统的发展。交流电源系统有恒速恒频交流电源系统、变速恒频交流电源系统、变频交流电源系统3种。

(1) 恒速恒频交流电源系统。

恒速恒频交流电源系统是一种通过各种恒速传动装置（简称恒装）使发电机恒速运行以产生恒频交流电的系统。目前它逐渐淡出市场。

(2) 变速恒频交流电源系统。

变速恒频交流电源系统是通过功率变换器把变频发电机输出的变频交流电变换为恒频交流电的系统。在变速恒频电源系统中，交流发电机由飞机发动机直接驱动，发电机所输出的交流电的频率随发动机转速的变化而变化，通过功率变换器将变频交流电变换为400Hz恒频交流电。

(3) 变频交流电源系统。

变频交流电源系统是最早在飞机上使用的交流电源系统。变频交流电源系统中，交流发电机是由发动机通过减速器直接驱动的，因而输出的交流电频率随发动机转速的变化而变化。它主要用于装有涡轮螺旋桨发动机和涡轮轴发动机的飞机或直升机上，并称为窄变频交流电源系统。由于航空技术的发展，新一代飞机A380和B787已使用360～800Hz宽变频交流电源。

3. 高压直流电源系统

270V电源系统由发电机和控制器构成，美国的F-14A战斗机、S-3A和P-3C反潜机等局部采用了高压直流供电技术，而F-22战斗机上已采用了65kW 的270V高压直流电源系统，F-35战斗机则采用了250kW的270V高压直流启动发电系统。因此270V直流电源系统也将是今后飞机电源的发展方向之一。

1.2.2 各类电源系统技术特点

1. 低压直流电源系统特点

低压直流电源系统适合于中小型飞机使用。由于发电机的装机容量不断增加，如果继续使用低压直流电源系统，将使得配电系统的重量变得非常庞大，因此大中型飞机上已经很少采用主电源为28V的低压直流系统。

2. 恒频交流电源系统特点

客机的主电源是 115V、三相、400Hz 的交流电。传统的恒频是通过恒速传动装置(Constant Speed Device，CSD)把发动机主齿轮箱的变速输出转变为恒定转速传动的交流发电机。

一段时间内产生恒频的最佳方法是使用组合传动发电机(Integrated Driver Generator，IDG)，如图 1.2.1 所示。组合传动发电机把恒速传动装置和发电机合二为一，构成一个整体。组合传动发电机的结构简化、体积较小、重量较轻，且维护较为简单。

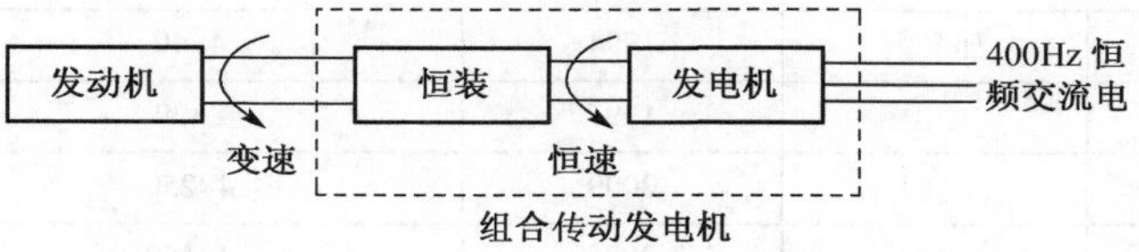

图 1.2.1 组合传动发电机示意图

虽然恒速恒频电源系统目前仍在各种军机及客机中使用，并且经过几十年的发展，有了很大的改进，但它在可靠性、维修性、重量、费用、战损生存能力等方面一直存在着不同程度的缺陷。

针对 CSD 存在的问题，在若干民用飞机上试验并使用过一种产生恒频电源的替代方法，即试图通过电子变频装置把由变速发动机附件齿轮箱直接驱动的一台发电机产生的变频电源转换为恒频电源。这就是所谓的变速恒频(Vary Speed Constant Frequency，VSCF)技术。如图 1.2.2 所示的变速恒频交流电源系统与恒速恒频交流电源系统相比，具有电气性能好、效率高、可靠性高、维护费用低等优点，因此曾一度受到很高的重视。但大功率变速恒频电源系统主要受到功率器件的限制，因此，这一技术没有能够达到预期的可靠性要求。

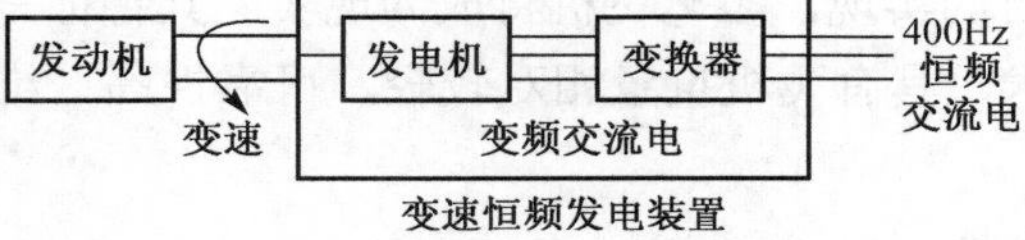

图 1.2.2 变速恒频交流电源系统示意图

3. 变频交流电源系统特点

变频交流电源系统具有结构简单、能量转换效率高、功率密度高等优点。变频交流电源系统由交流发电机和控制器构成，系统只有一次变换过程，交流发电机直接由发动机附件传动机匣驱动，没有恒速传动装置(恒速恒频系统采用)和二次变换装置(变速恒频系统采用)，易于构成启动发电系统。因此单从电源系统本身来讲而不考虑配电系统、用电设备和发动机启动等因素，在各种电源系统方案中，变频交流发电系统具有结构最简单、可靠性最高、效率最高、费用最低等优点，而且具有较小的重量和体积。但由于其输出频率取决于发动机输出转速，尤其是多数飞机均采用涡喷发动机或涡扇发动机，发动机转速变化范围大，因此这种变频交流电源系统称为宽变频交流电源系统，它具有频率变化大的缺点，其发展曾一度受到限制。

随着电力电子技术的发展及其在飞机上的应用，变频交流电源系统更易于构成变频交流启动发电系统，在最新研制的大型民用飞机上也得到了应用，如 B787 飞机和 A380 飞机。如表 1.2.1 所列，使用变频电源的飞机主要有以下几种。

表 1.2.1 变频电源飞机列表

序号	飞机名称	生产国家或地区	生产年份	主发电机容量/(kV·A)	频率/Hz
1	贝尔法斯特	英国	1996	8×50	334~485
2	全球快车	加拿大	1994	4×40	324~596
3	新舟 60	中国	1997	2×20	325~528
4	B787	美国	2009	4×250	360~800
5	A380	欧洲	2008	4×150	360~800

由于交流发电机直接由发动机附件传动机匣驱动，其转速随着发动机的转速而变化，频率变化范围较大，一般为 2∶1 左右。

4. 高压直流电源系统特点

270V 高压电源系统由发电机和控制器构成。恒速恒频交流电源效率在 68%左右，高压直流电源的效率可达到 85% 以上。270V 高压电源系统具有结构简单、能量转换效率高、功率密度高、易实现不中断供电以及使用安全等优点。

1.2.3 飞机电源系统的发展方向

相关内容请扫描二维码观看。

飞机电源系统的发展方向

1.2.4 先进飞机电源系统状况

随着 B787 飞机项目的实现，多电飞机将成为现实。其特征是具有大容量的供电系统和广泛采用电力作动技术，具有飞机重量相对较轻、可靠性高、维修性好、营运成本低以及节能航空等优势。

1. 空客 A380 多电飞机

A380 飞机是一个典型的多电商用飞机，它完全按多电飞机电力系统来设计，总的发电容量是 910kV·A。其中，由发动机驱动 4 台 150kV·A 的变频交流发电机，发电容量共 600kV·A，频率为 370～770Hz；由辅助动力装置(Auxiliary Power Unit，APU)驱动两台 120kV·A 恒速发电机，共 240kV·A；空气冲压涡轮驱动一个 70kV·A 发电系统作为应急交流电源。A380 飞机大部分的备份作动装置采用电能供电作动，使设计更为简单，地面保障设备减少，性能大为提高。

2. B787 飞机

B787 飞机是一个典型的多电商用飞机，它与 A380 飞机相比，更接近全电飞机，B787

飞机完全按全电飞机来设计，总的发电容量是 1450kV·A。

B787 飞机的电源系统与以往的波音飞机有着很大的区别，飞机上的电源来自 4 个安装在发动机上的 230V 交流 250kV·A 变频发电机和两个安装在 APU 上的 230V 交流 225kV·A 变频发电机组成，变频系统取代了传统的恒频系统，频率为 360～800Hz；空气冲压涡轮驱动一个 10kV·A 交流发电系统。电源经过变频、整流、变压分配后形成飞机的 4 种电源模式，即传统的 115V 交流、28V 直流和新的 230V 交流、270V 直流。其中 230V 交流和 270V 直流电源主要用于以往由液压源和气压源驱动的系统部件。

B787 飞机上取消了传统的气源系统。这样的设计优化了飞机能源的使用，提高了发动机的效率。由于取消了气源系统的各个部件(活门、管道等)，大大降低了飞机的重量，系统的可靠性得到显著提高，飞机的维修成本也得到有效降低。

3. F-35 战斗机

F-35 战斗机是一个典型多电战斗机，技术更加先进，能携带更大的高能武器。它完全按多电飞机来设计，总的发电容量是 250kV·A。

F-35 战斗机采用固态配电技术，对飞机的电力系统进行了优化设计，一次配电和二次配电系统采用集中控制，飞机可靠性大为提高，飞机重量大大减轻，飞机性能更为优越，F-35 战斗机成为典型的第二代多电飞机。

F-35 战斗机的综合机载机电系统主要包括热/能量管理组件（Thermal/Energy Management Module）、启动/发电系统和电静液作动器系统(Electro-Hydraulic Actuator，EHA)，并由飞机管理系统控制，从而使机载机电系统在布局、能量利用和控制信息共享上实现了最优化，该飞机接近于全电飞机。

1.3　大国重器，航空报国

习近平总书记说过，尽管大飞机事业这条路很长，要保持耐心，要一以贯之，锲而不舍，扎扎实实，脚踏实地。一定要有这个雄心壮志，要相信我们一定会实现这样一个伟大目标[1]。

下面从 4 个方面进行阐述。

1. 为什么要坚定地造大飞机
2. 大飞机中的新技术
3. 面临的机遇与挑战
4. 用生命托起的战机英模

相关内容请扫描二维码观看。

为什么要坚定地造大飞机　　　大飞机中的新技术

① 《人民日报》2014 年 12 月 22 日 07 版。

面临的机遇与挑战

用生命托起的战机英模

大国重器一定要掌握在自己的手上

习 题

1. 飞机电气系统由哪几部分组成的？各部分的功用是什么？
2. 民用飞机的主电源是什么？
3. 多电飞机的主电源是什么？
4. 用电负载分成哪几类？各在什么情况下工作？
5. 多电飞机有哪些典型机型？请课外查阅资料，全面了解多电飞机的电气系统。
6. 以 B787 为例，有哪些电源品种？其功率是多少？
7. 结合自己的理想、信念，讲述自己关于家国情怀的故事。

第 2 章　电气导线互联系统

电气导线互联系统主要由导线、电缆、断路器、保险开关、保险丝、继电器和接触器等组成。大型客机的安全与经济飞行越来越取决于电气和电子系统。这些系统都用导线和电缆互相连在一起，电气导线和电缆必须看成飞机不可分割的一部分，需要仔细进行安装，然后是满足持续适航所不断进行的检查和维护。

导线和电缆及其他装置不是安装好后就不用管了，没有正确安装和维护的导线会对系统可靠性造成严重影响。有人建议在立法中引入新术语：电气导线互联系统（Electricity Wire Interconnect System，EWIS），认为导线将是安装在飞机上的部件之一。电气导线互联系统可以指任何导线、布线装置或它们的组合，包括终端装置。它们装在飞机上用于在两个或多个端点之间传送电能。

2.1　飞机导线和电缆

导线和电缆是组成电源和配电系统的重要装置，它连接在飞机电源和用电设备之间，以及用电设备之间的互联。如图 2.1.1 所示是一架飞机的发电机馈线图，导线和电缆一旦投入工作，必须防止过载的发生，过载会导致过热、释放有毒气体以及引起火灾等。

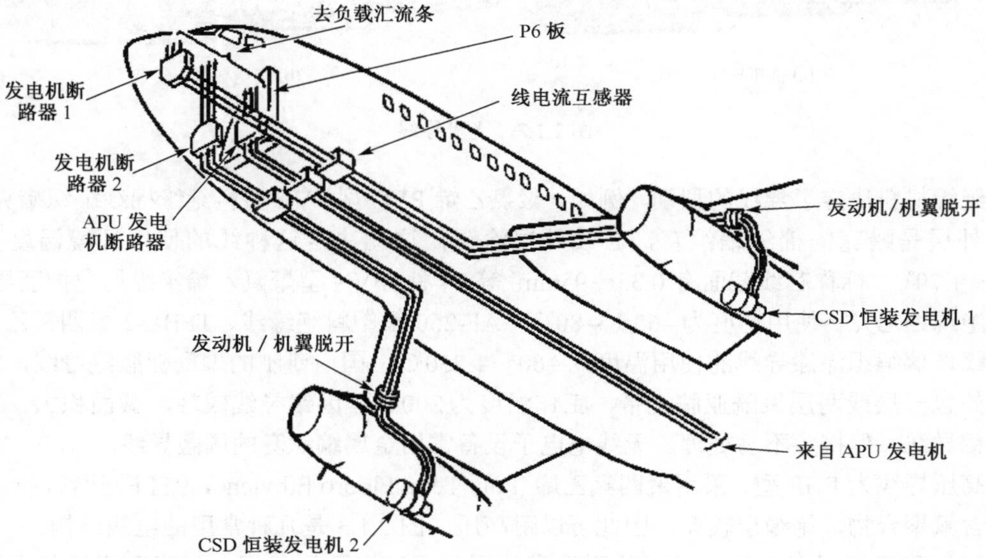

图 2.1.1　发电机馈线图

一架飞机使用的导线和电缆有很多种，按照用途和使用方式一般分为机身导线和电缆、设备导线和电缆、启动导线和电缆、热电偶电缆、数据总线电缆及射频(Radio Frequency，

RF) 电缆等。导线和电缆的安装环境较为恶劣，导线除了传输电流本身会发热温度升高外，还会暴露在各种环境和工作条件下，例如，工作在发动机周围的导线就暴露在高温区（易发生火灾），受到大的磨损及强的振动，或者导线周围有强污染物，如液压油、燃油和润滑油等。

导线和电缆由于通过不同频率和功率的信号，其电磁干扰和电磁兼容问题十分重要，要对传输功率高及高频导线和电缆要进行屏蔽，防止产生电磁干扰。

2.1.1 导线

1. 导线的作用和特点

导线担负输送电能和传递电磁信号的重要任务，是飞机电网的主要组成部分。飞机上通常用浸锡、镀锌、镀银和镀镍的铜线作导体(线芯)，额定工作温度分别为135℃、200℃和260℃，导体及其周围的绝缘层构成导线。

电压较低电路的导线，绝缘比较薄，其结构如图 2.1.2(a)所示，线芯由多股细铜丝绞合而成，有的用强度大的铜合金丝绞合，后者仅用于较细的导线。绝缘层则采用各种塑料管，保护部分是涂有蜡克油的棉纱编织套或尼龙套。在发动机高压点火电路和无线电设备的高压电路中，电压高达 10000V 以上，导线绝缘层比较厚，这种导线称为高压导线，如图 2.1.2(b)所示。其绝缘材料，过去采用硫化橡胶，现已改用耐高温塑料。

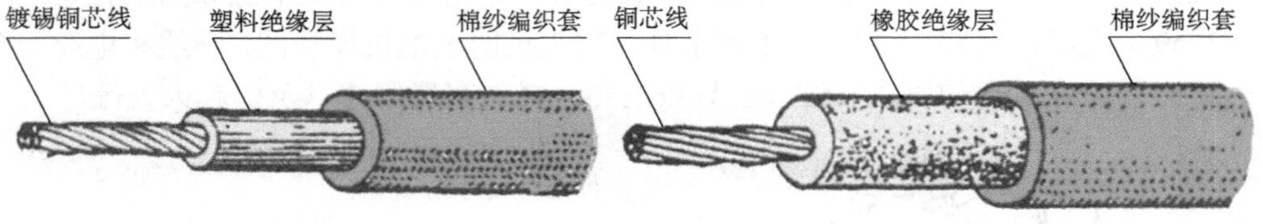

(a) 低压导线　　(b) 高压导线

图 2.1.2　飞机导线

绝缘材料决定了导线的型别，例如，聚氯乙烯 PVC 型 PVL 塑料绝缘棉纱编织蜡克线，它的外层是蜡克的棉纱编织套，芯线外层涂锡，这就决定这种线的使用环境温度为：−60～＋70℃，标称芯线截面有 0.35～95mm^2 等 24 种。FVN 型聚氯乙烯绝缘尼龙护套导线，外层绝缘为尼龙，使用温度为−60～＋80℃。AF-250 氟塑料绝缘线、TFBL-2 聚四氟乙烯薄膜绝缘玻璃编织涂漆导线的使用温度为−60～＋250℃。国内研制的聚酰亚胺绝缘线，它的芯线外包一层或两层聚酰亚胺绕带，工作温度为200℃。因铝导线较轻，截面积大，部分采用铝导线，但接头不易处理。无线电电子设备常用金属编织套的屏蔽导线。

高压导线为 FGF 型，采用聚四氟乙烯(Poly Tetra Fluoro Ethylene，PTFE)塑料，一种合成的含氟聚合物，绝缘层较厚，因此可以耐高压，图 2.1.3 是几种常用的电线结构。

镀层和绝缘材料不同，导线的耐压和使用的温度则不同，用于导线和电缆的典型技术规范包含在美国军用标准 MIL-W-M22759 中。该规范包含了带含氟聚合物绝缘层，用镀锡、镀银或镀镍的铜合金导体制成的单股导线。表 2.1.1 列出了常见的几种导线材料的使用特点。

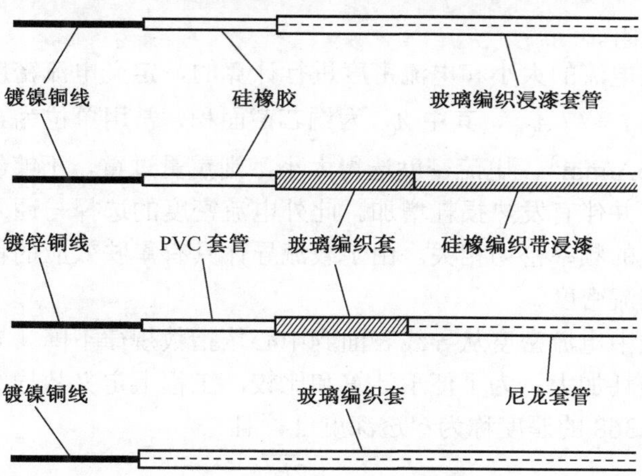

图 2.1.3 几种常用的电线结构

表 2.1.1 导线型号与应用选择

序号	导线型号	镀层类别	绝缘外包材料	耐压/V	额定温度/℃
1	MIL-W-22759/1	镀银铜导线	碳氟化合物 TFE	600	200
2	MIL-W-22759/2	镀镍铜导线	碳氟化合物 TFE	600	260
3	MIL-W-22759/3	镀镍铜导线	ETFE 塑料双层绝缘	600	260
4	MIL-W-25038/3/2	镀镍铜导线	参见产品手册	600	260
5	MIL-W-81044/7	镀锌铜导线	交联聚乙烯	600	150
6	MIL-W-81044/7	镀银高强度铜合金	交联聚乙烯	600	150
7	MIL-W-81044/9	镀锌铜导线	交联聚乙烯	600	150
8	MIL-W-81044/10	镀银高强度铜合金	交联聚乙烯	600	150

大部分绝缘材料是有机化合物，在热和湿作用下，材料产生分解、挥发和变性，从而导致绝缘性能下降，耐潮湿性能变差和机械强度下降，这就是热老化。绝缘层损坏和液体污染时会出现电弧、电气系统破坏和设备故障。因此绝缘材料的寿命基本上是导线的寿命。从寿命的角度规定材料的极限温度，国际电工技术协会(International Electrotechnical Commission，IEC)规定绝缘材料的 7 个耐温等级，如表 2.1.2 所示。

表 2.1.2 IEC 绝缘等级极限温度

绝缘等级	Y	A	E	B	F	H	C
工作温度/℃	90	105	120	130	155	180	>180

2. 导线材料和直径的选取

飞机上的导线需要能够物理变形，便于安装，且要能够承受引起导线变形的振动。多股导体能增加它们的变形能力使其容易安装，更容易承受振动。

导体材料的选择通常是铜芯线，也有铝芯线，因铜导线的低电阻率、高延展性、高拉伸强度及便于焊接而得到广泛应用。铝芯线因能自氧化可以降低制造成本，但端接处处理不好容易增加接触电阻。

导线是根据通电电流的大小和电流密度进行计算的，定义电流密度 j 为单位铜截面积通过电流的大小，即 $j = I / A_{Cu}$，其中 A_{Cu} 为铜芯截面积，常用单位为 mm^2，I 为电流。电流密度一般选取 $3 \sim 5A/mm^2$，电流密度选得太小，则重量过重，不够经济；选得太大，则引起导线阻抗增加，并伴有发热损耗增加。此外电流密度的选择与通入导线的电流性质有关，特别是与交流电的频率密切相关。由于载流导体具有集肤效应的特点，在导线选择和使用时都必须考虑电流密度。

研究表明，导线中电流密度从导线表面到中心按指数规律下降。导线有效截面积减少而等效电阻加大，损耗加大。为了便于计算和比较，工程上定义从导线表面电流密度下降到表面电流密度的 0.368 的厚度称为穿透深度 $\varDelta$，且

$$\varDelta = \sqrt{\frac{2k}{\omega\mu\gamma}} \tag{2.1.1}$$

式中，μ 为导线材料的磁导率，$\mu = \mu_0 = 4\pi \times 10^{-7}\,\mathrm{H/m}$；$\gamma$ 为材料的电导率，$\gamma = 1/\rho$；20℃时的电阻率为 $\rho_{20^\circ\mathrm{C}} = 1.724 \times 10^{-8}\,\Omega \cdot \mathrm{m}$；$k$ 为导线材料电导率的温度系数，当温度为 T 时的电阻率为

$$\rho_{\mathrm{T}} = \rho_{20℃}\left(1 + \frac{T - 20}{234.5}\right) \tag{2.1.2}$$

ω 为通入信号的角频率(rad/s)，且 $\omega = 2\pi f$，f 为信号的频率(Hz)。由于导线的穿透深度与导线的工作温度密切相关，表 2.1.3 列出了 20℃ 时铜导体的穿透深度与频率的关系(由式 $\varDelta_{20℃} = 6.6/\sqrt{f}\,(\mathrm{cm})$ 计算)。为了考虑交流电通过导线时的集肤效应，经常采用多股芯线替代单股芯线，解决大电流问题，所以飞机上用到的导线大多是多股芯线。

表 2.1.3　铜导体的穿透深度与频率的关系(20℃)

f/Hz	1	3	5	7	10	13	15	18	20
$\varDelta$/mm	2.089	1.206	0.9346	0.7899	0.6608	0.5796	0.5396	0.4926	0.4673
f/Hz	25	30	35	40	50	60	70	80	100
$\varDelta$/mm	0.4180	0.3815	0.3532	0.3304	0.2955	0.2697	0.2497	0.2336	0.2089

航空上对导线的电压降允许值也有规定，它不仅与所加的电压值有关，还与导线中电流是连续工作还是断续工作模式有关，表 2.1.4 所列是导线在不同的供电系统中的最大允许电压降。

例题

表 2.1.4　最大允许电压降

序号	工作电压值/V	允许的电压降/V		序号	工作电压值/V	允许的电压降/V	
		连续工作模式	断续工作模式			连续工作模式	断续工作模式
1	14	0.5	1.0	3	115	4.0	8.0
2	28	1.0	2.0	4	200	7.0	14.0

3. 导线标记编码、规格和性能要求

1) 标记

为了便于安装、排故和改动，导线和电缆应带有标识且要规范，一般在导线端部标记起点和终点，所属系统的类型、编号和线规。有时在导线上每隔一定距离做一次标识。在复杂场合(电缆被捆绑成束)整个线束给定一个识别码，标识在套管和套环上，如图 2.1.4 所示。

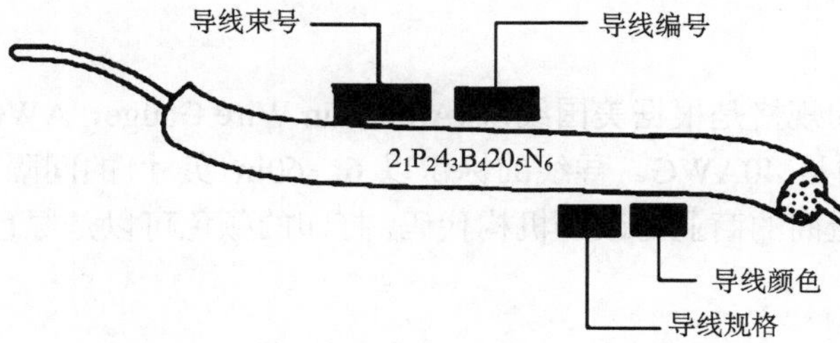

图 2.1.4　导线束标记

导线的编码包括 6 个位置上的字母和数字组合，该编码标记在导线或电缆上并写入布线图册中，例如，导线编号为：$2_1P_24_3B_420_5N_6$，则其注释如下：

第一位表示系统编号，即双发动机飞机中与 2 号发动机有关的布线。

第二位表示电路功能或系统。即“P”表示供电系统。用于位置二的编码如表 2.1.5 所列。

表 2.1.5　导线代码与电路功能/系统标识

序号	代码	型别	序号	代码	型别	序号	代码	型别
1	C	飞行控制	6	J	点火	11	R	无线电导航/通信
2	D	防冰/除冰	7	K	发动机控制	12	V	变流器
3	E	发动机仪表	8	L	照明	13	W	警告装置
4	F	飞行仪表	9	P	供电	14	X	交流供电
5	H	加热/通风	10	Q	燃料/润滑油	15	M	其他

第三位“4”表示同一电路中导线的序列号。例如，同步电机的定子绕组使用的 3 根导线将标记为 1 号、2 号和 3 号。

第四位“B”表示导线在电路中的分段，即两个连接点之间的部分导线。导线分段通常从 A 开始，然后按顺序给电路中所有的导线分段编号。

第五位表示导线或电缆的尺寸，即线直径为 AWG20。在有些电缆上，该编码没有使用，用符号“—”代替。

第六位表示导线用于连接接地/中线点、交流电源还是热电偶。其编码如表 2.1.6 所列。

还有的用导线表皮的颜色作为分系统的标记，例如，三相电源的 A 相导线用红色，B 相导线用黄色，C 相导线用蓝色，中线(零线)用黑色。

表 2.1.6 导线代码与型别标识

序号	代码	型别	序号	代码	型别
1	N	接地、中线	5	CH	镍铬热电偶
2	V	单相交流电源	6	CU	铝热电偶
3	ABC	三相交流电源	7	CN	康铜热电偶
4	AL	阿鲁麦尔合金热电偶	—	—	—

2) 导线规格

飞机上所用导线的规格是根据美国线规(American Wire Gauge，AWG)定义的。最大直径是 10AWG，最小的是 40AWG。导线的标识以 6～60in(英寸)的间隔打印在外壳上，这包括导线产品号和制造商的商业与政府机构代码。打印的颜色可以是绿色或白色(取决于导线的颜色)。

3) 性能要求

按照 MIL-W-M22759 制造的导线必须符合尺寸和构造要求，且性能指标符合以下要求，即绝缘层容易去除、容易焊接、电介质试验要求、柔性、拉伸强度、高低温试验、可燃性能、生命周期试验、液体浸泡、湿度、烟雾散发和虹吸性能等方面的要求。

2.1.2 电缆

为了适应结构特点和维护的方便，导线必须成束地有规则地安装在飞机上。这种成束的导线称为电缆，如图 2.1.5 所示，图(a)为不带屏蔽层的电缆，图(b)为带屏蔽层的电缆。

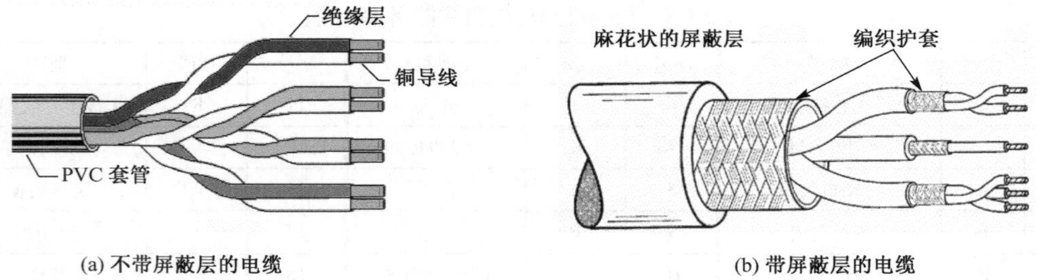

(a) 不带屏蔽层的电缆　　(b) 带屏蔽层的电缆

图 2.1.5 电缆

电缆外部一般还套有起不同作用的保护层，如用防波套将电缆套起来，起到电磁屏蔽作用，以避免其对无线电设备工作的干扰，如图 2.1.5(b)所示的屏蔽能够防护来自大电流转换电路的辐射，或者保护易受影响的电路。使用时屏蔽层一定要良好接地，把电磁干扰信号接入大地后才有屏蔽效果。用胶管(或胶带)将电缆套(或缠)起来，以防止油类、雨水和潮湿等对其侵蚀；用石棉条将电缆包扎起来，以防止电缆遭受高温而烧坏。此外，有的电缆也采用塑料管、硬铝管和防火布等作其外部的保护层。为了防止电缆因飞机振动而磨损，常用固定卡或固定带将电缆固定在飞机上。如图 2.1.6 所示是带屏蔽层的电缆安装在飞机上。

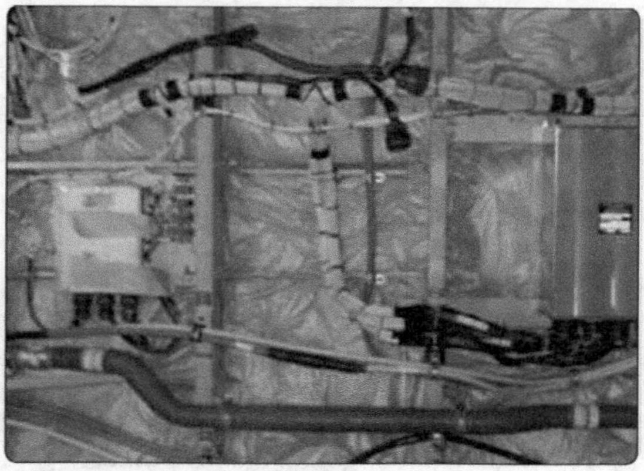

图 2.1.6 带屏蔽层电缆安装在飞机上

配电系统的导线数量是根据系统的大小和复杂程度决定的，然而导线在飞机上的走向方式必须考虑到下列一些问题：安全性、信号的接收和发射的相互干扰问题，系统进行指示、安装、隔离和测试等问题。采用哪种方法还必须依据系统的大小和复杂程度，一般情况电缆的布置可分为两种情况，即开放式机架和涵道式机架。

1. 开放式机架电缆布局

根据机上用电设备的来源用导线和电缆用蜡克编织线或 PVC 套管把同一走向的电缆并行捆成一束，成束的电缆通过夹子相应地安装在电缆机架上，如图 2.1.7(a)所示。

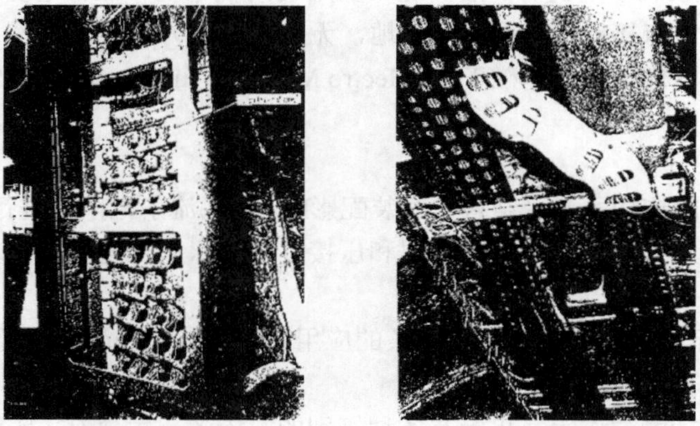

(a)开放式机架 (b)涵道式机架

图 2.1.7 电缆布置

2. 涵道式机架电缆布局

涵道式机架和开放式机架有相似之处，涵道材料一般用铝合金、石棉或玻璃纤维防雨塑料作为涵道的材料，一个主涵道可能包括多个通道，每个通道的电缆来自于同一特定的用电设备，并用彩色的蜡克编织线加以区分走向，如图 2.1.7(b)是涵道式电缆布置图。

电缆将承担不同特定功能，并根据功能不同进行命名，如：用在活塞式发动机和涡轮螺旋桨式发动机的点火电缆，用于测量发动机燃气高温的热电偶电缆，以及传递信号要求比较高的同轴电缆，如用于天线和接收机或发射机之间连接，引导射频信号。此处不再详细介绍。

对于各个系统电缆的形式必须有所考虑，电子系统的电缆主要考虑传递信号的电缆免受电磁干扰的影响，而影响信号的传输，如图 2.1.8(a)和(b)所示是某飞机电子系统和某飞行控制系统的电缆连接。对于传送大电流信号的电源系统的电缆除了考虑电源系统的高可靠性等一般问题外还需要考虑对空间强磁场的干扰，远离信号线。

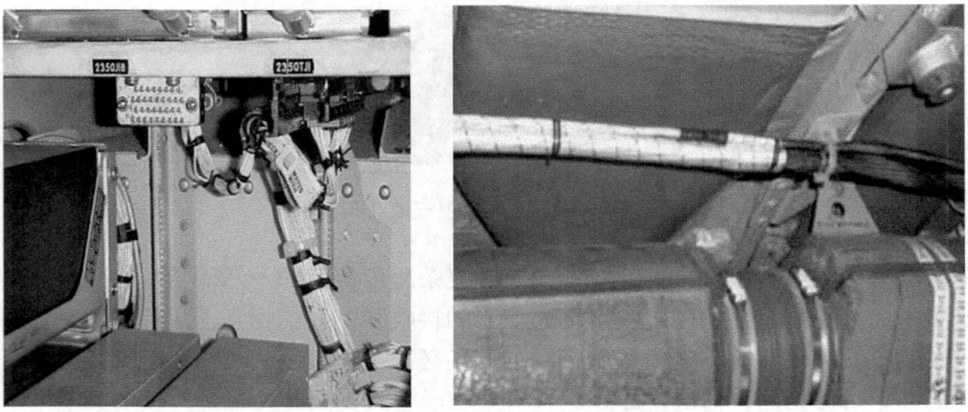

(a)电子系统的屏蔽电缆 (b)飞行控制系统的屏蔽电缆

图 2.1.8 屏蔽电缆的应用

建议使用覆盖 85%以上的防护层，通常要用到同轴电缆、三轴电缆、双轴电缆或四轴电缆，接地可以是单点接地或者是多点接地，无论什么地方，屏蔽层都要良好接地。飞机的机体作为接地点同样可用作电磁干扰(Electro Magnetic Interference，EMI)屏蔽接地。

2.1.3 汇流条

各个电气部分的连接主要受结构体的装配影响，用汇流条把全机进行电源和电气连接，因此飞机上存在着永久性的连接，如钎焊和压接，对于永久性连接的地方，需要在规定的时间内进行检修。

如图 2.1.9 所示是某型飞机上的汇流条的应用，图中有主汇流条、1 号电子设备汇流条、2 号电子设备汇流条、电瓶汇流条等。

根据汇流条的功能与作用，机上有各种级别的汇流条，主要有主汇流条、蓄电池汇流条（或称应急汇流条），以及各个分系统的供电汇流条。

2.1.4 接地

相关内容请扫描二维码观看。

接地

2.1.5 电气搭接

搭接是指使两个金属部件之间实现低阻抗的电流通路。导线的连接及接地是一个物理概念，而搭接则是实现这个物理概念的具体手段。

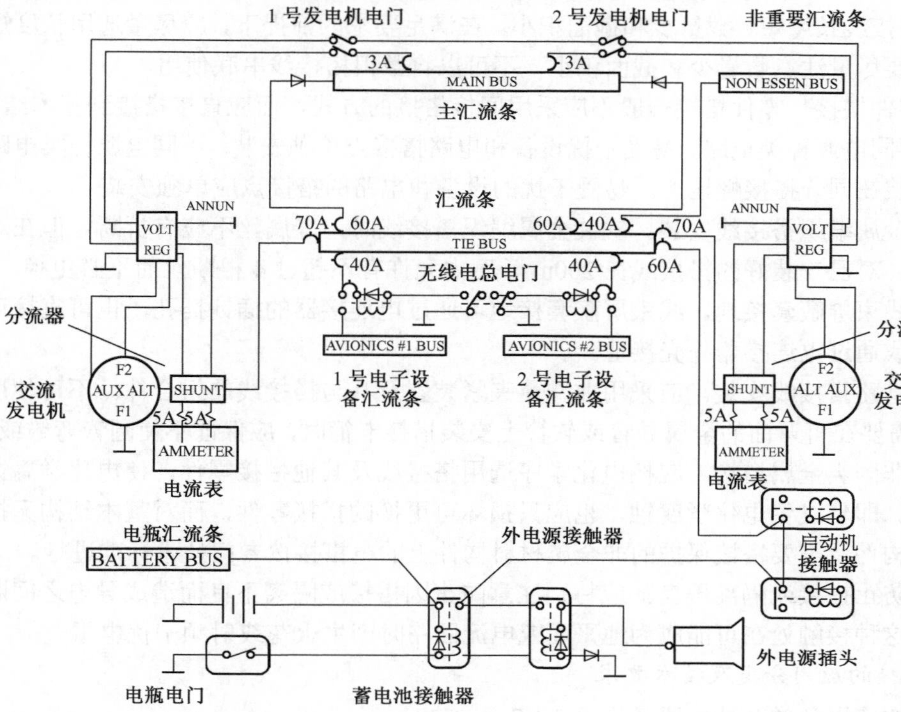

图 2.1.9 汇流条在飞机上的应用

电气搭接又称搭铁。飞机各金属结构之间以及机体与飞机设备和附件之间的一种专门的低阻抗电气连接。它是保证飞机安全可靠和改善性能的一项措施。搭接电阻测定是飞机质量检验的重要项目，通常搭接电阻为600～2000μΩ，可以用专用的接地电阻测试仪进行测量。

1. 搭接的一般要求

(1) 金属零件尺寸要求。机内面积超过 $0.2m^2$ 或长度超过 0.5m 的金属零件都要搭接。

(2) 不影响各项性能。设计搭接时，应注意不可影响飞机结构的完整性，不可影响飞行安全、操纵性能、空勤人员视界、气密和油密以及设备性能。

(3) 与基本结构可靠搭接。设计图纸规定的搭接点及负载(中线)接地点都必须与基本结构可靠搭接，不允许遗漏任何一处。

(4) 搭接件与垫圈选用。镀镉钢制搭接件在 230℃ 以下温度使用。镀锡钢制搭接件在 100℃ 以下温度使用，用于镁合金构件搭接。镀锌搭接件除对镁合金构件搭接时可用，其他禁止使用。禁止使用齿形垫圈、阳极化垫圈、法兰平垫圈和无金属保护层垫圈，高温区使用不锈钢垫圈。

(5) 尽可能采用永久性搭接连接。凡是有可能的部位，应尽可能采用永久性的固有搭接连接，如焊接、铆接和压接等。

(6) 搭接线连接安装。搭接线的各种连接安装，均应保证其搭接性能不受飞机正常运行及维护时振动、冲击、温度变化及相应位移的影响，其安装位置应便于地面维护时检查和更换。搭接线安装时应有一定的松弛度，不能影响各活动部件及减振器的工作。

(7) 搭接线长度短、数量少和截面积小。在满足要求的前提下，应尽量选用长度短的搭接线，也要尽量注意数量少和截面积小，不可以将数根搭接线串联使用。

(8) 零件搭接。零件搭接一般不应采用间接搭接的方式，而应直接搭接到基本结构上。

(9) 不同电源种类电路、易受干扰设备和电路搭接点单独安装。不同电源种类电路的搭接线不能装在同一搭接螺栓上。易受干扰的设备和电路的搭接点应单独安装。

(10) 金属编织搭接线安装。安装金属编织搭接线时，金属丝不应有折断。但在难于施工的部位，对已安装好的搭接线在 200m 长度内允许有不超过 4 根断丝而不必更换。

(11) 线束屏蔽套接地。线束屏蔽套接地可通过电连接器的插针插孔，也可直接连接到基本结构或通过电连接器外壳接地。

(12) 管路搭接线安装。应采用非减震夹紧装置及其与搭接线的组合件。不可使用减震卡箍。当需要在可弯曲的金属导管或软管上安装搭接卡箍时，应保证不使圆管弯皱或损坏。

(13) 非同类金属搭接。应按电化学序选用搭接线及其他搭接零件，使电化学腐蚀的可能性很小。即使发生电化学腐蚀，也应只损坏可更换的搭接零件，而对基本结构无损害。负荷材料构件及需要搭接保护的非金属材料构件上的电搭接按专门技术标准进行。

(14) 防止搭接或隔离不良。应特别注意防止因搭接或隔离不良而造成导电之间断续的电接触。这种接触处在可能成为地平面或电流回路时产生火花或射频干扰电平。

2. 搭接的应用分类及技术要求

搭接的应用分类及技术要求见表 2.1.7。

表 2.1.7 各类搭接技术要求

应用类别	搭接内容	搭接电阻不大于/μΩ
天线及滤波器	天线到基本结构之间有直流通路；滤波器壳体与基本结构之间	300
	天线同轴传输线外导体应搭接到天线接地平面	—
防射频干扰搭接	每台发动机至少应有两处搭接到基本结构；电气、电子设备外壳到基本结构；电连接器接地外壳到基本结构；飞机蒙皮铆接好后应成为固有防射频干扰搭接；蒙皮上的口盖、舱盖、检修门等以及水密铆接的蒙皮均应与基本结构良好搭接	1000
	发动机点火系统高压输出部分各部件之间	100(个别 300)
	点火器到发动机机体	300
	活塞式发动机	100
	点火装置壳体到发动机机体	600
	低压输入部件间及部件到发动机机体；发动机、启动机壳体到发动机机体；电气、电子设备用减震器安装，用搭接线搭接，设备外壳到基本结构	2000
	电气、电子设备外壳经安装底板到基本机构	1200
	发动机屏蔽软管或电线管应多点搭接，间距不大于 250mm	—
	距无屏蔽的发射天线引线 300mm 以内，任一线形尺寸大于 300mm 的导体，均应与基本结构良好搭接	—
	防射频干扰的搭接线一般应采用搭接片；不同设备的搭接线不可固定在同一点上	—
防电击搭接	在电压危险区，人员可能接触到的任意两点之间不能产生高于 24V 的电压	—
	电气、电子设备裸露的金属机架及部件到基本结构；金属电线管各端到基本结构(如已有其他类别的搭接，不再用专门的防电击搭接)	10000

续表

应用类别	搭接内容		搭接电阻不大于/μΩ
静电防护搭接	飞机外部任一线形尺寸大于80mm被绝缘的导体，均应与基本结构搭接		10000
	副油箱和外挂武器到基本结构和油箱到基本结构		2000
	相互连接的金属导管应彼此搭接；各条管路应以不大于500mm的间距多点搭接到基本结构；非金属管路内有液体流动时导管外表面任意处产生的静电压应不大于350V		1000
	静电放电器(机翼和尾翼翼尖应安装足够数量的静电放电刷)	高阻放电器底座到蒙皮	10000
		低阻放电器到蒙皮	300
	地毯应有有效的防静电措施		—
飞机及地面辅助设施接大地	着陆接大地：飞机着陆时应有接大地措施(如放电钢索、接地刷和静电导电轮胎等)，泄放机体上残留的静电荷		—
	停机接大地：应有接大地措施(如停机接地线、接地刷、接地棒和接地锥等)，泄放机体上静电荷并提供雷电防护；直升机悬停和装卸货物时应接大地		—
	飞机与地面辅助设施接大地：飞机与地面辅助设施(如燃油加油车、挂弹车等)相互连接前应分别接大地，飞机加油时，油车与大地、飞机与大地以及油车的油枪与飞机基本结构间均有良好的搭接		—
	接大地插座：飞机外表面应有足够数量(2～4个)接地用插座，插座与基本结构搭接良好，插座布置在加油口和挂架附近。插座应采用嵌入式，其插孔应能使接地电缆由于疏忽在飞行前未拆除时能自动地脱开		2500

3. 电流回路搭接技术要求

电流回路的搭接就是指直流电路负线以及交流电路中线的搭接安装，主要技术要求如下。

(1)搭接电阻。作为电流回路的结构部件之间，其搭接电阻应不大于1000μΩ。

(2)大截面负线搭接。截面大于或等于20mm^{2}的负线(包括中线)应通过接线座及面积足够大的负线板间搭接到基本结构上。基本结构厚度应在1.5mm以上，使搭接处不仅能承受该电路的正常工作电流，还需能承受故障电流，搭接电阻的要求见表2.1.8。

(3)负线长度尽量短。负线长度应尽量短，就近安装，其位置应尽量避开易受污染区。

(4)发动机负线搭接到基本结构。发动机上发电机和启动机的负线应直接搭接上，而不能搭接在发动机机体上。

(5)镁合金构件不可作为电流回路的组成部分。

表2.1.8 最大允许搭接电阻与故障电流

故障电流/A	危险电阻/mΩ	最大电阻/mΩ	故障电流/A	危险电阻/mΩ	最大电阻/mΩ
5000	0.074	0.0148	100	3.7	0.74
1000	0.37	0.074	58	7.7	1.54
200	1.85	0.37	49	9.3	1.86
120	2.83	—	30	18	3.60

(6) 易燃易爆区搭接。在易燃易爆危险区，不能安装负线，设备搭接也不可采用搭接线，而应通过设备与基本结构良好的金属面接触实现电搭接。

(7) 负线安装表面处理。对于截面小于10mm^{2}的负线，结构件上只需打磨一面；对于截面大于13mm^{2}的负线，应尽可能打磨结构件的两面，使搭接电阻最小。

(8) 负线接头搭接电阻。负线接头与基本结构之间允许的搭接电阻值如表2.1.9所列。

表2.1.9 负线接头允许搭接电阻值

负线截面/mm^2	搭接电阻/μΩ	负线截面/mm^2	搭接电阻/μΩ
大于或等于13	≤100	等于或小于8	≤400
等于或小于10	≤200	等于或小于2.5	≤600

(9) 负线接地螺钉。所用螺钉不宜太小或太大，与负线截面的协调关系如表2.1.10所示。

表2.1.10 负线截面与接地螺钉协调关系

负线截面/mm^2	结构厚度/mm	接地螺钉	负线截面/mm^2	结构厚度/mm	接地螺钉
0.52	1.0	M4	25	2.5	M10
2.56	1.2	M5	35～70	>3.0	M10
8.13	1.5	M6	95	>4.0	M12
16.2	>2.0	M8			

(10) 接地螺钉上负线数量。在一个接地螺钉上允许安装的负线数量为截面0.5mm^{2}以下的负线不超过3根，此时最上面的负线接头与基本结构间的搭接电阻应不大于600μΩ；截面0.5～0.8mm^{2}的负线不超过2根，此时负线接头与基本结构间的搭接电阻应不大于400μΩ。

(11) 负线汇流条或负线电连接器上负线数量。截面在1.5mm^{2}以下的负线允许15根以下连接在同一负线汇流条或负线电连接器(模块)上。负线汇流条及电连接器应与基本结构可靠搭接，搭接电阻应不大于100μΩ，应使用无氧化的铆钉铆接或螺钉连接。

(12) 负线安装。负线不允许用卡箍或其他设备的安装螺钉进行安装。负线与搭接线不能用同一螺钉进行安装。负线安装时应有一定的松弛度，并应留有规定的返修余量。弯曲半径不应小于负线半径的10倍。

4. 雷电防护搭接技术要求

(1) 雷击造成损坏可能危及安全的搭接必须可靠，必要处设备份。对雷击造成的损坏可能危及人身或飞机安全的关键设备和系统，如旋翼或螺旋桨、油箱、全权飞行控制、全权发动机监控、起落架、电源、雷达罩、地形跟踪及地形回避、外挂武器和基本飞行仪表，其搭接必须可靠安全，必要处需设置备份系统。

(2) 雷击造成损坏可能影响任务完成的搭接必须良好。对雷击造成的损坏可能影响飞行任务完成的设备和系统，如通信、导航、火控、舱盖、警告、罗盘精度、防冰、外部照明和数据总线等，必须有良好的搭接。

(3) 主搭接线。对雷电弧可能附着区的主搭接线，铜线截面不得小于20mm^2；在雷电弧不可能附着区的主搭接线，应采用 2 根以上截面小于 $4mm^2$ 的铜搭接线。如果用其他搭接方法或搭接线，其耐冲击电流能力应与上述搭接线相当。

(4) 外部金属部件或金属面、非金属部件搭接。飞机外部固定的金属部分，如口盖和检修门等与基本结构间搭接电阻应不大于 1mΩ。

(5) 飞机外部可活动的金属面或部件，如升降舵、副翼、襟翼、减速板和起落架护板等若只有一个铰链时，应跨接 2 根以上搭接线，搭接电阻应不大于 5mΩ。

飞机外部非金属部件，如非金属垂直安定面、翼尖、座舱盖、天线罩、非金属螺旋桨叶片及旋叶叶片等均应设置金属框架或保护装置，以构成雷电通路，其搭接电阻应不大于 5mΩ。这些物体内的任何导体(包括人员)均应在该通路所形成的防护区内。

(6) 内部活动金属部件搭接。飞机内部活动金属部件，如驾驶杆、脚蹬和座椅等与基本结构之间的搭接电阻应不大于 2mΩ。

(7) 固定部分的端部之间整体电阻。飞机固定部分的端部之间，如左翼尖到右翼尖、水平安定面到机身前端的金属部件的飞机整体电阻应不大于 50mΩ。

(8) 主搭接线接头连接方法。主搭接用的搭接线接头不可采用钎焊连接，而应采用压接方法连接。

(9) 防雷击设备。要求电绝缘的天线，应配置避雷器。

防雷击设备应可接近和维护，经修理或更换后不应低于原来的防护水平。如果该设备是永久性的，其使用寿命应长于飞机寿命。

5. 搭接典型的安装方法

(1) 铆接连接。飞机结构和设备支架铆接安装时，铆钉被镦粗充塞了整个铆钉孔，形成良好的电接触。此时无须考虑采用其他搭接措施，因铆钉一般是经氧化处理的。

(2) 钎焊、熔焊或压焊。用于永久性连接及搭接线制造。钎焊不能用于雷击防护的主搭接设备。

(3) 螺钉螺接。用螺钉将搭接线端子固定在结构部件、设备支架、电连接器外壳或通过卡箍搭接导管等的安装。

(4) 搭接工艺要求。

表面预加工。对有导电镀层及未涂漆的不锈钢表面用规定的溶剂进行清洗。对有非导电涂层的表面应进行打磨或清洗，去掉全部油漆层、氧化层、阳极化层、非导电涂层及油脂等高电阻面层。打磨时既要使接触面洁净平滑，又不可过多地去掉本体金属材料，也不可采用那种嵌入金属表面后会使其腐蚀的磨料。打磨范围一般超过接触面外缘 2～3mm，在导管上则应超过 2～5mm。表面预加工应在搭接安装前 1 小时内进行。

表面涂封。搭接体安装完成后，应在规定时间内采用原有涂料或与其等效的涂料重新进行表面涂封。使涂料严密覆盖接合处周围裸露的金属表面及连接件，以防止其腐蚀。对于硬铝和钢制件，规定时间为 6 小时，对于镁合金制件为 2 小时。在环境条件较好的区域，必要时也可用透明清漆涂封，便于检查。

6. 搭接的检验

搭接安装完成后，应在表面涂封前实施检验。

(1) 外观检查。应符合前述搭接的一般要求。

(2) 测量搭接电阻。测量搭接电阻时，两个探针应尽量靠近搭接件结合处，一般距结合处不大于 20mm。测量用的微欧表精度不低于 2.5 级。

导管与基本结构间的搭接电阻检测。除工作压力在 13172kPa 以上的管路外，所有导管与基本结构间的搭接电阻均应检测。测量薄壁导管时，应注意避免损伤管壁。长度不大于 2m 的导管，仅在靠近连接端测量；长度大于 2m 的间距在其中部各处测量；对于直径在 12mm 以下的导管，可进行抽检。

测量破损处理。搭接件表面在测量后如有零件或漆层破损，应按前述安装工艺过程重新安装。检查完毕进行涂封、涂红漆标记。全面检查完毕后进行表面涂封，然后可在搭接处紧固件头部按统一的方法用红漆涂上标记，以便于目视检查。

7. 飞机搭接的实例

图 2.1.10～图 2.1.14 是飞机搭接实例。为了保证搭接可靠，制造与安装过程中采取了

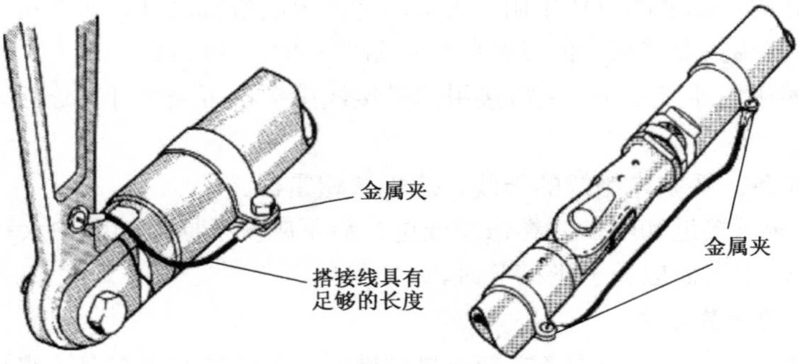

图 2.1.10 控制杆(棒)的搭接

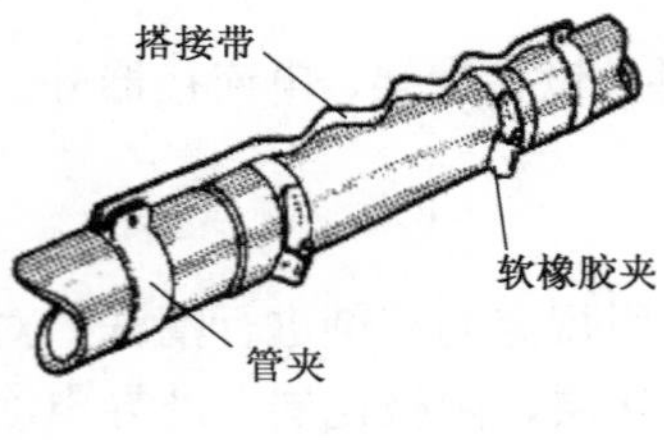

图 2.1.11 非金属耦合管的搭接

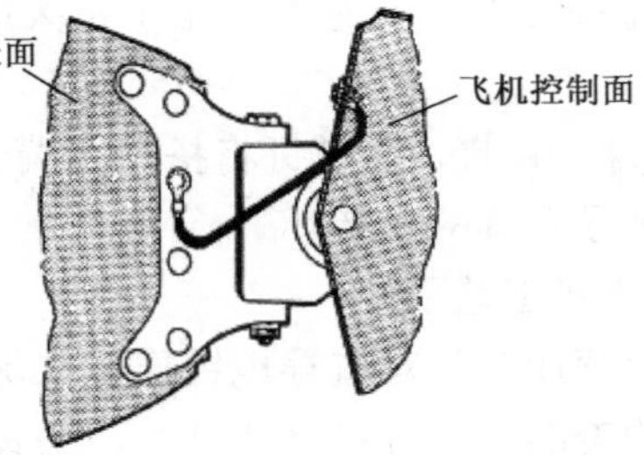

图 2.1.12 飞行控制面的搭接

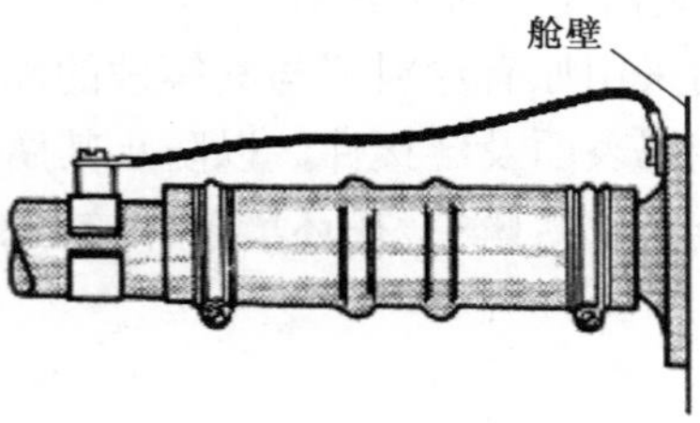

图 2.1.13 舱壁的弹性联轴节的搭接

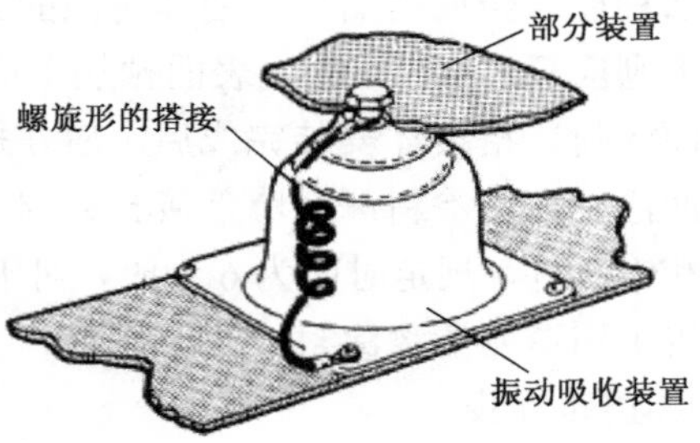

图 2.1.14 振动吸收装置

一定的工艺措施，如利用机体本身起搭接作用，或采用搭接线、搭接片、搭接卡箍、法兰盘和耳片等搭接标准件。为了确保低阻抗连接，搭接线应尽可能短，且其安装接触面均匀打磨和清洗。

随着复合材料等非金属材料在飞机机体上应用的推广，飞机整体实现低电阻显得十分重要，这对防雷击和提供静电放电通路，甚至整机的安全至关重要。

8. 电能回馈网络

现代飞机机体越来越多地使用复合材料，导电性能很差，而且用搭接的方式使飞机的机体成为等电位体，需要的搭接材料多、重量重、复杂度增加，为此常采用电流回馈网络。如图 2.1.15 所示是典型飞机的电流回馈网络连接图，图(a)中有电流回馈网络汇流条、电流回馈网络扎箍、电流回馈网络扎带及电流回馈网络导线。图(b)是 B787 的 41 中心区域电流回馈网络连接图，大部分零件与图(a)相同，此外还有端接适配器和电流回馈网络电缆。

有了电流回馈网络，可以方便地解决由于大功率电动机、储能电感和电容需要的能量回馈通路问题。

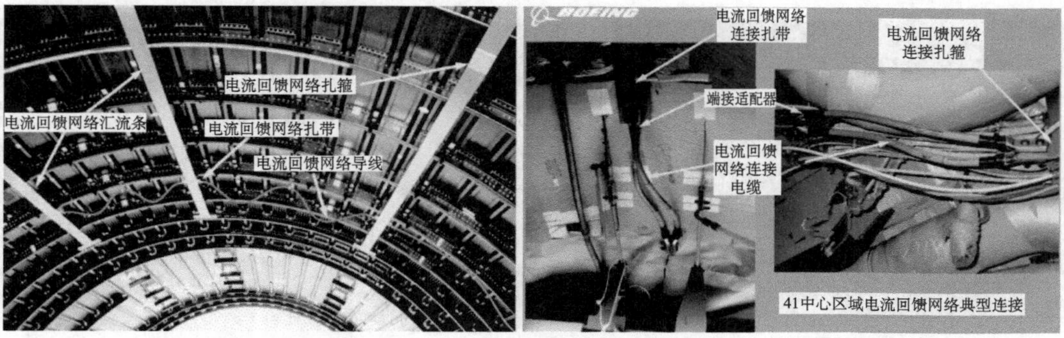

(a) 机身桶状部分　　(b) 电流回馈网络连接

图 2.1.15　典型飞机的电流回馈网络连接

多电飞机中越来越普遍采用电动机(估计可达 70%的动作装置采用电动机)，由于电动机的工作状态发生转换时，产生再生能源，可破坏电源系统的瞬态特性及稳定性。例如，当惯性较大的感应电动机的实际输出瞬态速度比电动机控制器给定同步瞬态速度大时，此时电动机工作就像发电机，引起逆向电流。再如各种电路中的电感具有储能的特点，当电感所处电路由接通转向断开时，电感中能量释放出来，可能回馈给电源或通过吸收电路消耗掉。为了提高电源系统的可靠性和安全性，未来先进飞机的电源品质要求需要考虑电源系统上任何再生能源的限值。

如图 2.1.16 所示是 B787 多电飞机电流回馈网络布局图。

2.1.6　导线故障

导线故障是飞机常见故障，工作环境恶劣、导线通电电流超过定额、导线绝缘耐压击穿等都是引起导线绝缘老化而产生故障的原因。

1. 导线工作的恶劣环境

空中迎风和潮湿环境下工作的导线不同于飞机内部工作的导线，通常靠近机轮、机翼、

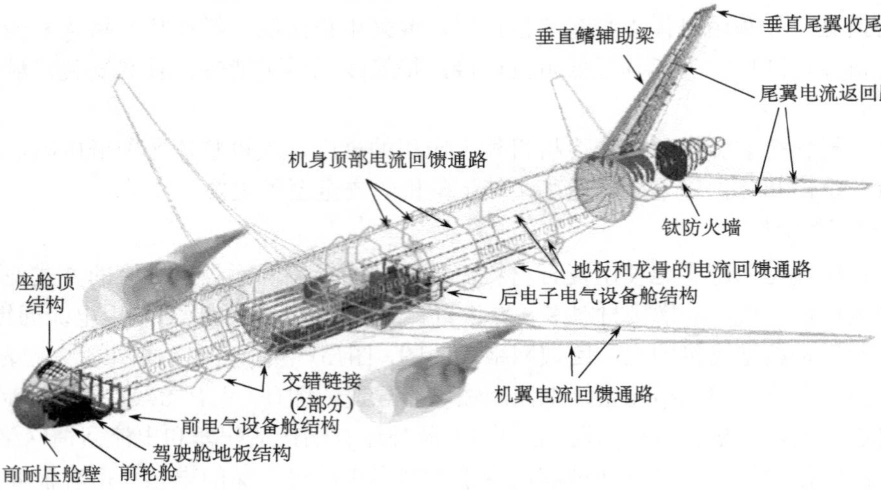

图 2.1.16 B787 电流回馈网络布局图

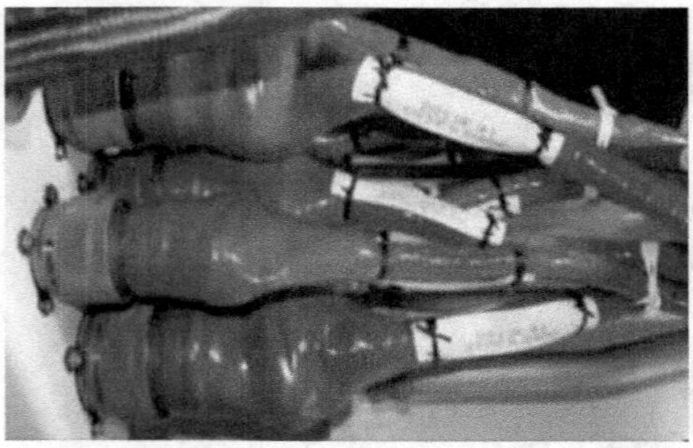

图 2.1.17 带有专用防护套管的导线

折弯搭接处以及机外部分区域，这些区域的环境通常十分恶劣。用于这些环境下的导线通常与它们的结构有关，而且需要专门设计，不能随意替代。使用飞机制造商维修手册中推荐的导线，并根据环境工作条件选择绝缘和套管显得非常重要。如图 2.1.17 所示是带有专用防护套管的导线。

2. 导线的降额使用

在选择导线进行电能传输和分配时应考虑以下几个因素选择导线尺寸。

(1) 根据应用场合不同，导线必须有足够的机械强度，导线直径太细将在受到振动、弯曲时容易断裂。

(2) 导线中输送电流时产生的功率损耗为 I^2R。由于导线输送电流时产生热量，当导线直径不能满足要求时，只有增大直径。但是，导线直径增大将增加成本、重量以及需要更多的其他物体支持。因此导线直径的选取必须考虑在各种因素下进行优化。通流导线将产生热量，直到导线散热和发热平衡时导线温度不再升高。如果导线有绝缘包裹，则散热不良。因此，为了减小绝缘材料受热，导体电流必须小于规定值。但当导线工作在温度较高的环境下，外界的热量也影响导线的工作。因此导线的最大允许电流值也将受到环境温度的影响。

(3) 如果导线上的电压一定，则负载的突变都会导致导线通流变化，使阻抗压降变化。从而使电压调节特性变差。可采取的弥补方法就是加大导线直径，减小导线电阻，但会使导线的尺寸和重量增加。

(4) 导线捆扎的影响。当导线被捆扎使用时，与单根导线相比，散热变差，因此必须降额使用，如图 2.1.18 所示是导线的降额使用率与捆扎数量的关系。

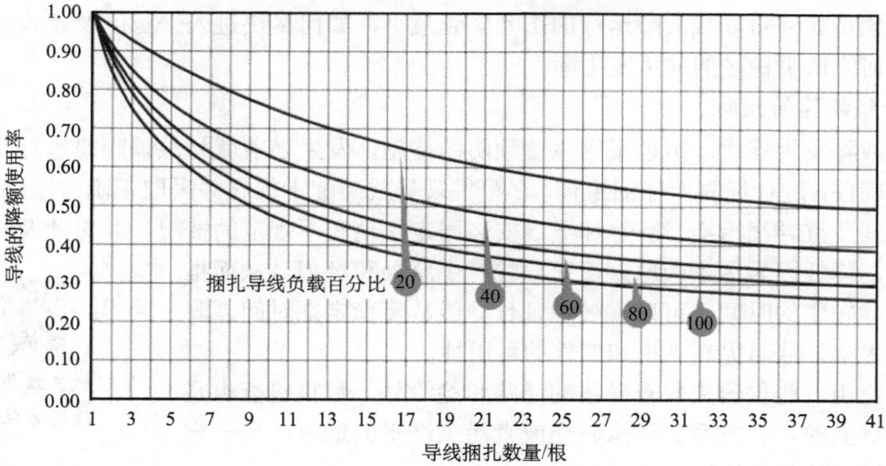

图 2.1.18　导线降额使用率与捆扎数量的关系

(5) 飞行高度的影响引起的降额因数。随着飞行高度的增加，捆扎在一起的导线散热困难，导线的流通容量必须降额使用，如图 2.1.19 所示是导线的降额使用率与飞行高度的关系曲线。

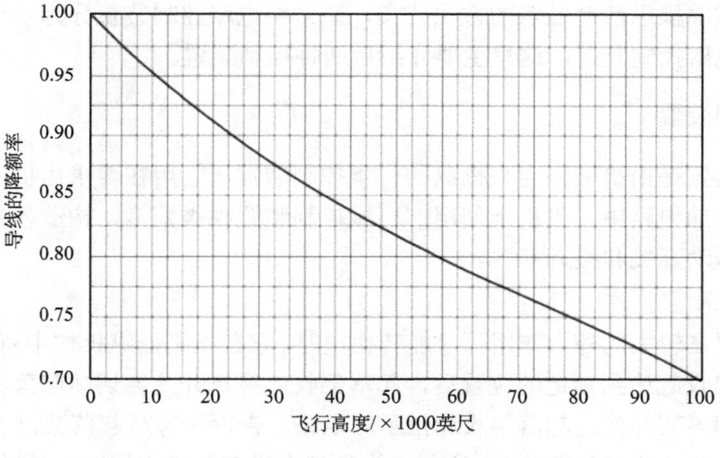

图 2.1.19　导线的降额使用率与飞行高度的关系

3. 导线故障的规律

使用初期，由于厂家装配不适当的原因，比较容易出现导线故障。在装配问题凸显后，通过适当的调整和修理，存在较长的平稳期，导线故障率很低，甚至为零。随着机龄的增长，由于导线老化、腐蚀、磨损等原因，故障变得相对频繁。由于导线故障有其隐蔽性和影响性的特点，严重威胁着飞行安全，影响航班的正点，给航空公司造成了较大的经济损失。

根据故障发生的规律和维修行业的运行成本、航班正常等因素，新飞机和部件的故障发生率较高与制造和修理厂家的制造工艺和技术水平有关，属于航空公司不可控因素，如长期的高温、污染、低压、高频振动等，其故障发生率也同样处于一个较高的水平。需要考虑的问题是如何将导线故障运行的影响降到最小，如何尽快进入平稳区及延长平稳区的时间，如何降低平稳区的故障发生率。

4. 导线故障的预防

根据故障发生规律，可以采用主动预防的措施，发生之前就将故障隐患进行纠正。先对新飞机部件，进行反复而仔细检查，尽早发现导线装配上问题并采取正确方法进行纠正。再重视一些严重导线污染(油污)和导线安装固定松动和不规范的情况，并对此及时进行清洁和纠正，降低因为污染和摩擦而对导线产生腐蚀和磨损，从而推迟导线故障发生的时间，可以有效地延长导线故障稳定期时间，降低故障发生率，从而提高飞机和部件的可用性。

负极线失效原因分析及改进方法研究

除了使用一些仪器来检查导线的通路和绝缘外，目视检查也是有效的和重要的，一方面要注意破损或者污染严重的地方，另一方面要注意导线的装配错误问题。

2.2 电路控制装置

电路控制装置是用来接通、断开或转换电路的。其最基本的组成部分是活动触点与固定触点，利用触点对的闭合与断开，即可控制电路中电流的通断。因此，电路控制装置又叫开关电器。按照操纵活动触点的方法分类，通常将电路控制装置分为手动控制装置、机械控制装置和电磁控制装置，这里主要介绍后两种控制装置。

2.2.1 机械控制装置

机械控制装置是由机械外力来操纵的一类控制装置，它用在要求由机械力自动控制接触点接通或断开的电路中。飞机上使用的机械控制装置种类繁多，构造各异。下面简要介绍终点开关、微动开关和接近开关。

1. 终点开关

终点开关要在较大的外力作用下才能转换电路。它在飞机操纵机构中有着广泛的应用。例如，在起落架收起达到预定的位置后，起落架收起终点开关会切断起落架收放液压作动筒电路，锁定起落架并接通起落架收起指示灯电路，告诉飞行员起落架已收好。

终点开关的动作原理如图 2.2.1 所示。当顶杆上没有外力作用时，活动触点“0”与固定触点“2”接通。当外力向下压动顶杆使传动杆向下移动时，恢复弹簧被压缩；同时，与传动杆相连接的摇臂围绕其右端支点转动，带动菱形弹簧的右端下移。传动杆向下移动一定距离(5～6mm，称为工作行程)后，在菱形弹簧的作用下，固定在菱形弹簧左端的滚轮便迅速地由凹形板的下部滚到上部，使凹形板向反时针转动。结果，活动触点“0”就转换到与固定触点“1”接通。去掉外力后，电门在恢复弹簧的作用下恢复为原来状态，又使活动触点“0”与固定触点“2”接通。

2. 微动开关

微动开关又称微动电门、灵敏开关、速动开关，它是一种具有微小触头间隙的施压促动快速开关，其主要特点是动作迅速、工作可靠、精度高、寿命长、体积小。

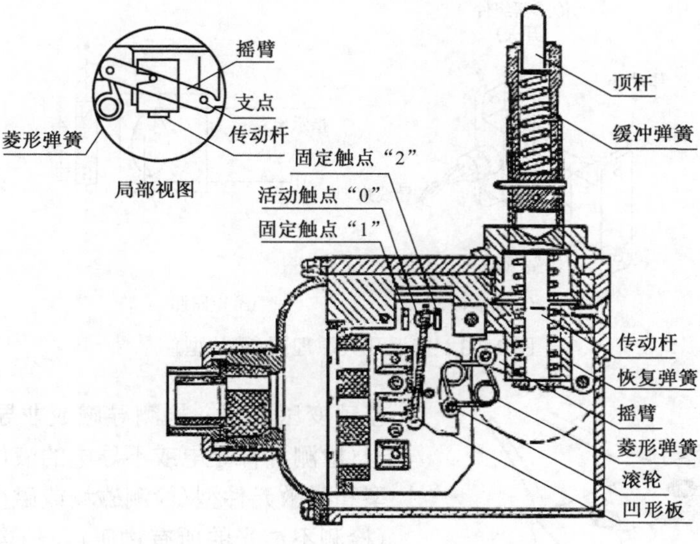

图 2.2.1　QLK-5 型终点开关的结构图

在飞机上微动开关用于感知一个器件是否运动或者是否达到其极限行程，如襟翼驱动机构或起落架机构。图 2.2.2 中的驱动柱塞的微小运动都能使触头断开和闭合，活动触头在通、断之间运动的距离小到千分之几英寸。

微动开关用于感测各种装置的机械位移，这些装置包括各种控制面、起落架、压力传感器、双金属温度传感器、机械计时器等。

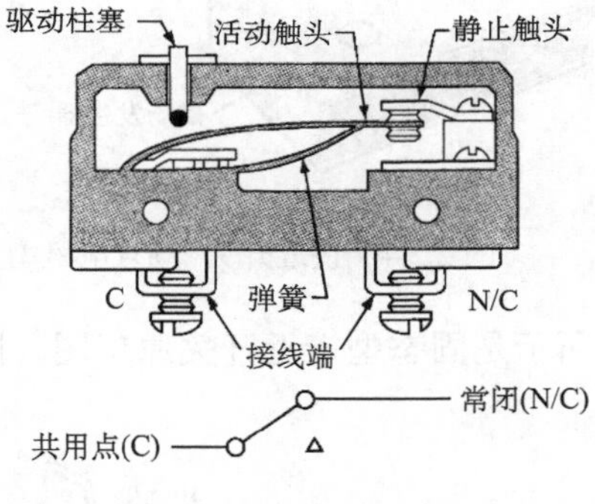

图 2.2.2　微动开关结构

3. 接近开关

接近开关又称无触点行程开关，它能够在被监测物体与之接近到一定距离时，不需要接触，就能发出动作信号，达到控制电路接通或断开的目的。它具有反应迅速、定位精确、寿命长以及没有机械碰撞等优点。目前已被广泛应用于行程控制、定位控制、自动计数以及各种安全保护等方面。例如，在飞机上用作指示客舱门、货舱门等是否安全关闭并锁住的警告电路中就使用了接近开关。接近开关一般由感应头、电子振荡器、电子开关电路、输出器、稳压源等几个部分组成。

图 2.2.3 是簧片型接近开关原理图，一个腔体(作动器)包含电磁铁，另一个腔体(传感器)包含带镀铑触头的簧片衔铁。使用时，传感器组件通常安装在飞机结构上，作动器安装在被监控的物体上(如舱门)上。当作动器和传感器之间的间隙达到预定的距离时，簧片触头闭合。当作动器和传感器分开时，触头断开。图 2.2.4 是电磁型接近开关外形图。

由于接近开关是通过其感应头与被测物体间介质能量的变化来取得信号的，因此，接近开关可以根据任何一种物理量，如电、光电、磁场、声音及超声波等，变换为电量来制成它的感应机构，这就出现了不同类型的接近开关。目前应用较多的有：电磁感应型(包括

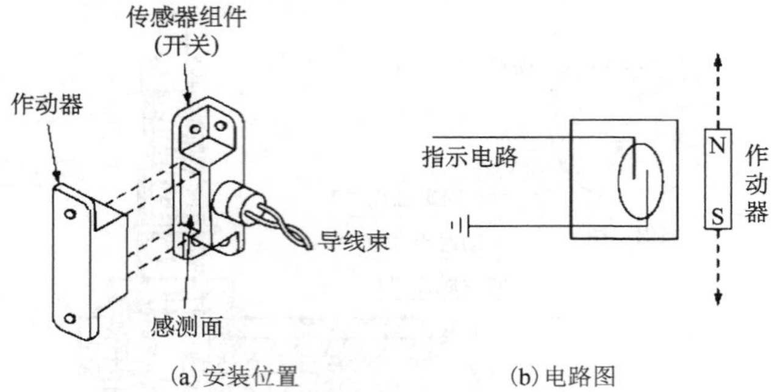

图 2.2.3　接近开关原理图(簧片型)

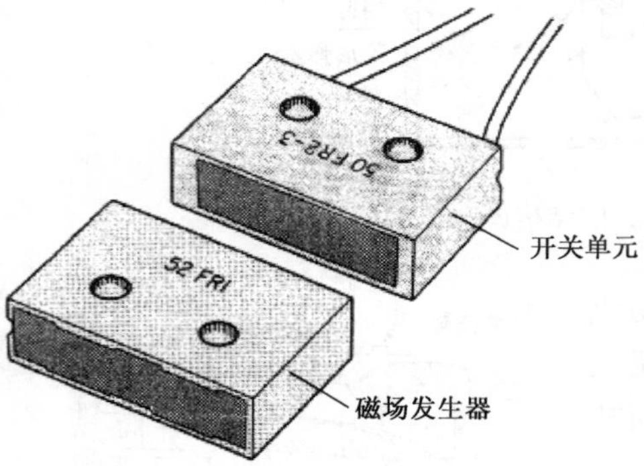

图 2.2.4　接近开关外形(电磁型)

差动变压器型，检测导磁或非导磁金属)、电容型(检测各种导电或不导电的液体或固体)、永磁型和磁敏元件型(检测磁场或磁性金属)、光电型(检测不透光的所有物质)、超声波型(检测不透过超声波的物质)、高频振荡器型(检测各种金属)。

固态型接近开关基于一个电感回路和磁性目标而工作，电感回路是一个开关组件的输入级，电子开关组件构成作动器的一部分。当目标靠近线圈时，线圈的电感发生变化，电路用于确定电感何时到达了预先设定的量值。如图 2.2.5 所示是固态型接近开关原理图。图 2.2.6 是接近开关在飞机上的应用原理图。

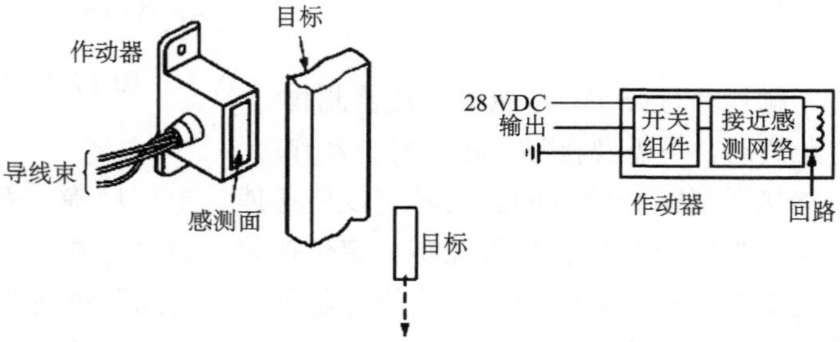

图 2.2.5　接近开关原理图(固态型)

有些飞机装有接近开关电子组件(Proximity Switch Electronic Unit，PSEU)，用于接收各种部件的位置信息，并将该位置信息传给其他系统，主要有：起飞和着陆可变外形警告系统；起落架位置指示和警告系统；空中/地面继电器；登机舷梯和舱门警告系统。PSEU 与主警示系统集成在一起，用于指示是否有起飞前必须纠正的问题。

在大型客机上微动开关和接近开关的典型应用包括襟翼、起落架、舱门等，共有 100 多个这样的器件，维护时需要调整微动开关和接近开关的位置，确保正确定位。

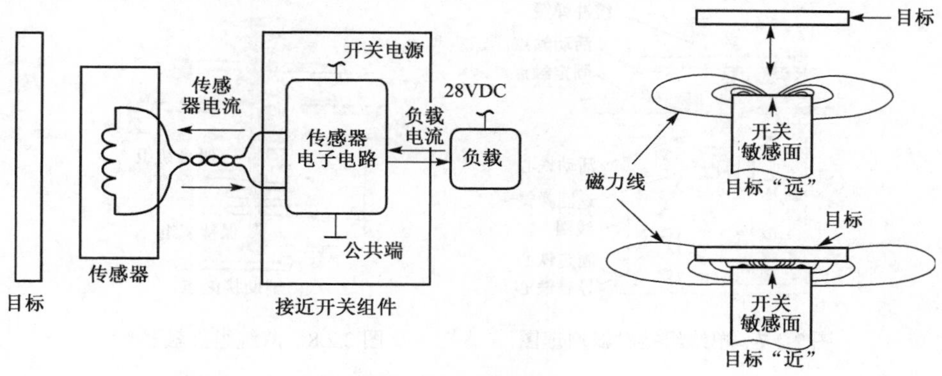

图 2.2.6 接近开关在飞机上的应用

2.2.2 电磁控制装置

电磁控制装置是飞机电气系统中广泛使用的一种控制装置，它是利用电磁铁来操纵活动触点，以控制电路的接通、断开或转换的，电磁控制装置通常分为接触器和继电器两大类。

1. 接触器

接触器是一种用于远距离频繁地接通、断开或转换大功率电路的电磁控制装置。它可以安装在远离驾驶员的任何地点，而驾驶员通过操纵安装在驾驶舱里的手动开关来控制它的线圈电路，实现接通、断开大电流的目的。

接触器的种类很多，按照其接触点所控制电路性质的不同，可分为直流和交流两种；按照触点的类型不同，可有单极单投、单极双投、双极双投、三极单投、三极双投等多种；按照接触器本身的结构原理则可分为单绕组、双绕组和机械闭锁式接触器等。

1) 单绕组接触器

单绕组接触器的原理图如图 2.2.7 所示，从图中可以看出，当线圈没有通电时，电磁铁的电磁力等于零，活动铁心在返回弹簧力的作用下被推向上方，使触点分离。线圈通电后，电磁铁所产生的电磁力大于返回弹簧的弹力时，返回弹簧被压缩，活动铁心向固定铁心一边运动，活动触点与固定触点接通，从而使外电路接通；线圈断电后，在返回弹簧的作用下，活动铁心带动活动触点恢复原位，将外电路断开。

2) 双绕组接触器

双绕组接触器的结构与单绕组接触器基本相同，其主要不同点是双绕组接触器采用两个电磁线圈，一个称为吸合绕组，另一个称为保持绕组，如图 2.2.8 所示。当线圈接上电源时，由于保持绕组被辅助触点短接，电源电压只加在吸合绕组上。由于吸合绕组导线粗、电阻小，电流就比较大，所以能产生较大的电磁力，将主触点接通，从而接通外电路。在主触点接通的同时，连杆的末端（系用绝缘胶木制成）即将辅助接触点顶开，这时，保持绕组与吸合绕组串联，电路中的电阻增大，接触器就以较小的线圈电流将主触点维持在接通状态。

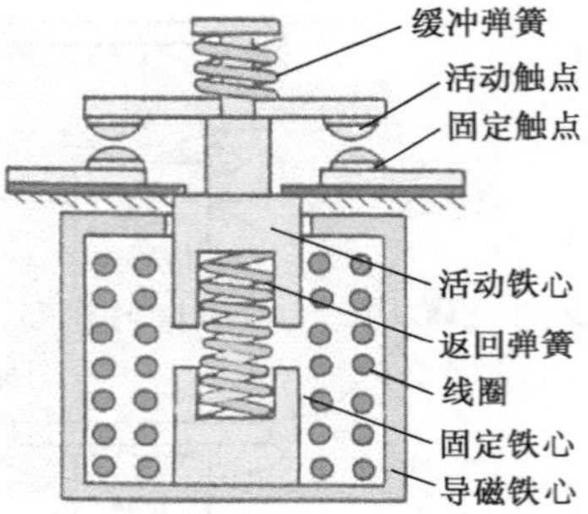

图 2.2.7 单绕组接触器原理图

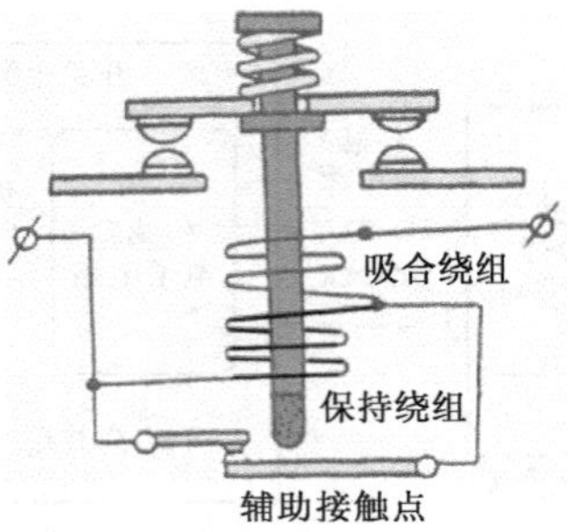

图 2.2.8 双绕组接触器

3) 机械闭锁式接触器

机械闭锁式(又称机械自锁型)接触器是以机械方法使主触点在电磁线圈断电后仍能自行保持其工作位置的接触器，这种接触器的结构比较复杂，其原理示意图如图 2.2.9 所示。它有两个电磁铁：吸合电磁铁和脱扣电磁铁。吸合电磁铁的工作线圈称为吸合线圈，脱扣电磁铁的工作线圈称为脱扣线圈。吸合线圈通电后，吸合电磁铁的活动铁心被吸下并被脱扣电磁铁的活动铁心锁住。此时，三对主触点接通被控制的电路，活动铁心下端的辅助触点转换，吸合线圈电路断开；脱扣线圈电路接通，为脱扣线圈通电做准备。当需要接触器断开被控制的电路时，只需要给脱扣线圈通电即可。脱扣线圈通电后，机械闭锁机构脱钩，活动铁心在返回弹簧的作用下恢复原位，主触点跳开。由于机械闭锁接触器具有可靠性高、长时间工作不消耗电能等优点，因此它在飞机上得到广泛使用。

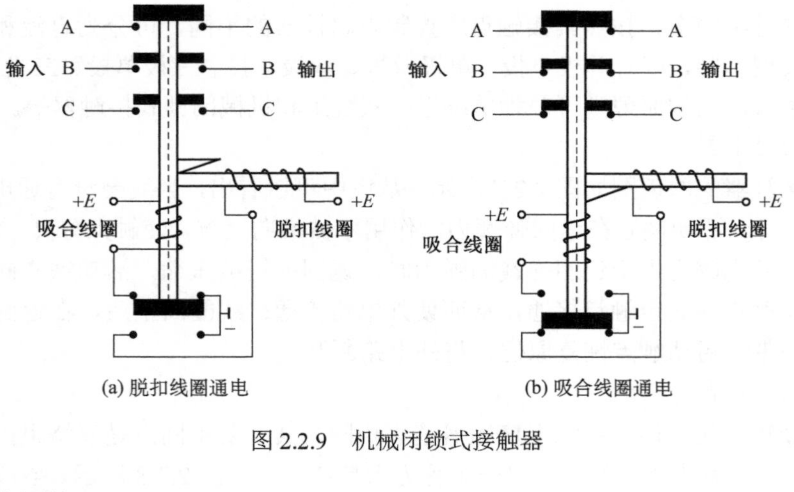

图 2.2.9 机械闭锁式接触器

4) 磁保持接触器

如图 2.2.10 所示，磁保持接触器有两组线圈，即跳开线圈和吸合线圈(或叫闭合线圈)，当吸合线圈通电时，主回路三对触点吸合，即 T1－L1、T2－L2、T3－L3 由断开转换为闭合，此时辅助触点为跳开线圈的接通做好准备。如果此时给跳开线圈加电，则 T1－L1、T2－L2、T3－L3 由闭合转换为断开。一旦闭合线圈吸合，在永久磁铁的作用下，可以在不外加电的情况下保持闭合，具有节约电能、减少损耗的作用。

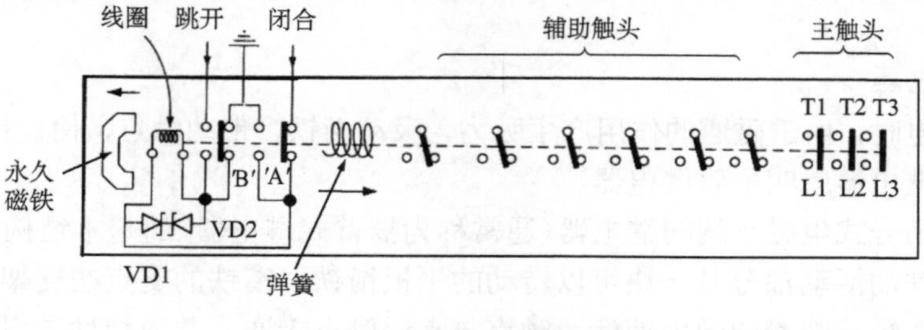

图 2.2.10　磁保持接触器原理图

磁保持接触器的主要技术数据如表 2.2.1 所示。

表 2.2.1　磁保持接触器的主要技术数据

序号	技术指标名称	定义说明
1	主触点额定电流	主触点允许通过的额定电流值
2	主触点额定电压	触点长时间正常工作的电压
3	闭合绕组的工作电压	给闭合绕组加电，使主触点闭合的最小工作电压
4	跳开绕组的工作电压	给跳开绕组加电，使主触点跳开的最小工作电压

2. 继电器

继电器是远距离和自动控制系统中应用极广的一种开关电器。与接触器比较，继电器的触点所控制的电路功率小，能够在自动与遥控装置中保证实现规定的动作程序。在航空上，它对实现飞行控制的综合自动化起着主要作用。继电器的主要技术指标如表 2.2.2 所列。下面分别介绍电磁继电器、极化继电器、晶体管继电器、混合式继电器和固态功率控制器。

表 2.2.2　继电器的主要技术指标

序号	技术指标名称	定义说明
1	额定电源电压	使电磁继电器线圈长时间正常工作的电压
2	接通电压	在常温条件下，继电器线圈通电后，由衔铁带动触点可靠动作所需要的最小电压值
3	断开电压	继电器在吸合工作状态下，降低电磁工作线圈到使衔铁刚要返回原位时的电压值，即使触点能够断开时的最高电压值
4	额定负载	继电器控制触点允许通过的额定电流值
5	触点压降	一对触点在通过额定负载电流时，在触点两端产生的电压差
6	接点压力	触点接通时，两触点之间的压力
7	动作时间	从继电器工作线圈开始通电的瞬间至衔铁带动触点完成工作所需要的时间
8	线圈的工作电流	继电器线圈在额定电压作用下，长时间稳定工作状态通入线圈的电流。它产生的电磁吸力是衔铁保持工作的需要，它通过线圈电阻的发热是线圈发热的来源
9	寿命	指触点保持正常转换电路的能力，常用继电器的动作次数表示

1) 电磁继电器

当线圈通电时，由于磁通的作用产生吸力，吸动衔铁，带动触点，使被控制电路接通、断开或转换的继电器就叫电磁继电器。

一种具有拍合式电磁系统的继电器(通常称为摇臂式继电器)的基本结构如图 2.2.11 所示。它的电磁铁的活动部分是一块可以转动的平板衔铁，衔铁的支点在支架上。电磁铁的线圈未通电时，恢复弹簧的弹力使活动触点与常通触点接通，并使弹性导电片变形，以给触点提供一定的接触压力。

线圈通电后，当电压达到其动作电压值时，电磁吸力便大于弹簧弹力，衔铁就绕支点转动，使活动触点离开常通触点，而与常断触点接通。线圈断电时，在恢复弹簧的作用下，衔铁与活动触点都回到原来的位置。

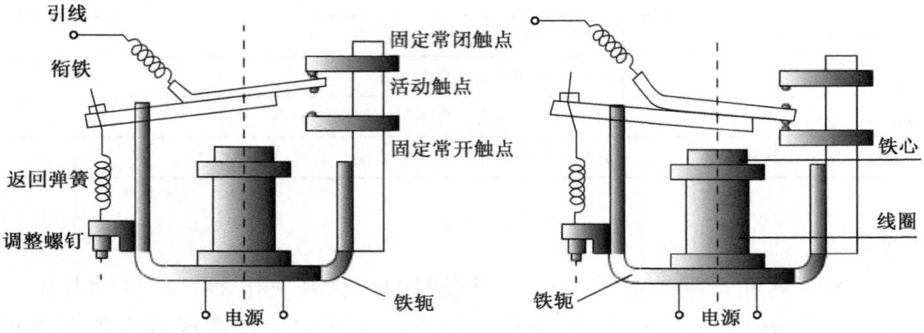

(a) 线圈未加电源时的状态　　(b) 线圈加电源时的状态

图 2.2.11　摇臂式继电器原理图

2) 极化继电器

相关内容请扫描二维码观看。

3) 晶体管继电器

相关内容请扫描二维码观看。

4) 混合式继电器

相关内容请扫描二维码观看。

极化继电器　　晶体管继电器　　混合式继电器

5) 固态功率控制器

固态功率控制器(Solid State Power Controller，SSPC)的初期产品系由分立元件组成，前述晶体管继电器就是如此。随着电子技术的发展，如今已广泛使用集成化的固态继电器，如图 2.2.12(a)所示是固态功率控制器的外形图，引脚 3、4 为控制信号，其幅度为 3～32V，适用于各类电平，引脚 1、2 为继电器开关输出信号，根据各种信号不同其触点电流能达到几十安培和几百安培，由于可以采用微处理器进行编程数字化控制，这种固态功率控制器在飞机配电系统中得到广泛应用。

图 2.2.12(b)是直流型 SSPC 的原理图。从图中可以看出，这种固态继电器的输入端采用光耦合方式，这可为输入控制信号提供一个输入与输出端之间的通道，又可在电气上断开 SSPC 中输入端与输出端之间的电气连接，避免输出端对输入端的影响。这种耦合方式动作非常灵敏，响应速度极高。由于输入端的负载是发光二极管，这使 SSPC 的输入端很容易做到与输入信号电平相匹配，在使用中能与逻辑电路直接接口，能用微处理器或集成电路输出电平直接驱动，即受“1”与“0”的逻辑电平控制。从整体上看，SSPC 只有“+”“−”两个输入端和“C+”“E−”两个输出端，是一个四端器件，工作时，只要在输入端加上一定的控制信号，就可控制输出端 C+与 E−之间的“通”与“断”，实现开关功能。这种 SSPC 的典型使用接线图如图 2.2.12(c)所示，正电源经负载 R_L 接 SSPC 的 C+ 端。当有信号输入时，二极管的 VD_1 或 VD_2 发光，光电晶体三极管 VT_1、VT_2 和 VT_3 饱和导通，R_L 通电工作。对电感性负载(如继电器线圈、电磁铁线圈等)，则应在负载两端反并联一只二极管 VD_3，以便为负载电路断开时提供一个续流通路。

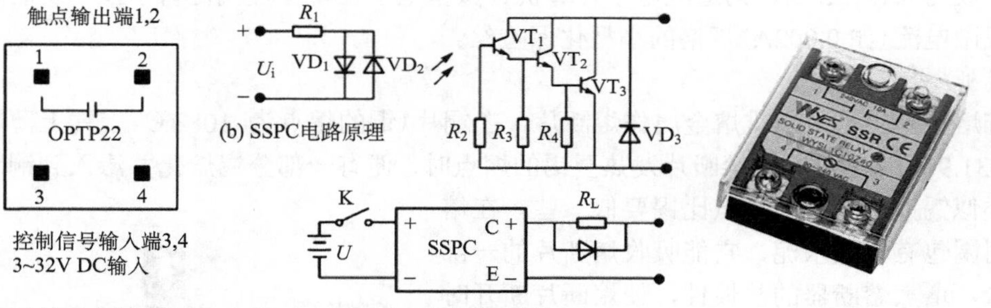

(a) 固态功率控制器　　(c) SSPC与负载的连接　　(d) 实物图

图 2.2.12　直流型 SSPC 电路原理

2.2.3　电路保险装置

飞机上用电设备很多，导线比较长，多数飞机又是以金属机体作公共负线或“地”线。如果对飞机电气设备使用不当或者由于摩擦、振动等原因，很可能使用电设备和输电导线受到损伤，绝缘层遭到破坏，造成短路。另外，如果用电设备工作不正常，还可能出现电流长时间过载(超过额定值)的情况。短路和长时间过载不仅会烧坏导线和用电设备，造成供电中断，还可能引起火灾导致严重事故。为了避免这种情况的产生，飞机输电线路中设置了保险装置，当电路发生短路或长时间过载时，保险装置自动将短路(或较大过载)的部分立即从电路中切除，从而保证电源的正常供电和其他电气设备的正常工作。飞机电路保险装置(又称电网保护器)有保险丝和自动保险电门两种。

1. 保险丝

保险丝又称熔断器，它的主要构成元件是金属熔丝，串接在被保护的电路中。当被保护的电路出现短路或长时间过载时，熔丝就会发热到熔化温度而熔断，从而切断电路，起到保护电路的作用。保险丝虽存在只能使用一次等缺点，但具有结构简单、成本低廉等优点，因此在航空上得到了广泛应用，飞机保险丝可分为易熔、难熔、惯性三种。

1）易熔保险丝

易熔保险丝的熔丝常用铜、银、锌、铅、锡等材料制成。飞机上的易熔保险丝是将熔丝装在玻璃管内，玻璃管两头有金属插脚（或套管）插入专用的保险丝座内。这种保险丝的主要特点是熔丝惯性比较小，主要用来保护电路免遭短路的危害。因此，在过载能力比较小的用电设备电路中，常采用这类保险丝，如图2.2.13是飞机上采用的易熔保险丝。

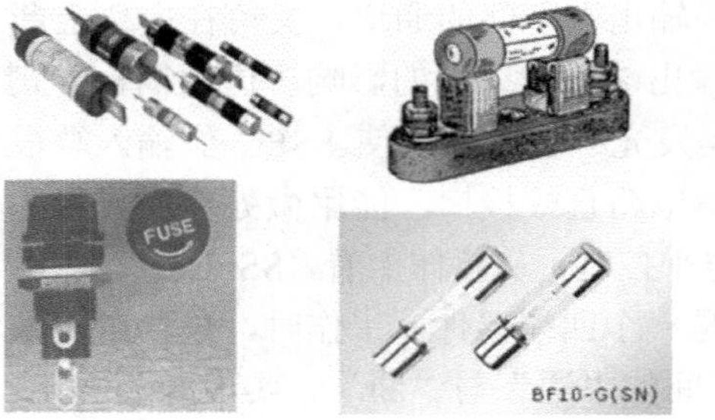

图 2.2.13 易熔保险丝

英美制飞机上还常用一种指示型熔断器，即在其管座顶端有个与熔丝并联的指示灯，用于交流电路的是氖气灯，琥珀色透明灯罩；用于直流电路的是白炽灯泡，淡色透明灯罩。当熔断器完好时，灯泡被熔丝短路，灯不亮；当熔断器烧断时，就有电压加在灯泡和与其串联的电阻上使灯燃亮，表明电路故障。易熔保险丝的额定电流一般为0.15～20A，为适应电子计算机、微型电子设备等现代化科学技术发展的需要，已出现微电流（如0.002A）规格的小型化保险丝。

2）难熔保险丝

难熔保险丝是采用难熔金属作熔断片，在铜片（铜的熔点为1083℃）上挂上薄层锡（熔点为231.9℃）。这样，在熔断片发热至锡的熔点时，便有一部分锡熔化并渗入到铜片中去，形成类似锡铜合金，其熔点比锡要低一些。在熔断片周围包有石棉水泥，它能吸收熔断片的一部分热量，增大熔断器的热惯性，使熔断片断开时产生的电弧迅速地熄灭。难熔保险丝对小电流不敏感，但在发生大电流短路时有明显的限流作用，主要用于飞机电源系统的短路保护。飞机上常用的难熔保险丝外形如图2.2.14所示，其额定电流一般为200～900A，典型型号为NB-100、NB-200和NB-300等。

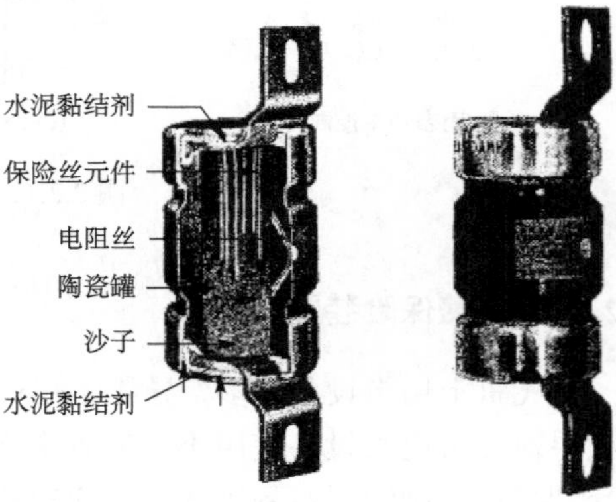

图 2.2.14 难熔保险丝

3）惯性保险丝

某些用电设备（如电动机）允许短时过载，采用上述保险丝将不能满足电路保护的要求，因为它们的热惯性较小，如果采用额定电流同电动机的额定电流相配的熔断器，则熔丝在电动机启动过程中将会因启动电流大大超过其额定值而迅速熔断，中止电动机的启动；如果用额定电流大于电动机额定电流的普通熔断器，又不能保护电动机免受长时间过载的危害。因此，要保护容许有较大的短时过载的电路，就需要热惯性较大的保险装置。它在过载时，需较长时间才熔断；而在短路时，又能很快熔断。惯性保险丝就是为适应这种需要制作的。

这种保险丝在结构上包括两大部分，即短路保护部分和过载保护部分，图2.2.15为外形图，图2.2.16为内部结构图。短路保护部分的熔化材料是黄铜熔片，它装在纤维管左隔腔内，被熄弧用的石膏粉或磷石灰粉包围着，黄铜熔片的熔断电流比额定电流大得多，它只在短路或过载电流很大时才能熔断。过载保护部分的熔化材料是低熔点焊料，它将两个“U”形铜片焊接在一起，其作用是在过载电流不是很大，但超过一定时间之后切断电路。熔化易熔焊料所需的热量，主要由装在纤维管右腔中的加温元件经质量较大的铜板供给。由于铜板的热容量和散热面积较大，故有较大的热惯性。

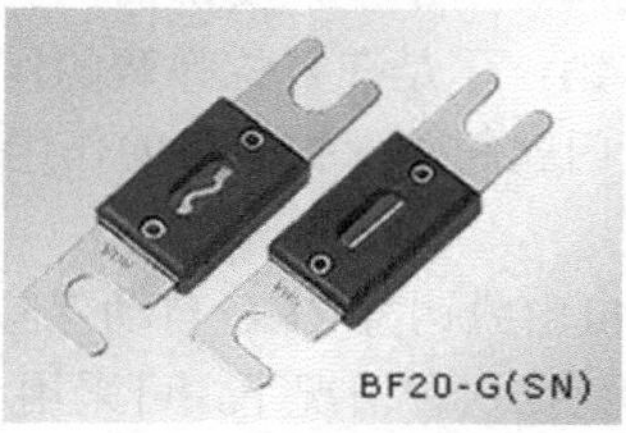

图 2.2.15 惯性保险丝外形图

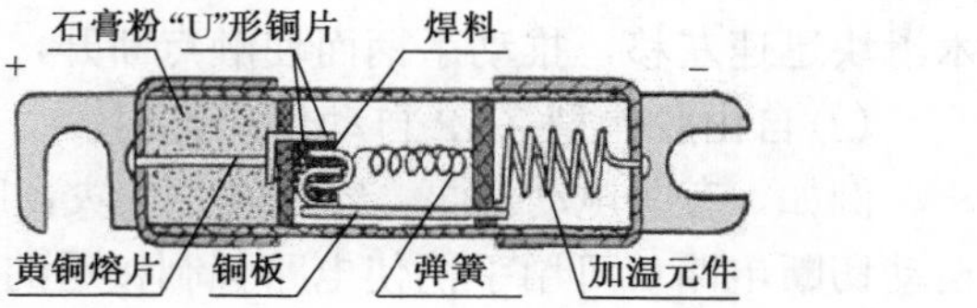

图 2.2.16 惯性保险丝的内部结构图

当有电流通过时，加温元件和黄铜熔片同时发热。过载电流不是很大的情况下，黄铜熔片由于其熔化电流比过载电流大不会熔断，而易熔焊料则在经过一段时间后就会被熔化，焊料熔化后，弹簧把一个“U”形铜片拉开，电路就被切断。因为铜板有较大的热惯性，故易熔焊料达到熔化温度需要一定时间，这就使惯性保险丝具有较大的热惯性。在发生短路或过载特别严重的情况下，易熔焊料因铜板的热惯性较大不能立即熔化，而黄铜熔片则迅速熔断，切断电路。图中还标注了安装极性，因为引起发热的是带负电的电子，过热加温元件接在了负端。

飞机上常用的惯性保险丝保护的额定电流一般为 5～250A，主要用于电机和具有启动特性要求的电路。

2. 自动保险电门

自动保险电门又叫自动保护开关或断路器，它是利用双金属片发热变形的原理，在短路或过载时自动操纵电门的触点使之断开可以保护电路。它不仅将电路保护和普通开关的作用合二为一，而且能多次使用。因此自动保险电门在飞机上被大量采用以取代保险丝。自动保险电门的类型很多，按其操作机构可分为扳动式和按压式两种。

1) 扳动式自动保险电门

飞机上采用的自动保险电门有非自由脱钩型(如国产 ZKC 型)和自由脱钩型(如国产 ZKP 型)两种，它们都具有扳动开关和保护设备的双重作用，其构造也都由开关结构和保护机构两部分组成。

(1) 非自由脱钩 ZKC 型自动保险电门。

这种保险门的结构如图 2.2.17 所示，它的开关机构主要由手柄、拨板和触点组成保护机构，又叫双金属，主要由双金属片、挡板、复位弹簧、胶木滑块和固定于胶木滑块下卡销组成。

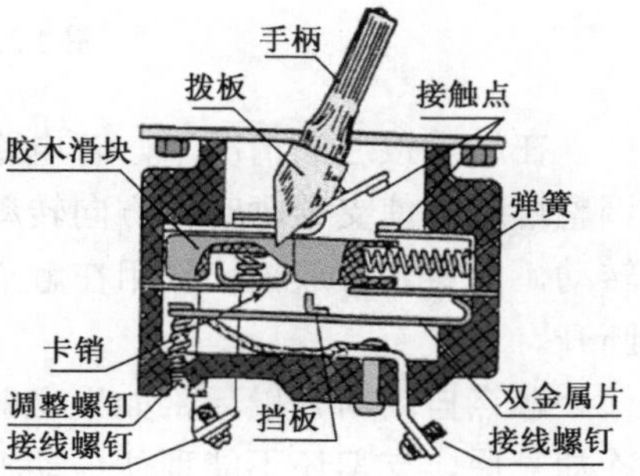

图 2.2.17 ZKC 型自动保险电门的结构

将手柄向左扳，活动触点与固定触点闭合，同时，手柄上的三角形拨板带动胶木滑块向右移动，压缩复位弹簧，当胶木滑块下的卡销滑过双金属片上的挡板后，即被挡板卡住。这时自动保险电门处于接通状态，工作电流通过左接线螺钉、接触点、双金属片、导线和右接线螺钉形成通路。以后再来回扳动手柄时，就只能控制接触点的接通与断开，胶木滑块不能返回原位，而停在右边。这样，自动保险电门就起到开关作用。

在保险电门接通情况下，若电路过载或短路，双金属片由于发热变形而向下弯曲。当双金属片弯曲到一定程度时，挡板脱离胶木滑块上的卡销，于是在复位弹簧的作用下，胶木滑块迅速左移，推动手柄而使触点断开，自动保险电门就起到保护电路的作用。

(2) 自由脱钩型 ZKP 自动保险电门。

例如，有些电动油泵，容易发生火灾，所以采用非自由脱钩型 ZKC 自动保险电门，在自动切断电路后可用手柄使电路强制接通的特点不适用，在这种情况下，可采用 ZKP 型自动保险电门，其结构如图 2.2.18 所示。

ZKP 型自动保险电门的开关机构由手柄、压簧、传动板、恢复弹簧和触点组成；保护机构由双金属片、支架、调整螺钉等组成。如图 2.2.18 所示，当向左扳动手柄时，传动板右端由于被支架顶住而不能转动，压簧被压缩，当手柄移过中立位置后，压簧则产生向左的弹力，迫使活动触点向左移动而与固定触点接通，并使恢复弹簧拉长。接通以后的情况如图 2.2.18 (b) 所示。当向右扳动手柄时，则在手柄超过中立位置后，恢复弹簧的拉力将使触点断开。

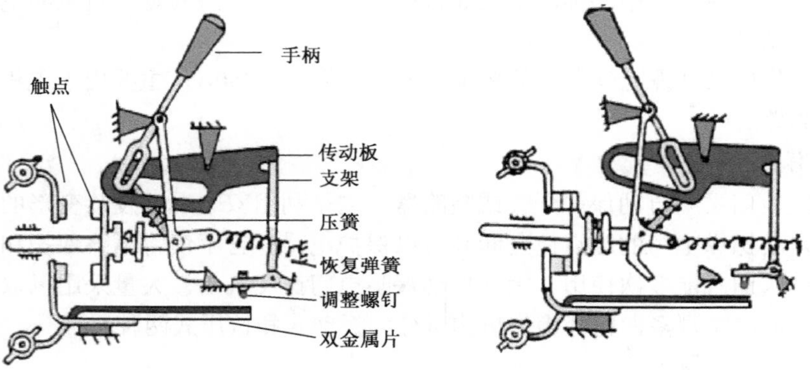

(a) 触点断开　　(b) 触点闭合

图 2.2.18　ZKP 型自动保险电门的结构

在触点接通的情况下，若电路过载或短路，双金属片发热变形，右端向上翘起，顶动调整螺钉，使支架顺时针方向转动而脱离传动板。这时传动板在压簧的作用下顺时针方向转动，压簧本身放松，作用在触点上的压力消失。于是，在恢复弹簧的作用下，触点自动断开。

触点自动断开以后，如果立即强行接通手柄，触点不会接通。因为此时双金属片尚未冷却复原，支架还不能顶住传动板，压簧没有向左的力，触点就不可能接通。此种不能手动强迫接通的保险电门称为自由脱扣型。

2）按压式自动保险电门

按压式自动保险电门又称断路器（breaker），也称跳开关，具有按钮开关和保险丝的双重作用，如图 2.2.19 所示，与保险丝不同的是，断路器可以复位(假定故障已经排除)。

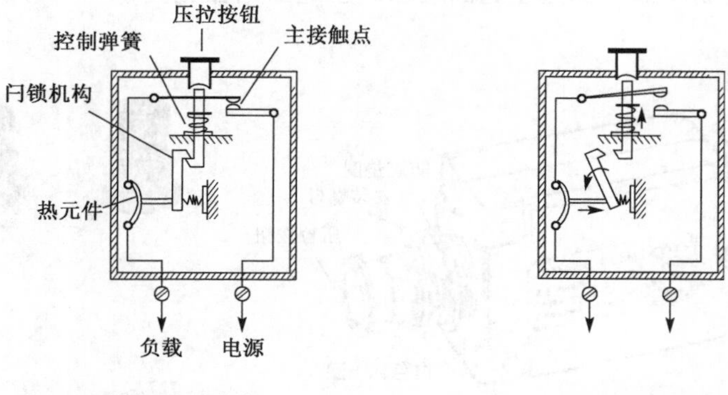

(a) 断路器闭合状态　　(b) 断路器断开状态

图 2.2.19　断路器的工作原理

正常工作时，按下按钮，电路接通，使电源和负载接通，当接通的电路电流超过规定值时将双金属片受热元件受热后发生变形，压迫弹簧，使闩锁机构发生逆时针方向转动而脱钩。如果再想接通电路，必须等双金属片降温恢复形状后，就可再次接通电路。这种按压式自动保险门能够重复利用，但在出现跳开现象后必须排除原有故障，方可再次接通电路。

在飞机上，断路器安装在电源设备舱内，按压开关集中地安装于断路器板(即跳开关板)上，如图 2.2.20 所示，只有压拉按钮露出在板面上。压拉按钮用于在电路过载或短路时自动跳开之后进行人工复位以及在必要时人工断开或接通被控电路。

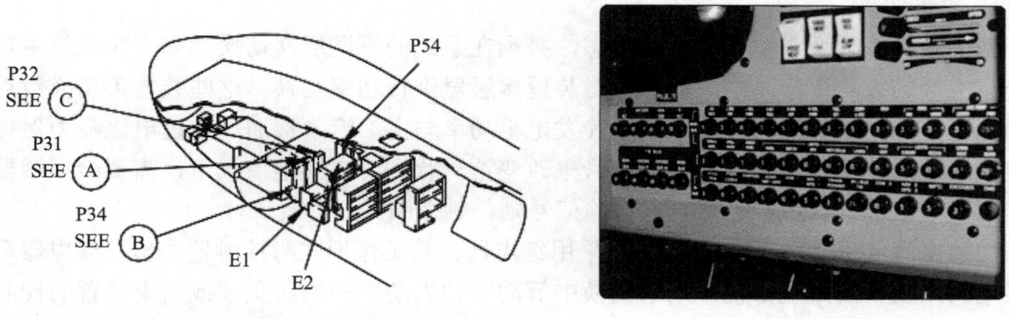

(a) 断路器的主要控制装置摆放在电子设备舱中　　(b) 驾驶舱中安装的跳开关面板

图 2.2.20　断路器在飞机上的位置及面板

压拉按钮上套有一圈白色标志带，可为脱扣情况提供目视指示。压拉按钮的表面还标有表示断路器的额定电流值数字，图 2.2.21 中标注为“2”，表示额定电流值为 2A。这种断路器的使用方法比较简单：按下压拉按钮，白色标志带被压进壳体内无法看到，表示断路器已接通电路：当发生短路或过载现象时，压拉按钮自动跳起，露出了白色标志带，这表明断路器已将电路自动切断。如果断路器在接通电路正常工作的情况下需要人工断开电路，只需将压拉按钮拉出即可，故称为压拉断路器。还有一种按钮只能压下接通电路而不能拉出断开电路的断路器则称为压通断路器。压通断路器相当于一个可以多次重复使用的保险丝。

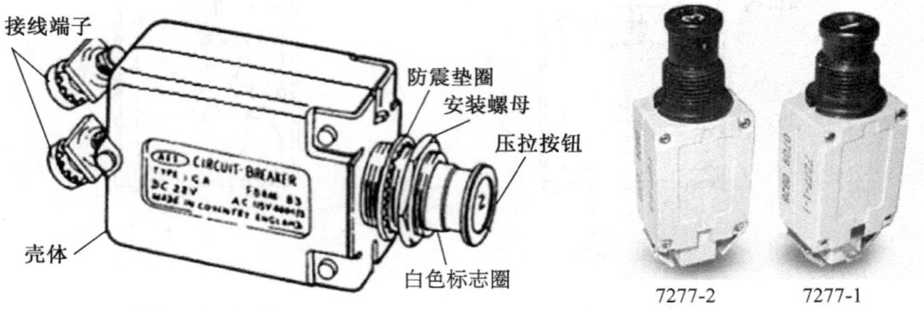

图 2.2.21　断路器外形

图 2.2.21 所示的断路器设置了两个按钮：闭合按钮和脱扣按钮。这种具有手动脱扣按钮的断路器，在正常情况下只需按下闭合按钮，就可以使电路接通，按下脱扣按钮，即可使电路断开。有的断路器还装有一个脱扣按钮盖以防止因疏忽而错误地操作脱扣按钮。这种具有闭合按钮和脱扣按钮的断路器多用于需要经常接通与断开的小功率电路中，即主要起一个开关的作用，习惯上又常将这种断路器称为跳开关。

在三相交流中，采用了三极断路器，它只有一个按钮(或手柄)供操作。只要有一相电路发生故障，就能使保护机构动作而使三相电路同时断开。

2.2.4　开关电器在功率分配中的应用

1. *功率切换*

为了重构或改变飞机电气系统状态，必须在系统的不同层次切换功率。在系统主功率部分占主导的大功率级，由大功率电磁装置接触器进行功率切换。这些装置可切换数百安培的电流，并用于直流和交流系统中使发电机功率与主汇流条接通。通过电磁吸力保持在选定的状态或位置，直到施加一个信号来改变这一状态。在其他情况下，需要给接触器持续作用一个信号来保持触点闭合，去除信号则使触点断开。

切换电流低于 20A 左右时，一般采用继电器。其工作形式与接触器类似，继电器可用在主电气系统中的某些部位，用于切换中等功率和大功率的次级负载或用电装置的控制。在电流更低但还需要指示机构状态的场合，可以应用简单的开关，如行程限制开关、压力开关和温度开关等。

2. *负载保护*

传统的断路器在出现过载时执行保护电路的功能。断路器有与保险丝或限流器同样的用途。断路器包括一组在电路正常工作时闭合的触点。该装置具有双金属元件作动的机械脱开机构。当过负荷电流流过时，双金属元件作动脱开机构，因而开启触点，断开电路的供电。为了隔断设备或飞机维护，可以用机械的方法向外拉出按钮使断路器断开电路。

断路器具有不同的额定电流值，用于不同的载流电路中。这使其脱开特性可与其他电路匹配。脱开特性的选择必须与上游的馈线脱开机构相协调。在飞机配电系统中断路器得到广泛应用，数量有几百个，如图 2.2.22 是断路器的脱开特性，不同环境温度脱开特性发生变化。

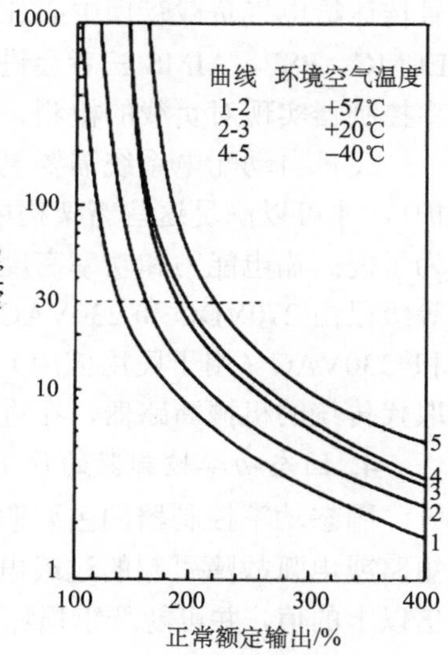

图 2.2.22 断路器的脱开特性

3. 先进飞机电气自动配电需求

随着先进多电（MEA）飞机和全电(AEA)飞机的面世，电力电子领域的技术进步以及当前飞机对电气设备需求的不断增加，飞机配电系统对节能航空的要求提升到新的发展水平。用电气系统替代传统的飞机系统可以显著提高飞机的可靠性、可维护性，以及改善在重量、体积和系统复杂性方面的性能。

由于现有飞机安装了大量新型设备，这些设备必须连入新的电气系统中，而且新设备的电压必须与常规电压共存，因此越来越需要变换器和逆变器等转换电路，所有的这些都意味着新式飞机配电系统越来越庞大化、复杂化。飞机自动配电系统中，采用固态功率控制器作为线路保护和电气负载控制的一部分，如图 2.2.23 所示是飞机自动配电系统框架。

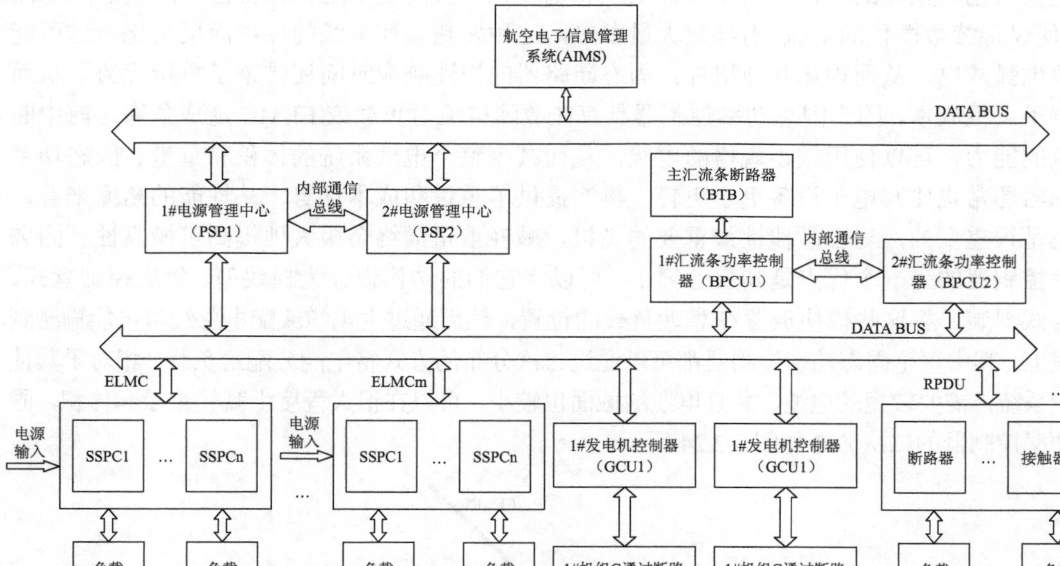

图 2.2.23 飞机自动配电系统框架

飞机自动配电系统结构主要为四个部分，航空电子信息管理系统(AIMS)负责整个系统的管理，相当于配电系统的大脑，供电系统处理机(PSP)通过数据总线将 AIMS 的控制信号传达给电气负载管理中心(ELMC)，ELMC 配合 PSP 对负载进行辅助管理。与此同时，ELMC、PSP、AIMS 三者会进行信号互换，ELMC 根据 PSP 的电源请求指令，通过固态功率控制器实现对负载的检测、保护。

飞机自动配电系统需要更多的电子设备(如 DC/DC 变换器、整流器、逆变器和固态保护)，才可以满足这些新架构中提出的需求。飞机的传统配电架构是 28VDC 和 115VAC。为了提高输电能力和功率密度，在飞机自动配电系统中，传统的 28VDC 和 115VAC 电压等级已由 270VDC 和 230VAC 等级代替。一次配电母线已升级到 270VDC（用于军事应用）和 230VAC（用于民用应用）。固态功率控制器通过用更小、更轻、更快、更可靠的开关取代传统的机械断路器，在进化中发挥了重要作用。

4. 固态功率控制器的作用和优点

固态功率控制器的主要职责是为配电系统中的电线和组件提供保护，使其免受主要由短路或电弧故障引起的过载电流的影响。在短路期间，电流可能会升至额定电流额定值十倍以上的值，并可能严重损坏配电系统内的电气组件，一旦检测到故障电流，SSPC 就会通过快速中断电路来保护这些组件。这是至关重要的，因为某些故障电流(如由负载故障引起的故障)使配电系统的寿命缩短很多，并且传统的断路器设备无法检测到这些瞬变现象。为了有效地解决故障电流的问题，功率控制器需要具有通过使用固态设备来实现快速故障电流中断的能力。对于配电系统这些新型的大功率大电流系统必须使用固态功率控制器，因为与传统的机电系统相比，固态功率控制器具有许多优势。

固态功率控制器的主要优点是能够在检测到电流后立即中断电流，这可以保护负载中可能被大电流损坏的组件，以及保护电线和电缆。连接的这些组件也会由于瞬间的大电流(即使仅持续数微秒的电流)而导致大量发热，这种发热会使电线的保护涂层劣化，这可能导致电弧放电，从而损坏其他组件。固态断路器的快速响应时间还带来了重量优势，从而节省了飞机成本。因为固态功率控制器具有在故障电流对负载或 ELMC 造成危害之前中断电流的能力，可以使用较小规格的电线，从而减少整个电气系统的体积和重量。固态功率控制器通常也比其电子设备更小更轻，再次提供了重量和成本优势。从性能的角度来看，这也是很重要的，对于敏捷性最重要的飞机，减轻重量最终会极大地提高可操纵性。固态功率控制器的另一个优点是其尺寸很小，可以将它们的结构设计为模块型、集成控制盒式、板卡式封装，将这些模块放置在靠近负载的位置，然后通过主电缆或配电总线将电能输送到负载上。其中每个固态功率控制器都可以通过二次分布的方式将电能分配给负载，相对于其他保护系统，需要较短的电缆，并且电缆的截面也较小，可以在很大程度上减轻重量和体积，固态功率控制器的二次分布如图 2.2.24 所示。

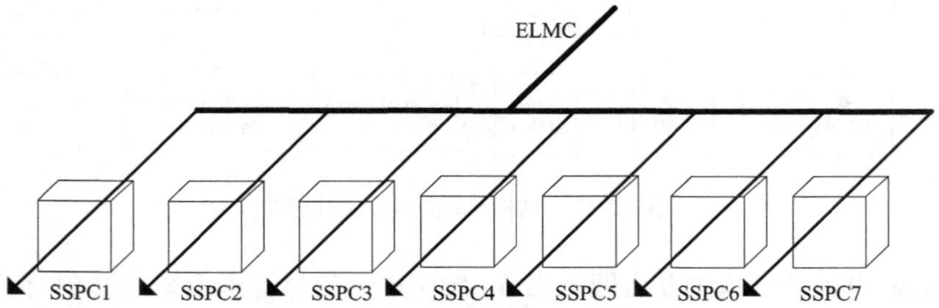

图 2.2.24 固态功率控制器二次分布

5. 固态功率控制的发展趋势

随着工作温度、开关速度的要求，SiC MOSFET 已经逐步取代 Si 器件，对于固态功率控制器，SiC MOSFET 的使用也逐渐广泛。SiC 基器件的宽带隙能量使它们可以在更高的温度下工作，而不会损失其电性能。随着温度升高，材料内的电子的热能会增加，并会在材料内自然存在的能带之间移动，能带之间跳跃所需的能量取决于它们之间的空间大小，因此被认为是"宽带隙"的材料能够在不使电子移动的情况下升高至更高的温度。硅基开关管的工作最高温度限制在 150℃左右，而研究发现，SiC 基开关管在 600℃的温度下仍处于正常状况，另外宽带隙能量还导致 SiC 器件具有更高的辐射硬度。

SiC 器件的较高击穿电场允许使用更薄更高掺杂的阻挡层，从而有效降低导通电阻。较低的导通状态电阻会导致有源器件的功耗降低，最终使固态功率控制器运行期间器件中产生的热量更少。尽管通过利用 SiC 半导体减少了发热量，但是不可避免的是最终的热量积累和温度升高。因此，与 Si 相比，SiC 的更高的导热性极为重要。SiC 器件中较高的热导率值直接归因于强大的硅碳共价键，而这在仅基于 Si 的器件中是不可能的。较高的热导率可在设备中提供更好的热管理，导致更多的热量从有源区传导出去，从而降低设备中的加热速率和温度升高，这种较慢的加热速率允许在较高的功率密度下运行，因此选用 SiC MOSFET 作为主要功率器件。

固态功率控制器所使用的大功率固态开关器件在品质和规格方面都已在稳步地增加。目前已进展到可获得既提供保护能力也可切换功率的固态功率开关装置。它有效地组合了继电器或开关和断路器的功能。现有装置的不足之处是，对于直流负载应用，很容易达到 22.5A 的额定容量，而交流负载的切换仅能在较低的额定容量下进行，并且具有通常不可接受的功耗。SSPC 的价格昂贵，其价位与它们所替代的继电器/断路器组合无法相比。SSPC 用于高工作循环场合也具有优势，因为在这些场合继电器容易磨损。

现有的 SSPC 额定容量为 5A、7.5A、12.5A 和 22.5A，并可用于切换 28VDC 和 270VDC。

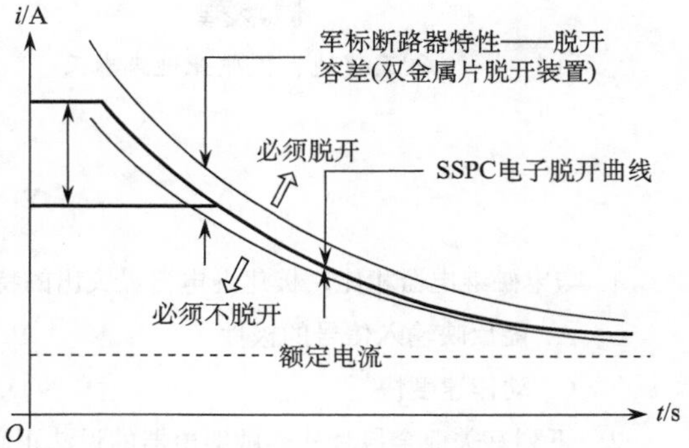

图 2.2.25　断路器与 SSPC 保护的比较

固态功率控制器比传统的断路器或断路器加继电器的组合有了巨大的改进。除成本以外，应用 SSPC 很重要的考虑也是因为它们提供比传统军标断路器更高的脱开精度，如图 2.2.25 所示。对于电保护装置，主要是在某种(故障)状态装置必须脱开，图 2.2.25 所示的脱开特性，其中粗实线表示 SSPC 的精度高，而右上的细实线表示军标规定的必须脱开状态，左下的细实线表示断路器绝对不能脱开，两根细实线之间就有可能出现两种相反的状态而导致误切换。换句话说，传统的断路器的精度低，甚至产生误动作。

航空断路器是以简单的双金属片脱开装置工作为基础，不足之处是制造公差将不可避免地引起装置脱开点之间一定的偏差，在某些应用场合，尤其是较复杂的系统中，必须考虑各种保护装置之间脱开特性的协调。要用监控器进行远距离监控断路器的工作状态。

SSPC的脱开特性曲线常由带微处理器的方法实现，精度高控制灵活，可使达到的脱开的容差在较严的边界内，可以实现不同于I^2R的脱开策略。对于某些负载，可以采用修正的I^2R特性。而对启动时具有大启动电流的其他负载，可能必须增加短时间的脱开电流门限。SSPC还具有更多的优点，更易于提供状况信息，还可以与计算机通信配合。

2.3 民航业的诞生、壮大与发展

在中国共产党风雨兼程的百年岁月里，中国共产党人艰辛探索、砥砺前行，实现了中国民航事业的凤凰涅槃，并使她从小到大、从弱到强，完成了一次又一次的惊艳起飞。下面梳理民航业诞生、发展和壮大的过程，激励广大学生热爱民航、热爱航空，树立为航空事业奋斗报国的精神。

1. 开天辟地，播下颗颗航空种子
2. 改天换地，民航业不断成长
3. 翻天覆地，民航业迎来春天
4. 惊天动地，推进民航业实现强国梦

相关内容请扫描二维码观看。

开天辟地，播下颗颗航空种子　　改天换地，民航业不断成长

翻天覆地，民航业迎来春天　　惊天动地，推进民航业实现强国梦

习　题

1. 与电磁继电器相比，极化继电器最突出的特点是(　)。

   A. 能反映输入信号的极性　　B. 能反映输入信号的大小

   C. 动作速度快　　D. 尺寸和重量小

2. 下列有关双金属片式热敏继电器的说法正确的是(　)。

   A. 双金属片通常由两层厚度和热膨胀系数都相同的金属层组成

   B. 当温度高于常温一定值时，双金属片的自由端向下弯曲，使触点断开电路

   C. 当温度降低时，触点能自动闭合

   D. 双金属片热敏继电器感受温度范围宽，工作可靠性高

3. 接触器触点系统安装缓冲弹簧可以(　)。

   A. 减小或消除触点的接触电阻　　B. 加速活动触点闭合的速度

   C. 减轻触点的撞击和弹跳　　D. 增大触点允许的负载电流

4. 双绕组接触器中的两个绕组的作用是( )。

A. 启动瞬时启动绕组独立工作，然后与保持绕组串联工作

B. 启动瞬时启动绕组独立工作，启动后保持绕组独立工作

C. 启动瞬时启动绕组与保持绕组串联工作，启动以后启动绕组退出工作

D. 启动瞬时启动绕组独立工作，然后与保持绕组并联工作

5. 下列有关机械自锁型接触器的说法正确的是( )。

A. 当动铁心吸合后，机械自锁型接触器仍需要消耗电功率

B. 吸合线圈断电以后机械自锁型接触器可以自行释放

C. 接通脱扣线圈，机械自锁型接触器在返回装置的作用下回复到释放位置

D. 脱扣线圈通电产生的电磁力使动铁心返回到释放位置

6. 磁锁型接触器的线圈未通电时，( )。

A. 活动铁心与静铁心之间的气隙较大，永久磁铁对活动铁心产生较大的吸力

B. 活动铁心与静铁心之间的气隙较小，永久磁铁对活动铁心产生较大的吸力

C. 活动铁心与静铁心之间的气隙较大，永久磁铁对活动铁心产生较小的吸力

D. 活动铁心与静铁心之间的气隙较大，永久磁铁对活动铁心不产生吸力

7. 电磁接触器采用双绕组电磁铁的目的是( )。

A. 减小电磁铁的吸力　　B. 改善电磁铁的吸力特性

C. 延缓电磁铁的动作速度　　D. 增加吸力，加快电磁铁的动作速度

8. 双绕组接触器在工作过程中电磁吸力的变化情况是( )。

A. 逐渐增大　　B. 开始一段时间急剧增大，随后减小

C. 逐渐减小　　D. 开始一段时间缓慢增大，随后急剧减小

9. 按钮式自动保护开关按钮上标的数字表示( )。

A. 动作时间　　B. 额定电压

C. 额定电流　　D. 允许过载的时间

10. 按钮式自动保护开关与熔断器相比，其优点是( )。

A. 对电路过载反应快　　B. 可以重复使用

C. 不必更换　　D. 能承受短时大电流的冲击

11. 各种电气设备的过载能力可以用( )来表示。

A. 伏安特性　　B. 安秒特性

C. 允许通过的最大电流　　D. 允许承受的最高电压

12. 按钮式自动保护开关在电路中使用时，如果“白色标志圈”不可见，则表示( )。

A. 电路是接通的　　B. 电路是断开的

C. 已经被损坏　　D. 延时断开的时间未到

13. 难熔熔断器中，在熔断片周围包裹的石棉水泥是为了( )。

A. 增加熔断器的机械强度和起电绝缘作用

B. 增加熔断器的机械强度和起散热作用

C. 增加熔断器的热惯性和起灭弧作用

D. 增加熔断器热惯性和起限制过电压作用

14. 电路保护器件的基本要求是它的安秒特性应该( )。

A. 高于用电设备的安秒特性　　B. 低于但接近于用电设备的安秒特性

C. 等于用电设备的安秒特性　　D. 远低于用电设备的安秒特性

15. 惯性熔断器的正负端接反的后果是( )。

A. 失去惯性　　B. 立即被烧坏

C. 电路过载时比规定的时间提前熔断　　D. 电路过载时比规定的时间延迟熔断

第3章 交流电源系统

飞机电源系统是现代飞机必不可少的重要组成部分，它的作用是产生和传输电能，向机上设备供电，如飞行控制、飞行管理、雷达、通信、导航、防冰、加温、生活服务和照明等。

随着科学技术和航空事业的发展，飞机性能和自动化程度日益提高，用电设备的种类和数量大大增加，因而用电量大大增加。近年来飞机电气系统取得了重大的进展，如图 3.0.1 所示是飞机电气系统的发展情况。

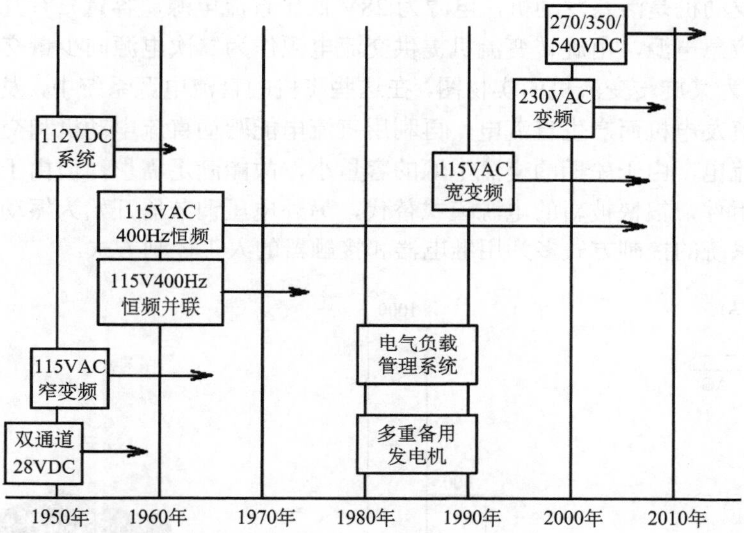

图 3.0.1 飞机电气系统的发展

现代大中型飞机上，主电源系统几乎已被交流电源系统取代，飞机电源工作的可靠性和供电质量都直接影响到飞机的安全和性能。所以，掌握交流电源的基础知识，保证飞机电源系统工作的可靠性，提高供电质量，对于做好维修工作是非常重要的。在学习交流电源系统以前，先了解交流电的基本原理和名词定义。

3.1 交流电路的基本概念

相关内容请扫描二维码观看。

交流电路的基本概念

3.2 飞机交流电源系统的发展概况

3.2.1 飞机交流电源系统的发展

如图 3.2.1 所示是我国民航所使用的飞机典型机种的飞机主电源的安装容量变化图，从图中可以看出，飞机电源系统从全部低压直流电源向交流电源过渡，容量从最早的一台 3kW 的直流发电机开始逐渐向大容量的多台交流发电机过渡。

早期的中小型飞机电源是以直流为主，容量最小的运-5 型飞机只有一台 3kW 的直流发电机。涡轮螺旋桨飞机则出现了交、直流发电机共有情况，如运-7、安-24 和伊尔-18 飞机。大型喷气式运输机电源容量大大增加，完全以交流电源取代了直流电源的主电源地位，B747-400 飞机装有 4 台 90kV • A 的交流发电机，电源总安装容量高达 360kV • A，A380 的交流主电源容量达到 600kV •A，而接近全电飞机 B787 的交流主发电机容量为 1MV •A。

飞机交流电源系统的变化主要受到用电设备需求的变化而得到发展，而动力装置的改变是交流电源系统得以实现容量需求的根本。通常按照飞机动力装置的发展情况划分飞机的不同发展阶段，现在再按此来说明飞机电源的发展情况。

早期飞机发动机是活塞发动机，电源为 28V 低压直流电源，容量只有几千瓦至十几千瓦，蓄电池为应急电源，由旋转变流机提供交流电源作为二次电源向少量交流负载供电，如图 3.2.2 所示为某旋转变流机的实物图，在这些飞机的直流电源系统中，发动机经过减速器直接驱动直流发电机而产生直流电，再利用直流电能驱动直流电动机和交流发电机的机组，而产生交流电，由于先期的交流电源的容量小，故能满足需求，但由于机组的噪声很大，又有旋转组件，很快被新的电源模式替代，另外电压调节器开始为振动式，后发展为炭片式。电源系统的控制方式多为用继电器和接触器的人工控制方式。

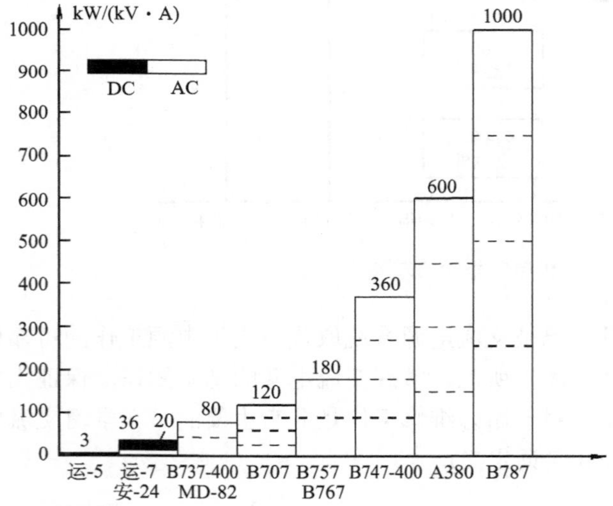

图 3.2.1 机载主电源安装容量的增长

（不包括蓄电池、APU 和 RAT 发电机）

图 3.2.2 旋转变流机

涡轮螺旋桨飞机的升限和航程都增大，对电源容量的需求也就增加。自 20 世纪 50 年代，在这些飞机上逐渐发展和采用了交流电源系统，因而出现了在涡轮螺旋桨飞机上交流与直流电源并重的情况，如我国民航使用的伊尔-18、安-24、运-7 和肖特-360 等机型。容量最大的伊尔-18 飞机，装有 8 台 12kW 直流发电机，还有 4 台 8kV • A 的交流发电机。在这一阶段的交流电源系统中，一般采用有刷交流发电机，单独向各自的汇流条供电。

电压调节一般采用磁放大器和炭片调压器，其控制方式仍多为用继电器和接触器的人工控制方式。

现代大型喷气运输机动力装置已发展到高涵道比的涡轮风扇发动机，电源系统的发展也更完善。喷气式飞机的电源系统均以交流电作为主电源。在较早的涡轮喷气飞机上，如B707、三叉戟、图-154 及 B737-200 飞机，采用的无刷交流发电机由恒速传动装置驱动发电，电源总容量达 80～120kV·A。20 世纪 60 年代以后晶体管调压器在飞机上得到广泛应用，控制电路则增加了晶体管元件，明显提高了自动化程度。到 B737-300 和以后的 B757、B767 飞机上，恒速传动装置和交流发电机合为一体形成所谓的组合传动发电机，与之对应的是变速恒频交流电源系统，如图 3.2.3 所示。

图 3.2.4 是 B757 飞机上组合传动发电机 IDG 组件图，图中有 IDG 的空气/燃油热交换组件和 IDG 在发动机上的位置，IDG 安装在发动机旁边，通过恒速传动装置 CSD 将发动机的动力传递给交流发电机，由于其结构紧凑，在波音系列飞机上也一直采用。

图 3.2.3 组合式 VSCF 系统实物图

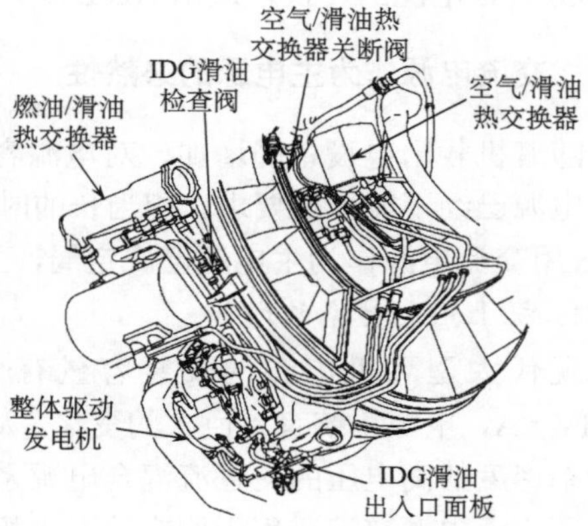

图 3.2.4 B757 飞机整体驱动 IDG 发电机组件

如图 3.2.5 和图 3.2.6 分别是安装在大型客机发动机机舱里的三相交流主发电机和与三相交流发电机相配的在尾部安装的辅助电源设备。

图 3.2.5 安装在发动机机舱里的主发电机

图 3.2.6 飞机尾部安装的辅助电源设备

大规模集成电路和电子计算机在飞机上得到广泛应用，而且一些主要机件都具有自检功能，电源系统的控制保护达到全自动化，每台发电机的容量已经发展到 90kV·A。由于大功率电子技术的发展，在B737-400的飞机上安装了大功率电子功率变换器，将变频交流电变换成恒频交流电取代恒速传动装置，称为变速恒频电源(VSCF)，装机单台容量为60kV・A。在B777飞机上则装了容量为20kV・A的变速恒频交流电源作为辅助电源。

A380飞机上装有4台宽变频交流发电机，每台容量为150kV・A，2台容量为120kV・A的APU变频发电机，还有1台容量为70kV・A的冲压空气涡轮发电机，用于应急交流电源的产生。

B787飞机的总容量达到1.5MV・A左右水平，每台发动机带有2台容量为250kV・A的启动发电机，获得每通道发电500kV・A的能力，发电机为变频发电机，反映了当时背离恒频400Hz电源的工业趋势，另外2台容量为225kV・A的APU启动发电机，每台启动发电机由APU驱动。

大型飞机以交流电源为主，直流电源只占总容量的5%～10%，一般用变压整流器(Transformer Rectifier Unit，TRU)、自耦合变压整流器(Auto Transformer Rectifier Units，ATRU)进行电能的变换，或由AC/DC变换装置的二次电源形式提供。

3.2.2 交流电源作为主电源的必然性

随着机载用电设备的增加，对电源容量的需求越来越大，采用低压直流电源作为飞机的主电源已经不能满足要求，相当长的时间内(除非当时270V高压直流电源新技术可靠采用)采用交流电源作为主电源已成定局，主要从下列几个方面说明。

1. *机上用电功率的增加*

现代大型飞机电源的安装容量有了巨大的增长，从最早的3kW到现在的接近1.5MV・A，电源系统有了巨大的变化，从发电和配电重量很大的低压直流电源系统，变为高功率密度的高电压的交直流混合电源系统。

而交流电源普遍采用无刷交流发电机，没有换向问题，因此交流发电机的额定电压可以提高，发电机的重量得以减轻。如表3.2.1所列，功率为18kW的直流发电机，重量达41.5kg，而喷油冷却的60kV・A，120/208V交流发电机的重量仅有17kg左右。而B787上的APU启动发电机，容量为225kV・A，而重量只有122.7 lb，即55.7kg(1 lb = 0.454kg)。250kV・A的变频启动发电机，重量为203lb，即92.2kg。

表3.2.1 重量功率对比

类别	功率/kW或(kV・A)	重量/kg	功率/重量比
直流发电机	18	41.5	0.43
喷油冷却交流发电机	60	17	3.53
变频启动发电机(B787)	250	92.2	2.71
变频启动发电机(B787 APU)	225	55.7	4.04

如表3.2.1所列，B787 APU的功率/重量比高的原因之一是变频范围为360～440Hz，而B787主发电机采用变频启动发电技术VFSG，其频率范围为360～800Hz，发电机的工作频率直接影响到电机磁性材料的选取和设计参数的选择，从而影响功率/重量比和容量。

交流电源系统普遍采用无刷交流发电机，没有换向问题，即使是有刷交流发电机，其电刷和滑环通过的只是交流发电机的励磁电流，所以交流发电机的额定电压可以提高，交流电网的重量可大大减轻。

例如，传送相同的电功率用28V直流传输改由115V交流传输，电压提高了约4倍。取相同电流密度，则导线截面积为原来的1/4。对于大型客机，其电网电缆常以百公斤计量，4倍的重量显然非常可观。

随着功率电子变换技术的发展，逐步采用270V高压直流电源，从电路上减少了三相115V交流整流滤波电路。而电压升高带来的益处是巨大的，电网及配电系统的体积减小，重量大大减轻，没有交流集肤效应，没有了用电设备级的三相整流滤波电路等。

2. 飞机电源工作环境条件的变化

空气对飞机飞行来讲是至关重要的，随着飞行高度的增加，直流电源系统的发电机因为有碳刷和整流子，它们的磨损变得越来越厉害。涡轮螺旋桨飞机的飞行高度约为6000m，一般喷气飞机则大约为10000m。高度的增加使大气空气稀薄，水蒸气含量急剧减小，到10000m高空水蒸气含量约为海平面的1/360。水蒸气对直流电机的电刷和整流子具有润滑作用，可以减少磨损，氧化生成的薄膜也可以形成保护层。所以，高空水蒸气分子含量的急剧减少，使得直流电机的碳刷与换向器之间形成干摩擦，碳刷磨损很严重，引起换向困难。而交流发电机则不存在换向问题，即使是有刷交流发电机，电刷和滑环只通过励磁电流，电流密度比直流发电机碳刷的小得多，所以碳刷磨损比直流发电机好得多。

3. 发电机冷却条件的要求

直流发电机整流子与炭刷的磨损和火花是发热的主要来源，直流电机大约有75%的损耗发生在转子上，因而直流发电机一般采用迎面气流通风冷却。但是在高空10～20km和高速飞行的条件下，采用迎面气流引入电机来进行冷却变得不可能，因为此时冷却空气达到了180℃。如果采用油冷，要把冷却油通到转子上，因电刷和换向器不允许接触油液，油密封的技术十分困难；而交流发电机发热损耗主要在定子上，冷却问题比较容易解决。

4. 电压和功率变换的要求

现代飞机上的雷达、通信导航和飞行控制系统等用电设备需要多种不同电压的交流电源和直流电源(如常见的±15V、±5V直流电压，36V交流电压等)。这些品种的电压必须由主电源获得，那么就存在着主电源变换成其他品种电源的技术问题，如何解决这个问题呢？如果要从28VDC主电源变换成15V或5V的直流电，若采用线性电源则效率非常低，若采用开关电源，有些指标要求高的场合就难以满足；若要将主电源变换成其他交流电源，那就要用到直流电动机——交流发电机机组(也称为变流机)，这种变流机组，噪声大、体积大、重量大，高空同样存在直流换向问题，如果要从主电源得到更高的直流电压，就要使用直流升压机或升压电源，大大增加了技术难度。

交流作为主电源时，变压器可以方便地得到不同电压的交流电，用变压整流器即可得到所需要直流。这些变换设备效率高(80%以上)，工作可靠性高。再者，现代飞机的用电设备约有90%采用交流电，约有10%的交流功率需要变换成直流电，因此变换能量的设备少，损耗也少。

随着开关电源技术的发展，电源变换装置已经彻底革除了工频变压器，随之而来的是含有高频变压器的开关电源的出现，20世纪90年代后因性能的提高而得到广泛应用。

3.3 交流发电机

飞机交流电源系统的主电源由发电机提供，经历了无刷交流发电机系统、恒速恒频交流发电机系统、变速恒频交流发电系统，直到变频交流电源系统，其中的关键发电装置就是发电机本体，最基础的发电机就是三相航空同步发电机，它是利用电磁感应原理实现机械能转换为电能的装置。三相交流电满足机上90%左右的负载用电，担负着变换后给蓄电池充电等多重作用。

同步电机的特点是转子转速 n 与定子产生的旋转磁场的转速 n_1 相等。同步电机的一个主要用途是作发电机，有时也作电动机和调相机运行。

3.3.1 旋转磁场的产生和同步转速的定义

1. 旋转磁场的产生

相关内容请扫描二维码观看。

旋转磁场的产生

2. 同步转速的定义

由上述分析可知，当三相交流电流按 $\omega t = 90° \to 210° \to 330° \to 450°$ 的方式变化时，在定子和转子的气隙里有大小为 $F = 1.5F_{\mathrm{m}}$ 的磁势，按顺时针方向旋转，设磁场的旋转速度为 n_1，经分析，其大小与通入信号的频率 f 和极对数 p 满足下列关系：

$$n_1 = \frac{60f}{p} \tag{3.3.1}$$

称 n_1 为同步转速(r/min)。当对称三相电流通入对称三相绕组时，必会产生一个大小不变，转速为 n_1 的磁场，这个磁场称为同步旋转磁场，用 n_1 表示同步转速。

3.3.2 航空同步发电机

一台同步发电机由定子、转子及壳体端盖等部分组成。定子和转子中，有一个是磁极而另一个则为电枢，电枢主要由电枢铁心和电枢绕组组成。为了减小涡流损耗，电枢铁心都是采用电工钢片重叠而成，在它的槽内敷设电枢绕组。磁极也由磁极铁心和励磁绕组组成，当励磁绕组通直流电后，就建立磁场。

1. 结构与组成

同步发电机按磁极特点分，主要有凸极式和隐极式两种。图 3.3.1 即为这两种转子结构的截面示意图。其中图 3.3.1(a)为凸极结构，它有着明显的磁极外形，励磁绕组通过直流电后，相邻磁极交替出现 N 极和 S 极。航空同步发电机的磁极几乎都是凸极结构，这种结构在电力工业中的小容量发电机及大容量低转速发电机(如水轮发电机)中也被广泛采用。隐极结构的截面如图 3.3.1(b)所示，这种结构承受的离心能力较强，故主要在大型和高速的汽轮发电机中应用。

按旋转部件不同，同步电机可分为旋转磁极式和旋转电枢式两类。对于旋转磁极式电机，转子是磁极，定子是电枢，一般情况下磁极在电枢之内，如图 3.3.2(a)所示，故也称为内极式。旋转电枢式如图 3.3.2(b)所示，它的定子是磁极，转子是电枢，故称为内枢式，这两种结构形式虽不同，但原理上没有本质差别。

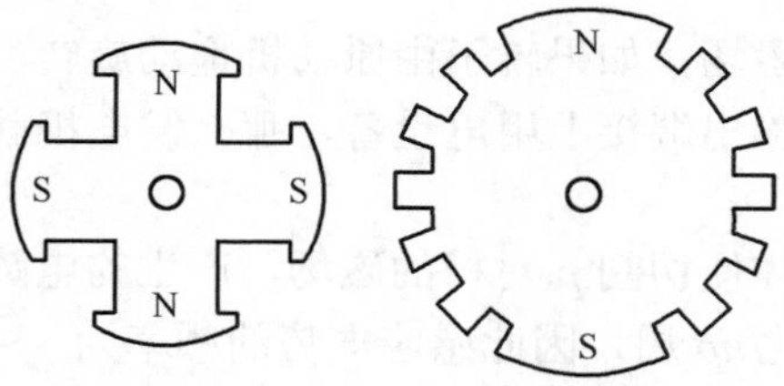

图 3.3.1　转子结构截面示意图

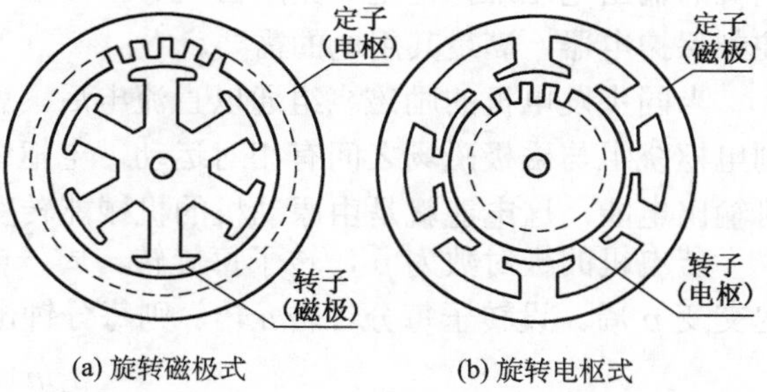

图 3.3.2　电机结构截面示意图

对于旋转磁极式，转子的磁极上的励磁绕组的电流要通过两个滑环和电刷引入，JF-20型航空同步发电机就是这种形式。主发电机即为三相同步发电机，同时装有一个小型永磁同步发电机，称为副励磁机，为主发电机的励磁和保护电器提供电源。

旋转电枢式电机的电枢绕组安装在转子上，因此发出的电能必须由滑环和电刷引出。若是三相发电机就是要三只滑环和电刷，而且和励磁绕组相比，电枢绕组的电压高、电流大，因此旋转电枢式电机的结构一般要比旋转磁极式复杂，只宜在小容量或特殊的同步电机中应用。例如，无刷电机中的主励磁机就是采用旋转电枢式结构。

现代飞机上广泛采用旋转整流器式三级无刷同步发电机，其电路如图 3.3.3 所示。无刷同步发电机装有主发电机和交流励磁机。主发电机为旋转磁极式同步发电机，交流励磁机是旋转电枢式同步发电机。电机转子上还装有整流器，由于它随转子旋转，故常称为旋转整流器。这样电机运转时，励磁机电枢产生的交流电流直接经整流而供主发电机励磁。因此，可以调节励磁机的励磁电流来改变主发电机的励磁，实现调节发电机的输出电压。还有一个副励磁机，其结构为旋转磁极式永磁发电机，其三相绕组产生的三相交流电经整流后，

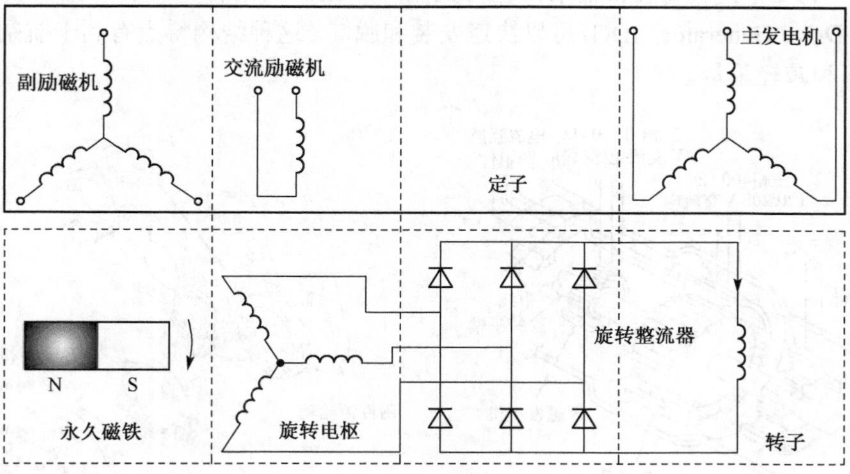

图 3.3.3　三级无刷同步发电机原理图

由调压器控制向励磁绕组供电。调压器的控制作用即是改变主发电机的励磁电流，使得发电机的输出电压维持恒定。副励磁机产生的三相交流电，经整流后还可以提供给发电机的控制保护电器，满足其用电的需要。

当同步发电机的励磁绕组通以直流电后，就形成磁场，如果转子由原动机拖动旋转，则电枢绕组与磁极磁场之间有相对运动，电枢绕组的输出端接上用电设备，那么发电机就可输出电能，这电能就是由原动机的机械能转变而来。

若电机的极对数为 p，转子每旋转一周，电枢导体便切割 p 对极的磁场，产生的电势也交变 p 周。设转子每分钟转 n 转，则每分钟电势变化 np 周，因此感应电势的频率为

$$f=\frac{pn}{60}\quad \text{Hz} \tag{3.3.2}$$

【例 3.3.1】发电机为两对极 $p=2$，需要产生频率为 $f=400\text{Hz}$ 的交流电，求输入到发电机转轴上的额定转速。如果极对数分别是 3 和 4，发出同频率的交流电，求转速。

解 当 $p=2$ 时，$n=\frac{60f}{p}=\frac{60\times 400}{2}=12000(\text{r/min})$

当 $p=3$ 时，$n=\frac{60f}{p}=\frac{60\times 400}{3}=8000(\text{r/min})$

当 $p=4$ 时，$n=\frac{60f}{p}=\frac{60\times 400}{4}=6000(\text{r/min})$

转子转速与频率及极对数保持严格关系才称为同步电机，根据 $n_1=60f/p$ 得到：三相交流绕组通以三相交流电时产生的旋转磁场的转速，常称为同步转速。如果电机轴的转速等于旋转磁场的转速 $n=n_1$，则称为同步电机。

无刷同步发电机避免了采用电刷滑环结构，因此可靠性高，也不需要经常维护，这对航空电机来说意义很大。图 3.3.4 所示为 B757 飞机无刷同步发电机结构图，它是恒速恒频交流电源系统的发电机，它的输入端无端盖，如图 3.3.5 所示，由于它与恒速传动装置配成一体工作，可共用一个端盖和轴承，也可共用一个油路，附件齿轮箱和组合传动发电机(Integrated Drive Generator，IDG)可以快速安装和脱卸。这种结构特点有利于航空同步发电机缩小体积和减轻重量。

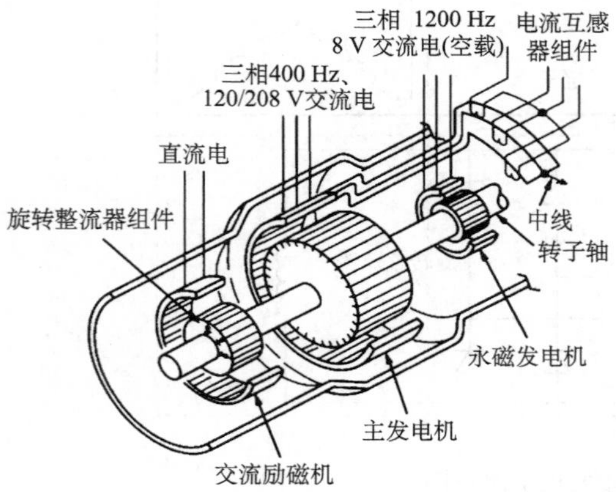

图 3.3.4 无刷交流同步发电机结构图

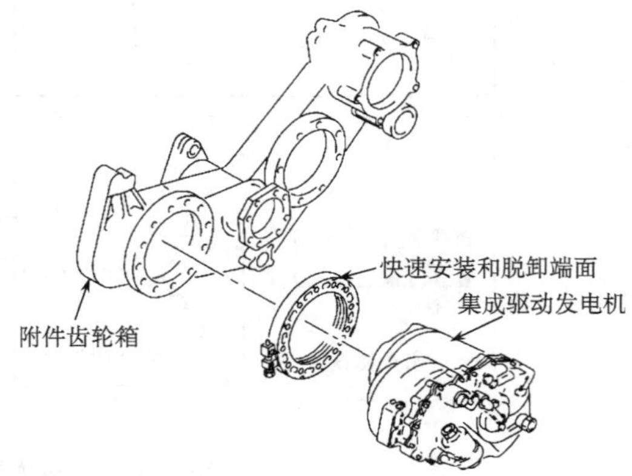

图 3.3.5 IDG 与附件齿轮箱之间的快速脱卸(B757)

如图 3.3.6 是 B757 无刷交流发电机原理框图，是典型三级式无刷交流发电机，具有负载电流监视和保护、频率检测、永磁发电机(PMG)的相短路检测和整流二极管短路检测等功能。

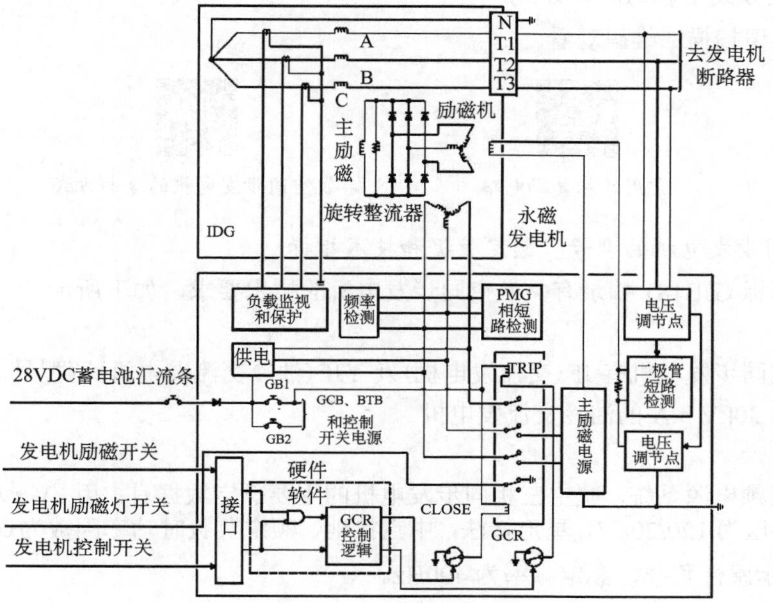

图 3.3.6　B757 无刷交流发电机原理框图

2. 无刷交流发电机的特性

相关内容请扫描二维码观看。

无刷交流发电机的特性

3. 交流发电机的相复励电路

交流发电机通常有窄变频交流发电机、恒频交流发电机和宽变频交流发电机，不同用途的交流发电机有一个共同特点——电机均为电励磁同步发电机。

交流发电机励磁系统的主要要求是：发电机外特性硬，即负载增大时，发电机端电压下降少，短路时具有强行励磁的能力，以产生足够大的短路电流和发电机电动势，保证保护设备可靠动作和提高并联工作稳定性。

发电机能否正确励磁关系到发电机输出电压的质量问题，一方面励磁电流的改变将引起输出电压的变化，另一方面负载电压的改变也会反映在输出电压的改变上，励磁电流的调节的关键是要弄清楚影响发电机端电压变化的因素，经分析，影响因素有：负载电流的大小、负载的性质、发电机端电压的大小。

励磁电流的大小与发电机端电压有关，并与发电机负载电流的大小成正比，这种励磁方式称为相复励方式。这是由于交流负载有电阻性、电感性与电容性，不同性质的负载在电流大小相等时，电枢反应对发电机的去磁作用是不同的。发电机的励磁电流不仅能反映发电机端电压和负载电流的大小，还能反映负载电流与电压之间的相位关系(即功率因数)，这样的励磁电路称为相复励电路，以便与不能反映负载性质的复励电路相区别。

另外，对于励磁电路都有起励容易和短路时具有强励磁能力的要求，因而实际采用的飞机交流发电机为相复励励磁电路。

常用的相复励电路有 3 种，即电压相加型、电流相加型和磁势相加型相复励电路，相关内容请扫描二维码观看。

4. 航空同步发电机的冷却方式

相关内容请扫描二维码观看。

常用的相复励电路　　航空同步发电机的冷却方式

5. 航空同步发电机的型号、额定数据和技术指标

参考国军标 GJB181 摘录有关航空同步发电机的技术要求，如下所示。

1) 型号

国产航空同步发电机有 JF(交流发电机) 及 YJF(油冷交流发电机) 两型号。例如，YJF-30 是额定容量为 30kV·A 的油冷交流发电机。

2) 额定数据

对恒速恒频电源系统，航空三相同步发电机的主要额定数据有：用 kV·A 表示的额定容量：额定电压为 120/208V，星形接法，中点接地，额定负载时功率因数为 $\cos\varphi=0.75$ (滞后)，滞后表示感性负载，额定频率为 400Hz。

3) 技术指标

技术指标主要指输出电性能的指标，其中有些由发电机本身性能决定，也有些是与配套设备共同决定的。根据有关 GJB 181 规定，恒速恒频三相同步发电系统的主要技术指标如下。

(1) 电压允许偏差。一般规定电压值精度为±2%，主要取决于调压器配套的性能。

(2) 频率精度。一般规定偏差在±1%以内，主要取决于恒速传动装置的稳速精度。

(3) 相电压波形。理想的相电压波形是正弦波，衡量电压波形失真的指标是波峰系数，即为 $\sqrt{2}\pm10\%$(波峰系数指电压峰值与电压有效值之比)；任何一次谐波含量不超过基波的 4%。

(4) 三相电压的对称性。三相电压对称指各相电压有效值大小相等，相位互差 120°电角度。但由于结构或工艺原因或三相负载不对称，会引起三相电压不对称，因此规定了各种不对称负载情况下各相电压之间有效值大小和相位偏差的限值。例如，以 2/3 不对称负载，规定各相之间相位移不超过±4%。

(5) 过载能力。发电机与调压器配置工作时，应能承受 1.5 倍额定负载 2 分钟和 2 倍额定负载 5 秒钟。

(6) 短路能力。与调压器配套工作时，发电机三相短路时，其短路电流应大于 3 倍额定电流持续 5 秒钟。

(7) 机械强度。应能承受 1.2 倍额定转速，运行 2 分钟。还应能承受振动、颠簸和加速度等环境恶劣条件。

3.3.3　交流启动/发电系统

由于恒速传动装置不能双向传递机械功率，在取消了恒速装置后，发电机可以实现启动/发电。因为 APU 发电机没有恒速装置，因此首先在 APU 发动机上实施采用启动/发电技术。采用变频电源的飞机，主发动机采用启动/发电是发展的方向。

1. 交流启动/发电机的结构

交流启动/发电机需要两个功能：一是作为发动机的启动器；二是作为交流发电机为飞机提供三相交流电。

1) 交流启动/发电系统结构

如图 3.3.7 所示为 B737NG 型飞机的 APU 启动/发电系统的结构框图，其中为了实现发动机的启动控制，增加了两个控制单元，即启动电源组件 (Start Power Unit，SPU) 和启动转换组件 (Start Converter Unit，SCU)。

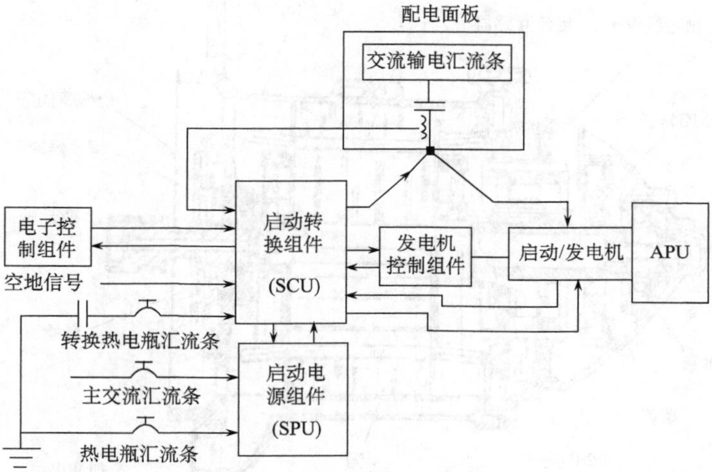

图 3.3.7　B737NG 型飞机的 APU 启动/发电系统框图

SPU 的功用是针对不同启动电源设计的，如果采用 115VAC 启动，则通过三相桥式整流变换为 270VDC，如果是 28VDC，如直流电和蓄电池电压，则通过升压电路也变换成 270VDC 电源，提供给启动转换组件 SCU。

启动转换组件 SCU 有三种工作模式，即启动模式、发电模式和两者之间的发电准备模式。

(1) 启动模式。在 APU 启动时将 SPU 提供的 270V 高压直流电变换成单相 115V 的稳压交流电供给启动/发电机 S/G 的励磁线圈，使励磁转子上产生感应电动势。同时，向主启动/发电机 (S/G) 定子线圈提供正弦脉宽调制 (Sinusoidal Pulse Width Modulation，SPWM) 的三相交流电来带动转子的转动，转子驱动轴通过花键与 APU 齿轮箱连接，带动 APU 转动。

(2) 发电模式。在 APU 稳定工作后，通过 SCU 内部的电压调节器根据发电机负载大小，控制励磁电压从而保证启动发电机输出电压稳定。当启动发电机的启动转速为 11550～

12450r/min 时，APU 发电机的输出功率为 97kV·A，输出电压为 120V/208VAC。除去馈电线路中的损耗后，在调节点上可以输出 90kV·A 的功率。

(3) 发电准备模式。在两种模式变换时，应该断开 SCU 的电源，在发电机输出的交流电达到规定值后，才能进入发电模式。在此过程中，有一段时间既非启动模式，也没有进入发电模式，称为发电准备模式。

2) 电机本体结构

如图 3.3.8 所示的是某飞机 APU 的交流启动发电机，其中本体是一台三级无刷同步发电机，内部装有永磁副励磁机、交流励磁机和主发电机。三个电机的旋转组件安装在同一个轴上，并固定在一个箱体内。

交流启动发电机采用油冷，含有冷却油的油路、入口和出口。与三级式无刷交流发电机相比，其主体除了一台带旋转整流器的三级无刷交流发电机外，还安装了一台旋转变压器作为测量电机转子位置的传感器，为了在启动发动机时能够实现电机转矩的矢量控制。

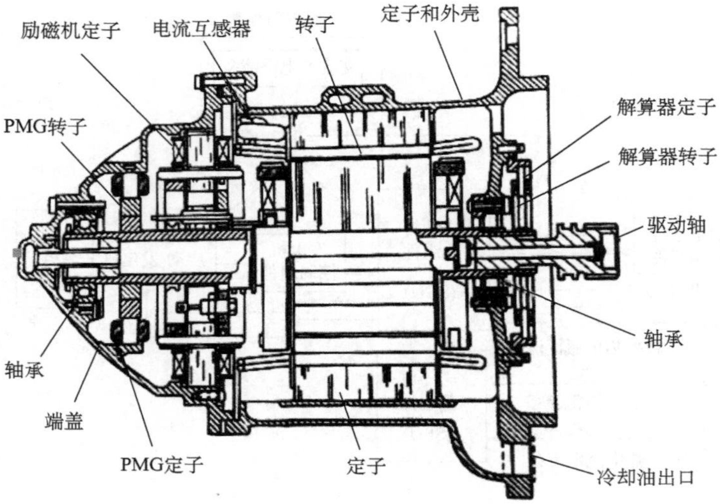

图 3.3.8 APU 交流启动发电机的结构

3) 启动电源组件

发动机启动可以使用 115V，400Hz 的三相交流电，也可以使用蓄电池电源。启动电源组件（SPU）把飞机上的 28VDC 或 115V，400Hz 交流电变换为启动功率变换组件（SCU）需要的 270V 高压直流电。由 SCU 控制 SPU 的变换模式，优先选择交流电源来进行功率变换，如果没有交流电可用，再选择蓄电池电源进行变换。图 3.3.9 所示是 SPU 和 SCU 的内部电路原理框图。

4) 启动功率变换组件

SCU 把从 SPU 得到的 270VDC 变换成三相电压和频率可控的三相交流电，提供给启动发电机的定子绕组，同时把变换成的单相恒频交流电提供给启动发电机的励磁机励磁绕组，使电机以电动状态运转启动发动机或者 APU。

由图 3.3.9 的 SCU 的功能原理框图可见，SCU 用于启动模式的功能组件有：DC/AC 逆变器、励磁机励磁电源、控制和保护逻辑电路等。需要指出的是，SCU 内部应有一个根据启动发电机参数、工作特性建立的电流数值表，为电机转速的函数。DC/AC 逆变器在把从 SPU 得到的 270VDC 变换成可控三相交流电，给启动发电机的定子绕组供电时，就会根据测量得到的电机转速，遵照该电流数值表对电流进行控制。

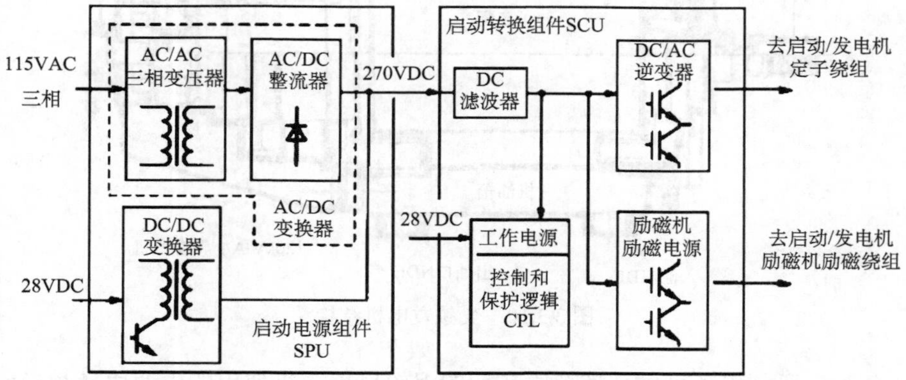

图 3.3.9 SPU 和 SCU 的内部电路原理框图

当需要采用 28VDC 蓄电池启动发电机时，逆变器控制电路中包括的蓄电池的电压监控电路，用于监控蓄电池的电压。在地面时只有当蓄电池电压不低于 18V，在空中时蓄电池电压不低于 20V 时，逆变器才能正常工作。逆变器内部还具有过流、高压、三相不平衡保护。

2. 交流启动发电机的工作原理

相关内容请扫描二维码观看。

交流启动发电机的工作原理

3.3.4 多电飞机变频发电机

由于恒速传动装置是大功率精密机械装置，结构复杂、体积大、重量重，维修成本非常高等特点，限制了交流发电机容量的增加，更大容量的发电机技术成为了瓶颈。

1. 概述

1999 年，美国 TRW 航空系统公司首先设计出适用于民用大飞机的高功率变频发电机。该发电机是三级无刷油冷电机，输出 120kV·A 的三相交流电，输出电压为 120V，频率范围为 380～780Hz，允许转速范围为 1～2.05，外形结构如图 3.3.10 所示。

由于发电机直接与发动机机械传动装置连接，转速与发动机的转速成比例，而使发电机输出电源的频率随着转速变化而变化。当发动机转速在 1～2.2 倍额定转速范围内变化时，电源频率就以 360～800Hz 变化，也就是发动机慢车转速与电源最低频率(360Hz)对应。调节发电机的励磁磁场可以调节发电机的端电压，这个功能由 GCU 完成。

2. 变频发电机的结构

对于直接用交流电源供电的设备，如电源变压器、电子变压器、电容、电感以及异步电动机，频率的变化给设计和使用带来了诸多问题，为了防止磁元件低频饱和高频损耗等一系列问题。对于转速变化范围较大的涡轮风扇发动机而言，在大多数负载使用的都是交流电的情况下，就有必要强调电源的质量了。

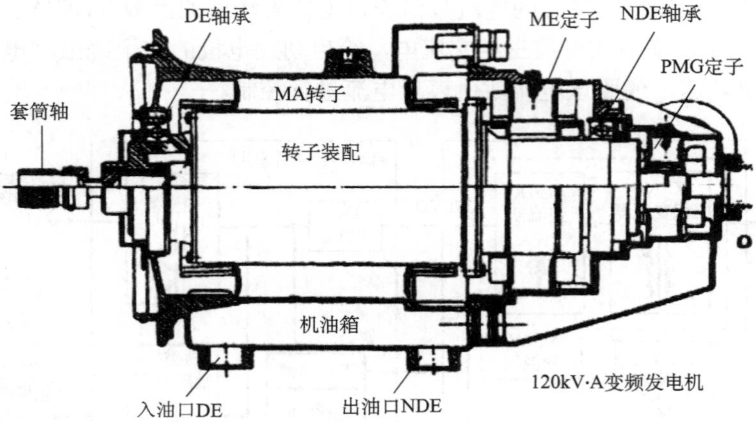

图 3.3.10　变频发电机结构

1991 年后，研制出了可供转速范围较宽的涡轮风扇飞机使用的电源质量与当前的恒频系统的电源质量相同的变频电源系统。如图 3.3.11 所示是组合传动发电机的结构示意图，图 3.3.12 是变频启动发电机的结构图。结构上得到了简化，体积重量下降，可靠性提高。

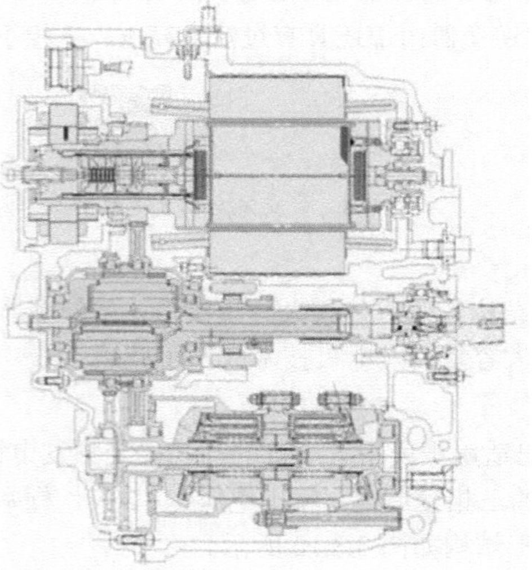

图 3.3.11　组合传动发电机的结构图(B777 飞机)

彩色结构图

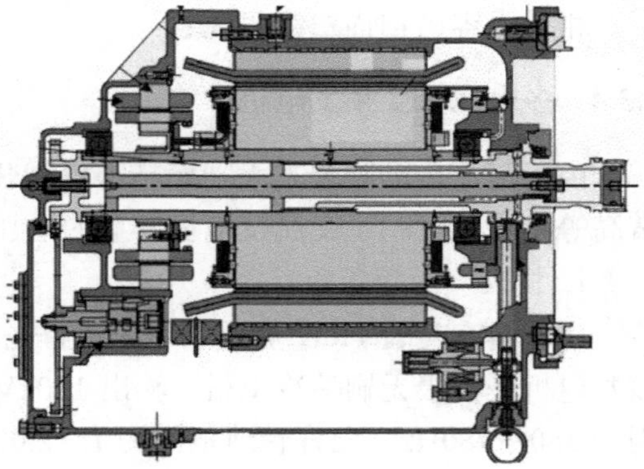

图 3.3.12　变频启动发电机的结构图(B787 飞机)

在不增加维护成本和确保其可靠性不低于恒速传动装置的前提下，这些变频电源系统能够提供相同质量的电源。变频发电机的技术数据如下。

1) 零部件的数量

一台变频发电机大约只包含 120 个零部件，而一台组合传动发电机则大约有 400 个零部件。零部件数量的减少降低了变频发电机的购买价格，提高了它的可靠性，并大幅度地降低了维修成本。

2) 可靠性

一份修理报告的统计数据表明一台组合传动发电机的平均故障间隔时间大约为6000h，理论值比这要高。而一台变频启动发电机的平均故障间隔时间超过了 30000h。

3) 单位时间飞行成本

一台组合传动发电机的每小时平均成本为 4.5 美元，而一台变频启动发电机的每飞行小时成本大约为 0.5 美元。对于一架装有两台发电机的飞机而言，仅发电机一项每飞行小时便可节约 8 美元。

4) 带给发动机的益处

(1) 与组合传动发电机相比较，变频启动发电机体积更小、重量更轻，所以发动机承受的悬挂力矩较小；

(2) 减小了振动，提高了可靠性；

(3) 变频启动发电机的体积仅仅是组合传动发电机的 60%，所以安装更容易；

(4) 变频启动发电机以更高的速度运转，降低了扭矩；

(5) 与组合传动发电机比较，对发动机产生的阻力降低了大约 70%；

(6) 发动机在冷机以及在风车转动状态下更容易启动。

5) 重量的影响

由于变频发电机输出的频率是变化的电功率，会对直接使用交流电的设备产生影响，即使如此，与组合传动发电机系统相比，变频发电机的体积重量要小得多。

3. 变频启动发电机的供电特性

对于变频电源而言，由于其传输电能的交流电阻抗变化而且增高，要保证可以接受的电源质量，必须对发电机和系统设计采取一些特殊措施。

1) 相电压不平衡度/相位移

相电压不平衡度是由各相之间负载不平衡所引起的，即发电机阻抗和馈线阻抗上压降的不均衡而引起的。在馈线较长的大型飞机上，馈线阻抗起着主导作用。

在使用恒频电源的供电系统的大型飞机上，由 16%的负载不平衡在发电机接线端上所造成的电压不平衡度为 3V，在调压点(Point of Regulation，POR)上造成的电压不平衡度为 8V。

变频系统中，在较高频段上电压不平衡度会更大，主要是由于馈线电抗的增大所引起的。

在 400Hz 调压点上造成的电压不平衡度为 8V 的大型飞机上，在最大频率上的电压不平衡度最高可达 12V。

2) 总畸变系数

总畸变系数(Total Harmonic Distortion，THD)必须考虑两个方面的因素，因为在电压调节点上的电压波形的失真由两个原因造成的：一是电压波形的固有失真；二是由失真的负载电流对电压波形的影响造成的。在变频系统中，由于整流器的负载数量可能更多，电源电抗也会更大，对单个负载电流的控制要求更加严格。对于大负载而言，甚至是 12 脉冲整流也不能被接受，普遍采用的一般是 18 脉冲和 24 脉冲整流，也使用了所谓的功率因数修正输入电路来降低失真度。由此可见，对电压谐波失真的控制主要在于设备供应商，并应该在任何新的电源规范文件中明确强调。

3）负载突变和电压瞬变

产生负载突变引起的电压瞬变的主要原因是电源回路在电压瞬变期间的电抗（瞬变电抗）会突变，造成馈线压降，瞬变振幅也会增大，但它通常的影响程度较小。为了避免在高频上出现过大的负载转换瞬变，在设计变频发电机时，其瞬变电抗必须比恒频发电机的小。

例如，在400Hz频率上的5V馈线压降，则在最大频率（800Hz）上的电压阶跃将是36V，将这一阶跃与115V相加，便得到一个151V（有效值）的最大电压。在突卸1.5倍额定负载时，电压阶跃为54V，得到的最大电压将是169V。

4）过电压特性

变频供电系统中，最高电压通常发生在发电机的励磁磁场最大、发电机轴上的转速最高或调压器的动态特性不足时。因此在设计发电机控制器时，必须采取相应的措施确保在电源汇流条上出现过电压的概率小于10^{-9}/h。

5）直流分量

随着飞机上使用的电源整流器的数量增多，故障整流器导致了电压直流分量的增加。解决这一问题的最佳方法是在电源输入处设置保护，即每一个此类型的负载都应能够检测其输入电路的故障，并在测量到直流达到一个不可接受的电平时将负载断开。

6）功率因数与容性负载

由于用电负载的电压品种与主电源发电机的输出电压不同，通常需要经过DC/DC或AC/DC变换器，整流桥后必带有电容滤波器，因此对发电机而言是很大的容性负载，特别是负载开机合闸瞬间，如果不采取措施，将形成大电容性负载对发电机的短路。

随着容性负载的增大，发电机主励磁磁场电流将减小。当容性负载使磁场电流接近零的程度时，调压器失去控制能力，发电机变为自激励，导致产生不稳定性和过电压断开。

当容性负载的电抗等于发电机的有效电源电抗，形成并联谐振电路时，便会发生这种情况。在这种情况下，发电机的有效电源阻抗即是发电机同步电抗。

3.4 交流电源系统的基本形式及主要参数

3.4.1 交流电源系统的基本形式

飞机交流电源系统发电的形式取决于发电机的传动方式，可分为变频交流电源系统与恒频交流电源系统两大类。早期的一些装有涡轮螺旋桨发动机的飞机上，一般采用变速变频交流电源系统。而在现代大型运输机上则广泛采用恒速恒频交流电源系统。随着科学技术的发展和新产品的出现，变速恒频交流电源系统也已在B737-400、MD-82、F-18型等飞机上使用，近期出现A380和B787以多种电压品种的混合供电形式出现，其中主电源为变速变频交流电源，而与早期的变速变频交流电源有本质的区别。

1. 恒速恒频交流电源

由于发动机从启动到正常工作，甚至正常工作时，它的转速会变化，这种变化的转速经过减速器后仍然是变化的，这使得输出的交流电压始终变化着（因为交流发电机的空载电动势$E = 4.44Nk_{\mathrm{w}}f\Phi$，其中，$\Phi$为每极下总磁通，$N$为每相绕组串联匝数，$k_{\mathrm{w}}$为绕组系数)，有了恒速传动装置，可先将转速恒定在一定的范围内，从而使输出电压稳定，如图 3.4.1 所示是恒速恒频交流发电机的传动方框图。

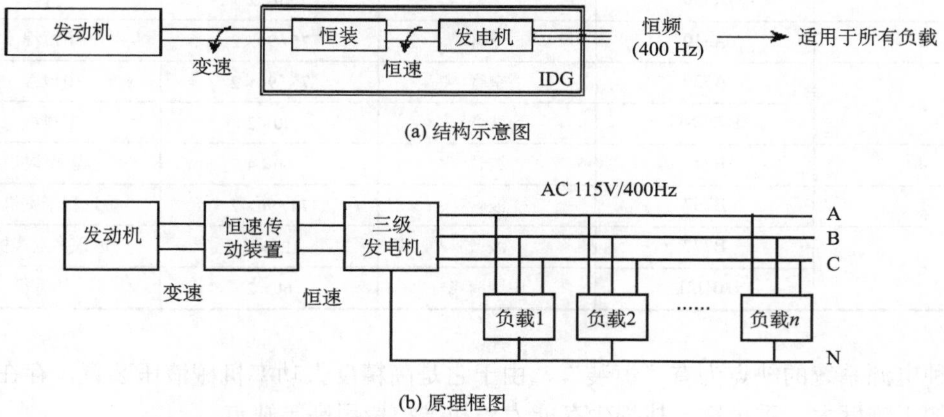

图 3.4.1 恒速恒频交流发电机

“恒装”的输出转速有：6000r/min（$p=4$）、8000r/min（$p=3$）、12000r/min（$p=2$），以与不同规格的交流发电机配套。

如图 3.4.2 是一种典型的组合传动发电机，已把恒速传动装置与发电机组合在一起。由于“恒装”大多采用机械液压式结构，为了保证输出转速的高精度和能输出相当的功率，它属于大功率的精密机械。另外还有电磁机械式恒装，这种恒装由于效率较低、热损耗大，一般应用于小于 30kV・A 的较小功率场合。

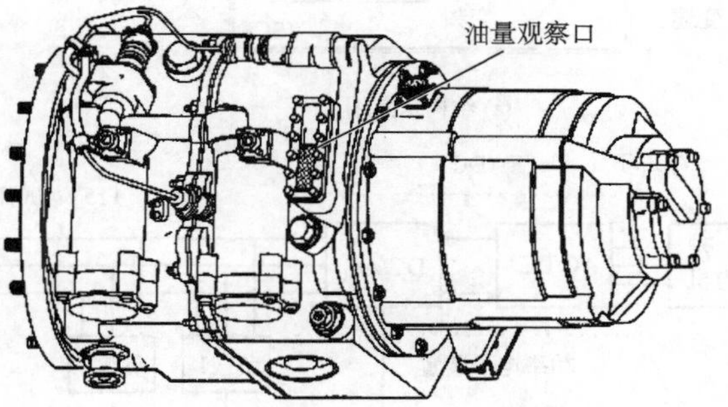

图 3.4.2 组合传动发电机的外形

恒频交流电源系统有很多优点，主要是恒频交流电对飞机上的各类负载都适用，而且由于电源频率恒定，使用电设备和配电系统的重量比变频系统轻，配电也比较简单，此外发电机可以单台运行也可并联运行。

由于恒频交流电所具有的优点及恒速传动装置在设计制造上取得了较大的进展，恒速恒频交流电源系统在现代飞机上得到了广泛的应用。表 3.4.1 所列是使用恒速恒频电源的部分飞机。

表 3.4.1 使用恒速恒频电源的部分飞机

序号	机型	生产者	主发电机容量/(kV·A)	飞行概况
1	A300	空客	90×2	宽体
2	A310	空客	75/90×2	中短程
3	A320	空客	75/90×2	中短程
	B737NG	波音	90×2	中短程
4	B747	波音	60×4	远程宽体机身
5	B767	波音	75/90×2	中远程半宽机身
6	B777	波音	120×2	远程半宽客机
	ARJ21	中国商飞	60×2	支线客机

这种电源系统的缺点为有“恒装”，由于它是高精度大功率机械液压装置，存在结构复杂、加工难度大、重量重、战损生存能力差和维护费用高等缺点。

2. 变速恒频电源系统

由于大功率电子技术的发展及恒装存在的缺点，变速恒频(Variable Speed Constant Frequency，VSCF)电源系统便应运而生。现在采用的变速恒频电源系统为交-直-交系统，即由发动机直接传动的交流发电机发出变频交流电，经过整流变为直流，再经过逆变器变换为所需频率和电压的交流电作为飞机的主电源，如图 3.4.3 所示是 B737 和 MD90 的 VSCF 方案，整流和逆变两部分常作为一个单元整体，常称为功率变换器或静止变流器。

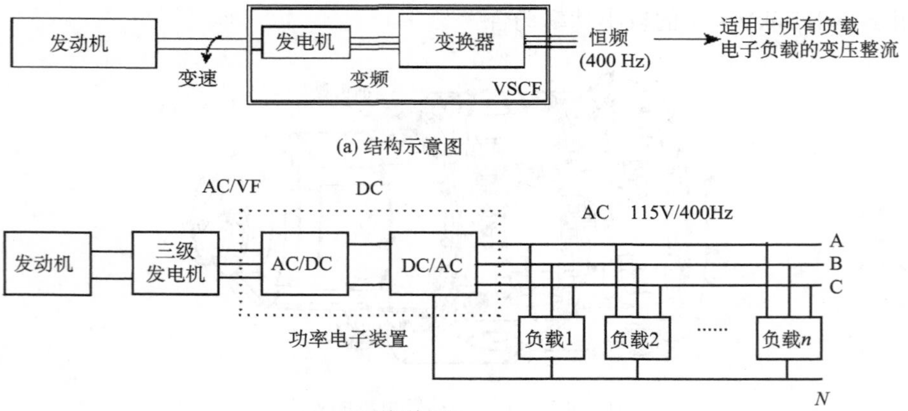

(a) 结构示意图

(b) 原理框图

图 3.4.3 变速恒频交流电源

变速恒频交流电源系统经过多年研究，于 20 世纪 70 年代开始应用于飞机。其后绝大多数的战斗机、轰炸机、运输机和干线客机，在采用交流电为主电源的场合，都在用恒速恒频交流电源。但是，那时变速恒频交流电源是其有力的竞争者。

CSCF 交流电源频率为(400±4)Hz，精度取决于恒装精度。而对于 VSCF 交流电源来说，频率精度为(400±1)Hz，取决于晶体管振荡器频率稳定精度，并且很容易达到。

表 3.4.2 所列是 20 世纪 90 年代报道的 CSCF 与 VSCF 交流电源的主要性能比较，从

表 3.4.2 中可以看出，VSCF 电源效率要高出 CSCF 电源系统 10%，对于安装电源容量为 30/40kV·A 的飞机来说，相当于可以增加 360kg 的燃油或其他装备。这是由于在一定效率条件下，发电量与消耗的燃油量成正比，如果效率高，则一定的发电量只消耗较少的燃油；如果一架飞机的允许总载荷不变，则可以增加装备重量。举例的重量则远大于由重量功率比稍大而增加的重量，即 VSCF 电源系统的实际飞行重量比 CSCF 电源系统还轻。对于携带燃油重量一定的飞机可以有更远的航程。

表 3.4.2　CSCF 交流电源与 VSCF 交流电源性能对照表

项　目	组合型 CSCF 交流电源	(AC—DC—AC) VSCF 交流电源
发电机效率/%	70	80
重量/功率比/(kg/(kV·A))	0.5	0.9
相对采购费	1	1
相对维修费	1	0.6
MTBF(可靠性)/h	2500	8000
供电质量	好	更好

维修费用和可靠性方面 VSCF 电源均有着明显的优势，发展 VSCF 电源的关键技术在于要有大功率半导体器件。电源系统结构灵活，除发电机必须装在发动机附件机匣外，其他部件安装位置灵活多样。采用组合式结构的 VSCF 电源同组合式 CSCF 电源一样，可以很方便地取代 CSCF 电源。VSCF 电源能实现无刷启动发电，生产和使用维护方便，有利于减少飞机全寿命预期费用。

但由于电子器件本身的特点，变速恒频电源也有缺点，主要有：

(1) 电子器件允许工作结温低，电子变换器的工作环境温度没有恒速传动装置高；

(2) 电子变换器承受短路和过载的能力较低，因而变速恒频电源的容量常被定义为如 60/40kV·A 方式，即额定容量为 60kV·A，而过载容量则以 40kV·A 计算标准，如 5 秒钟 100%过载为 80kV·A。

3. 变速变频交流电源系统

变速变频(Variable Speed Vary Frequency，VSVF)交流电源系统通常分为两类，即窄变频交流电源系统和宽变频交流电源系统。

1) 窄变频交流电源系统

如图 3.4.4 所示，交流发电机由发动机通过减速器直接传动，因而输出交流电的频率随发电机转速的变化而变化。传动装置简单、重量轻而可靠性好。主要缺点在于发电机间不能并联供电。

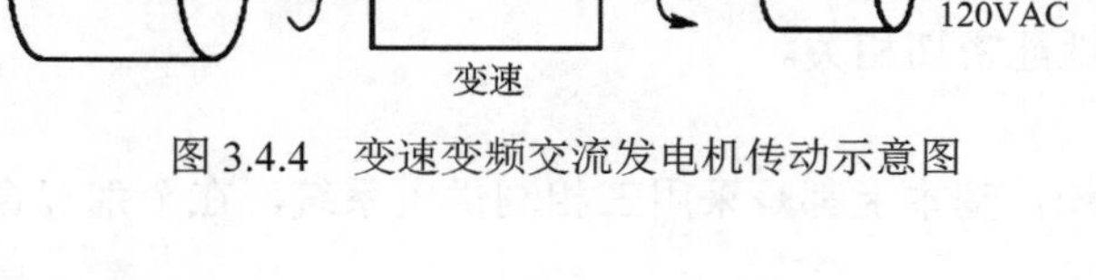

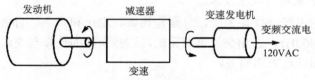

图 3.4.4　变速变频交流发电机传动示意图

这种电源系统适用于装有涡轮螺旋桨发动机的飞机或直升机，因为这种发动机的转速变化范围很小，所以发电机输出频率变化范围不大。从前的安-24、运-7、肖特-360等飞机均采用了这种电源系统。

2) 宽变频交流电源系统

宽变频交流电源系统由交流发电机和控制器构成，交流发电机直接由发动机附件传动机匣驱动，因为没有了恒速传动装置，输出电能的频率无法控制，形成频率随着发动机转速变化的变频电源，如图 3.4.5 所示。

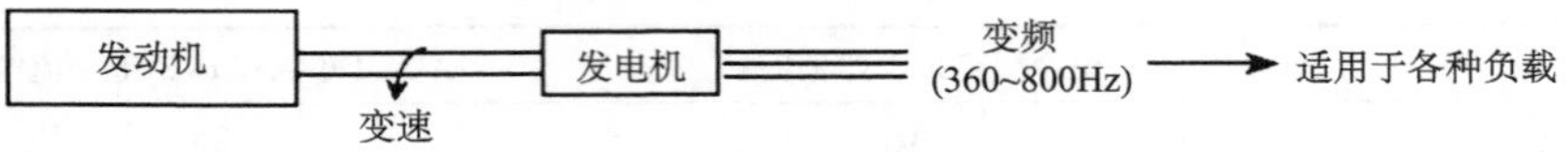

(a) 结构示意图

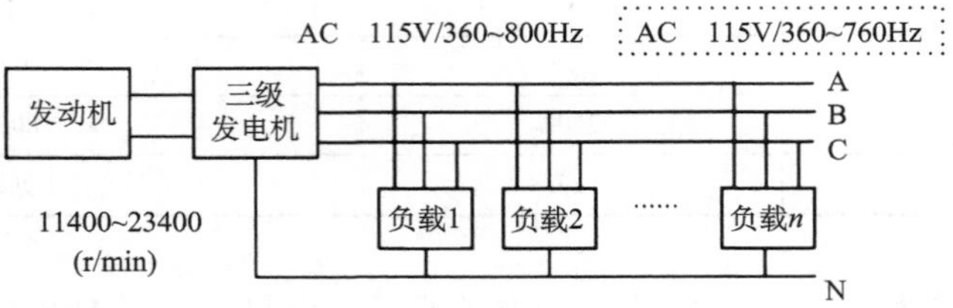

(b) 原理示意图

图 3.4.5 变频交流电源

变频交流电源系统只有一次变换过程，具有结构简单、重量轻、体积小、功率密度高、可靠性高、费用低、能量转换效率高等优点，易于构成启动发电机系统。对于飞机上发动机数量有限，导致发电机数量有限的情况，增加发电机单机容量是提供飞机整体性能指标的关键技术之一。由于配电系统、用电设备的变换器可以不安装在发动机及发电机附近，而可以安装在电子设备舱或飞机机体的其他部位，很好地解决了电子设备耐受恶劣环境的问题。因此宽变频交流发电机是最理想的模式。

但由于其输出频率取决于发动机减速器输出转速，尤其是多数飞机均采用涡喷发动机或涡扇发动机，发动机转速变化范围大，因此这种变频交流电源系统具有频率变化大的缺点。这个缺点的弥补方法常通过用电设备的二次电源解决。

B787 飞机上安装了 4 台 VFSG 交流发电机，单台装机额定功率为 250kV·A，工作频率为 360～800Hz，重量只有 203 lb(1 lb≈0.454kg)，平均无故障时间为 30000 飞行小时。

3.4.2 机载交流电源的技术要求

1. 传统机载交流电源的技术要求

交流电源系统的主要参数有 3 个，分别是相数、电压和频率。目前飞机主电源广泛采用的是 115/200V、400Hz、三相交流电源系统，这些参数的选择与交流供电系统以及用电设备的重量、尺寸和性能密切相关。

1) 相数

飞机交流电源系统，基本上都是采用三相制供电系统，在个别混合供电电源系统的飞机上也有采用单相制的供电，特别在功率不大的场合，采用单相制供电有便利之处。三相交流系统与单相交流系统比较，具有下面一些优点。

(1)节约用铜量，如果输送相同功率，采用三相输电的用铜量仅为单相输电用铜量的3/4。

(2)对三相电动机启动有利。由于三相电动机通入对称的三相交流电就产生旋转磁场，非常容易启动，结构简单；而单相电动机没有旋转磁场，需要专门的启动电容移相后才能产生旋转磁场，启动结构比较复杂，启动困难。

(3)对电压变换有利。三相四线制交流系统有相电压和线电压两个数值，因而可省去一些变压器。

(4)电源系统的可靠性提高。三相交流系统的生命力强，当某一相导线损坏断电时，其他两相仍可供电。

单相交流电源系统也有它的优点，其配电设备比三相系统简单，可用飞机壳体作为电网回路，则配电系统重量减轻。

2)电压

如何选择飞机交流电源系统额定电压值关系到飞机整机的供电性能的好坏。它的选择与很多因数有关，如馈线长度、重量和传输功率的大小、短路电流的大小、人员的安全性，绝缘强度和电弧熄灭时间等。确定适当的额定电压值以减轻馈线和配电系统的重量是一个值得研究的课题。通过长期的实践探索，按照下列原则选择供电电压。

(1)减轻电网重量选择供电电压。采用三相四线制供电方式，在发电机端电压则为120/208V；在负载端，相电压额定值为115V，线电压则为200V；其理由是采用较高的电压，传送相同的功率则电流较小，馈线损耗较小；或者说，当传送电流的导线取相同的电流密度，则可选用较细的导线，因而可以减轻电网的重量。

(2)满足供电导线机械强度的要求。由于机械强度的要求，导线截面不能过细，一般不选用截面小于 0.2mm²的导线。一架飞机按机械强度选择导线截面，一般占到整个电网的20%～30%，因此可见，过分提高电源电压以减轻电网重量已无意义。

(3)满足高空工作的可靠性要求。从高空工作的可靠性、短路电流的大小和人员安全等角度考虑，并不希望电压太高。

综合各种因素的影响，并考虑到继承性，从20世纪40年代开始，变流机就采用115V交流电的历史原因，通过试验而确定目前交流电源系统的发电机端线电压为208V，相电压为120V，电压调节点线电压为200V，相电压为115V。

3)频率

机载电气系统中大部分元器件的尺寸、重量及性能都与电源系统的频率有关。在确定电源系统主电源的额定频率时，需要考虑的因素是对整个机载电气系统重量的影响、对供电系统及用电设备性能的影响以及频率对电气设备的影响，主要体现在如下几个方面。

(1)对变压器等静止的电磁设备，重量将随着频率的增加而下降，因为频率提高时有效磁通可以降低，铁心的截面积可以减小。

(2)频率提高，能减轻航空电子设备中如电源变压器、滤波器、电容器等的重量。

(3)对发电机和电动机来说，有一个最佳频率值。频率 f 取决于转速 n 和磁极对数 p 。为提高频率，可采取两种办法：一是提高转速，二是增加极对数。提高转速固然可以减轻电机的重量，但它受到轴承质量和机械强度的限制。在电机转速一定的条件下，要提高频率，只有采取增加磁极对数的办法。当增加极对数时，如果气隙磁感应保持不变，由于极距变窄，主极磁通值减小，铁轭高度和电枢铁心轭部高度可以降低，从而使体积和重量降低，但由于频率提高，铁损和铜损增加，为减小铁损，就要减小钢片厚度，为减小铜损，就要用截面积较小的几股导线来代替大截面导线，这就会导致电机体积和重量的增大。因此电机的频率不能太低，也不能太高。

(4) 对于配电导线来说，频率提高时，由于集肤效应，电阻增大，交流阻抗也增大，导线和电缆的总阻抗增大。为了使线路电压降和损耗保持在允许范围内，就要加大导线截面而使重量增加。

(5) 对于电磁干扰问题，当频率高于 kHz 数量级时，为防止电磁干扰，导线应该屏蔽，否则会影响机上其他设备的正常工作，屏蔽套的增加反使整个重量增加。

(6) 对于开关电器的灭弧，用于电网中的交流开关，经实验验证，当频率在 300～600Hz 范围内，交流开关的熄弧特性最好。

考虑到继承性和综合因素，主电源系统的频率选在 400Hz 左右是合理的。

2. 多电飞机交流电源的技术要求

把交流电源划分为恒频和变频两大类，变频电源分为窄变频电源系统(360～650Hz)和宽变频电源系统(360～800Hz)。为了提供符合要求的交流电源，必须分析其技术要求。

1) 交流电源的波形要求

飞机供电品质的好坏直接影响到飞行安全，因此对交流波形给出一些技术指标，即波峰系数、畸变系数、畸变的单次频率分量和直流分量作为衡量波形好坏的标准。

受发电机结构、负载性质以及其他因素的影响，特别是电力电子设备的非线性负载特性以及交流电压调制、频率调制等因素的影响，实际的交流电压畸变中包含基波整数倍次的谐波分量和次谐波(频率小于基波)分量，所以采用原来的谐波含量分析方法得出的结果已经不能反映实际的电压成分特性。

(1) 电压调制。

引起交流电压畸变的因素除了非线性负载外，另一个重要原因就是系统工作原理，包括电压调制和频率调制等。当电网上的负载变化引起线路压降变化时，发电机调压器通过调节励磁电流调节发电机的输出电压，这时就会产生电压调制。

假设有一个未受调制的电压信号 $U_c\sin(\omega_c t)$，电压调制信号为正弦波 $U_m\cos(\Omega t)$，经过调制后的电源瞬时值为

$$
\begin{aligned}
u_c(t) &= (U_c + U_m\cos(\Omega t))\sin(\omega_c t) \\
&= U_c\sin(\omega_c t) + \frac{1}{2}U_m\sin[(\omega_c+\Omega)t] + \frac{1}{2}U_m\sin[(\omega_c-\Omega)t]
\end{aligned}
\tag{3.4.1}
$$

由于电压调制的影响，在电压波形中产生了 $(\omega_c \pm \Omega)$ 的频率分量，该分量是间歇波或次谐波。

(2) 频率调制。

当发动机转速变化或发电机负载变化时，会引起电网电压的频率调制。

(3) 畸变和谐波的定义。

畸变系数和畸变的单次频率分量均考虑了谐波分量和非谐波分量对波形的影响，如果

仅考虑谐波分量对波形的影响，应用总谐波畸变来描述。波峰系数、畸变系数、单次谐波含量、总谐波畸变的定义及数学表达式如下。

①波峰系数 k_{pk}：为稳定条件下，交流电压或电流波形的峰值和有效值之比的绝对值，即有

$$k_{pk}=\left|\frac{U_{pk}}{U_{rms}}\right| \tag{3.4.2}$$

式中，U_{pk} 为电压或电流波形的峰值(V)；U_{rms} 为电压或电流波形的有效值(V)。

②畸变系数 k_d：为交流电压或电流波形除基波分量外的其他畸变分量的方均根值，常用相对于基波有效值的百分数表示，即有

$$k_d=\frac{\sqrt{\left(U_{rms}^2-U_1^2\right)}}{U_1}\times 100 \tag{3.4.3}$$

式中，U_{rms} 为电压或电流波形的总有效值(V)；U_1 为基波分量的有效值(V)。

③单次谐波含量 k_{dn}：交流电压或电流除基波分量外任一次谐波的有效值，常用相对于基波电压或电流有效值的百分数表示，即有

$$k_{dn}=\frac{U_n}{U_1}\times 100\% \tag{3.4.4}$$

式中，U_n 为非基波的单次谐波分量有效值(V)；U_1 为基波分量有效值(V)。

④总谐波畸变 THD：交流电压或电流波形除基波分量外，各次谐波的均方根值，常用相对于基波有效值的百分数表示，即有

$$\mathrm{THD}=\frac{\sqrt{\sum_{k=2}^{n}U_k^2}}{U_1}\times 100\% \tag{3.4.5}$$

式中，U_k 为电压或电流 k 次谐波分量的有效值(V)；U_1 为基波分量的有效值(V)。

表 3.4.3 中列出了机载恒频电源、窄变频电源(360～650Hz)和宽变频电源(360～800Hz)电压波形的标准(允许范围)。

表 3.4.3　机载交流电源电压波形的允许范围

序号	项目	状态	机载电源类型		
			恒频	窄变频	宽变频
1	波峰系数	正常	1.26～1.56		1.26～1.56
2	畸变系数	正常	≤ 8%		≤ 10%
3		应急	≤ 10%		≤ 12%
4	畸变的单次频率分量(单次谐波含量)	正常	≤ 6%		≤ 7.5%
5		应急	≤ 7.5%		≤ 9%
6	直流分量(U_{DC})	正常	−0.1～+0.1		−0.1～+0.1

2) 机载交流电源的稳态特性

宽变频交流电源系统具有频率变化范围大的缺点，难以满足机载电子设备对供电品质

的要求，其发展曾一度受到了限制。但随着电力电子技术的发展及其在飞机上的广泛应用，该缺点已得到有效改进，宽变频交流电源系统在先进飞机上得到采用，因此有必要对交流电源稳态特性提出要求，表 3.4.4 所列是交流电源稳态特性。

表 3.4.4 交流电源稳态特性要求

序号	项目	状态	恒频	窄变频	宽变频
1	三相平均电压/V	正常	104～120.5	104～120.5	101～120.5
		不正常	95.5～132.5	98.5～132.5	98.5～132.5
		应急	104～120.5	104～120.5	101.5～120.5
2	相电压/V	正常	100～122	100～122	100～122
		不正常	94～134	97～134	97～134
		应急	100～122	100～122	100～122
3	相电压不平衡值/V	正常	≤6	≤6	≤9
		应急	≤8	≤8	≤12
4	相移/(°)	正常	116～124	116～124	116～124
5	电压调制量/V	正常	≤4	≤4	≤5.6
6	频率/Hz	正常	390～410	360～650	360～800
		不正常	390～440	—	—
		应急	390～440	—	—

表 3.4.4 的电压值是有效值，其定义如下：恒定电流和交变电流分别通过阻值相等的电阻，且使它们在相同时间内产生的热量相等，则该恒定电压(或电流)的数值就可以规定为这个交变电压(或电流)的有效值，其表达式为

$$U_{\mathrm{rms}}=\sqrt{\frac{1}{T}\int_0^T u_{\mathrm{i}}^2\mathrm{d}t} \tag{3.4.6}$$

式中，T 为电压波形的周期(s)；u_{i} 为输入电压的瞬时值(V)。

三相平均电压值 U_{AVE} 的表达式为

$$U_{\mathrm{AVE}}=\frac{1}{3}\left(U_{\mathrm{A}}+U_{\mathrm{B}}+U_{\mathrm{C}}\right) \tag{3.4.7}$$

式中，U_{A}、U_{B}、U_{C} 为三相电压有效值(V)。

相电压不平衡值 U_{UNB} 是在额定电流 15%的不平衡负载下，各相电压之间的最大差值，即

$$U_{\mathrm{UNB}}=\max\left\{U_{\mathrm{A}}, U_{\mathrm{B}}, U_{\mathrm{C}}\right\}-\min\left\{U_{\mathrm{A}}, U_{\mathrm{B}}, U_{\mathrm{C}}\right\} \tag{3.4.8}$$

电压相移是在所有负载情况下，三相电压波形过零点间的相位差。

电压调制是交流供电系统在稳态工作期间，由于电压调节过程和发电机转速变化而引起的交流峰值电压围绕其平均值所做的周期性的或随机的或两者兼有的变化。

电压调制包络线(Voltage Modulation Envelope Waveform，VMEW)是将电压调制波的峰值依次连接起来所得的连续曲线。

电压调制量(Quantity of Voltage Modulation，QOVM)是在任意 1s 时间间隔内的电压调制包络线上，最高电压与最低电压之差，或最高波峰与最低波谷之差。

3)机载交流电源的瞬态特性

(1)电压瞬态特性。

除了机载电源的稳态特性以外，其瞬态特性也是决定机载电源供电品质的一个重要因素，瞬态过程中产生的浪涌电压或尖峰电压可能对用电设备造成损害，并对供电系统的安全性和可靠性造成威胁。随着测试技术的发展，尤其是测试仪器硬件和软件的快速发展，可以不再进行复杂的计算处理，而是可以直接将瞬时变化的电压值填充到瞬变包络线限制的曲线中。但是对电子器件来讲，损坏的原因有两种：一种为发热损坏，另一种为限制性失效(如击穿电压限制)。因而采用瞬变电压包络线来衡量电压瞬变是否符合要求更加合理，也是一种既直观又方便的方法。

分析瞬态特性时采用电压有效值，且不包括持续时间小于 1ms 的尖峰电压。峰值电压可以根据有效值和波峰系数求出，即

$$U_{\mathrm{pk}} = kU_{\mathrm{rms}} \tag{3.4.9}$$

式中，k 为波峰系数；U_{pk} 为峰值电压(V)；U_{rms} 为电压有效值(V)。

图 3.4.6 所示为恒频和窄变频交流电源在正常情况下的瞬态电压极限范围，图中曲线转折点 A_1 为最大负载加载时瞬态电压极限范围，包括正常稳态极限(Normal Steady State Limit，NSSL)和应急稳态限制(Emergency Steady-State Limit，ESSL)，曲线转折点 A_2 是最重负载时突然卸载，曲线转折点 B_1 为汇流条切换时瞬态电压极限范围。曲线 AB_2 为最大卸载和断开汇流条时的瞬态电压极限范围，曲线 A_2 为最大加载时重容电压极限范围，B_1 是合上汇流条时的电压极限范围，即汇流条闭合时延时不得超过 0.2s。

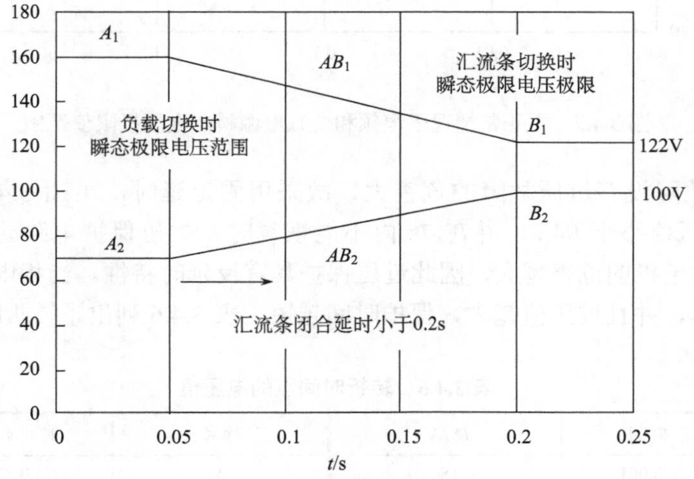

图 3.4.6 正常情况下恒频和窄变频交流电源瞬态电压极限范围

需要说明的是，宽变频电源瞬态电压极限范围除峰值电压可达到 170V 外，其余与恒频和窄变频交流电源相同。表 3.4.5 所列是转折点的电压值。

表 3.4.5 转折时间点电压值

时间/s	负载或汇流条切换		
	加载 U_{min}/V	卸载或断开汇流条 U_{max}/V	接通汇流条 U_{min}/V
0.001	70	160	0
0.050	70	160	0
0.200	100	122	100

从图 3.4.6 可以看出，在进行最大卸载或加载时，应急情况下允许的最高电压为 160V，最低电压为 70V，并且规定了暂态过程的持续时间，要求整个过渡过程在 0.2s 内结束，即 0.2s 内结束过渡过程回到相应的稳态范围。

如图 3.4.7 所示是恒频和变频电源系统在不正常情况下的稳态限制(Abnormal Steady State Limit，ASSL)，若超过 ASSL 值，电源系统的过压、欠压保护电路将起作用，切断发电机供电。

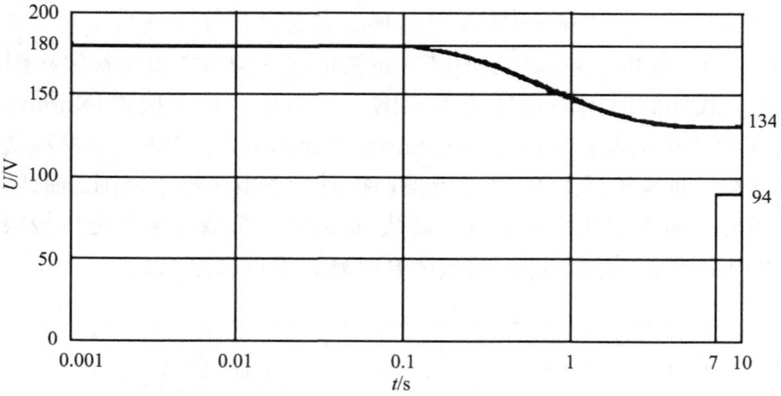

图 3.4.7 不正常情况下恒频和变频电源瞬态电压极限值范围

由于欠压故障没有过压故障的危害大，故采用固定延时，由图 3.4.7 可知，固定延时为 7s，当欠压值小于 94V，并在 7s 内不能恢复时，欠压保护电路动作。由于电压越高，对设备和发电机的危害越大，因此过压保护具有反延时特性。当相电压大于 134V 时，过压保护将动作，并且过压值越大，保护时间越短，表 3.4.6 列出了转折时间点的电压值。

表 3.4.6 转折时间点的电压值

序号	时间/s	U / V	序号	时间/s	U / V
1	0.001	180	4	3.0	137
2	0.2	176	5	10.0	134
3	1.0	151	—	—	—

在负载和汇流条的切换过程中，由于电网和负载的原因，一般都会产生小于 1ms 的尖峰电压，标准规定：尖峰电压通常在 0.1ms 内允许达到±600V，并在 0.9～1ms 衰减到 0V。

(2)频率暂态特性。

频率暂态特性要求仅对 400Hz 的恒频交流电源提出，而变频交流电源显然不存在限制。如图 3.4.8 所示为恒频交流电源频率暂态特性的要求，曲线中 a 为正常暂态过程。

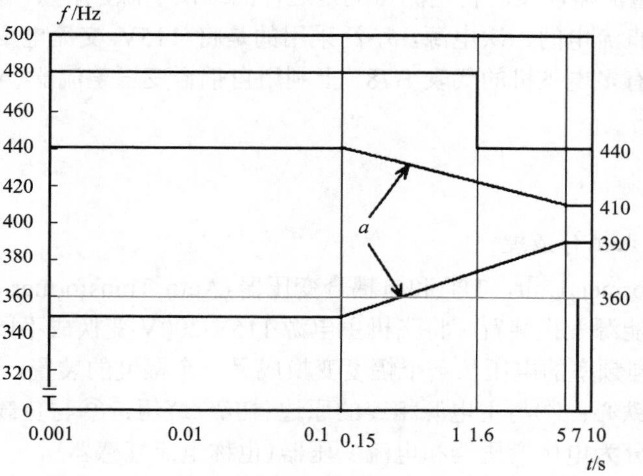

图 3.4.8　恒频交流电源的频率暂态特性

图 3.4.8 中几个转折点的频率如表 3.4.7 所示。

表 3.4.7　转折时间点的频率值

正常暂态过程			不正常暂态过程		
时间/s	最大值/Hz	最小值/Hz	时间/s	最大值/Hz	最小值/Hz
0.001	440	350	0.001	480	0
0.15	440	350	1.6	480	0
5.0	410	390	1.6	440	0
10.0	410	390	7.0	440	0
—	—	—	7.0	440	360

从图 3.4.8 中可以看出，在进行最大卸载或加载时，应急情况能够允许的最大频率为 440Hz，最小频率为 350Hz，并且规定了暂态过程的持续时间，要求整个过渡过程在 5s 内回到稳态范围。

过频保护采用固定延时，当固定延时为 1.6s，频率大于 440Hz，并在 1.6s 内不能恢复时，过频保护将动作，断开供电接触器。

欠频保护采用固定延时，当固定延时为 7.0s，频率小于 360Hz，并在 7s 内不能恢复时，欠频保护动作，断开供电接触器。

3.5　电能变换装置

大中型飞机都是以 400Hz 恒频交流电源作为主电源，但是各种电子电气设备、控制保护装置、继电器、接触器、发电机励磁的旋转整流器、座舱仪表显示、火警探测与灭火和直流电动机等仍然需要直流电源供电，飞机蓄电瓶也需要直流电源为它充电，三级式无刷交流电源系统中的励磁电流也需要旋转整流器提供，这样就需要将交流电源变换成直流电的二次电源。变压整流器以及旋转整流器就是这样的二次电源，用以供电给直流用电设备。

将交流电变为直流电的二次电源，广泛采用的是将 115V 交流电变换为直流电的变压整流器(TRU)，还有多电飞机的代表 B787 上利用自耦合变压整流器(ATRU)产生的 270V 高压直流电。

3.5.1 变压器

1. 变压器的基本工作原理

变压器(Transformer Unit，TU)和自耦合变压器(Auto Transformer Unit，ATU)是飞机交流电源中的重要能源变换装置，将飞机主电源 115V/200V 变换成不同电压、同频率的交流电，是一种将相同频率的电压从一个幅度变换成另一个幅度的装置，主要由三部分组成：①提供磁场通路的铁心；②与主电源相连的原边(初级)绕组；③与负载相连的副边(次级)绕组。变压器一般分为电压变压器和电流变压器(也称电流互感器)。

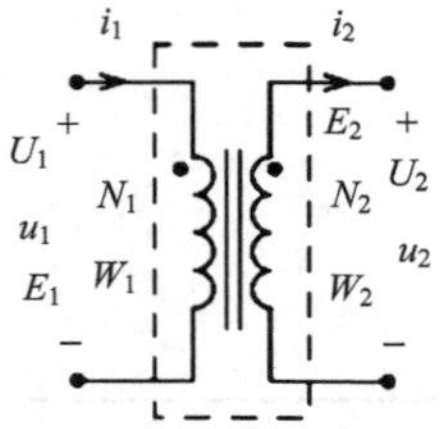

图 3.5.1 理想变压器电路模型

1)理想变压器

如图 3.5.1 所示是理想变压器的电路模型，理想变压器由无损耗的高磁导率铁心和没有电阻的两个线圈构成，一个为原边线圈，用 W_1 表示，匝数为 N_1，另一个线圈为副边线圈，用 W_2 表示，匝数为 N_2。

当 W_1 线圈的两端加上电压为 u_1 的交流电压时，就有电流 i_1 使铁心磁化，形成交流磁通 Φ_1，Φ_1 又在 W_2 线圈中感应出电动势 E_2。若 u_1 按正弦规律变化，则铁心磁通 Φ_1 也按正弦规律变化。假设

$$\Phi_1 = \Phi_{1m}\sin(\omega t) \tag{3.5.1}$$

$$e_2 = N_2\frac{\mathrm{d}\Phi_1}{\mathrm{d}t} = \omega N_2\Phi_{1m}\cos(\omega t) = \sqrt{2}E_2\cos(\omega t) \tag{3.5.2}$$

$$E_2 = \sqrt{2}\pi f N_2\Phi_{1m} \tag{3.5.3}$$

式中，E_2 为副边线圈 W_2 中感应电动势的有效值(V)。同样，在原边线圈 W_1 中也有感应电动势，其有效值 E_1 为

$$E_1 = \sqrt{2}\pi f N_1\Phi_{1m} \tag{3.5.4}$$

式中，N_1 为原边线圈的匝数。对于理想变压器，空载时副边电流为零，原边磁化电流也为零，故 E_1 等于外加电压 U_1，即

$$E_1 = U_1 \tag{3.5.5}$$

$$E_2 = U_2 \tag{3.5.6}$$

于是有

$$\frac{U_1}{U_2} = \frac{E_1}{E_2} = \frac{N_1}{N_2} \tag{3.5.7}$$

式中，N_2 为副边线圈匝数。理想变压器由于没有损耗，故输出功率 P_2 等于输入功率 P_1，因

$$P_2 = U_2 I_2 \tag{3.5.8}$$

$$P_1 = U_1 I_1 \tag{3.5.9}$$

故有

$$\frac{I_1}{I_2} = \frac{N_2}{N_1} \tag{3.5.10}$$

式(3.5.9)和式(3.5.10)是变压器的基本关系式。

当变压器的副边接负载阻抗 Z_2 时，副边的视在功率 $S_2 = Z_2 I_2^2$，根据式(3.5.10)得

$$S_2 = Z_2 I_2^2 = Z_2 \left(\frac{N_1}{N_2}\right)^2 I_1^2 = Z_1 I_1^2 \tag{3.5.11}$$

$$Z_1 = Z_2 \left(\frac{N_1}{N_2}\right)^2 \tag{3.5.12}$$

式(3.5.12)是理想变压器副边阻抗 Z_2 归算到原边阻抗 Z_1 的表达式，即接于副边的阻抗 Z_2 和接于原边的阻抗 Z_1 是等效的。同样，实际变压器的线圈电阻和线圈漏电抗也可以用式(3.5.12)相互归算。

实际变压器的铁心磁导率有限，铁心有饱和及损耗，线圈电阻不为零。由于两线圈间的耦合系数不等于 1，线圈还有漏电感。变压器归算到原边的等效电路如图 3.5.2 所示。

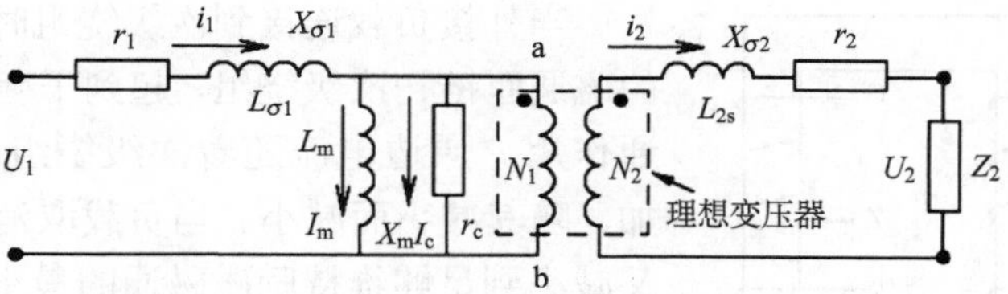

图 3.5.2　实际变压器等效电路(没有考虑分布电容)

图 3.5.2 中变压器为理想变压器，X_m 为变压器的激磁感抗，是与变压器主磁通 Φ_m 对应的电抗，又称励磁电抗，r_c 为变压器铁心损耗(主要是涡流损耗和磁滞损耗)的等效电阻，r_1、$X_{\sigma1}$ 为原边线圈的电阻和漏电抗，r_2、$X_{\sigma2}$ 为副边线圈的电阻与漏电抗，Z_2 为副边的负载阻抗，归算到原边的等效负载阻抗则为 $Z_1 = Z_2 (N_1 / N_2)^2$，U_2 为变压器的输出电压，则归算到原边为

$$U_2' = \frac{N_1}{N_2} U_2 \tag{3.5.13}$$

由图 3.5.2 可见，a、b 两端电压 U_{ab} 等于原边线圈的感应电动势 E_1，$E_1 = U_{ab} = I_m X_m$。I_m 为变压器的励磁电流，铁心不饱和时，I_m 为正弦波，饱和后，I_m 产生畸变，电流中有高次谐波。I_c 为流过 r_c 的电流，故 $I_c^2 r_c$ 等于变压器的铁损耗，工作频率一定时，铁损耗随铁心磁感应强度的加大而加大，铁损耗也随频率的升高而加大。若已知电源电压 U_1、变压器的参数和负载阻抗，借助等值电路就可计算出变压器的各部分电压、电流、负载功率、

损耗与效率。

飞机变压器要求体积小、重量轻、工作效率高，通常采用高饱和磁感应强度和薄的导磁硅钢片做铁心，用聚酰亚胺绝缘线做导线，结构牢固可靠。

2) 单相变压器

如果按相数分为单相变压器和三相变压器，如图 3.5.3 所示为单相变压器原理图。当一交流电压加到原边绕组时通过感应产生一个几乎与外加电压相等的感应电压，便在铁心通中产生交变的磁通，这个交变的磁通便在次级产生感应电动势。

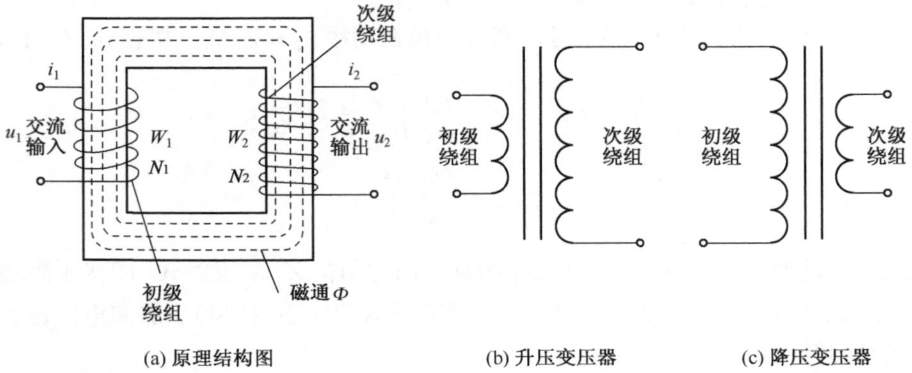

图 3.5.3 单相变压器原理图

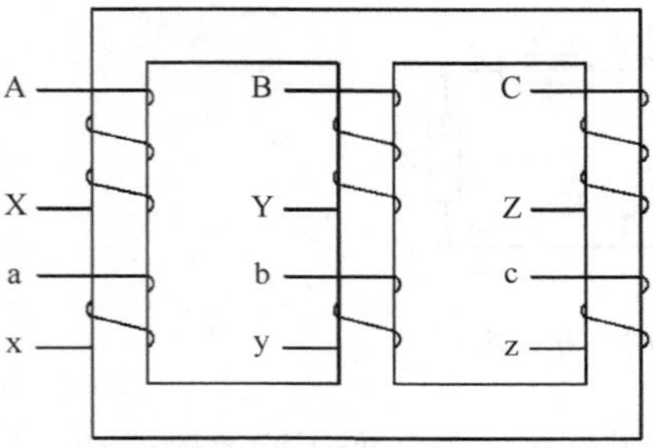

图 3.5.4 三相变压器原理图

当外接负载连接到次级绕组时，由次级电流产生的磁通匝链初次级绕组，起到平衡初级绕组产生的磁通作用。原边电流随着次级绕组的电流的增加而增加，随其减小而减小。当负载取消时，原边绕组电流又减小到足够维持励磁磁通的最小值。

2. 三相变压器

如果想要变换三相交流电，则采用三相变压器，如图 3.5.4 所示是三相变压器的原理图，用大写字母 A、B 和 C 表示原边绕组的首端，用 X、Y 和 Z 表示其末端，如果把末端连接在一起形成中点则用 O 表示；用小写字母 a、b 和 c 表示副边绕组的首端，用 x、y 和 z 表示其末端，星形接法的中点用 o 表示。

变压器连接组别的表示方法是以原边作为分子，以副边作为分母，后面的数字代表变压器的连接组别，即表示变压器原边绕组和副边绕组电势(或电压)的相位关系。变压器连接组别的区分，采用时钟表示法，即用时钟的分针作为原边线电势的相量，并把它放到钟面数字 12 上，而用时钟的时针作为副边线电势的相量，时针在钟面上所指的数字即为变压器的连接组别。三相变压器的连接组别不仅与绕组在铁心上的绕向即同名端的标记有关，还与三相绕组的接法有关，下面以几种典型的接法为例说明。

1) Y/Y-12 连接方式

在图 3.5.5 中，取原边和副边绕组的同名端作为首端(即原、副边绕组的绕向相同，同

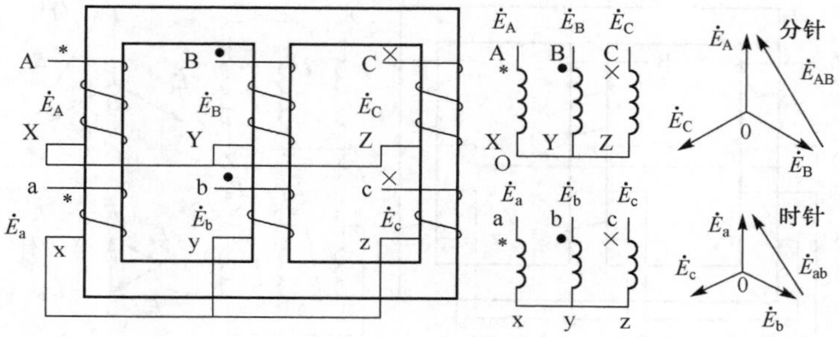

图 3.5.5 三相变压器 Y/Y-12 连接方式

名端的标记也相同)，这时，原边和副边对应各相相电势同相位，原、副边绕组的电势也同相位，也即用原边电势 $\dot{E}_{AB}$ 的方向表示时钟的分针，并指向 12 点，则副边电势 $\dot{E}_{ab}$ 的方向表示时钟的短针，也指向 12 点，所以连接组别为 12，用 Y/Y-12 表示。

2) Y/△-11连接方式

图 3.5.6 是三相变压器的 Y/△-11接法，取原边和副边同名端作为首端，副边绕组按 a→x→c→z→b→y→a 依次连接。原、副边相应相的相电势也同相位，但原、副边线电势 $\dot{E}_{AB}$ 和 $\dot{E}_{ab}$ 的相位相差 330°，其组别为 11，用 Y/△-11表示。

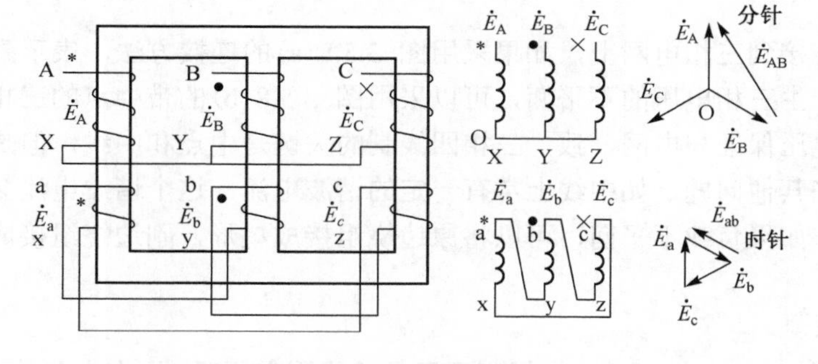

图 3.5.6 三相变压器 Y/△-11 连接方式

3) Y/△-1连接方式

Y/△ 连接的另一种组别是副边的接线按照 a→x→c→z→b→y→a 的次序连接，如图 3.5.7 所示。这时，原、副边相电势也同相，但原边线电势 $\dot{E}_{AB}$ 和副边线电势 $\dot{E}_{ab}$ 的相位相差30°，也即原边电势指向时钟的 12 点，则副边电势指向时钟的 1 点，所以其组别为 1，用 Y/△-1表示。

4) 飞机交流电源三相变压器的常用接法

对于三相变压器可以是三个单相变压器的组合，也可以是一个三相变压器。三个原边绕组与电源的三相并联，副边绕组一般有三种接法，即三线制星形接法，四线制星形接法和星形-三角形接法，如图 3.5.8 所示是三相变压器的三种接法。

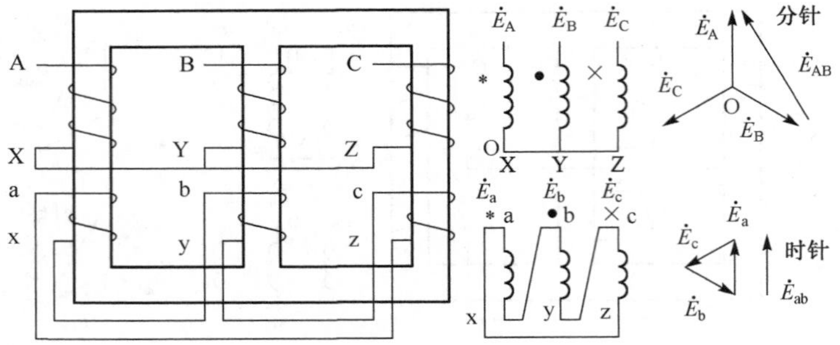

图 3.5.7 三相变压器 Y/△-1 连接方式

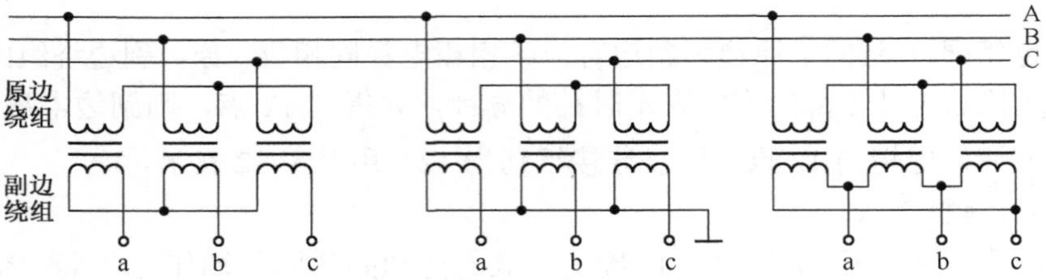

(a) 三线制星形连接 (b) 四线制星形连接 (c) 星形和三角形连接

图 3.5.8 三相变压器的电路连接

单相负载连接到三相电网上，如果采用图 3.5.8(a)的连接方法，表示副边绕组的中线不引出，则会产生三相电压的不平衡，可以采用图 3.5.8(b)的带中点的三相四线制连接方法，确保每相电压保证与电网一致，三相四线制的关键是中点和中线，但是有时候有了中线也会产生一些其他问题，如中线上常有一定的谐波电流，这个谐波电流会对无线电通信设备产生干扰。如果负载不平衡，可以将原边绕组接成星形，副边绕组接成三角形，如图 3.5.8(c)所示。

5) 自耦变压器

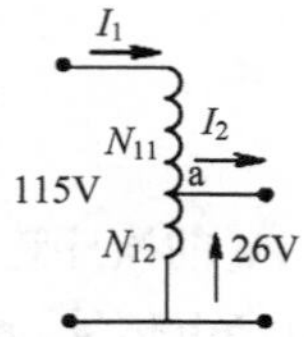

图 3.5.9 单相 115V/26V ATU

自耦变压器是单线圈变压器，没有专门的副边线圈，故原副边间没有电气隔离。与双绕组变压器相比，自耦合变压器漏抗小，励磁电流小，损耗小，同容量时体积重量小。图 3.5.9 所示是单相 115V 交流电压转为 26V 电压的自耦变压器。

例如，若变压器线圈总匝数为 N_1，从 a 处抽出 26V 电压的引线，抽头 a 处将线圈分为上下两部分，各部分的匝数为 N_{11} 和 N_{12}，则有

$$N_1 = N_{11} + N_{12} \tag{3.5.14}$$

三个线圈的匝数比选为 $N_1 : N_{11} : N_{12} = 115 : 89 : 26$。

若负载电流 $I_2 = 50\text{A}$，则负载视在功率 $S_2 = U_2 I_2 = 26 \times 50 = 1300\text{V·A}$。在不计变压器损耗时输入视在功率 $S_1 = U_1 I_1 = S_2 = 1300\text{V·A}$，故 $I_1 = 11.3\text{A}$，N_{12} 中电流 $I_{N_{12}} = 38.7\text{A}$。线圈总安匝数 $IN = I_1 N_{11} + I_{N_{12}} N_{12} = 11.3 \times 89 + 38.7 \times 26 = 1005.7 + 1006.2 = 2011.9(\text{A})$。

若改用双线圈变压器，则线圈总安匝数 $IN = I_1N_{11} + I_2N_{12} = 2600\text{A}$，前者电流仅为后者电流的 77.4%。

B787 飞机上装有 4 台相同容量(150kV·A)的三相 ATU，如图 3.5.10 所示是其中一台的原理图，三相输入电压为变频交流电，相电压为 230V，线电压为 400V，三相绕组中分别抽出 a、b、c 三个抽头，抽头可以上下调节，从而得出不同的电压值。

图 3.5.11 是某 50kV·A 单相变压器电路，输入电压为变频 230V，输入电流为 217A，当电压为 115V 时，其电流为 434A，线圈匝数比 $N_{11}: N_{12} = 1:1$。

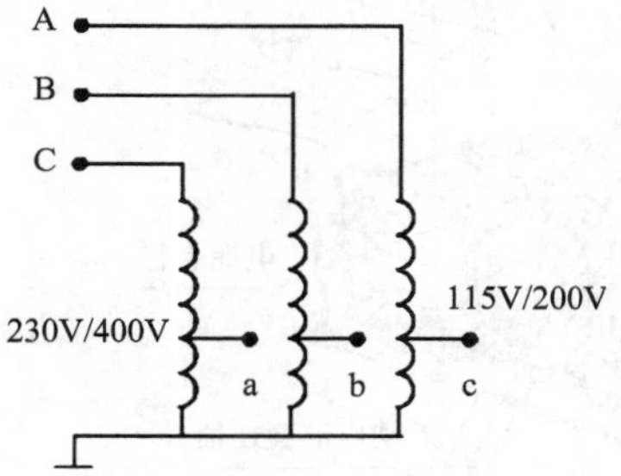

图 3.5.10 B787 的 150kV·A 三相 ATU

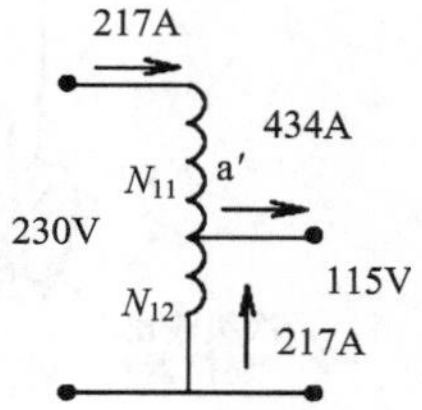

图 3.5.11 50kVA 单相 ATU 原理图

比较图 3.5.9 和图 3.5.11 可见，由于图 3.5.9 的抽头点 a 的升高，因此图 3.5.11 中 ATU 的体积、重量减少得比图 3.5.9 更多。

3.5.2 测量变压器(电流互感器)

电流互感器用在交流发电机的电流调节与保护中，经常还与交流电流表连接在一起，电流互感器的原副边绕组的电流比与原副边绕组匝数比成反比例，即 $N_1 / N_2 = I_2 / I_1$。

图 3.5.12 是一种典型的电流互感器，次级绕组绕在图中的环形硅钢片铁心上，互感器的初级绕组的极性是这样标注的，面向发电机的一端用 H1 表示，面向负载的一边用 H2 表示。

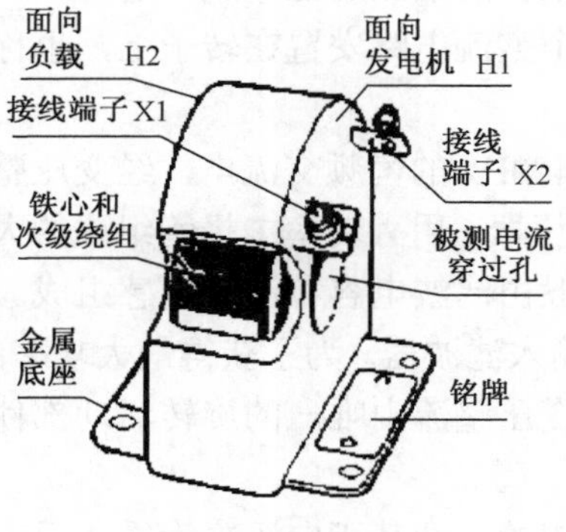

(a) 外形图

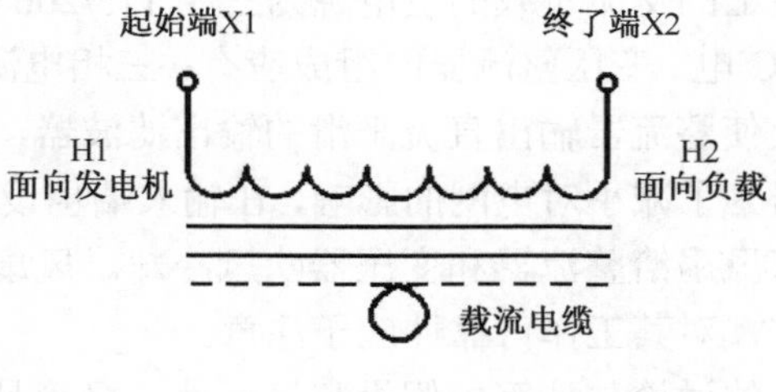

(b) 原理图

图 3.5.12 电流互感器

电流互感器的原边绕组是一根穿过铁心孔的电源系统主电缆，如果电缆上的电流很大，原边绕组只有一匝，当然电流小一点会有二匝或三匝，工作原理与常规的变压器一样。如

图 3.5.12(b)是图 3.5.12(a)的原理图。

有些飞机的发电系统中，电流互感器组装在一起，形成电流互感器组件，如图 3.5.13 所示，它由七个电流互感器组合在一起，原边电源电缆连接到三根馈电线端子，三根带状套有绝缘套管的汇流条分别穿过这些互感器的铁心过穿孔，次级绕组分别连接到次级输出连接器上。

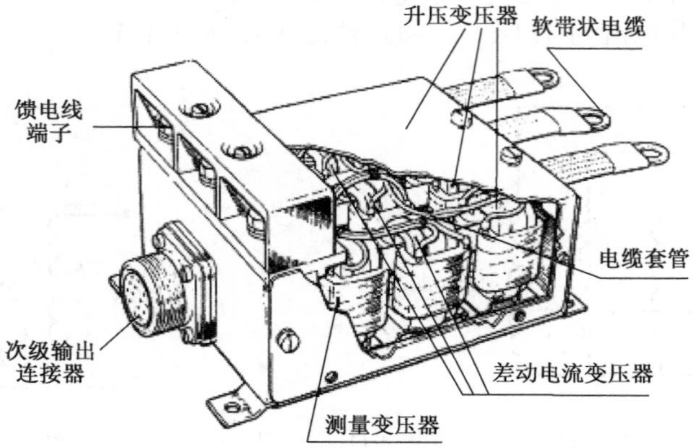

图 3.5.13　机载电流互感器组件

值得注意的是，电流互感器的次级绕组绝对不能开路，输出端必须短接或接有电阻，否则将会在次级绕组上产生很高的电压，使绝缘层击穿，造成人员伤害或设备损坏，甚至在绕组间引起电气断路。

3.5.3　变压整流电路

在现代大中型飞机上，大都是以恒频交流电源作为主电源，例如，各种控制保护装置、继电器、接触器以及电子设备等仍需直流电源供电；作为飞机应急电源的航空蓄电池需要直流电源为它充电；在飞机上的三级式无刷交流发电机的直流励磁电流是通过二极管组成的整流电路将交流电转换成直流电提供的，由于这个整流电路安置在转子上，也称为旋转整流器；还有各种二次电源的获得也要进行整流。

飞机上的交流负载的主电源为三相 115/200V，400Hz 的恒频交流电，经变压整流后成为 28VDC 电。变压整流器的组成应有：三相电源变压器、用大功率二极管组成的大功率整流器以及使整流器输出直流平滑的输出滤波器，一般由滤波电容和滤波电感组成。有的变压整流器为了减小对电网的影响，在输入端也设有输入滤波器。为了获得最大功率的输出，常常装有风扇给整流器和变压器吹风冷却。风扇是变压整流中唯一的旋转活动部件，在维护工作中，对其工作可靠性应予注意。

下面的讨论与计算中假设整流元件二极管是理想的，即其正向压降为零，反向电阻为无穷大；交流励磁机的电枢绕组电阻和电抗忽略不计；主发电机励磁线圈的电感很大，通过它的电流为平滑直流电。

1. 单相整流电路

假设整流二极管 VD 理想，导通时管压降为$U_{VD}=0$，截止时二极管中的电流为零。设

变压器输入正弦电压为

$$u_i = U_{1m}\sin(\omega t) \tag{3.5.15}$$

变压器次级绕组上电压为

$$u_2 = U_{2m}\sin(\omega t) \tag{3.5.16}$$

单相半波整流电路如图 3.5.14(a)所示，当输入电压是正半周时，二极管 VD 导通；当输入电压是负半周时，二极管 VD 截止，波形如图 3.5.14(a)所示，输出电压的平均值为

$$U_o = \frac{1}{2\pi}\int_0^{\pi} U_{2m}\sin(\omega t)\mathrm{d}\omega t = \frac{U_{2m}}{\pi} \tag{3.5.17}$$

单相半波整流电路脉动电压大，一个周期内只有半周有电流通过，变压器利用率低。

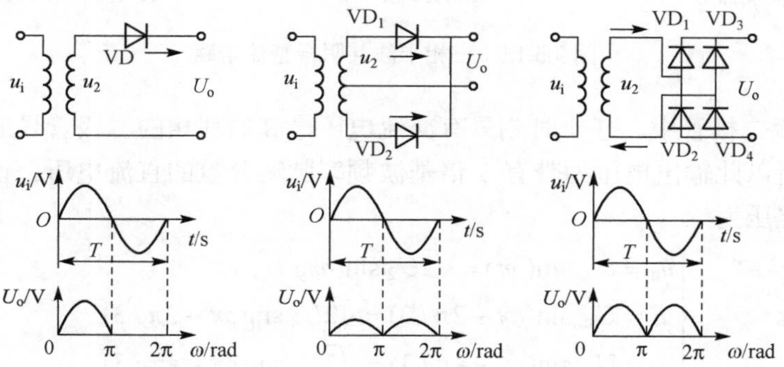

(a) 单相半波整流电路　(b) 单相全波整流电路　(c) 单相桥式整流电路

图 3.5.14 单相整流电路

单相全波整流电路如图 3.5.14(b)所示，当输入正弦电压是正半周时，二极管 VD_1 导通，当输入正弦电压是负半周时，二极管 VD_2 导通，但由于变压器的中间有抽头，使输出电压的幅值只有半波的一半，但一个周期内都有二极管导通，所以输出电压的平均值等于半波整流的平均值。即

$$U_o = \frac{1}{2\pi}\left(\int_0^{\pi}\frac{U_{2m}}{2}\sin(\omega t)\mathrm{d}\omega t + \int_{\pi}^{2\pi}\frac{U_{2m}}{2}\sin(\omega t-\pi)\mathrm{d}\omega t\right) = \frac{U_{2m}}{\pi} \tag{3.5.18}$$

单相全波整流电路一个周期均有电流输出，输出电压的脉动频率为基波频率的 2 倍，脉动明显减小，在飞机上和一些单相电源电压整流电路中应用较广。

单相桥式整流电路如图 3.5.14(c)所示，当输入正半周时，二极管 VD_1、VD_4 导通，当输入负半周时，二极管 VD_2、VD_3 导通，一个周期内都有一对二极管导通，所以输出电压的平均值等于半波整流平均值的 2 倍。

$$U_o = \frac{1}{2\pi}\left(\int_0^{\pi} U_{2m}\sin(\omega t)\mathrm{d}\omega t + \int_{\pi}^{2\pi} U_{2m}\sin(\omega t-\pi)\mathrm{d}\omega t\right) = \frac{2U_{2m}}{\pi} \tag{3.5.19}$$

单相桥式整流电路一个周期均有电流输出，输出电压的脉动频率为基波频率的 2 倍，脉动明显减小，输出幅度是其他整流电路的 2 倍，变压器的利用率高，在飞机上和一些单相电源电压整流电路中应用较广。

2. 三相半波整流电路

在三级式无刷交流发电系统中，将发电机的三相交流电进行整流供给励磁机励磁，一般采用图 3.5.15 所示的三相半波整流电路，下面讨论其工作原理。

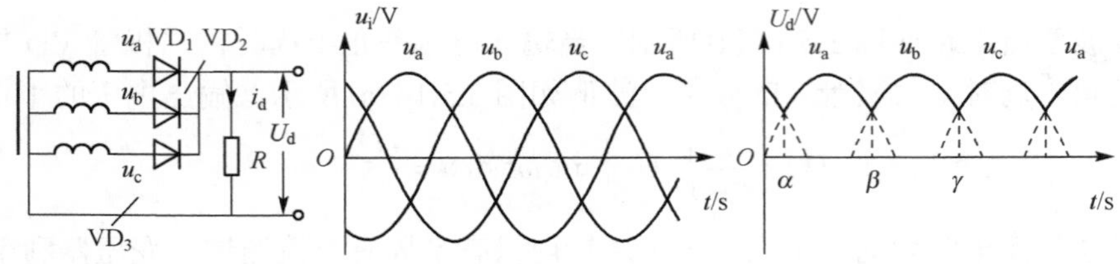

(a) 电路图　　(b) 三相交流波形图　　(c) 整流输出波形

图 3.5.15　三相半波共阴极整流电路

在 3 个整流二极管中，任一时刻只有交流电压最高的那相的二极管导通，其他的两个二极管截止，所以此输出电压为带有 3 倍基波频率脉动分量的直流电压。设电源变压器的副边三相输出电压为

$$\begin{cases} u_a = U_m\sin(\omega t) = \sqrt{2}U_2\sin(\omega t) \\ u_b = U_m\sin(\omega t - 2\pi/3) = \sqrt{2}U_2\sin(\omega t - 2\pi/3) \\ u_c = U_m\sin(\omega t - 4\pi/3) = \sqrt{2}U_2\sin(\omega t - 4\pi/3) \end{cases} \tag{3.5.20}$$

式中，ω 为角频率(rad/s)；U_m 为副边电压的幅值(V)；U_2 为副边交流电的有效值(V)。理想整流时三相半波整流电压的平均值为

$$U_d = \frac{1}{2\pi/3}\int_{\pi/6}^{5\pi/6} U_m\sin(\omega t)\mathrm{d}\omega t = \frac{3\sqrt{3}}{2\pi}U_m = 1.17U_2 \tag{3.5.21}$$

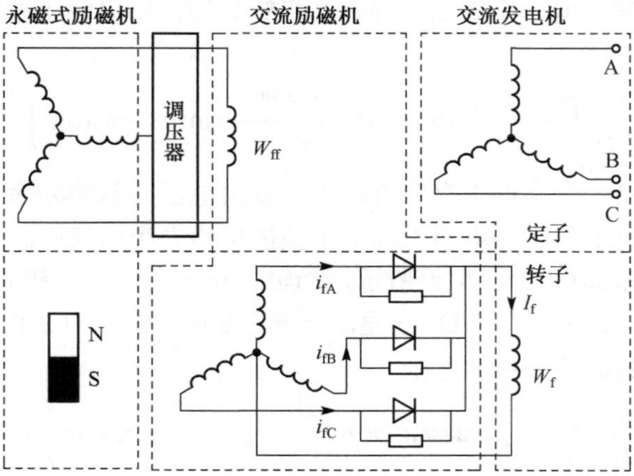

图 3.5.16　三相半波整流电路在交流励磁中的应用

如图 3.5.16 所示是三相半波整流电路用在无刷交流发电机整流电路中的电路图。从图中可以看出交流励磁机电枢绕组和对应的二极管每周导电为 1/3 周期，设电路中有较大的滤波电感，所以导通期间的相电流看成直流 I_f，各相电流按规律在自然换相点换相，如图 3.5.15(c)中 α、β、γ 点，三相轮流导通，对于阻性负载：$\alpha=30°$、$\beta=150°$、$\gamma=270°$，其中 a 相的电流波形如图 3.5.17(b)所示，b 和 c 相的电流波形则分别滞后 a 相电流 120°和 240°，导通区间均为 120°。

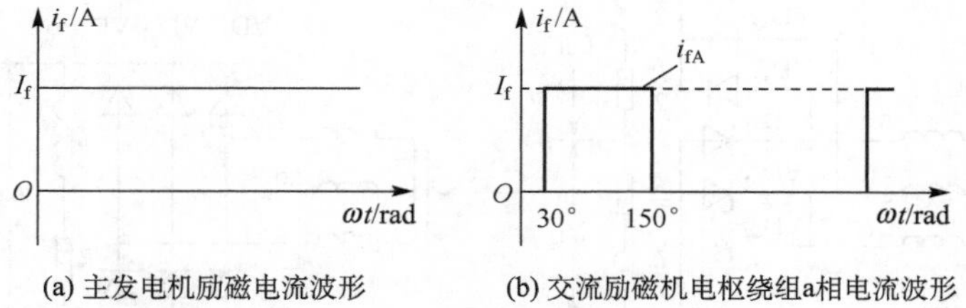

(a) 主发电机励磁电流波形　(b) 交流励磁机电枢绕组a相电流波形

图 3.5.17　电流波形

交流励磁机电枢相电流的有效值为

$$I=\sqrt{\frac{1}{2\pi}\int_0^{2\pi/3}I_f^2\mathrm{d}\omega t}=\frac{I_f}{\sqrt{3}} \tag{3.5.22}$$

三相半波整流电路输出功率与三相交流输入的视在功率之比称为三相半波整流电路的利用率 η，理想情况下三相半波整流交流励磁机的利用率为

$$\eta=\frac{U_d I_f}{3U_2\times I_f/\sqrt{3}}=\frac{\frac{3\sqrt{3}}{2\pi}\times\sqrt{2}U_2 I_f}{3U_2\times I_f/\sqrt{3}}=\frac{3}{\sqrt{2}\pi}=0.67 \tag{3.5.23}$$

即三相半波整流时的利用率为 67%，由图 3.5.15 的工作波形可见，变压器原、副边绕组和整流二极管一个周期内仅有 1/3 时间导电，变压器的利用率较低。当电源频率为 400Hz 时，整流后的输出脉动为 1200 次/s，即最低次谐波为 3 次谐波，对减小后续的滤波器的体积、重量有一定的影响。

如图 3.5.18 所示，如果将串联在变压器副边三相绕组中的整流管反方向连接时，输出电压将变成三相电压负半周的包络，此时输出平均(直流)电压 $U_d=-1.17U_2$。

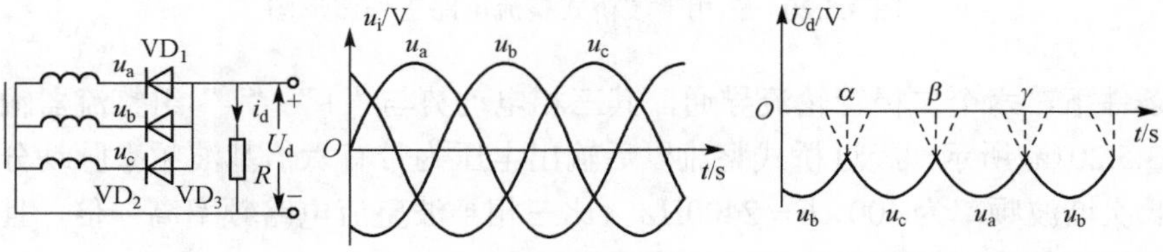

(a) 电路图　(b) 三相交流波形图　(c) 整流输出波形

图 3.5.18　三相半波共阳极整流电路及波形

3. 三相桥式整流电路

从三相半波整流电路原理可知，共阴极电路工作时，变压器每相绕组中流过正向电流，

共阳极电路工作时，每相绕组中通过反向电流。为了提高利用率，将共阴极和共阳极电路输出串联，并接到变压器次级绕组上，如图 3.5.19(a)所示。如果两组电路负载对称，则它们输出电流平均值I_{d1}和I_{d2}相等，零线中流过的电流$I_d = I_{d1} - I_{d2} = 0$，去掉零线不影响电路工作，就成为三相桥式整流电路，如图 3.5.19(b)所示。

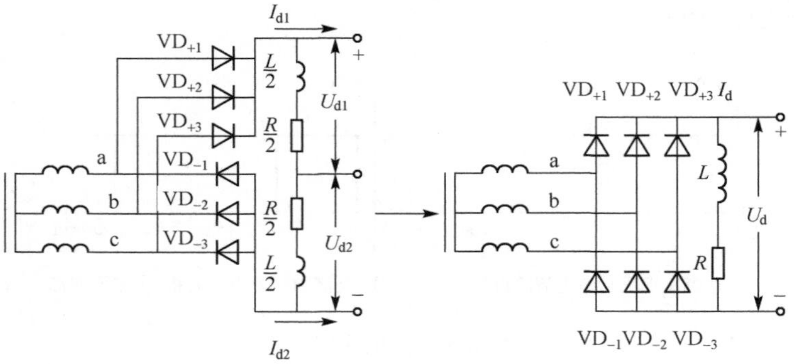

(a) 带零线电路　　(b) 去零线电路

图 3.5.19　三相桥式整流电路

如图 3.5.20 是三相半波桥式整流电路的工作波形图，其工作情况与三相半波整流电路有很多相似之处，主要不同点是三相半波桥式整流电路中“+”“−”组整流器是一组共阴极的半波整流电路和一组共阳极的半波整流电路配合工作的。

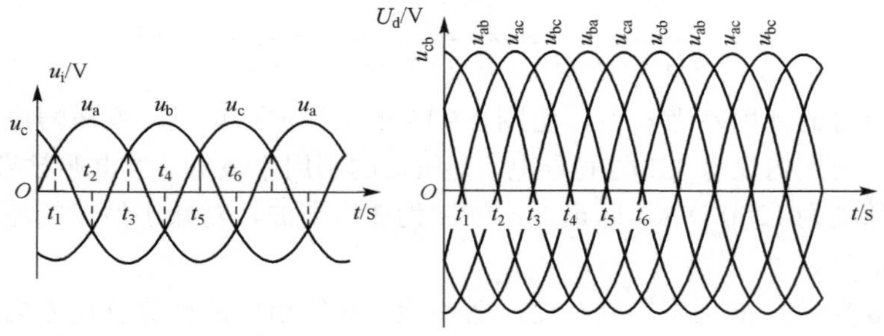

(a) 桥式整流电路输入电压波形　　(b) 桥式整流电路输出电压波形

图 3.5.20　三相半波桥式整流电路工作波形图

理想条件下，六个二极管轮流导通，其三相电动势与“+”“−”组整流器输出电压的波形如图 3.5.20(a)所示，经过桥式整流以后输出电压为带有六倍基波频率脉动分量的直流电压，最低次谐波频率为$400 \times 6 = 2400\text{Hz}$，比三相半波整流电路频率高一倍，且脉动幅值明显减小，因而输出滤波器的体积重量将明显减小。

求得整流电压的平均值为$U_d = 2.34U_2$，此时交流励磁机的利用率$\eta = 0.95$。图 3.5.20 中的任何瞬间都有两个二极管导通，导通情况和输出电压的关系如表 3.5.1 所示。

三相桥式整流器的输出电压较高，交流励磁机的利用率达到 95%。虽然多用了整流二极管，但随着半导体工艺技术的发展，为减少体积重量提高性能指标提供了条件。容量较大的飞机无刷交流发电机一般采用三相桥式整流电路。

表 3.5.1　二极管导通情况与输出电压关系表

时间	$0\sim t_1$	$t_1\sim t_2$	$t_2\sim t_3$	$t_3\sim t_4$	$t_4\sim t_5$	$t_5\sim t_6$
二极管导通情况	VD_{+3}，VD_{-2}	VD_{+1}，VD_{-2}	VD_{+1}，VD_{-3}	VD_{+2}，VD_{-3}	VD_{+2}，VD_{-1}	VD_{+3}，VD_{-2}
输出电压波络	u_{cb}	u_{ab}	u_{ac}	u_{bc}	u_{ba}	u_{ca}

4. 六脉冲 TRU 变压整流电路

相关内容请扫描二维码观看。

3.5.4　波音飞机变压整流器的原理电路

相关内容请扫描二维码观看。

3.5.5　飞机变压整流器的技术要求

相关内容请扫描二维码观看。

六脉冲 TRU 变压整流电路　波音飞机变压整流器的原理电路　飞机变压整流器的技术要求

3.5.6　多电飞机的用电负载及变压整流器

现代飞机的用电设备的数量和种类都发生了很大变化，尤其是电子设备的数量和功率的增加。为了保证电网的电能直流和稳定性，对从主电源(230V，360～800Hz)进行二次变换的装置有不同的要求。为此先了解用电设备的特征。

1. 多电飞机用电设备的种类

多电飞机的用电设备的增加与变化，主要受以下因素的影响。

1)机载设备电子化程度的提高

现代飞机各子系统数字化技术应用越来越多，几乎所有的机载子系统均采用不同的数字控制器，来完成对设备的数字控制、测试、数据通信、故障检测等。这些电子设备虽然属于弱电的范畴，功率不大，但是近年来机载系统电子化程度不断提高，使用功率越来越大，成为飞机供电系统的重要设备。

传统飞机电子设备相对比较少时，大部分会采用低压 28V 直流供电，并且对于需要不间断供电的设备，可以连接在有蓄电池并联供电的汇流条上。但是在电子设备的功率不断增大后，由 TRU 构成的低压直流电源已经难以承受，因此相当一部分电子设备要求直接使用一次电源，即 230V 交流电源。

2)新型变频电源的采用

在采用 400Hz 恒频电源供电的飞机上，用电设备中存在着若干不需要调速的异步电动机，被用来驱动液压泵、燃油泵，以及环境控制系统的各种风扇、厨房制冷设备等。这些电动机可以直接接在电网上，不需要任何电子装置。

如果采用 360～800Hz 的变频电源供电，部分异步电动机驱动的装置可以接受转速随频率的变化而变化，而不需要增加电力电子装置，但是异步电动机的工作特性会随着电源频率变化，在作为供电系统的负载时，会随着电源频率变化呈现非线性的负载特性。

另外，部分不能接受异步电动机转速变化的装置，必须增加电力电子装置来驱动，这就使得原来的电动机负载会随着电源频率变化呈现非线性的负载特性。由于该类电动机的功率一般很大，成为电网上大功率的电力电子负载。

3）电驱动设备的增加

由于用电驱动取代了液压驱动和气压驱动，必然增加了电动机驱动装置。多电飞机如果采用电作动、电环控、电刹车等，必然导致电动机装置增加。这些需要控制的电动机必须采用电力电子装置，其中最为典型的用电设备是电力作动器，需要电力电子器件实现的逆变器驱动无刷直流电动机。由于该类电动机的功率一般也比较大，有的要求瞬态大功率工作，导致电网上产生大功率的瞬态电力电子负载。

2. 多电飞机用电设备负载特性

用电设备的负载具有多样性，归纳总结有三种典型的负载特性。

1）整流器的非线性负载特性

对于交流电源供电的情况，大部分电子设备都需要首先实现 AC/DC 变化，即将交流电变换为直流电。如无刷直流电动机的变频器，一般采用交直交结构，即首先进行整流（AC/DC）变换，再进行逆变（DC/AC）变换。

不控整流型负载存在的问题是非线性的负载特性。如图 3.5.21 所示是典型的三相桥式整流电路。

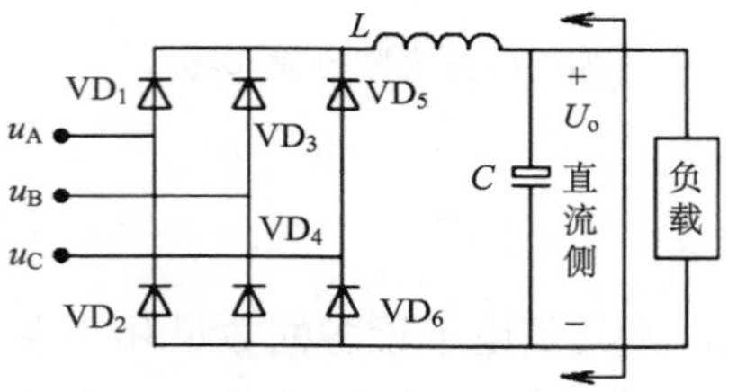

图 3.5.21 典型的三相桥式整流电路

采用这种整流电路，得到交流侧相电压电流波形如图 3.5.22 所示，其中含有大量的高次谐波电流，输入电流为非正弦波形，其中 5 次、7 次谐波最大，11 次和 13 次也不容忽视。

正是由于这种设备会为电网带来大量谐波以及无功功率，呈现非线性负载特性，大量使用会严重影响电网的稳定性，因此在航空上已经不允许使用。

随着多电飞机电力电子设备的不断增加，交流电网电能品质问题的日益突出，已颁布的多项标准对负载提出了严格的要求。于是出现了多脉冲不控整流以及各种滤波方法，如无源滤波、有源滤波、混合滤波等。

2）伺服控制系统的动态负载特性

动态负载的用电设备，即短时工作制用电设备，是指短时需要大功率、用电时间很短的用电设备。如飞行控制系统的电力作动器的典型动态负载，由于高的操纵性要求，电动机的峰值功率达到工作时平均功率的 6 倍以上。这种装置的运行将给供电系统带来严重的浪涌，给供电电源带来很大的压力，严重影响供电系统的稳定性。

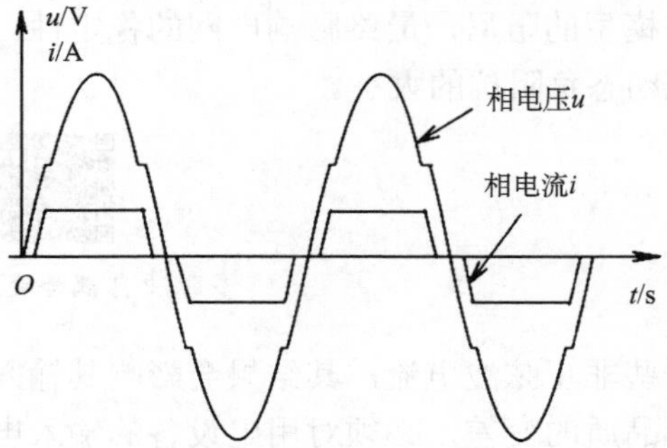

(a) 二极管整流引起的电压电流畸变

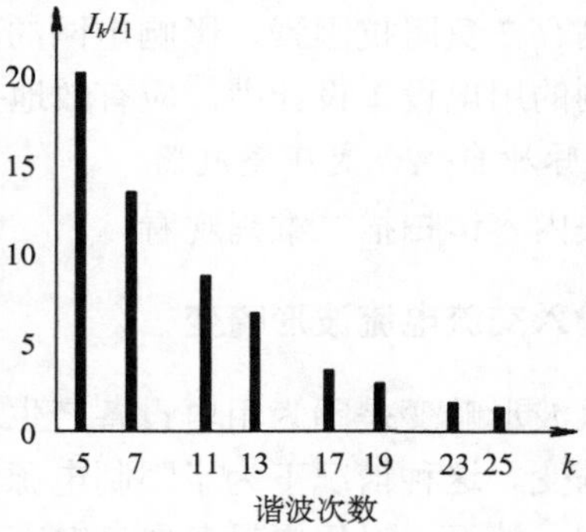

(b) 电流谐波分析

图 3.5.22　三相桥式整流电路的负载特性

如图 3.5.23 所示的某电力作动装置的功率变化情况，运动前功率几乎为 0，启动时峰值功率为 20kV・A，最大功率达到 27kV・A，舵面保持功率为 2kV・A。大功率出现时间仅为 1.2s，其驱动的电动机为短时工作制。

这种动态负载对电网最大的危害是扰动电网电压，尽管大功率的需求是短时的，但对于电源设备来说，也必须按照最大功率来设计，从而增大了电源设备的体积重量。

3) 闭环控制系统的恒功率特性

存在闭环控制的用电设备从电网角度看，呈现为恒功率负载特性。在多电飞机上，采用电驱动取代液压驱动，导致供电系统的恒功率负载增加。

恒功率负载特性的用电设备使电网上电压和电流的关系如图 3.5.24 所示。闭环控制系统的功率受到系统功能要求控制。

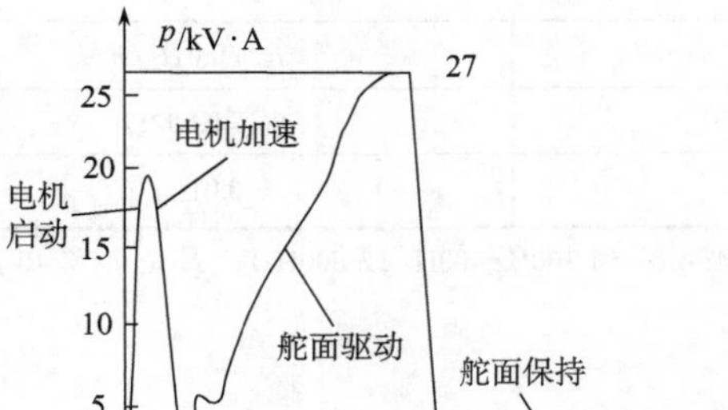

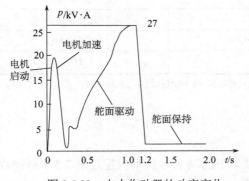

图 3.5.23　电力作动器的功率变化

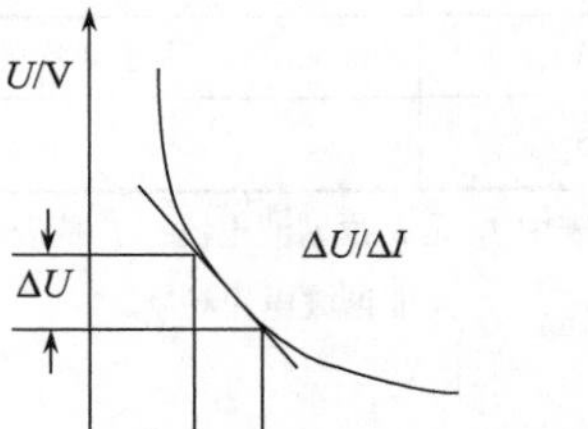

图 3.5.24　恒功率负载的负阻抗特性

(1) 当电网电压上升时，即 $\Delta U > 0$，为了维持系统状态不变，要使系统输出功率 P_o 不变，就要使电网的输入电流下降，$\Delta I < 0$。

(2) 当电网电压下降时，即 $\Delta U < 0$，同样为了维持系统状态不变，要使输出功率 P_o 不变，必须使电网的输入电流上升，$\Delta I > 0$。

这样，在电网扰动时出现动态的负阻抗特性，其中阻抗为

$$R = \frac{\Delta U}{\Delta I} < 0 \tag{3.5.24}$$

电网存在负阻抗因素，影响电网的动态模型的阻尼，最终影响电网的稳定性。因此在闭环控制的用电设备设计中，应有效地控制动态负阻抗的大小。

3.多脉冲自耦合变压整流器

相关内容请扫描二维码观看。

多脉冲自耦合变压整流器

3.5.7 输入交流电流波形畸变

电流波形畸变是因为用电设备产生的一些非正弦波电流，其结果会影响其输入交流电压波形畸变。这种情况下为了限制电源波形品质的变差，必须对用电设备的输入电流畸变进行限制。然而，对用电设备电流畸变的要求也不能确保汇流条电压畸变一定满足要求，系统设计者仍然有责任保证在正常和额定负载条件下，保证电源、配电和用电设备之间的相互作用不会引起汇流条电压畸变超出表 3.4.3 所列的要求范围。

1. 用电设备允许的畸变电流

恒频和变频用电设备由低阻抗电源(如在用电设备输入端总谐波畸变小于 1.25%)供电时，设备的每项指标应满足下面的要求。

1)单相设备各频率下的畸变分量

对于单相用电设备，线路上的电流在各频率下的畸变分量不应超过表 3.5.2 规定的极限，表中的极限可按照负载最大基波电流进行调整。

表 3.5.2 单相用电设备允许的电流畸变极限

序号	谐波次数	极限值
1	3 次的奇数倍谐波(3,9,15,…,39)	$I_h = 0.15 I_1 / h$
2	奇次谐波(非 3 次)(5,7,11,13,…,37)	$I_h = 0.3 I_1 / h$
3	偶次谐波 2 次，4 次	$I_h = 0.01 I_1 / h$
4	大于 4 次的偶次谐波(6,8,10,…,40)	$I_h = 0.0025 I_1$
5	非谐波	$I_n = 0.01 I_1 f_1 / f_n$

注：表中 I_h 是 h 次谐波电流； I_1 是最大基波电流； f_1 是基波频率(如 360Hz,400Hz 或 800Hz)； I_n 是 f_1 和 40 f_1 之间的非谐波电流； f_n 是非谐波电流频率。

2)三相设备各频率下的畸变分量

对于三相用电设备，线路上的电流在各频率下的畸变分量不应超过表 3.5.3 所列规定的极限，其值可按照负载最大基波电流进行调整。

表 3.5.3 三相用电设备允许的电流畸变极限

序号	谐波次数	极限值
1	3 次，5 次，7 次	$0.02 I_1$
2	3 次的奇数倍谐波(9,15,21,…,39)	$0.1 I_1 / h$
3	11 次	$0.01 I_1$

续表

序号	谐波次数	极限值
4	13 次	$0.08I_1$
5	17 次，19 次	$0.04I_1$
6	23 次，25 次	$0.03I_1$
7	29 次，31 次，35 次，37 次	$I_h = 0.3I_1 / h$
8	偶次谐波 2 次，4 次	$I_h = 0.1I_1 / h$
9	大于 4 次的偶次谐波(6,8,10,…,40)	$I_h = 0.0025I_1$
10	非谐波	$I_n = 0.01I_1 f_1 / f_n$
11	直流分量	$0.02I_1$

注：表中 I_h 是 h 次谐波电流；I_1 是基波电流；f_1 是基波频率(如 360～800Hz)；I_n 是 f_1 和 40 f_1 之间的非谐波电流；f_n 是非谐波电流频率。

2. 多电飞机用电设备允许的电流畸变

按照用电设备的功率等级通常分为小于 5kV·A 和大于 5kV·A 两种情况进行讨论。

1) 小于 5kV·A 用电设备允许的电流畸变

小于 5kV·A 的用电设备所允许的电流畸变采用表 3.5.4 所列的指标。

表 3.5.4　小于 5kV·A 的三相用电设备允许的电流畸变极限

序号	谐波次数	极限值
1	3 次，5 次，7 次	$0.02I_1$
2	3 次的奇数倍谐波(9,15,21,…,39)	$I_h = 0.3I_1 / h$
3	11 次	$0.1I_1$
4	13 次	$0.08I_1$
5	17 次，19 次	$0.04I_1$
6	23 次，25 次	$0.03I_1$
7	29 次，31 次，35 次，37 次	$I_h = 0.3I_1 / h$
8	2 次，4 次	$I_h = 0.01I_1 / h$
9	大于 4 次的偶次谐波	$I_h = 0.0025I_1$
10	非谐波	$I_n = 0.0025I_1$ 或者 5mA(取较大的)

2) 大于 5kV·A 用电设备允许的电流畸变

大于 5kV·A 的用电设备所允许的电流畸变采用表 3.5.5 所列的指标。

表 3.5.4 和表 3.5.5 与表 3.5.3 比较，两者的主要区别在 11 次和 13 次谐波上。表 3.5.3 和表 3.5.5 的数据表明了 TRU 和 ATRU 作为用电设备时的要求，即小于 5kV·A 的 TRU 或者 ATRU 可以采用 12 脉冲整流器，而大于 5kV·A 的 TRU 或者 ATRU 必须采用 18 脉冲波整流器和 24 脉冲波整流器。

表 3.5.5 大于 5kV·A 的三相用电设备允许的电流畸变极限

序号	谐波次数	极限值
1	3 次，5 次，7 次	$0.02I_1$
2	3 次的奇数倍谐波(9,15,21,…,39)	$I_h = 0.1I_1 / h$
3	11 次，13 次	$0.03I_1$
4	17 次，19 次	$0.04I_1$
5	23 次，25 次	$0.03I_1$
6	29 次，31 次，35 次，37 次	$I_h = 0.3I_1 / h$
7	2 次，4 次	$I_h = 0.01I_1 / h$
8	大于 4 次的偶次谐波	$I_h = 0.0025I_1$
9	非谐波	$I_n = 0.0025I_1$ 或者 5mA(取较大的)

3.6 飞机交流发电机电压调节器

由于交流发电机的转速、负载大小和功率因数是经常变化的，这必然会使发电机输出电压随之变化。为保证用电设备正常工作，就需要自动调节发电机输出电压，使之稳定在一定范围内。在飞机交流电源系统中，也是通过调节发电机(或励磁机)的励磁电流来调节交流发电机电压的。

飞机交流电源系统所采用的调压器形式很多，主要有振动式、炭片式、晶体管式以及带微处理器的智能化数字式调压器等。大中型飞机上普遍采用晶体管式，其具有体积小、重量轻、调压精度高、无活动触点、寿命长和维护方便等优点，但这种调压器存在模拟电路固有的缺点，如参数调整困难，不易获得对各种状态均适用的电路参数等。近年来数字控制技术得到迅速发展，飞机上的飞行控制系统、燃油控制系统等都实现了数字化的控制，飞机发电机励磁电流控制的数字化也在新一代飞机上得到应用，本节重点介绍晶体管式电压调节器的基本组成和原理。

调节发电机的励磁电流可以方便地控制发电机的输出电压，调压器的基本组成如图 3.6.1 所示，有检比电路、调制电路、整形放大与执行电路四个环节。检比电路检测发电机被调节量输出电压 u_G 与基准电压 U_{ref} 进行比较，当 u_G 偏离 U_{ref} 时，检比电路输出误差 $u_e = u_G - U_{ref}$，这个误差信号经调制电路调制成方波信号，再经功率放大电路放大，通过晶体管开关电路调节发电机励磁电流的平均值，从而达到发电机输出电压 u_G 的平稳输出，从而减小或消除偏差。

图 3.6.2 是一种典型晶体管式调压器的原理线路图，它所控制的是一台三级无刷交流发电机。三相永磁发电机构成的副励磁机发出的三相交流电经二极管 VD_6～VD_{11} 三相桥式整流，输出直流电，经励磁开关 GCR 控制，既提供调压器本身的工作电源，也提供交流励磁机励磁绕组 W_{ff} 的电流。

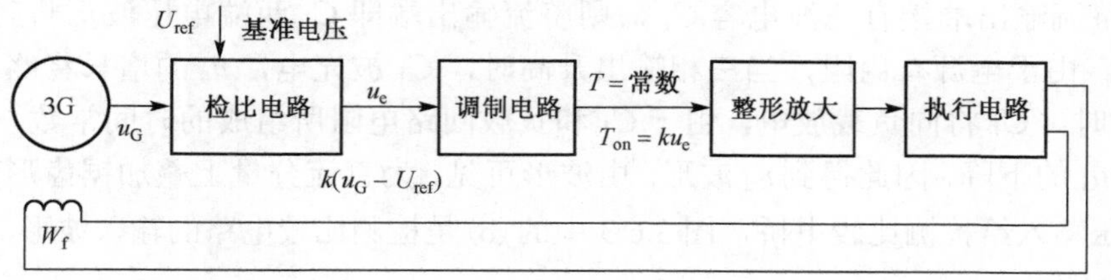

图 3.6.1　电压调节器的方框图

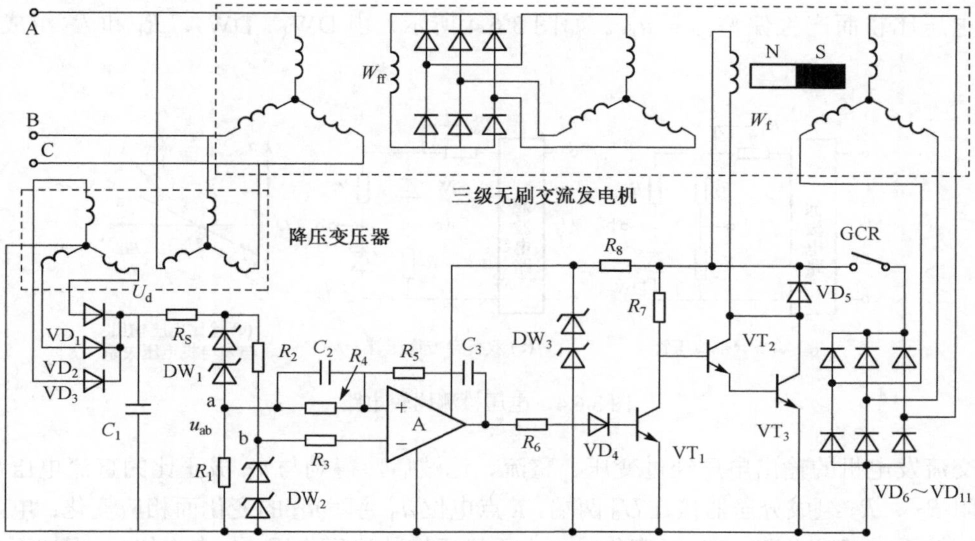

图 3.6.2　晶体管电压调节器原理线路图

1. 变压、整流和滤波电路

图 3.6.2 中的三相降压变压器输出正比于发电输出的三相交流电，设三相交流电压为 u_A、u_B、u_C，变压器的输出经 VD_1～VD_3 三相半波整流，输出电压波形见图 3.6.3。

三相交流电各相连接一个整流二极管，共阴极接法，在某一瞬间，最高相电压所对应电路的二极管导通，输出该相电压的正弦波络，另两相二极管则承受反向电压而反偏截止。因此，输出电压是三相相电压正半周的包络线图 3.6.3(a) 所示。

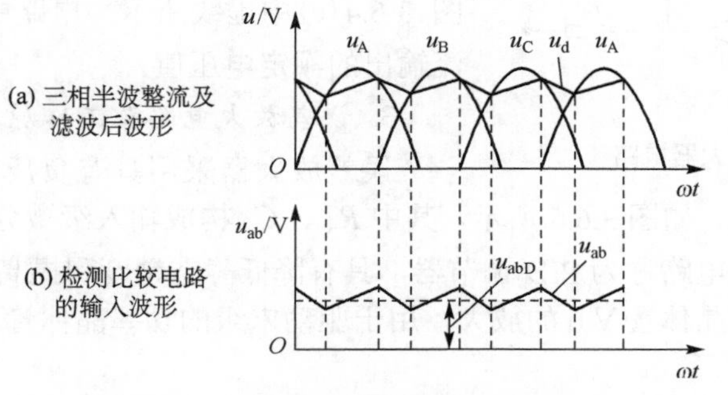

图 3.6.3　三相整流电压(电容)波形

由于整流输出端接有滤波电容 C_1，则整流输出端即 C_1 两端电压波形将有所变化，为 u_d 波形。由于电源有内阻，当三相输出升高时，C_1 被充电，u_d 的增长将略小于 u_G；当 u_G 下降时，C_1 将向负载放电，由于 C_1 和负载回路电阻所组成的时间常数，使得 u_d 的下降缓于 u_G 的下降，因此得到 u_d 波形。由波形可见，为直流分量上叠加锯齿形交流分量。此波形电压输入给检测比较电桥，图 3.6.3 中的(b)是检测比较电路的输入波形，有关原理将在后面介绍。

2. 检测比较电路

如图 3.6.4 所示是电压检测比较电路，用于检测发电机的输出电压变化，并把它与基准电压比较而产生偏差信号 u_{ab}。如图 3.6.4 所示，由 DW_1、DW_2、R_1 和 R_2 组成检比电路。

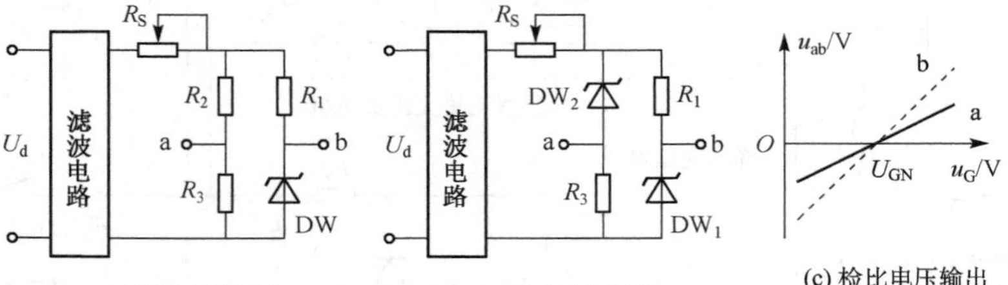

(a) 单桥臂带稳压管　(b) 双桥臂带稳压管　(c) 检比电压输出与发电机电压关系

图 3.6.4　电压检测比较电路

交流发电机的输出电压经过变压、整流、滤波后，得到与 u_G 成正比的直流电压 U_d。由电阻 R_2、R_3 组成分压器接在 U_d 两端。a 点电位 u_a 将随 u_G 的变化而相应变化；电阻 R_1 和稳压管组成基准电路，在 u_G 变化时，由于稳压管的稳压作用，b 点电位 u_b 保持不变，a 点与 b 点的电位差 $u_{ab}=u_a-u_b$，就是误差信号，即检比电路的输出信号。

(1) 当发电机电压为额定值 U_{GN} 时，调节参数使满足 $u_a=u_b$，则 $u_{ab}=0$；

(2) 当 $u_G>U_{GN}$ 时，$u_a>u_b$，$u_{ab}>0$，u_{ab} 输出正信号；

(3) 当 $u_G<U_{GN}$ 时，$u_a<u_b$，$u_{ab}<0$，u_{ab} 输出负信号。

电桥输出特性曲线如图 3.6.4(c)所示，一般称该特性的斜率 $k_u=\Delta u_{ab}/\Delta u_G$ 为检比电路的放大系数或灵敏度。

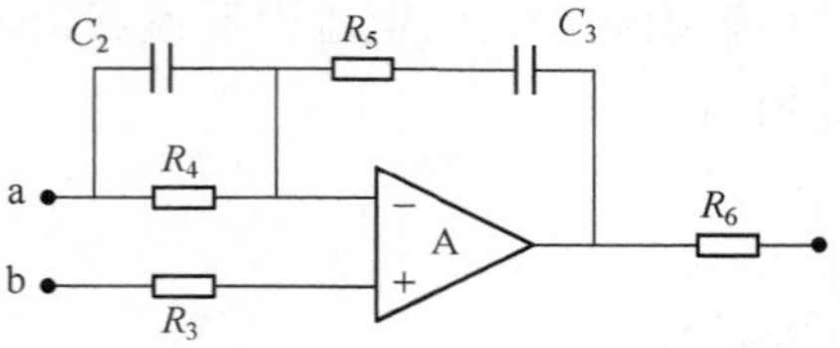

图 3.6.5　误差放大器电路

在图 3.6.4(b)中应用了两组稳压管 DW_1、DW_2，故其放大倍数增大一倍，用于提高灵敏度，如图 3.6.4(c)中虚线所示。电路中电阻 R_S 用于调定交流输出的额定电压值。

3. 误差放大电路及工作原理

误差放大器采用具有负反馈的运算放大器配以适当的外围电路构成，如图 3.6.5 所示，其中 R_4、C_2 构成输入级微分电路，R_5、C_3 构成比例积分电路，这个电路称为 PID 调节器，具有降低静态精度和提高响应速度的作用；运算放大器的输出经过晶体管 VT_1 的放大，用于驱动末级的功率晶体管 VT_2 和 VT_3，图 3.6.6 给出了有关波形。

1) 发电机电压等于额定电压

当 $u_G = U_{GN}$ 时，如图 3.6.6(a) 所示，锯齿波正半周时间和负半周时间相等，因此，VT_2、VT_3 的开通 T_{ON} 与关断时间 T_{OFF} 相等。

2) 当发电机电压 u_G 升高，并大于额定电压时

当 $u_G > U_{GN}$ 时，锯齿波上移，如图 3.6.6(b) 所示，正半周的锯齿波时间加长，而负半周的锯齿波时间缩短，则 VT_2、VT_3 的关断时间 T_{OFF} 加长，导通时间 T_{ON} 缩短，使输出给励磁绕组中的直流平均电压 U_f 减小，励磁电流减小。

3) 当发电机电压 u_G 下降，低于额定电压时

当 $u_G < U_{GN}$ 时，锯齿波下移，如图 3.6.6(c) 所示，则 VT_2、VT_3 的导通时间 T_{ON} 变长，关断时间 T_{OFF} 缩短，使输出给励磁绕组的直流平均电压 U_f 增大，励磁电流增大，使 u_G 增大，因而能基本上维持 u_G 不变，从而达到了自动调压的目的。

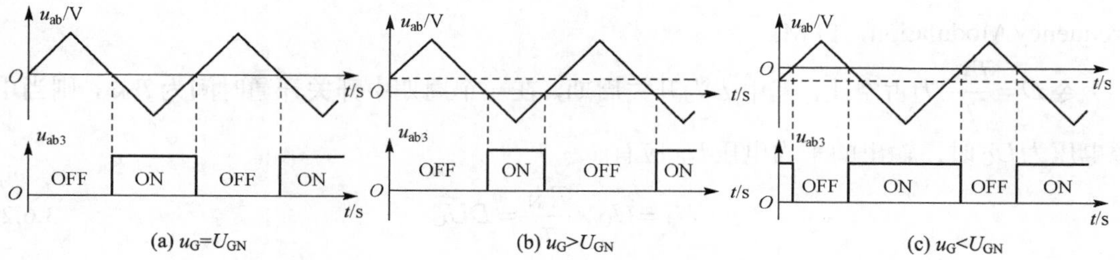

图 3.6.6 晶体管调压器的工作原理

调压器中的放大电路是一个重要环节。晶体管调压器的优点是：无接触点、寿命长、维护方便；输出功率大，效率高；调压精度高，达到±0.5%，调压系统的动态品质好。

4. 功率开关管的调整方法选择

因为励磁绕组的电流需要一定的数值，所以提供励磁电流的功率管的工作状态显得十分重要。对电源系统而言，应该在提高效率、降低功率损耗和体积重量等方面做工作。由于晶体管有放大、截止和饱和三种工作状态。如果晶体管工作在放大状态，并输出一定功率时，功率损耗太大，将明显增大调压器的体积重量，效率也降低。当晶体管工作在截止和饱和工作状态时，晶体管上的损耗最小，即损耗 ΔP 为

$$\Delta P = U_{ce} \times I_{off} + U_{ces} \times I_c \tag{3.6.1}$$

式(3.6.1)中第一项为关断损耗，由于关断电流 $I_{off} \approx 0$，故数值很小，第二项为饱和损耗，由于饱和电压 $U_{ces} \approx 0.3V$，数值也很小，所以采用开关工作方式的晶体管损耗很小。

晶体管调压器控制励磁电流的基本原理是通过调节晶体管的导通与截止时间达到控制励磁电流的目的的，实现晶体管开关控制的方法常用改变脉宽占空系数的方法，达到调节输出平均值的目的，实现这种调制的方法有两种。

1) 脉宽调制方法

设调制信号的周期固定为 T，改变脉冲的宽度 T_{ON}，实现输出电压的调节，如图 3.6.7(a) 所示，称为脉宽调制(Pulse Width Modulation，PWM)。

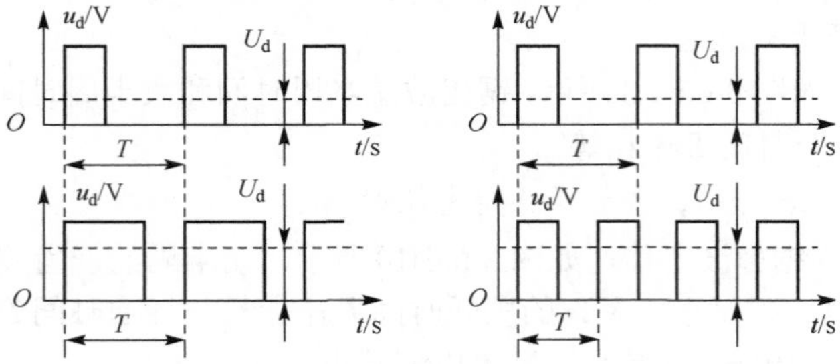

图 3.6.7 晶体管调压器的调制方法

2) 脉频调制方法

保持脉冲宽度不变，调节脉冲频率 f 或周期 T，如图 3.6.7(b) 所示，称为脉频调制(Pulse Frequency Modulation，PFM)。

令 $D=\dfrac{T_{ON}}{T}$ 为占空比，其中 T 为开关周期，在一个周期中开关开通时间为 T_{ON}，则当电源电压为 U_C 时，输出的平均电压 U_d 应有

$$U_d = U_C \times \frac{T_{ON}}{T} = DU_C \tag{3.6.2}$$

采用 PWM 方法对磁性材料、电容的设计有方便之处，而采用 PFM 方法由于工作频率的变化，特别对磁性材料等的设计有一定的不便，故一般采用 PWM 方法实现励磁电流的调节。

应用 PWM 方法控制励磁绕组中励磁电流的电路示意图如图 3.6.8 所示。晶体管工作在开关状态，即当向基极提供足够的基极电流时，晶体管达到饱和导通，等效为开关“通”；当去除基极电流时，则晶体管截止，等效为开关“断”。励磁绕组为 W_f，其电阻为 r_f，与其相并联的二极管 VD 则用于当晶体管关断时，给 W_f 中的电流 i_f 续流。可见，W_f 中的励磁电流在一定占空系数时，其平均电流是很平稳的。图 3.6.2 中的 VT_2、VT_3 构成达林顿管，以形成开关放大器，实际上就是调压器中的执行环节。

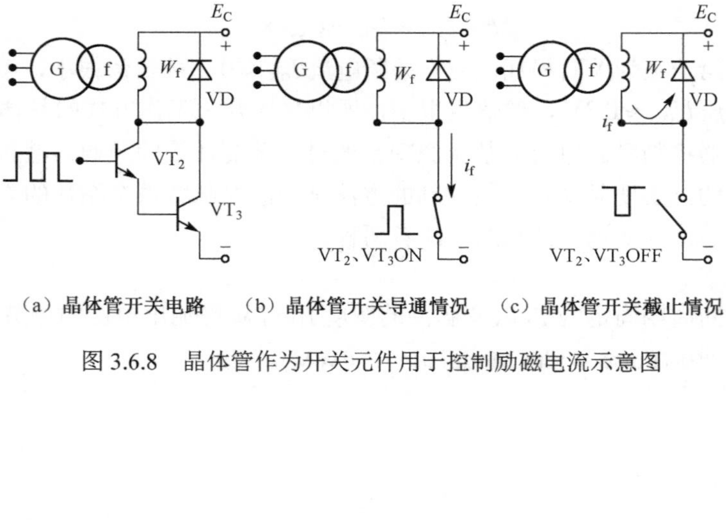

图 3.6.8 晶体管作为开关元件用于控制励磁电流示意图

3.7 飞机交流电源并联供电和控制关系

大中型飞机上有多台发动机带动多台发电机，由多台发电机组成的交流电源系统有单独供电和并联供电两种形式，B747等都是用并联供电方式，而B767却是用单独供电方式，由于并联供电具有电网容量大，供电质量高等优点，在新型飞机上得到应用。但随着装机容量的剧增，主发电机采用变频交流电，无法进行并联，供电系统又出现新的模式，关于这个问题在3.9节讨论。

3.7.1 并联供电及其功率平衡的有关问题

相关内容请扫描二维码观看。

并联供电及其功率平衡的有关问题

3.7.2 飞机交流电源的控制关系

控制与保护装置是飞机交流电源系统的重要组成部分。控制与保护两者是紧密相关的，常常组合在一起成为一个整体，本节主要讨论各种电源的接通与断开的控制关系。

1. 主要的控制对象

1）控制与保护装置的主要控制对象

(1) 发电机控制继电器。

发电机控制继电器（Generator Control Relay，GCR）控制发电机励磁电路的接通与断开，决定发电机是否发电。

(2) 发电机断路器。

发电机断路器（Generator Breaker，GB）又称发电机接触器（Generator Contactor，GC）或发电机控制断路器（Generator Control Breaker，GCB）。GB接通，将发电机投入电网向各自的发电机汇流条供电，即决定发电机是否输出。

(3) 汇流条连接断路器。

汇流条连接断路器（Bus Tie Breaker，BTB）将各发电机汇流条与连接汇流条（即同步汇流条）接通或断开，决定发电机是否并联供电或发电机汇流条之间是否交互供电。

(4) 外电源接触器。

外电源接触器（External Power Contactor，EPC）决定地面电源是否向机上电网供电。下面分析BTB的工作，在非并联供电系统中BTB是处于断开状态的，当外电源供电、辅助动力装置供电或在故障转换时接通；在并联供电系统中BTB平时是处于接通状态的，所以发电机的合闸并联实际上是通过控制GB的工作而实现的。

2）控制保护装置的作用

飞机交流电源系统控制保护装置的作用就是人工或自动地接通、断开或转换上述四种开关装置。控制即主要根据供电方式的需要及一定的逻辑关系，控制发电机和电网的开关元件，以完成发电机和电网主汇流条的接通、断开或转换工作。保护是在发电机或电网局部出现故障时，有选择性地自动断开某些开关装置，使故障部分与正常供电系统隔离，防止故障扩大，保证系统正常供电。除以上基本控制保护功能外，随着现代化运输飞机的发展，B737-300、B757 以上的飞机设置有自动卸载控制；在更新型的飞机中，还有不中断电源的控制。

国内外生产和使用的控制保护器主要有继电器型、晶体管型以及新颖的固态功率控制器等。继电器较早期的产品，其特点是结构比较简单，但由于存在触点的活动部件，故可靠性较差、抗震能力不高、灵敏度低、寿命短和不便于维护。

由于晶体管型控制保护器具有体积小、重量轻、可靠性高、消耗功率少、工作速度快等优点，主要缺点是受温度影响较大。随着电子技术的发展，集成电路在控制保护装置中也得到了应用。以微处理器芯片的数字化控制器，它的功耗低、速度快，适应飞机电子电气设备的数字化进程，已经在飞机上得到应用，相关报道的文献也很多，这里不再叙述。

飞机供电系统有两种模式即单独供电和并联供电，下面介绍它们的组成结构和工作原理。

2. 单独供电的控制关系

虽然各型飞机的具体线路不同，有的线路还比较复杂，但它们的基本关系却是类似的，因此它是掌握具体机种线路的共同基础。以两台发电机的供电系统为例进行介绍。属于这种类型的单独供电系统的飞机有麦道-80(DC-9)，B737、B757、B767，空中客车 A-310 等。

1)单独供电系统的工作概况

飞机在地面、空中飞行的各种情况以及有故障状况下，所使用的供电电源不尽相同，先说明图 3.7.1 中出现的符号的意义。

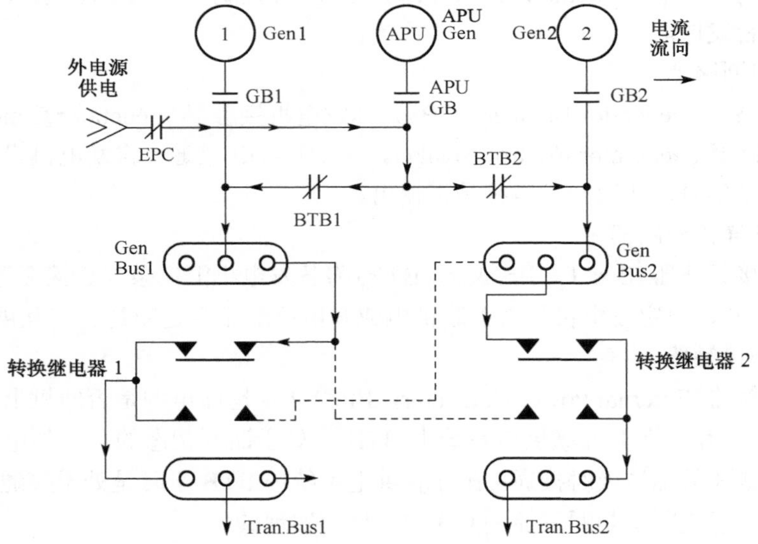

图 3.7.1 外电源供电时的单独供电系统

Gen1、Gen2——由左、右发动机驱动的发电机。

APU——辅助动力装置，当发动机未启动或尚未正常工作时，由其提供动力。

APU Gen——由 APU 驱动的辅助发电机。

Gen Bus1——发电机 1 汇流条。

Gen Bus2——发电机 2 汇流条。

GCR——发电机控制开关(图中未画)，决定发电机是否发电。

GB——发电机断路器，决定发电机是否输出。

BTB——汇流条连接断路器，决定是否并联供电或两台发电机交互供电。

Tran.Bus1、Tran.Bus2——转换汇流条。图 3.7.1 中转换继电器为“上”触点接通。

2) 地面外电源供电

当飞机在地面，所有发动机关闭时，地面外接三相电源可通过地面外电源接触器 EPC 工作后的闭合触点向机上连接汇流条供电，当两个汇流条连接断路器 BTB 闭合时，外电源则向两个发电机汇流条和它们的转换汇流条供电，如图 3.7.1 所示，图中虚线表示没有电流流过。

3) APU 发电机供电

如图 3.7.2 所示，当 APU 启动后，人工将驾驶舱的 APU 发电机控制电门放到“接通”(ON) 位，使 APU 发电机 GB 接通，同时人工控制 BTB 电门使 BTB 工作，从而使 APU 发电机电源连接汇流条向单个或同时向两个发电机负载汇流条供电。在控制电路中，由逻辑关系保证外电源接触器 EPC 的断开先于 APU 发电机 GB 的接通。

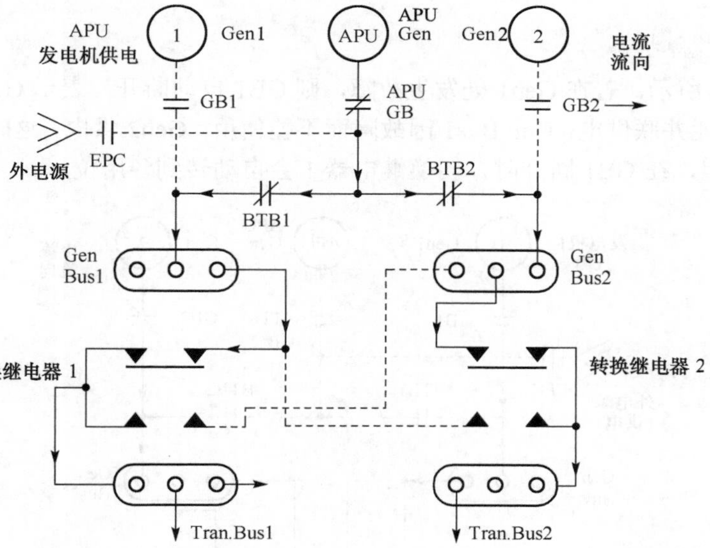

图 3.7.2 APU 供电时的单独供电系统

4) 主发电机供电

当左发动机启动后，它的发电机励磁并建立电压，若置 Gen1 的控制电门到“接通”位，则会断开 BTB1，而同时接通 GB1，这时则由 Gen1 向 Gen Bus1 和 Tran. Bus1 供电，而 APU Gen 仍向 Gen Bus2 和它的转换汇流条供电。这两个电源是不能并联的，当撤去发电机电源后，则 Gen Bus2 断电。同理，当右发动机启动好后，右发电机将向它自己的汇流条和相应的转换汇流条供电。这时可将 APU 控制电门关断，系统这时的工作方式为正常飞行方式。在这个系统中，两个转换汇流条的供电是自动转换的，在正常状态下，转换汇流条经过它的转换继电器的正常位置从它自己的发电机汇流条得到电源。如图 3.7.3 所示为两台发电机分别供电时的单独供电系统。

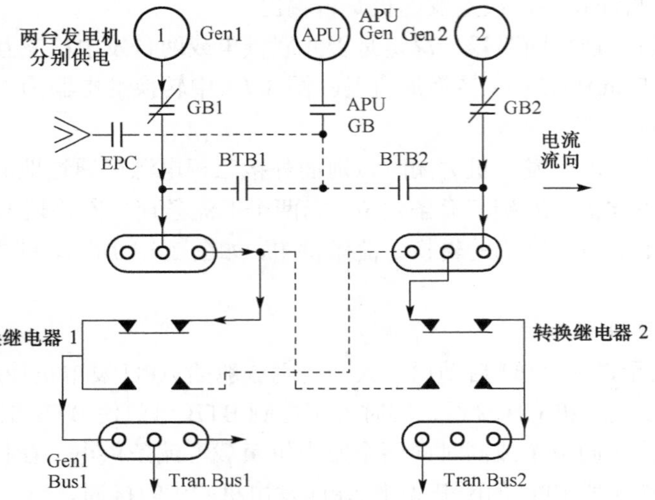

图 3.7.3　两台发电机分别供电时单独供电系统

5）发电机故障状态

如图 3.7.4 所示，若在 Gen1 处发生故障，则 GB1 自动断开，表示 Gen1 不工作。因为两台发电机不能并联供电，Gen Bus1 因故障而不能使用，Gen2 供电，这时 Tran. Bus1 的负载由 Gen2 承担，在 GB1 断开时，转换继电器 1 会自动转到备用位。

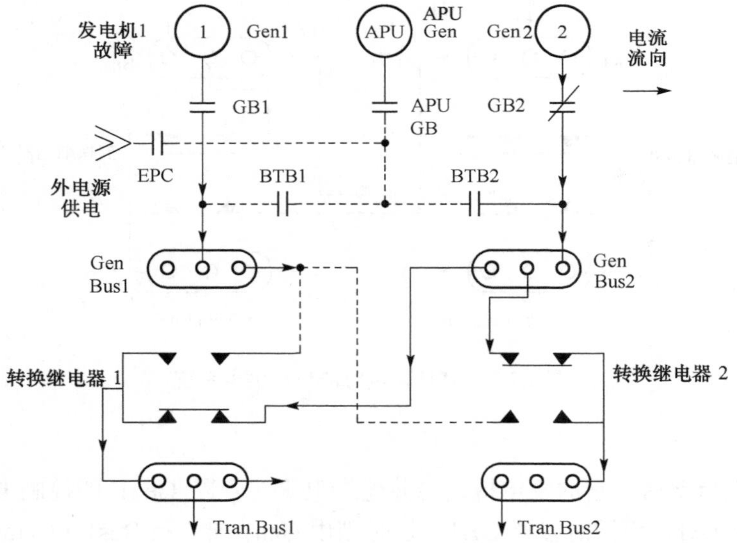

图 3.7.4　发电机 1 故障时单独供电系统

选定任一个电源接通工作时，其他电源自动断开，即具有所谓“使用优先”的关系，所有电源断路器和接触器都是按一定逻辑关系互锁的。

3. 并联供电系统的控制关系

图 3.7.5 为并联供电系统控制关系的简化原理图。这是四台发电机并联供电的系统，它适用于 B707、B747 及 DC-10，L-1011 这些飞机的交流电源系统。

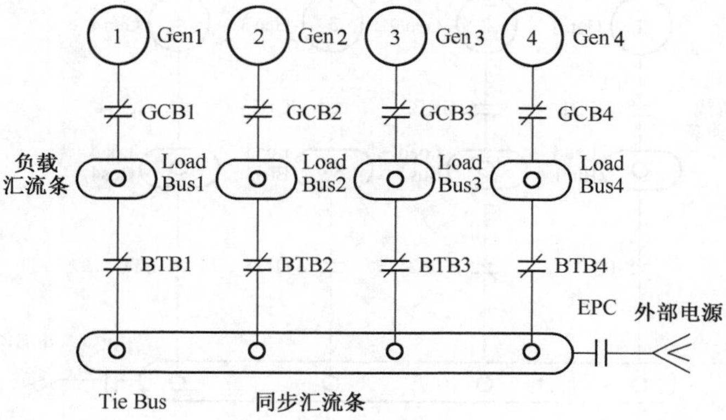

图 3.7.5　四台发电机并联供电系统原理图

图 3.7.5 中上部为四台发动机驱动的发电机 Gen1、Gen2、Gen3 和 Gen4，下面分别对应各自的发电机电路断路器 GCB1、GCB2、GCB3 和 GCB4(GCB 即 GB)，然后是四台发电机各自的负载汇流条，下部是四个汇流条连接断路器 BTB，最下为连接汇流条即同步汇流条。右下角为外电源插座和外电源接触器 EPC。图中除 EPC 外，所有 GCB 和 BTB 触点都处于并联工作状态。

1) 并联供电

当四台发动机启动好，四台发电机正常发电后，四台发电机经过它们各自的发电机电路断路器 GCB 触点分别向相应的发电机负载汇流条供电。在正常状态下，当四个 BTB 都闭合时，四台发电机将向同步汇流条并联供电。

2) 故障状态

如图 3.7.6 所示，若任一台发电机由于故障不工作，则故障发电机的 GCB 自动跳开。例如，Gen3 故障，则 GCB3 自动跳开，这时该故障发电机的负载汇流条经 BTB3 保持供电。

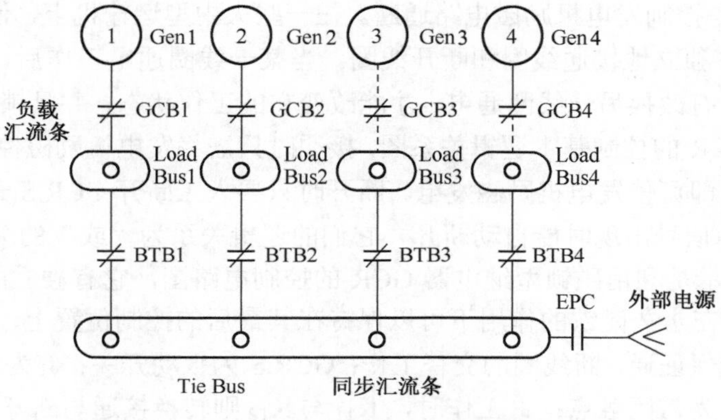

图 3.7.6　Gen3 故障时的并联供电系统

如图 3.7.7 所示，若故障发生在负载汇流条，如 Load Bus3 处，或发生在 GCB3 与 BTB3 之间的馈线上，则该故障发电机系统的 GCB3 和 BTB3 都自动跳开，以便将故障部分与系统隔离，而保持其他发电机正常并联供电。

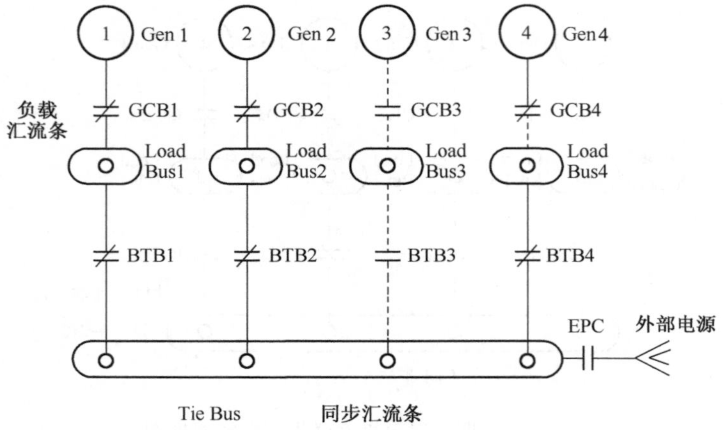

图 3.7.7 负载汇流条 3 故障时的并联供电系统

3) 并联供电的优点

由以上控制关系可见，并联供电总负载由各发电机均衡承担(由有功均衡和无功均衡电路起作用)，而不会使有的发电机过载而另外发电机欠载；一台发电机故障时主要供电不会中断；故障发电机的负载可重新自动分配到保持并联工作的发电机上，并不需要人工转换。

3.7.3 主要控制逻辑关系的控制实现

不论是单独供电或并联供电的交流电源系统，主要的控制执行元件总是包括 GCR、GB(或 GCB)、BTB 和 EPC。各型飞机的具体线路尽管各不相同，但都必须满足一定的基本逻辑关系。当然，对于不同的具体线路，这些关系会有某些差异，下面介绍几种相关的控制电路。

1. 发电机励磁控制继电器 GCR 的控制逻辑

GCR 的作用是控制发电机励磁电路通断。在一些大中型运输机上，使用的磁锁型接触器或断路器，能够独立地接通线圈和断开线圈。当某一线圈通电工作后，由永久磁铁锁定在当时的位置，只有改换另一线圈通电，才能改变它的工作状态，并且锁定在第二种状态。

图 3.7.8 为 GCR 的控制基本逻辑关系图，接通时只需将发电机励磁控制电门 GCR.S 置于“接通”位置，即可使发电机励磁发电。断开时只要人工断开 GCR.S 开关，或者当有需要断开励磁的故障信号出现时能自动断开，它们的逻辑关系为“或”的关系。

如图 3.7.9 所示是利用磁锁型继电器 GCR 的控制电路图，它有独立的闭合线圈 LC 和断开线圈 TL，并在永久磁铁的作用下可以保持在其最后的控制位置上，KB_1 和 KB_2 是一对互锁触点，用于保证通、断线圈的交替工作；GCR.S 为扳动开关；J_1 为辅助继电器，K_{11} 为常开触点，K_{12} 为常闭触点；J_1 工作时，K_{11} 与 K_{12} 则转换接通与断开。

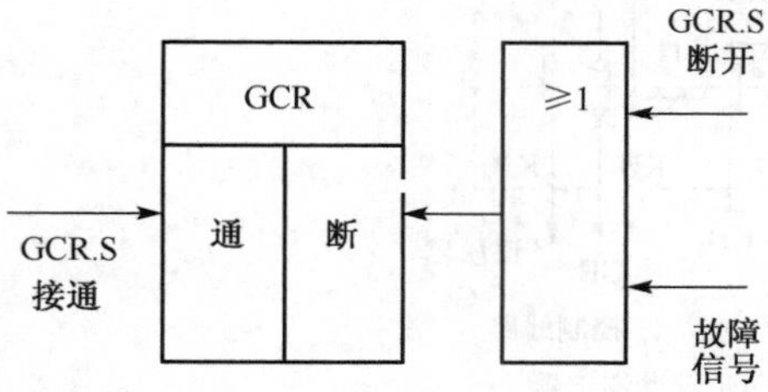

图 3.7.8　GCR 的控制关系

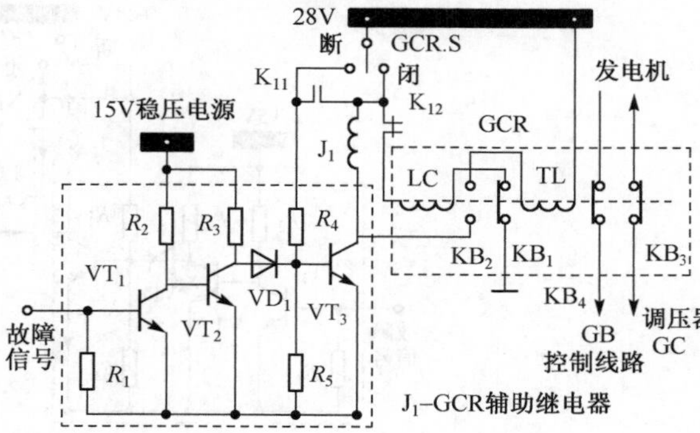

图 3.7.9　GCR 的控制电路

1) GCR.S“闭合”

如图 3.7.10 所示，当扳动 GCR.S 至闭合位置时，28V 电源经 GCR.S、K_{12}、GCR 的闭合线圈 LC 及其互锁触点 KB_1 到地，GCR 闭合。触点 KB_2 接通，为接通 GCR 的断开线圈 TL 电路作好准备，互锁触点 KB_1 断开，切断 GCR 的闭合线圈电路。KB_3 接通使调压器的输出连至发电机的并励线圈，进而接通发电机的励磁电路，KB_4 断开使发电机断路器 GB 不工作，发电机接入运行。

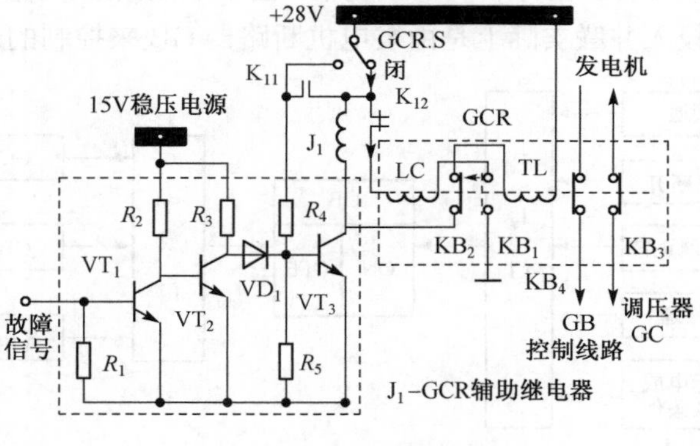

图 3.7.10　GCR.S 闭合时的等效电路

2) GCR.S“断开”

如图 3.7.11 所示，如果人工扳动 GCR.S 至“断开”位置，+28V 直接通过电阻 R_4 加至晶体管 VT_3 的基极，VT_3 导通，GCR 断开线圈通过 VT_3 接地而有电，GCR 断开。同时，KB_2 断开了 GCR 的“断”线圈电路，KB_1 闭合，为 GCR 闭合做好准备。此时在 GB 控制电路中的一对常闭触点 KB_4 重新闭合，使 GB 自动断开。

当用高电平“1”表示有故障信号输入时，故障信号加在 VT_1 基极上，VT_1 导通，VT_2 截止，VT_3 导通，使 GCR “断”线圈有电，GCR 亦将断开而起保护作用。

3) 辅助继电器 J_1 的作用

如果没有 J_1，系统故障状态下重新闭合 GCR.S，由于故障，GCR 断开，同时接通互锁触点 KB_1 (ON) 断开，KB_2 (OFF)。由于 GCR.S 置“闭合”位置，闭合线圈使 GCR 重新闭

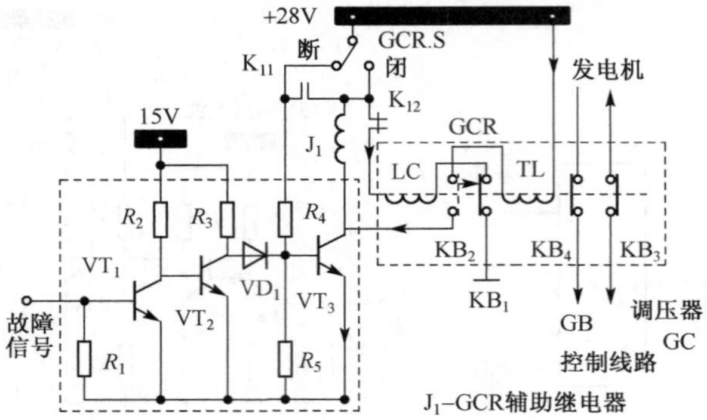

图 3.7.11　GCR.S 断开时的等效电路

合；故障信号又使它再跳闸断开。因此，GCR 周期性地接通与断开的现象称为“拍合”。拍合使保护失效，且有可能引起 GCR 损坏，为此必须附加辅助继电器 J_1，当故障时，VT_3 导通，若将 GCR.S 置于“闭合”位置，J_1 因通有电流而动作，断开其常闭触点 K_{12}，保证了 GCR 闭合线圈不会通电。

2. 发电机断路器 GB 的控制逻辑

如图 3.7.12 所示是发电机输出接触器 GB(或 GCB)的控制逻辑关系图，由它控制着发电机与汇流条的接通或断开。在并联供电系统中，由于汇流条连接断路器 BTB 通常处于接通状态，因而发电机投入并联实际上是由发电机断路器 GB 来控制的。

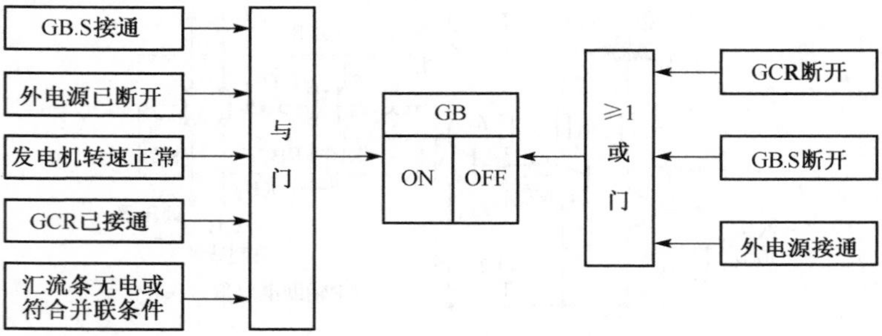

图 3.7.12　GB 的控制逻辑

单独供电的发电机要使 GB 接通向外供电，必须预先接通 GCR，使准备接通的发电机励磁，当发电机转速正常，而且发电机电压达到要求后，才能接通发电机控制电门 GB.S，并且在外电源已断开的条件下才能使 GB 接通。

对于并联供电的发电机系统，还必须按照并联供电合闸的要求接通 GB，如图中的左半部分，当同时满足五个接通条件时，即左半五个条件应是相“与”关系，才能使 GB 接通。这五个接通 GB 条件分别是 GB.S 接通、外电源已断开、发电机转速正常、GCR 已接通、汇流条无电或符合并联条件。

如图 3.7.12 右半部分是 GB 断开的逻辑关系，三个条件中的任一条件发生作用，都会使 GB 断开。GB 的断开可由人工断开 GB.S 电门而断开，或在外电源接通，或者 GCR 断开。这里是“或”门关系。对有的飞机，还可能由恒装脱开或欠速而使 GB 断开。

3. 汇流条连接断路器 BTB 的控制逻辑

BTB 开关处于发电机汇流条与连接汇流条之间的通道上，对于非并联系统，当发电机故障时由它转换为其他电源供电；对并联供电系统则为正常供电的通道。

如图 3.7.13 是 BTB 的控制逻辑关系，对并联和非并联系统，BTB 的接通都只要接通汇流条连接器的电门 BTB.S 即可；BTB 的断开则可由电门 BTB.S 断开实现，对于单独供电系统，有些故障信号可使 BTB 断开。

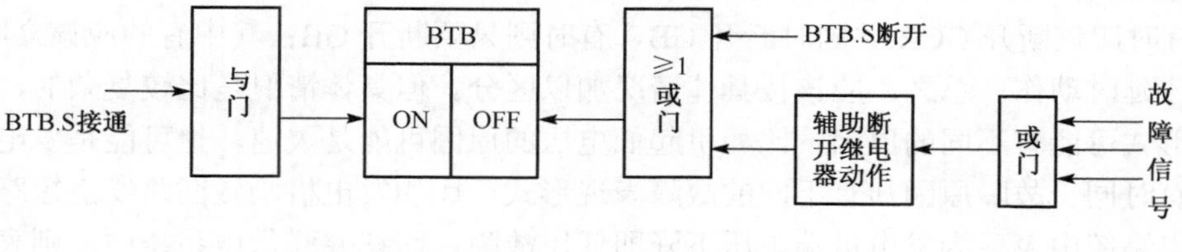

图 3.7.13　BTB 的控制逻辑

4. 外电源接触器 EPC 的控制逻辑

如图 3.7.14 所示是外电源接触器 EPC 的控制逻辑关系图。外电源与发电机不能同时供电，为了保证安全可靠工作，它们的接通与断开通过互锁的方式实现，线路中的互锁都是通过接触器或断路器的辅助触点实现的。

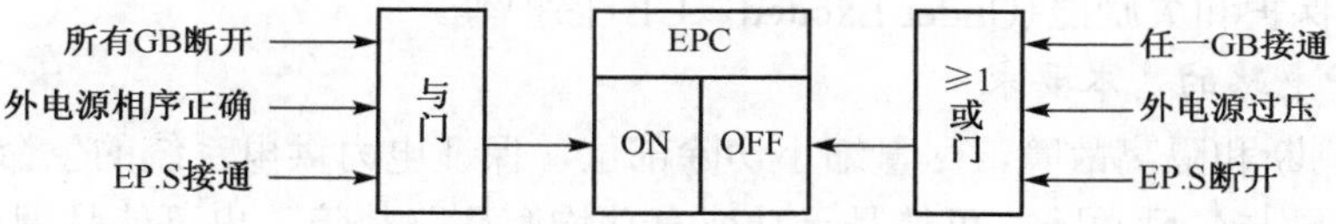

图 3.7.14　EPC 的控制逻辑

3.8　飞机交流电源的保护

飞机交流电源系统一方面连接动力装置，另一方面连接着各种用电负载，为了给各用电负载提供安全可靠符合技术指标和要求的电能，只有当与之有关联的装置都正常工作时才能满足要求。但是电源系统在运行过程中会遇到各种故障，如果不加以处理，就有可能使故障扩大，殃及全机。为了能够实现故障的排除和隔离以及对电源系统实现自动控制，掌握故障的类型和保护的内容与方法对电气维修人员是十分重要的。

3.8.1　交流电源系统的故障及保护中的一般问题

1. 故障类型与保护项目

1) 故障类型

在飞机交流电源系统运行过程中，可能出现故障的地方很多，归纳有下列类型：

(1) 恒速传动装置故障；

(2) 供电系统部件(如发电机、调压器)本身的故障；

(3) 系统中的线路故障；

(4) 在并联供电的系统中，还可能是均衡分配环路中的线路故障等。

故障的表现形式多种多样，有过压、低压、短路、负载分配严重不均、过频、低频和电压不稳定等。对这些故障如不及时采取适当的保护措施，将会引起供电不正常，有时甚至导致发生火灾等严重事故。

2) 保护项目

根据每一种故障对用电设备造成的具体影响而采取相应的保护措施，有时应该断开 BTB，有时应该断开 GCR 并同时断开 GB，有时则只要断开 GB；其中有的应该立即动作，有的应该延时动作。总之，应该按具体情况加以区分。但具体情况是比较复杂的，有时同一故障形式可能有不同的原因，比如引起低电压的原因可能是欠速，也可能是发电机励磁短路；有时同一故障原因却有不同的故障表现形式，比如发电机励磁回路发生短路时，在单独供电系统中表现为发电机端电压下降即低压故障，而在并联供电系统中，则表现为发电机负担的无功电流减少。所有这些，增加了问题的复杂性，这就要求各种保护项目之间正确协调，对维护者来说，掌握它们的规律是不难的。

单台发电机系统中保护项目有：过压(Over Voltage，OV)、低压(Under Voltage，UV)、馈线和发电机内部短路(差动保护(Differential Protection，DP))、低频(Under Frequency，UF)或欠速(Under Speed，UNS)、电压不稳定和火警保护等。其中过压、低压与短路保护是主要的，几乎所有飞机都有，在并联供电的系统中除上述单台项目外，还有过励磁(Over Excited，OE)保护和欠励磁(Under Excited，UE)保护等。

2. 对保护电路的基本要求

(1) 正确判断和隔离故障，尽量缩小切除部位，保证电力供电系统的生命力。

例如，过励与欠励故障，可能是无功或有功均衡环路故障，也可能是调压器故障，所以应该先断开 BTB，让发电机单独供电，如果是均衡环路故障则故障消失；如果是调压器故障，则对单台发电机表现为过压或低压故障，这时再断开 GCR 和 GB。

(2) 尽量不中断或少中断对用电设备的供电，即要求保护动作准确及时。

(3) 保护装置既不应该误动作也不应该拒动作。

在不应该动作时动作，称为误动作；在应该动作时不动作称为拒动作。另外，有些保护应立即动作，如过电压和短路故障，因为它们是最危险的，有些保护则应有延时，有些还应有所谓反延时的要求，如过压值越高其延时应该越短，而过压值不太高则延时长些。

3.8.2 短路故障与差动保护

1. 短路故障的产生、危害及保护要求

产生短路故障的原因可能是发电机或馈线磨损造成绝缘损坏，由于振动断线而搭地，或由于其他偶然事故而造成。

短路是一种危险故障，短路相中流过很大的电流可能引起火灾；短路相的电压将大大降低；如果调压器检测的是发电机的三相平均电压，那么在发生单相接地短路故障时，调压器将使非故障相的电压大大升高，导致这些相上的负载过压损坏，在并联供电系统中，还可能失去同步而脱开。

为了减少短路故障的影响，要求尽快断开发电机的励磁，并把发电机从网上脱开，即断开 GCR 和 GB。保护动作一般要求在短路后 0.002～0.006s 内将发电机从网上断开。

2. *差动保护线路的工作原理*

所谓差动保护是当发电机内部短路，或发电机输出点到GB(在并联供电系统中是BTB)之间的馈电线相与相、相与地之间短路时所做的一种保护。

图 3.8.1 为差动电流保护的典型线路。该线路的检测电路由六个相同的电流互感器、电阻 R_1～R_6 及整流二极管组成。电流互感器分成两组，LH_1 置于发电机接地端，LH_2 置于发电机断路器 GB 之后(在并联供电系统中则置于 BTB 之后)，两互感器在连接时应按图 3.8.1 所示极性(同名端)首尾串联组成差动环。在这两组电流互感器之间的范围称为差动保护区 LH_2，只有在此区域出现短路故障时，差动保护线路立即输出信号至 GCR 故障信号放大器，从而断开 GCR，同时断开 GB。若在两组电流互感器之外出现短路故障，差动保护电路是不起作用的。

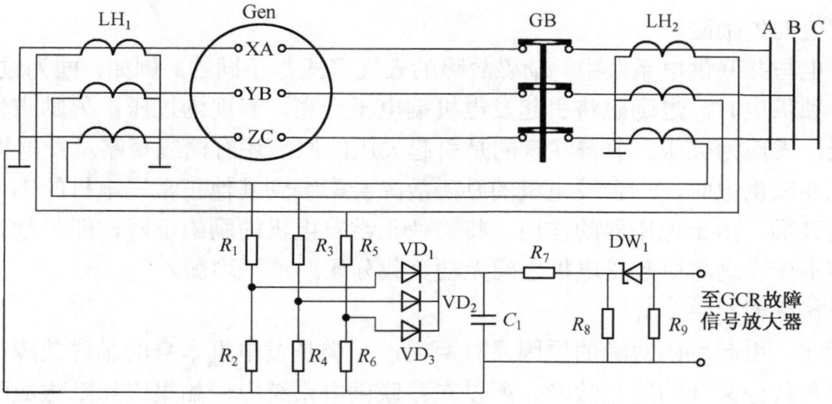

图 3.8.1 典型差动保护电路原理图

为简明起见，取出其一相电路讨论，如图 3.8.2 所示。设 LH_1、LH_2 原边电流为 I_1、I_2，副边电流为 I_1'，I_2'，则流过 R_1 和 R_2 支路电流为两副边电流之差，设互感器的变比为 K，即有

$$\Delta I = I_1' - I_2' = (I_1 - I_2)/K \tag{3.8.1}$$

在正常情况下，$I_1 = I_2$，电流差 $\Delta I = 0$，电阻 R_1 和 R_2 上无信号，保护电路不动作。若在差动保护区内任一点 a 处发生短路，设短路电流为 I_K，于是短路点两侧的电流不相等，产生电流差 $\Delta I = (I_1 - I_2)/K = I_K/K$，即流过电阻 R_1 和 R_2 中的电流与短路电流成正比例。当短路电流达到一定数值时，在电阻 R_2 的压降经过二极管整流，电容 C 滤波，再经分压后在电阻 R_8 上取得电压，当 R_8 上电压大于稳压管 DW_1 的击穿电压时，将发出差动保护故障信号，经过 GCR 故障信号放大器去断

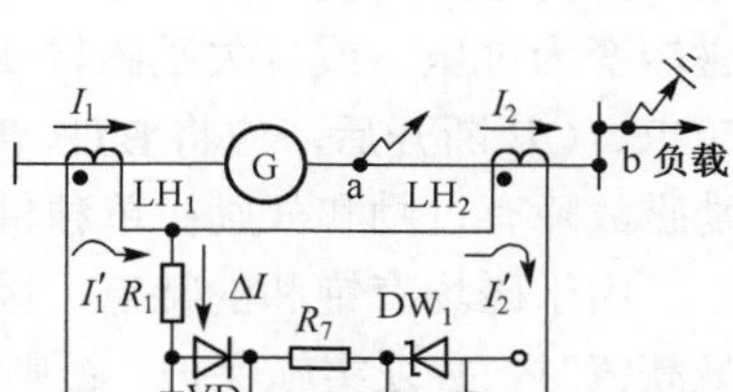

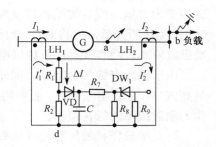

图 3.8.2 差动保护简化原理图

开 GCR，然后断开 GB，从而将故障发电机与电网分开。若短路在互感器以外的 b 点，则差动保护电路不工作。

3.8.3 励磁故障及保护

决定发电机输出电压的重要因素之一是发电机的励磁磁场的大小，当发电机转速、负载发生改变时，调节励磁电流是最有效的稳定电压的方法，但励磁电流的调节必须保证发电机的磁场不能饱和。只有弄清楚励磁故障产生的原因，才能找到正确的检测和保护方法。

1. 励磁故障的分类与保护要求

1) 励磁故障产生的原因及现象

(1) 发电机励磁电路的短路或断路。

(2) 励磁机定子绕组或旋转整流器的故障。

(3) 调压器本身故障。

(4) 并联运行时，有功负载分配环或无功负载环的故障。

当发电机产生励磁故障时，要么励磁电流高于正常的数值的过励磁，或者是励磁电流低于正常数值的欠励磁。

单独供电与并联供电系统中，励磁故障的表现形式是不同的。例如，同为过励或欠励，当发电机单独供电时，过励磁将引起发电机端电压升高，表现为过压；欠励磁将使发电机端电压降低，表现为欠压。值得注意的是引起欠压的原因还有馈线短路及发电机欠速等。

发电机并联供电时，一台发电机的励磁故障会影响到其他正常发电机的工作。例如，一台发电机过励，由于调压器的作用，将迫使正常发电机的励磁下降，即欠励磁，而其电网电压基本不变，这将引起发电机之间无功负载分配严重不均衡。

2) 励磁故障的种类分析

综上所述，引起励磁故障的原因只有两类：一类是发电机本身的励磁故障；另一类是并联系统中负载分配环的线路故障。所以在并联供电系统中，如果引起励磁故障的原因是均衡环路，那么，只要断开 BTB，使发电机从并联工作转换成单独工作就可以了；如果引起故障的原因是发电机本身，则断开 BTB 后故障仍然存在，不过故障的表现形式将从过励磁转变为过压，或者欠励磁转变为欠压。此时要排除故障，还必须断开 GCR 与 GB，在 GCR、GB 断开后，应将 BTB 合闸，使故障发电机汇流条转由飞机电网供电。并联供电的励磁故障有过励和欠励；单独供电的励磁故障则为过压和欠压。

由于磁场有饱和的特点，因此不论并联供电或单独供电，当励磁电压超过某一限定的最高值时，必须实施保护，否则将会影响发电机的安全工作，这种保护称为励磁高限保护，作为励磁故障的后备保护。

3) 过励磁保护的反延时特性要求

一般来讲，过励磁会导致过压，要断开电源系统中的 BTB、GCR 和 GB 等开关，一定要考虑两方面的因素。

(1) 长时间过压故障。

由于过压对电子设备、灯光照明等设备极易损坏，并且过压越高，损坏越快，因此保护装置必须在用电设备损坏之前动作。

(2) 瞬时过压故障。

当飞机上某些大功率感性负载断开时，电压也会突然升高，这种电压的短时波动称为瞬时过电压，这是应该允许的正常情况，保护装置在这种情况下不应动作。

因此过压保护的动作时间要由过压的数值与过压时间共同决定，过压越大，动作应越快，过压较小，则允许动作的时间可以越长，这种关系称为反延时特性。

实施反延时特性的过压保护的原则是考虑允许的正常瞬时过电压值小于设备允许的较高工作电压并留有一定余量时，如图 3.8.3 中曲线 b 所示；这样可以确定过压保护延时要求的下限，如图 3.8.3 中的曲线 a 所示，过压保护装置在此曲线以下不应动作，否则就是误动作，在曲线 b 以外的区域保护则一定要立即动作。通常用电设备允许的电压变化范围是额定电压的±10%，所以用电设备过压保护的最低值为 115×110%=126.5V。

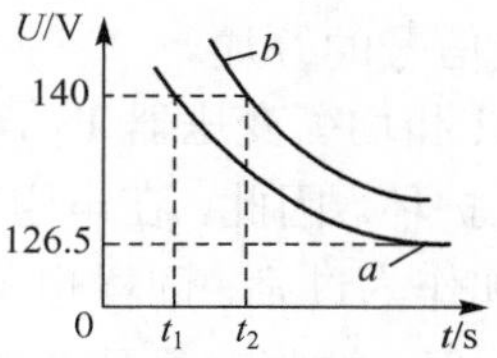

图 3.8.3　过电压保护的工作极限

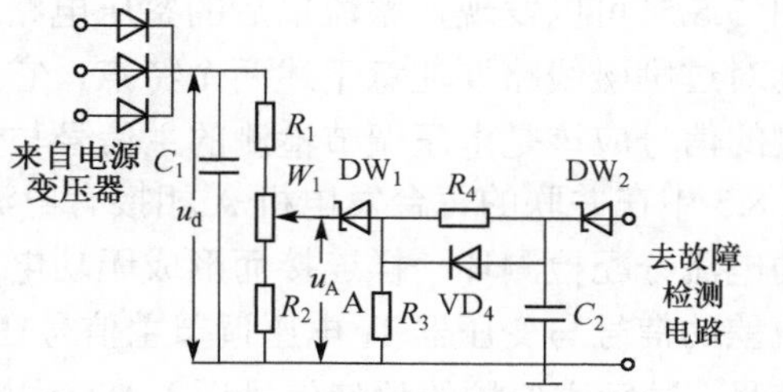

图 3.8.4　过压保护电路

另外，根据每个过压值得到对应的用电设备损坏的最短时间可作出曲线，它是过压保护的上限曲线。过压保护装置必须在用电设备损坏之前动作，即在曲线以下动作，否则就是拒动作。所以，过压保护装置的工作必须具有反延时特性，其工作范围在图 3.8.3 所示的上、下限曲线之间。

对于欠励磁和欠电压，由于危害性比过励和过压小，所以通常采用固定延时。

2. 过压保护电路原理

图 3.8.4 为波音飞机中的一种典型过压保护电路。它由检测电路(变压、整流、滤波、分压组成)、鉴压电路(DW_1、R_3)、延时电路(R_4、C_2)三部分组成，经过 DW_2 向 GCR 故障信号放大器输出。

过电压通常是由励磁故障引起的，因而故障时发电机端电压基本上是对称的，由于过压敏感电路常敏感发电机三相电压平均值，因此采用。如图 3.8.4 所示经三相半波整流，电容滤波，并经电阻分压后的信号电压为 u_A。在正常情况下，电压 u_A 低于鉴压电路 DW_1 的击穿电压，电路无信号输出。

当发生过压时，稳压管 DW_1 被击穿，向后面的反延时电路输送信号电压，经 R_4 向 C_2 充电。这个延时电路具有反延时特性，过压越高，C_2 充电越快，达到动作电压的延时越短。当充电电压达到 DW_2 的击穿电压时，DW_2 击穿而输出故障信号到 GCR 控制电路，使 GCR 断开，同时断开 GB，这就是过压保护时的一般工作情况。

3. 过励磁保护线路

图 3.8.5 为一种过励磁保护电路。它由电压检测与无功不均衡检测电路、鉴压电路和反延时电路三部分组成。

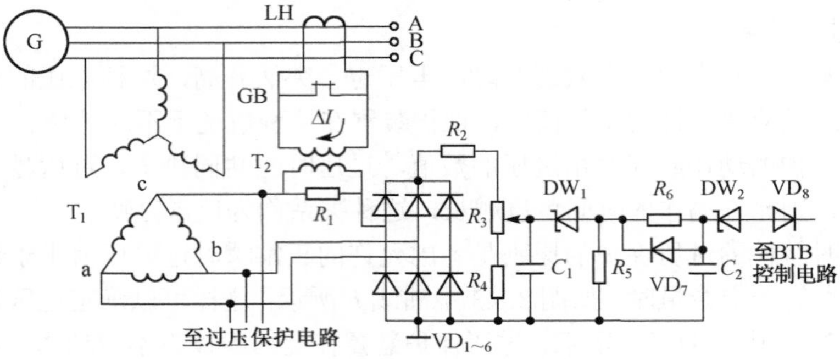

图 3.8.5 过励磁保护电路

由图 3.8.5 可以发现，整流以后的鉴压电路与反延时电路和上述过压保护线路是相同的，因此对过励磁线路要注意下述两个特点，它也是过励磁保护的共同特点。过励磁保护电路检测的信号应该是电压调节检测的主信号与无功电流差信号的叠加。

图 3.8.5 中在并联的每台发电机 A 相接有电流互感器 LH 和均衡变压器 T_2，它们按 3.7 节中无功电流分配检测环一样连接而形成无功电流不均衡保护环。因此，在电阻 R_1 上取得无功电流差的信号与变压器 T_1 电压调节主信号在交流边叠加作为过励，同样也可作为欠励的检测信号。过励磁保护的故障信号送入 BTB 故障信号放大器，控制对象是 BTB，使发电机首先退出并联。

4. *欠励保护与欠压保护*

欠励和欠压是与过励和过压相对应的故障。欠励与过励一样是属于并联供电系统的故障，检测信号是电压调节主信号与无功不均衡信号的叠加，控制对象是断开 BTB。

5. *励磁高限保护的概念*

励磁高限保护是一种过载保护，它敏感的是主发电机励磁绕组两端的电压或励磁机励磁绕组两端的电压。因为过载时励磁电流一定很大，所以励磁绕组两端电压随负载增大而升高，它的保护动作点选定在过励和过压动作点之后，所以也是过励保护与过压保护的后备。它的控制对象，对并联系统是先断开 BTB，对单台发电机是断开 GCR 及 GB。B707 设有励磁高限保护，其他飞机这种保护不一定是必备的。

3.8.4 不稳定故障保护的概念

相关内容请扫描二维码观看。

不稳定故障保护的概念

3.8.5 同步汇流条短路故障与逆序保护

同步汇流条是多台发电并联的地方，如果同步汇流条上发生短路将会导致发电机被直接短路，如果不作处理，将会造成发电机电枢绕组过流而损坏，使整个发电系统遭到严重破坏。研究同步汇流条短路的形式和保护方法，对维修人员是十分重要的。

1. *同步汇流条短路故障的危害及保护措施*

差动保护只能对差动保护的两组电流互感器之间的区域进行有效保护，对此区域以外是不起作用的。如图 3.8.6 中的 a 点所示，如果同步汇流条(即连接汇流条)上发生短路，差动保护电路是不起作用的，将导致所有并联在同步汇流条上的发电机产生对地短路，应立即排除故障，保护发电机。

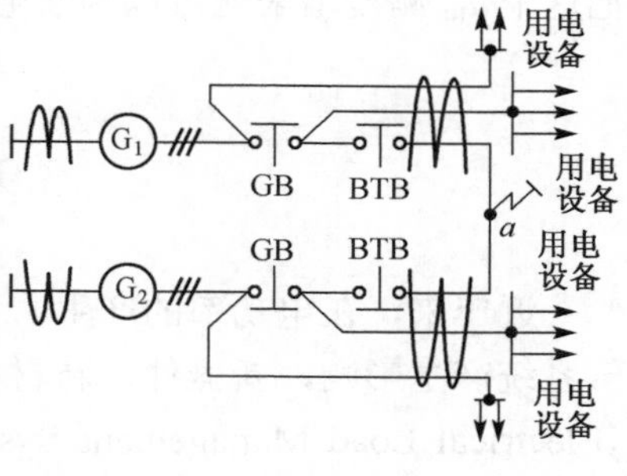

图 3.8.6　同步汇流条短路

当同步汇流条发生短路时，三相交流电就有不对称输出电压波形，为了能对同步汇流条的不对称短路故障进行保护，常用的方法是采用逆序保护器进行保护，其工作原理是采用逆序保护器敏感同步汇流条上线电压的逆序分量来进行保护，但对同步汇流条三相对称短路故障是不起保护作用的。

在飞机交流电源系统中，同步汇流条的三相对称短路故障是极为罕见的，故逆序保护器只对电源系统中有可能出现的同步汇流条相与相之间，相与地之间的短路故障进行保护。当同步汇流条上发生相与相之间、相与地之间的短路故障时，则三相线电压将出现严重不对称。

2. *逆序电压检测电路*

由电路分析可知任何一组三相不对称电压都可分解为三组对称分量，这三组对称分量是正序电压、逆序电压和零序电压。

只要知道敏感同步汇流条上线电压逆序分量的大小，即可检测同步汇流条的不对称短路故障。当同步汇流条上线电压的逆序分量达到一定数值时，逆序保护器发出断开信号，将并联供电系统中所有 BTB 断开，使并联供电的发电机转换为单独供电状态，从而提高整个系统的生命力。

因为晶体管调压器是按照三相平均电压调节的，当发生不对称短路时，正常相电压则会升高很多，为了限制最高相电压值，对逆序电压进行检测。

三相电路对称运行时，线电压的逆序分量为零，当发电机不对称短路时，线电压中出现逆序分量，线电压中逆序分量的近似值如表 3.8.1 所示，另外表中还给出了短路时的正序分量。

表 3.8.1　发电机不对称短路时的分量值

	三相对称运行	单相接地短路	线-线短路
线电压中的逆序分量	0	$\frac{1}{3}\sqrt{3}u_\varphi$	$\frac{1}{2}\sqrt{3}u_\varphi$
线电压中的正序分量	$\sqrt{3}u_\varphi$	$\frac{2}{3}\sqrt{3}u_\varphi$	$\frac{1}{2}\sqrt{3}u_\varphi$

注：u_φ 为发电机相电压。

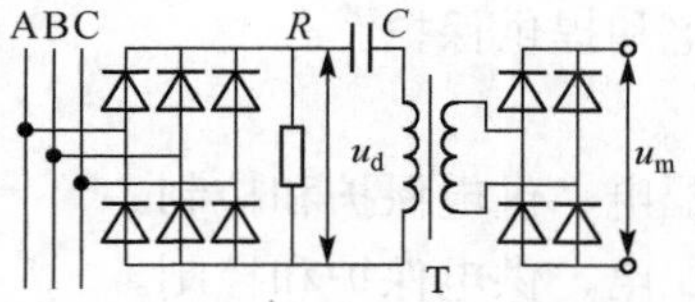

图 3.8.7　整流桥型逆序电压敏感电路

交流发电机故障分析与排除

逆序电压的敏感电路可以有多种形式，如图 3.8.7 所示是一种整流桥型逆序电压敏感电路。如果三相电压不对称，则整流桥输出直流电压 U_d 中的脉动分量会比三相对称时的脉动分量有明显增加。三相不对称线电压通过桥式整流后，将出现较大的脉动分量，将这个脉动电压通过隔直电容 C 后，取出交流脉动分量，经变压器 T 变压整流后得到输出电压的平均值 u_m，这个平均电压 u_m 反映了三相不对称线电压逆序分量的大小。如果

把这个 u_m 测量出来就可以判断电网电压的对称性。

3.9 现代飞机电气系统

近年来，在电功率的产生、切换和保护方面已取得了许多技术进展，正开始对经典电气系统产生影响，新器件、新材料、新理论不断涌现，主要体现在：①电气负载管理系统(Electrical Load Management System，ELMS)；②VSCF 系统——循环变流器；③270V 直流电源系统等的采用。

3.9.1 电气负载管理系统

由通用电气航空公司研制和制造的 B777 飞机电气负载管理系统在电气负载管理方面有新的突破，其布局如图 3.9.1 所示，是民用飞机第一个综合的电功率分配和负载管理系统。

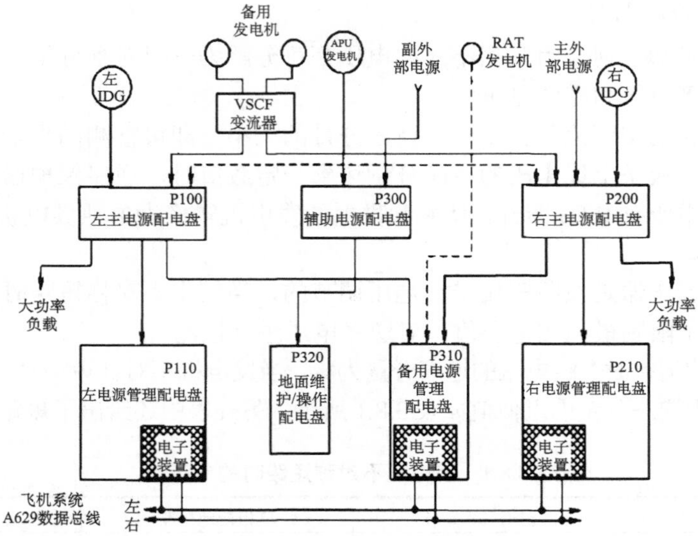

图 3.9.1 B777 电气负载管理系统

系统包括 7 个电源配电盘，其中 3 个与初级功率分配有关，分别是：

(1) P100——左主电源配电盘对左主功率负载配电和提供保护。

(2) P200——右主电源配电盘对右主功率负载配电和提供保护。

(3) P300——辅助电源配电盘对辅助设备主功率负载配电和提供保护。

次级功率分配由 4 个次级电源配电盘承担，分别是：

(1) P110——左电源管理配电盘对与左通道有关的负载配电、供电保护和控制。

(2) P210——右电源管理配电盘对与右通道有关的负载配电、供电保护和控制。

(3) P310——备用电源管理配电盘对与备用通道有关的负载配电、供电保护和控制。

(4) P320——地面维护/操作配电盘分配和保护与地面操作有关的供电。

通过安装于 P110、P210 和 P310 电源管理配电盘中的电子设备装置 EU 进行负载管理和通用系统控制。EU 中每一个与左、右飞机系统 ARINC629 数字式数据总线接口，并为了出勤率的原因采用了二余度的结构。

EU 中包括了一组模块化的外场可更换模块(Line Replaceable Module，LRM)，当机箱盖板打开时，可以很快地更换线路板模块。由于采用了高度模块化结构降低了研制的风险，平均无故障间隔时间达到 200000 小时。其组成结构如图 3.9.2 所示。

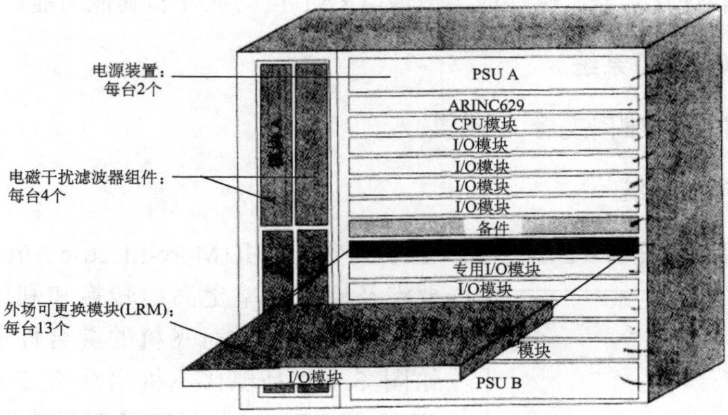

图 3.9.2 B777 ELMS 电子装置 EU 组成图

由 ELMS 提供的负载管理系统控制特性远远领先于今天航线上使用的任何相当系统。有 17～19 台电气负载控制装置(Electrical Load Control Unit，ELCU)根据飞机构型而定，直接从飞机交流主汇流条供电，并控制负载。这些负载由包含在 ELMS 的 EU 中的智能功能来控制。主要的进步是先进的负载脱开和负载优化功能，如果主要电源故障或不能应用，它严密地控制各装置的功能可用性。系统可重构负载，达到可用功率的最佳分配。在电源恢复时，系统可按多种不同的安排恢复负载。所以系统可以在所有时候优化功率的利用，而不是在应急时脱开负载。

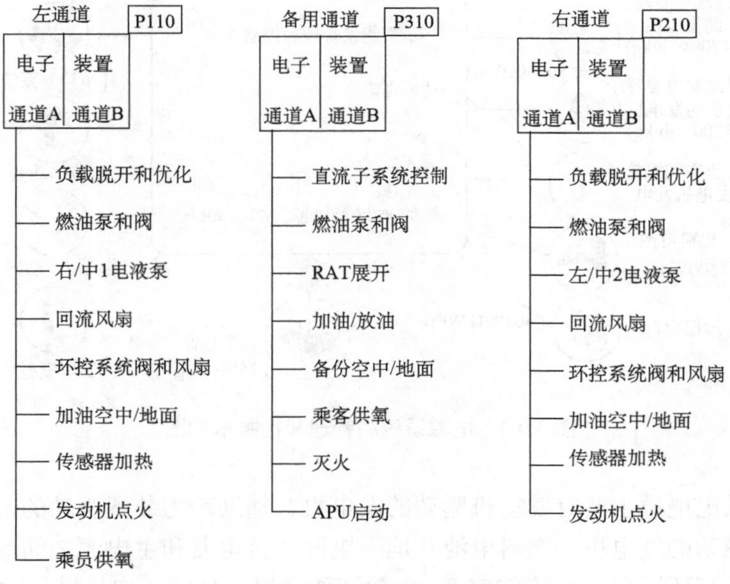

图 3.9.3 B777 ELMS 子系统功能概览

采用ELMS使得体积、接线和插接件、重量、继电器和断路器的大大减少。内置的智能功能、数字式数据总线的应用、维护性特色和广泛的机内检测(Built-in Test，BIT)，使系统的制造和机上试验时间缩短为同时代系统的30%左右，如图3.9.3是B777 ELMS子系统功能概览。系统中包含大量通用管理功能，这使它成为真正的负载管理而不是配电系统。主要的功能是负载优化功能、燃油应急放油、RAT自动展开和其他功能。

3.9.2 变速恒频(VSCF)系统

相关内容请扫描二维码观看。

变速恒频系统

3.9.3 多电飞机电气系统

从20世纪后期，美国及欧洲国家一直研究多电飞机(More-Electric Aircraft，MEA)，主要涉及能量效率更高地转换和利用飞机的动力的方法，多电飞机对飞机的综合性能的影响深远。如图3.9.4是现代飞机电功率变化图，多电飞机A380和B787，装机容量明显提高，最高的B787达到1.4MV·A左右。现代飞机由于效率高、可维修性好，可靠性高/冗余设计，功率系统柔性设计，电能管理，减少了从发动机功率的提取，使得生命周期成本低。

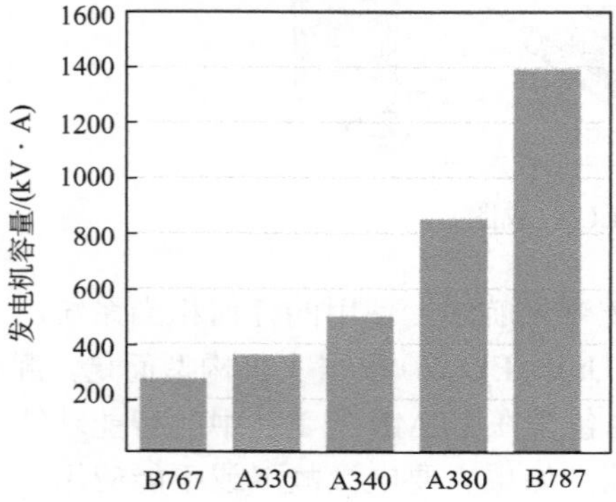

图3.9.4 现代飞机机载电功率

多电飞机也就是尽量用电能取代其他能源，因此飞机上电能的利用设备发生了明显的变化。如图3.9.5所示是多电飞机电源管理控制系统示意图。

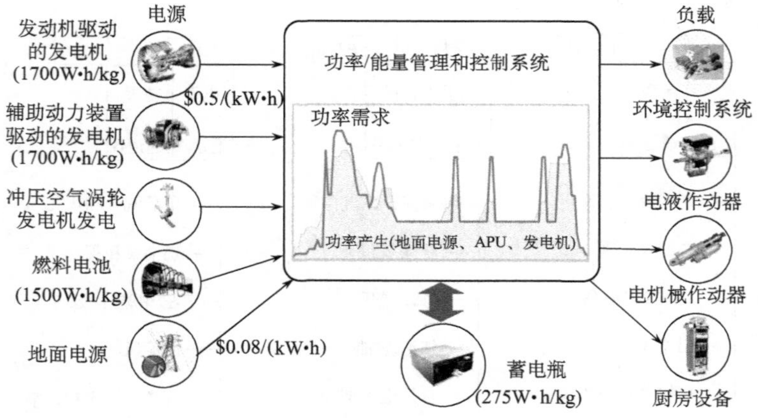

图3.9.5 电源系统的管理和控制示意图

多电飞机供电电源主要有发动机驱动的发电机、辅助动力装置驱动的发电机、冲压空气涡轮发动机驱动的发电机、燃料电池及地面电源，蓄电瓶和主电源之间的能量是双向传递的。用电设备有环境控制系统(ECS)、电静液作动器(EHA)、电机械作动器(EMA)和厨房用电设备(Galley)等。为比较系统地了解多电飞机的电气系统，以 A380 和 B787 为例进行介绍。

1. 空客 A380 电气系统

A380 是 20 世纪 60 年代初期的一些涡轮螺旋桨客机以来，重新采用变频技术的近代第一架大型民用飞机。如图 3.9.6 所示是 A380 电气系统部件图，交流发电系统有 4 台 150kV・A 变频发电机，其工作频率为 370～770Hz，变频发电机可靠性高且效率高，但不能并联，也不具备不中断供电的能力；2 台 120kV・A 的 APU 恒频发电机(300Hz)，有 4 处外部电源接口，用于地面电源供电，需要注意外部电源必须与机上电源技术指标匹配；1 台 70kV・A 冲压空气涡轮发电机，用于应急交流发电。

A380 交流电源系统的结构如图 3.9.7 所示。每一台 150kV・A 交流主发电机由相应的发动机驱动。2 台 APU 发电机由各自的 APU 驱动。每一台主发电机在 GCU(GCU1～GCU4)

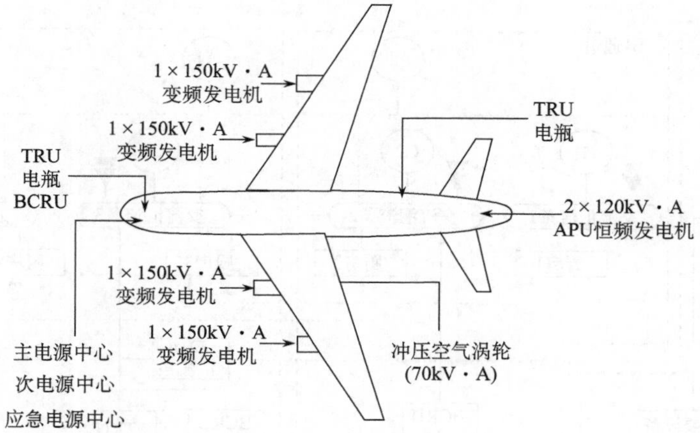

图 3.9.6　A380 电气系统部件

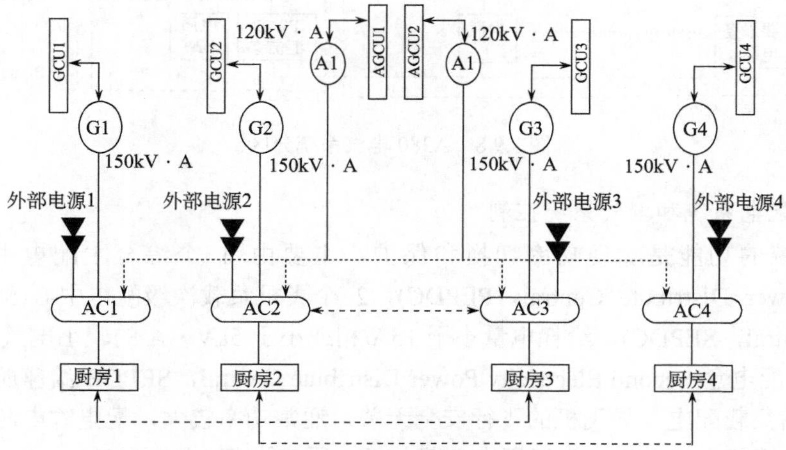

图 3.9.7　A380 交流电源系统结构

G-发电机；A-APU 发电机；AGCU-APU 发电机的 GCU；AC-交流汇流条

控制下给相应的交流汇流条供电(AC1～AC4)。每一个交流汇流条也可以接收外部电源输入，用于地面维护和保障工作。由于飞机发电机是变频的，交流电源的频率与相应发动机的速度有关，所以交流主汇流条不能并联工作。构成飞机负载很大一部分的飞机厨房负载，分散在 4 个交流汇流条之间，如图 3.9.7 所示。

1) A380 电气系统划分

如图 3.9.8 所示是 A380 电气系统分区供电图，将电气系统分为 3 个通道，即 E1、E2 和 E3，E1 通道由 AC1 和 AC2 供电，E2 通道则由 AC3 和 AC4 供电，RAT 和静止变流器属于 E3 通道。

图 3.9.8 中还可以看出 E1 和 E2 通道有 2 台相应的主发电机，与主发电机相连的是蓄电池充电调节装置(Battery Charge Regulator Unit，BCRU)和 50A·h 的蓄电瓶，以获得 3 个实际独立的电源通道。即 E1 通道为 AC1、AC2+BCRU1+电瓶 1；E2 通道为 AC3+BCRU2+电瓶 2、AC4；E3 通道为应急通道，则由 RAT+重要设备 BCRU+重要设备电瓶组成。

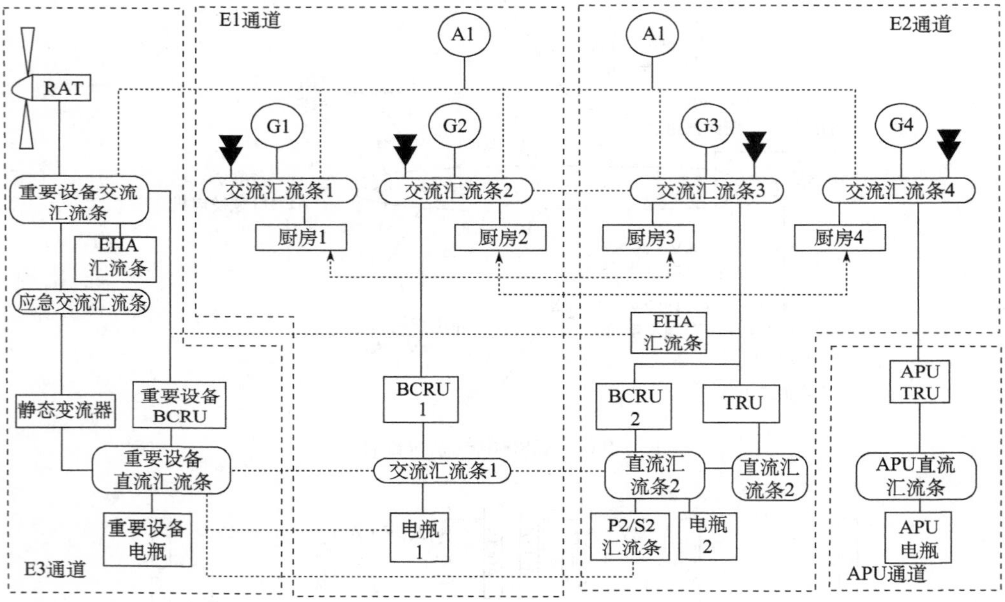

图 3.9.8　A380 电气系统分区

2) A380 配电系统和电气系统控制

配电系统的功能是实现功率切换和保护，主要由 1 个综合主配电中心(Primary Electricity Power Distribute Central，PEPDC)，2 个飞机负载次级配电中心(Second Power Distribute Central，SEPDC)，给耗电量小于 15A/相或小于 5kV·A 的较小电气负载配电。

6 个次级配电盒(Second Electricity Power Distribute Central，SEPDB)给座舱和乘客舒适度相关的生活负载配电，与飞机的飞行安全无关，通常功率较大，配电时电源与负载尽量接近，以减轻馈线电缆重量。生活用电负载包括：厨房设备 120～240kV·A，属于间断性负载；制冷设备约 90kV·A，是持续性负载；空中娱乐 50～60kV·A，每个座位大约消耗 100W 的持续电功率负载；座舱照明约 15kV·A。固态功率控制器 SSPC 优先于次级配电的断路器。

A380 的电气系统控制由专用装置、综合模块化航空电子设备和通用处理器输入/输出模块进行组合控制的。4 台主发电机各有其控制装置 GCU1～GCU4；2 台 APU 发电机控制装置 AGCU1 和 AGCU2；1 台 RAT 发电机控制装置。它们用于电气负载的管理，即控制负载脱开；次级负载的监控，即监控次级配电装置的状况。在应用断路器之处，对断路器实施监控。

在任何异常情况下，配电系统能够自动识别故障，保证向尽可能多的负载供电，并且保证任何两台发电机能够向整个电气系统供电，由于每台发电机能向两条 AC 汇流条供电，所以在某台发电机失效的情况下，每条 AC 汇流条按优先级顺序供电。

2. B787 电气系统

B787 具有许多新颖的多电飞机特征，飞机已经向全电飞机(All Electric Aircraft，AEA)迈出了一大步，主要体现在所有系统均用电驱动，基本取消了发动机引气，虽然还应用了液压作动器，但是它们的动力大部分由电源供给。

1) 取消引气的发动机

如图 3.9.9 所示是取消引气的发动机与带有引气的发动机比较。图 3.9.9(b) 要比图 3.9.9(a) 少很多引气管路，结构简化，可靠性提高。由于取消了从发动机引气，对整个飞机来讲就不再需要供气管路及相关系统，如图 3.9.10 所示，取消了很多交错管路连接及管路密封等。

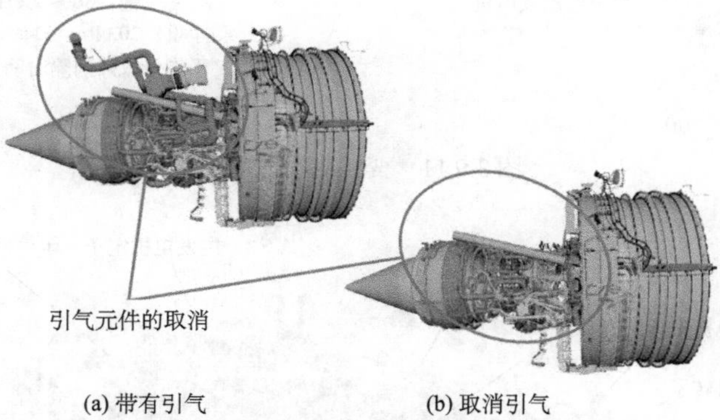

(a) 带有引气　　(b) 取消引气

图 3.9.9　取消引气的发动机与带有引气的发动机比较图

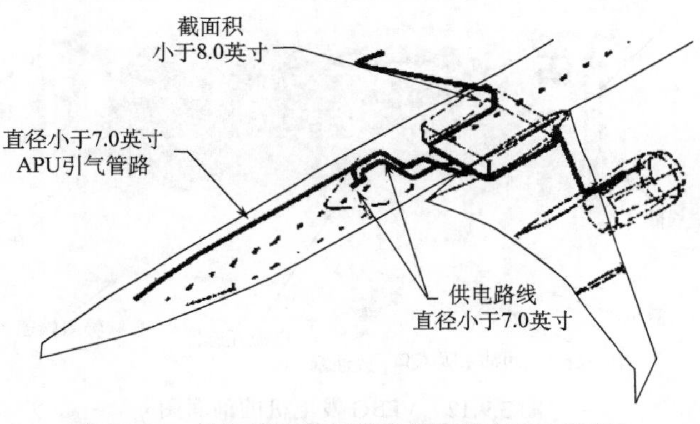

图 3.9.10　供气管路及相关系统取消(B787 飞机)

2) 多电飞机发电机

多电飞机发电机有主发动机直接带动的变频启动发电机和辅助动力装置带动的 APU 启动发动机。如图 3.9.11 所示是变频启动发电机在发动机上的安装情况，发动机通过附件齿轮箱连接到发电机轴上。VFSG 的功率为 250kV・A，工作频率为 360～800Hz，重量为 203lb，平均无故障时间为 30000 飞行小时。

图 3.9.12 所示为变频启动发电机的剖面图，是由永磁发电机（副励磁机）、励磁机和主发电机组成的三级式结构，没有了传统的恒速传动装置，结构大大简化，功率密度大大提高，体积小，重量轻，平均无故障间隔时间长。

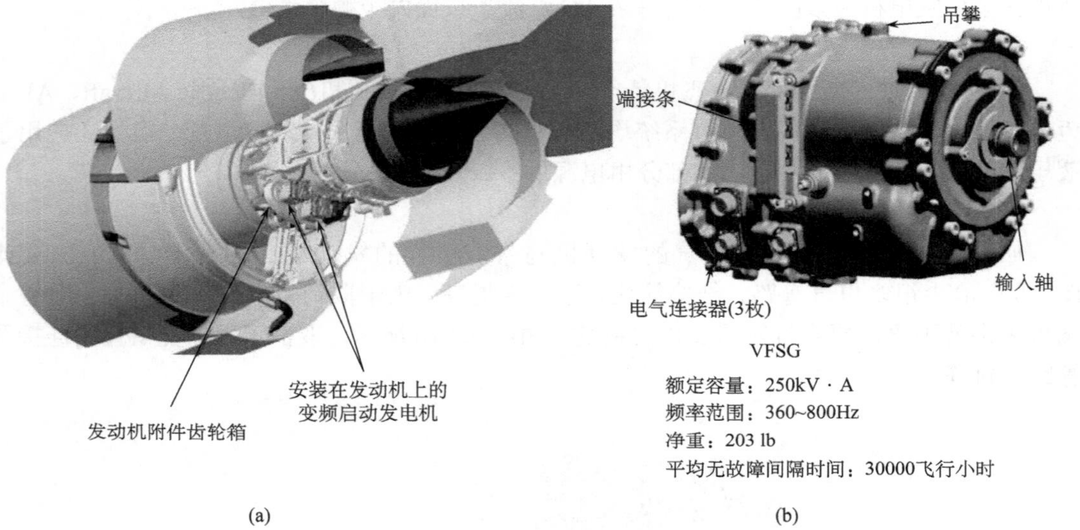

图 3.9.11 变频启动发电机

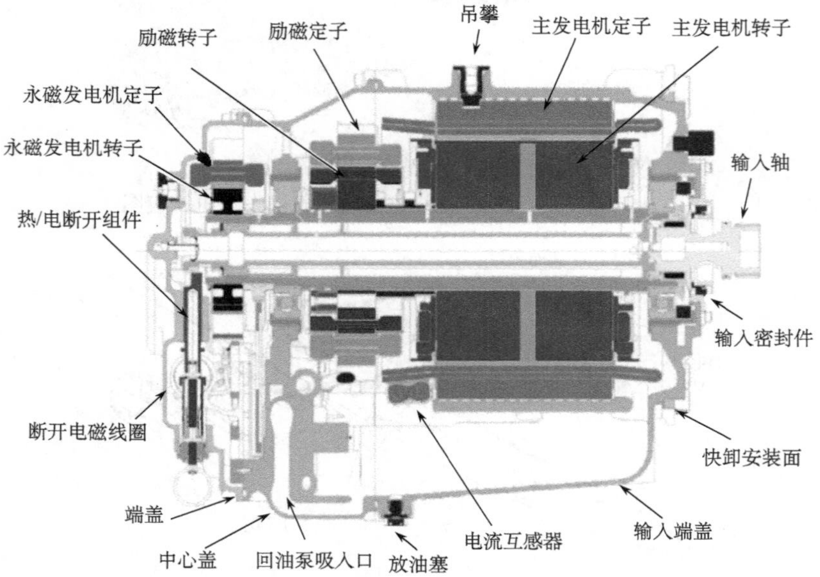

图 3.9.12 VFSG 发电机的剖面图

如图 3.9.13 是 APU 启动发电机，每台 APU 带有两台启动发电机。图 3.9.14 是不带引气管路的 APU 发动机，图中的阴影部分即为取消部分，这样大大简化了结构，主要取消了压缩机负载、内置阀门和作动器、 喘振控制活门、引气导管、引气传感器等，增加了可靠性。

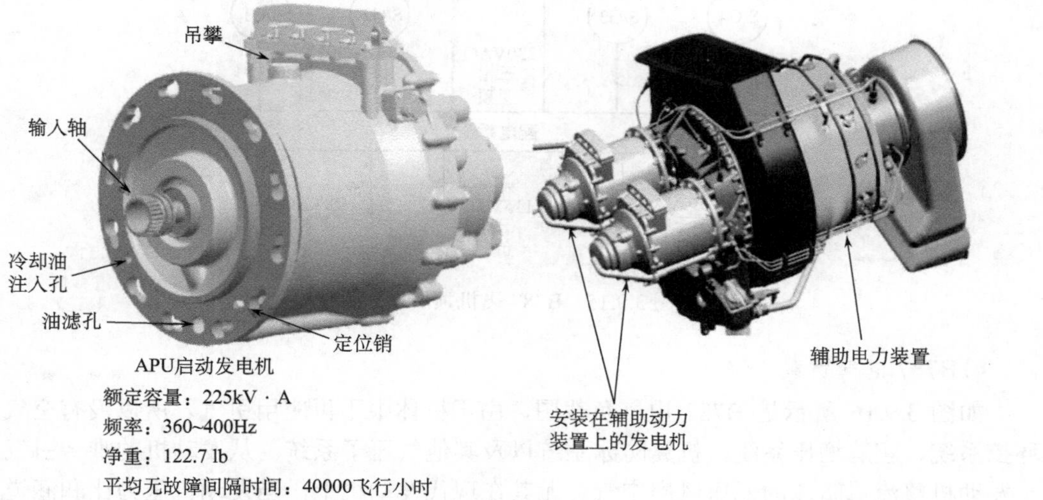

图 3.9.13　APU 启动发电机(B787)

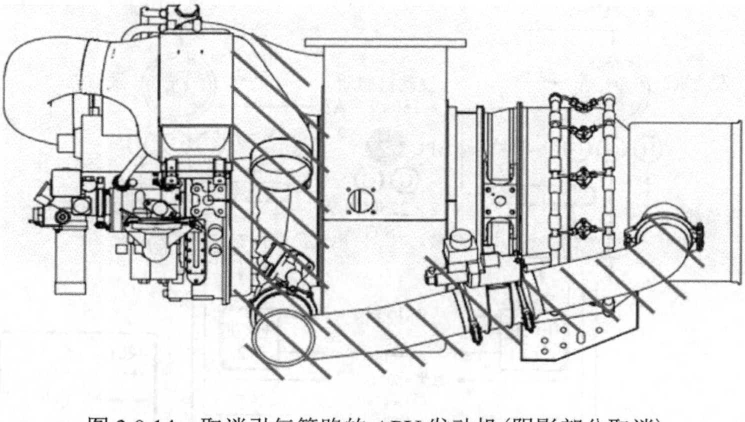

图 3.9.14　取消引气管路的 APU 发动机(阴影部分取消)

3) B787 电源系统

如图 3.9.15 所示是 B787 飞机顶层电气系统，有 2 台主发动机和 1 台 APU 发动机，每台发动机带有 2 台 250kV·A 的启动/发电机 S/G，这样每个通道的功率为 500kV·A。其主要特点是采用了三相 230/400VAC 变频交流电源，与 115/200VAC 相比，电压增加了 1 倍，使得配电系统的馈线损失减小，但存在绝缘材料要求提高和局部放电的“电晕”可能。电源频率为 360～800Hz，有利于减轻发电机馈电线的重量，但频率的升高对导线的阻抗、集肤效应等产生影响。图中还有 2 台 225kV·A 由 APU 驱动的启动/发电机。每台主发电机在馈电至配电系统以前，先输入各自的 230VAC 交流主汇流条。电源既给 230VAC 交流负载供电，又转换成 115VAC 和 28VDC 电源给传统的用电负载供电。

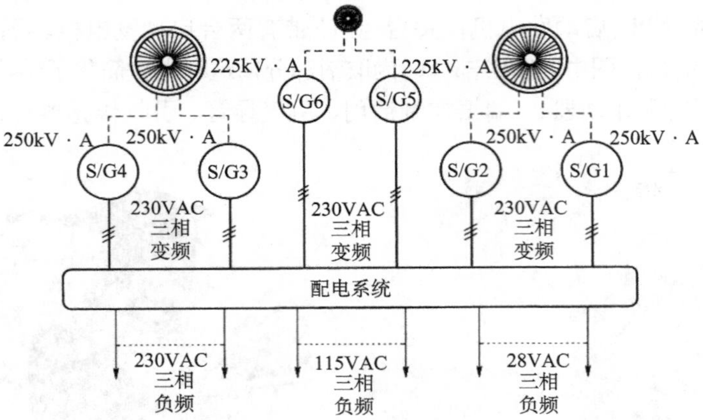

图 3.9.15　B787 飞机顶层电气系统

4) B787 电气负载

如图 3.9.16 所示是 B787 电气负载图，由于机体中不再应用引气，所以没有空气输至环控系统、座舱增压系统、机翼防冰系统以及其他气压子系统。从发动机的唯一引气是用于发动机整流罩防冰的低压风扇空气。尤其在现代发动机上，当发动机压力比和涵道比增加时，从发动机提取引气是极其浪费功率的。

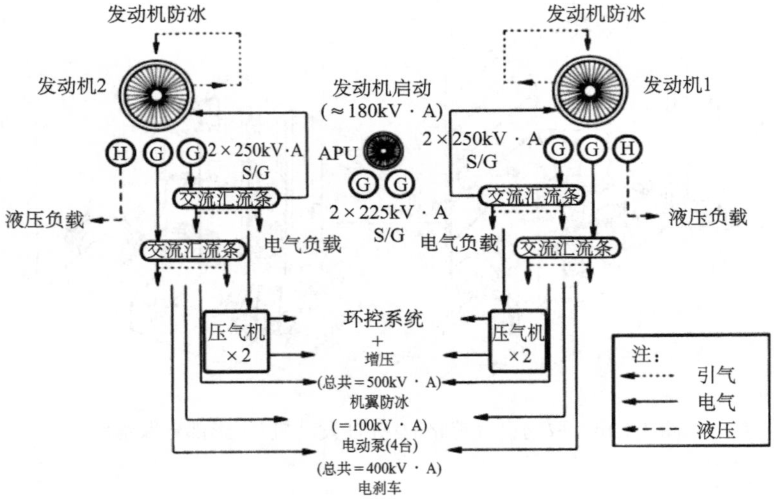

图 3.9.16　B787 电气负载

B787 的主要多电负载有环境控制系统和增压、机翼防冰和电动泵等。其中环境控制系统(Environmental Control System，ECS)和增压取消引气，这意味着 ECS 和增压系统的空气需要用电的方法产生增压。在 B787 上，需要 4 台大型的电驱动压气机，提取功率在 500kV · A 左右。

不能采用引气进行机翼防冰，而是采用埋置于机翼前缘中的电加热垫提供防冰，防冰需要 100kV · A 量级的电功率。飞机的有些发动机驱动液压泵由电动泵代替。4 台新的电动泵每台需要 100kV · A，总共需要 400kV · A。如果采用“无引气发动机”，则飞机发动机的启动不能用高压空气启动。发动机需要 180kV·A 的启动/发电机启动发动机。由于引入大功率电机，则对飞机配电系统具有重要的影响。

5) 配电系统

如图 3.9.17 所示是 B787 的飞机配电系统示意图。初级功率配电由 4 个主配电盘进行，2 个在前电气设备舱，另外 2 个在后电气设备舱。后配电盘也包含了 4 台电动泵(Electric Motor Pump，EMP)的电机控制器，2 台相应的泵安置于发动机的吊架中，2 台位于飞机中段。发动机启动机的电机控制器和 APU 启动机的电机控制器也安置于后配电盘内。它们所具有的大功率和相应的功率损耗产生了大量的热量，因而需要对主功率配电盘进行液体冷却。

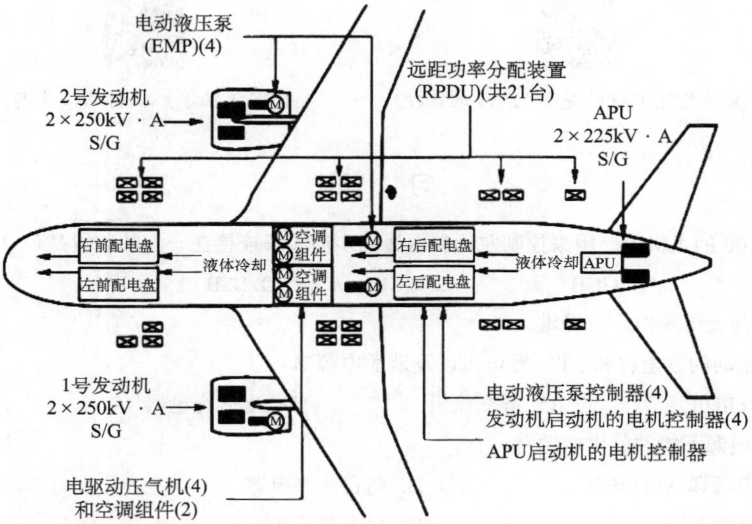

图 3.9.17　B787 飞机配电系统示意图

电驱动空调组件位于飞机中段，采用位于机上各便捷位置远程功率分配装置 RPDU 可实现次级配电，B787 飞机上共有 21 台 RPDU 位于图 3.9.17 中所示的位置。

3.10　学科奠基人和先驱

我国的航空工业起步晚，尤其是大型民用运输机的制造，因此就电气技术本身而言，在电气工程领域里首先得到发展。电力电子技术的飞速发展为航空工业电气领域的成就奠定了基础，因此电气和电力电子技术的奠基人物还是从国内说起。

近代电气工程的巨大进步离不开电力电子技术的发展，1957 年美国通用电气公司研制出世界上第一只晶闸管，标志着电力电子技术的诞生，至今已有 60 多年历史。在我国电力电子技术的奠基人当属浙江大学的汪槱生院士，而航空电气工程的先驱当属南京航空航天大学的丁道宏教授和严仰光教授。人才培养离不开教材，《航空电机学》教材的诞生、正式出版和几经修订凝聚着几代人的呕心沥血。

1. 我国电力电子技术的奠基人
2. 我国航空电气工程的先驱
3.《航空电机学》教材的诞生与发展

相关内容请扫描二维码观看。

我国电力电子技术的奠基人　　我国航空电气工程的先驱(丁道宏教授)

我国航空电气工程的先驱(严仰光教授)　　《航空电机学》教材的诞生与发展

习　题

1. 在B747-400的飞机上，用来控制左边和右边同步汇流条连接在一起的装置是(　)。

   A. BTB　　B. GCB　　C. GCR　　D. SSB

2. 飞机上的交流电源由(　)提供。

   A. 引擎驱动的发电机和APU发电机以及地面电源车

   B. 应急发电机　　C. 静变流机　　D. 电瓶充电器

3. 下列两组电源不能并联供电的是(　)。

   A. 外部电源和APU电源　　B. 两台外部电源

   C. 主发电机之间　　D. 以上都正确

4. 为什么要求交流发电机并联供电前各自输出的频率相同？(　)。

   ①频率不同，并联时的冲击电流及冲击功率可能超限

   ②造成交流发电机有功负载有较大不均衡

   ③造成交流发电机无功负载不均衡

   A. ①和③正确　　B. ①、②、③都正确

   C. ②和③正确　　D. ①和②正确

5. CSCF交流电源并联供电后，需要采取措施解决以下问题(　)。

   A. 减小并联时的压差、频率、相位　　B. 使三相电源的相序一致

   C. 使并联电源的波形趋于一致　　D. 均衡有功和无功负载

6. 一般飞机上的主发电机能产生(　)的电能。

   A. 100~1000W　　B. 60~90kV·A　　C. 1000~2000kW　　D. 120~200A·h

7. 无刷交流发电机实现无刷的关键部件是采用了(　)。

   A. 交流励磁机　　B. 旋转整流器　　C. 永磁式副励磁机　　D. 直流励磁机

8. 飞机在空中正常飞行时，交流主电源来自(　)。

   A. 发动机驱动的交流发电机　　B. APU发电机　　C. 外部电源　　D. 静变流机

9. 在 PWM 式晶体管调压器中，当交流发电机负载增加时，功率管的（ ）。

A. 开关频率减小 B. 开关频率增大 C. 导通时间减小 D. 导通时间增大

10. 电源系统中的差动保护可对以下部位的短路进行保护（ ）。

A. 永磁发电机电枢绕组 B. 交流励磁机电枢绕组

C. 旋转整流器 D. 主发电机电枢绕组和输出馈线

11. 一个基本的 PWM 晶体管调压器由以下几个环节组成（ ）。

A. 检比 滤波 功率放大 B. 检比 解调 整形

C. 调制 校正 功率放大 D. 检比 调制 整形 功率放大

12. 当三相交流电网发生相断开故障时，则有（ ）。

A. 三相电流不相等 B. 三相电压不相等

C. 一相输出电流为零，其他两相正常 D. 三相频率不相等

13. 如果调压器稳定性不好，则发电机将会出现以下问题（ ）。

A. 发生过电压 B. 发生欠电压

C. 输出电压波动较大 D. 输出电压不能达到额定值

14. 在电源系统中出现（ ）故障时，不需跳开 GCB。

A. 欠压 B. 过压 C. 欠速 D. 差动保护

15. 在电源系统保护电路中，实现反延时采用的电路是（ ）。

A. 运算放大器和 LC 组成的积分电路 B. 运算放大器和 RC 组成的积分电路

C. 运算放大器和 RC 组成的微分电路 D. 运算放大器和 RC 组成的比例放大电路

16. 在发电机的故障保护装置中设置延时的目的是（ ）。

A. 防止损坏负载 B. 防止误动作

C. 防止发生故障时拒动作 D. 防止发生更严重的故障

17. 下述设备中属于应急电源的有（ ）。

A. APU GEN B. RAT C. PMG D. BAT

第 4 章　直流电源系统

以交流电源为主的民用飞机上，直流电源称为二次电源，通常直流电源的获得不是由直流发电机产生的，而是来自主电源经变压整流器(TRU)产生 28V 直流电，或交流主电源经自耦合变压整流器(ATRU)产生的 270V 的高压直流电，还有在主电源失效时作为应急电源的航空蓄电池等。因此在现代飞机直流电源系统中通常由航空蓄电池、电子式变压整流器、蓄电池充电器、航空无刷直流发电机以及应急情况下将蓄电池电压进一步转换的静止变流器等组成。本章讨论现代飞机直流电源系统的结构和工作原理。

4.1　航空蓄电池

蓄电池是一种化学电源，是化学能和电能互相转换的装置。放电时，它把化学能转化为电能，向用电设备供电；充电时，它又把电能转化为化学能储存起来。

航空蓄电池按用途分为飞机蓄电池和地面蓄电池两种。飞机蓄电池是直流电源系统的应急电源，它的主要用途是：当主发电机不能供电时，向维持飞行所必需的用电设备应急供电，如应急照明(由专用电池供电)、无线电通信、应急仪表、应急电动机。计算机由各自的电池为永久性存储信息提供电力，在紧急情况下，航空蓄电池可作为启动发动机的电源。主电池为基本服务提供规定时间的电力，是一项适航性要求。适航规定，在应急情况下，蓄电池至少能维持 30 分钟供电，机务工程技术人员应对航空蓄电池足够重视。飞机主电池的应用可由飞行员或自动手段控制，维护人员应知道电池的类型和维护要求，以确保电池随时可用和安全可靠。地面蓄电池主要用来作为地面检查用电设备和启动发动机的电源。

航空蓄电池按电解质的性质不同，分为酸性蓄电池和碱性蓄电池。酸性蓄电池有铅蓄电池，其电解质是硫酸。碱性蓄电池有银锌蓄电池和镍镉蓄电池，它们的电解质都是氢氧化钾。

我国蓄电池的型号采用汉语拼音字母和阿拉伯数字表示。型号前面的数字表示单体电池串联的个数，后面的数字表示容量。中间的拼音字母有两种表示方法：铅蓄电池表示航空用；碱性蓄电池则依次表示负极材料、正极材料、放电性能。例如，12HK-28 型蓄电池，表示该蓄电池是由 12 个单体串联、容量为 28A・h 的航空用蓄电池；15XYG-45 型蓄电池，表示该蓄电池是由 15 个单体电池串联，容量为 45A・h 的银锌高放电蓄电池，由于银锌蓄电池故障多且价格昂贵，不再使用。

波音和空客系列飞机大多采用航空镍镉碱性蓄电池，典型型号是 SAFT 系列，额定电压为 24V，容量有 23A・h、36A・h、40A・h、48A・h 等。

4.1.1　铅蓄电池

如图 4.1.1 所示是铅蓄电池的外形图，铅蓄电池具有电势高、内阻小、能适应高放电率

(放电率即单位时间内放出的电量)放电以及成本较低等优点，所以应用广泛；其缺点是重量重、自放电大、寿命较短以及使用维护不够简便等，以 12HK-28 为例，把 12 节单体电池组装密封在一起，如图 4.1.2 是 6 节和 12 节单体铅蓄电池的连接图。

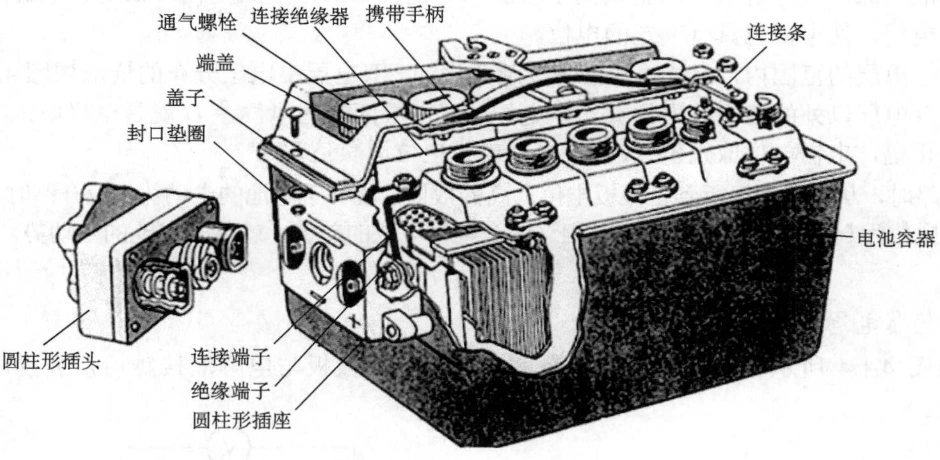

图 4.1.1　铅蓄电池外形图

1. 铅蓄电池的工作原理

铅蓄电池主要由正、负极板和电解液组成。正极板的活性物质(参加化学反应的物质)是二氧化铅(PbO_2)，负极板上的活性物质是铅(Pb)，电解液是硫酸(H_2SO_4 占 30%)加蒸馏水(H_2O 占 70%)配置而成的稀硫酸。

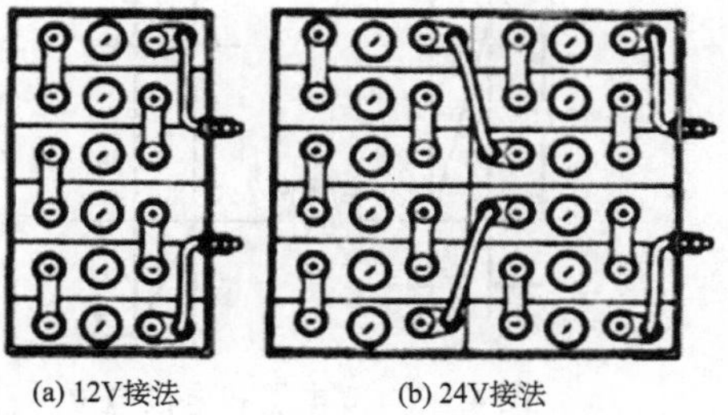

图 4.1.2　铅蓄电池单体电池的组合连接

当正、负极板浸入电解液后，两极板之间即产生电动势，下面介绍电极电位。

1)双电层和电极电位

当金属电极与电解液接触时，两者之间要发生电荷的定向转移，使金属电极和电解液分别带有等量而异性的电荷，形成电位差，这个电位差称为电极电位。

电解液是电解质和水的混合液，电解质的分子在水中能电离成正、负离子，并在溶液中进行不规则的运动。正、负离子分别带有等量而异性的电荷，整个电解液则呈中性。例如，硫酸在水中电离成带正电的氢离子(H^+)和带负电的硫酸根离子(SO_4^{2-})；氢氧化钾在水中电离成带正电的钾离子(K^+)和带负电的氢氧根离子(OH^-)。上述电离过程是可逆的，即在电离的同时，有些正、负离子由于碰撞而重新组成分子。当分子电离的速度与离子组成分子的速度相等时，电离处于动平衡状态。

当金属电极与电解液接触时，由于金属受到水这种极性分子的吸引，金属变成相应的离子溶解到电解液中去，而将电子留在电极上，于是电极带负电，电解液带正电。此时电极对电解液中的正离子有吸引作用，使它紧靠在电极表面，形成双电层，产生电位差。双电层中电位差的出现，一方面阻碍金属离子向电解液中继续转移，另一方面又促使电解液中金属离子逐渐减少，而返回到电极上的速度逐渐增大，最后达到动态平衡，在电极与电解液页面间形成一定的电位差，使电极具有一定的电极电位。

当金属电极和含有该金属离子的电解液接触时，如果金属离子在金属表面的电位能比在电解液里低，则电解液中的金属离子会沉积在电极表面，形成电极带正电、电解液带负电的双电层，使电极也具有一定的电位。

在双电层的范围内，电位的数值是逐渐变化的。双电层中电位分布的情形如图 4.1.3 所示。把双电层以外的溶液的电位算作零电位，双电层两端的电位差 U 就是电极电位。如果电极带正电，电极电位取正值U_+；反之，电极电位取负值U_-。

开路时，从电池负极板到正极板电位升高的数值，就等于电池的电动势。设开路时，电池的正极电位为U_+，负极电位为U_-，则这两个电极电位的差值，就等于电池的电动势。即

$$E = U_+ - U_- \tag{4.1.1}$$

2) 铅蓄电池电动势的产生

如图 4.1.4 所示是铅蓄电池电动势图，当正、负极板与电解液接触后，分别产生电极电位。

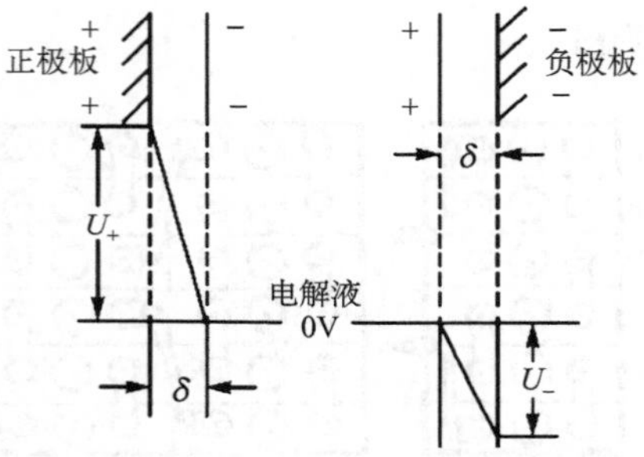

图 4.1.3　双电层和电极电位

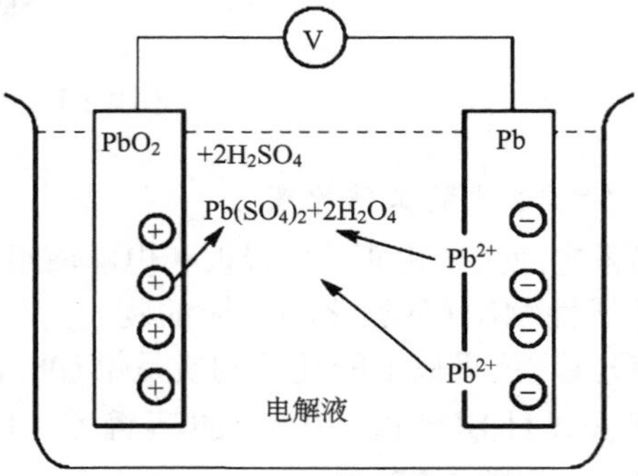

图 4.1.4　铅蓄电池电动势

在负极，负极板的活性物质是铅，在水分子的作用下，部分铅的正离子 Pb^{2+} 溶解于电解液，电子则留在极板上，形成双电层：

$$Pb \longrightarrow Pb^{2+} + 2e \tag{4.1.2}$$

于是，电极带负电，电位低于电解液，电极电位取负值，单体电池约为 $-0.13V$。

在正极，有部分二氧化铅分子溶于电解液，这些二氧化铅分子首先与硫酸作用，生成高价硫酸铅：

$$PbO_2 + 2H_2SO_4 \longrightarrow Pb(SO_4)_2 + 2H_2O \tag{4.1.3}$$

高价硫酸铅能电离成高价铅正离子 Pb^{4+} 和硫酸根负离子 SO_4^{2-}：

$$Pb(SO_4)_2 \longrightarrow Pb^{4+} + 2SO_4^{2-} \tag{4.1.4}$$

而后，电解液高价铅正离子就沉积到正极板上，硫酸根负离子则留在电解液中，两者之间形成双电层。于是，电极带正电，电位高于电解液，电极电位取正值，单体电池约为+2V。

因此，单体电池的电动势约为

$$E = 2 - (-0.13) = 2.13(V) \tag{4.1.5}$$

2. 铅蓄电池的放电原理

放电时，电路中就有电流流通。外电路，电子从负极流向正极；电解液中，正离子移向正极，负离子移向负极，形成离子电流。整个放电过程，正、负极同时发生如下化学反应。

在负极，电子流走时，双电层减弱，铅离子与硫酸根离子化合，生成硫酸铅分子，并沉积于极板表面：

$$Pb^{2+}+SO_4^{2-}\longrightarrow PbSO_4 \tag{4.1.6}$$

在正极，高价铅离子得到两个电子时，成为二价铅离子：

$$Pb^{4+}+2e\longrightarrow Pb^{2+} \tag{4.1.7}$$

于是双电层减弱，二价铅离子 Pb^{2+} 进入电解液，并与硫酸根离子 SO_4^{2-} 化合，生成硫酸铅分子，沉积于极板表面：

$$Pb^{2+}+SO_4^{2-}\longrightarrow PbSO_4 \tag{4.1.8}$$

在正、负极板双电层减弱的同时，内电场减弱，负极继续有铅离子电离，正极继续有二氧化铅分子溶解、电离。于是，双电层和电动势都处于动平衡状态，放电过程得以持续进行。铅蓄电池的放电原理如图 4.1.5 所示。

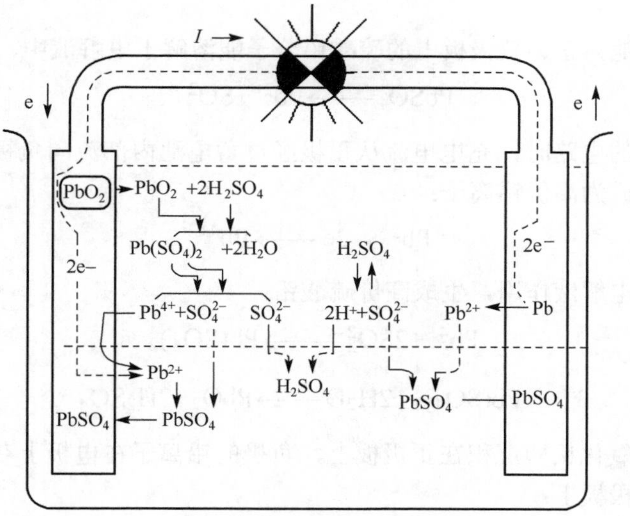

图 4.1.5 铅蓄电池放电时的化学反应

放电过程总的化学反应方程式为

$$PbO_2+Pb+2H_2SO_4\longrightarrow 2PbSO_4+2H_2O \tag{4.1.9}$$

铅蓄电池放电过程的特点是：

(1) 正极板的二氧化铅和负极板的铅逐渐变成硫酸铅；

(2) 电解液中的硫酸不断被消耗，水却不断增加，因此电解液的密度不断减小；

(3) 电动势逐渐降低。

3. 蓄电池的充电原理

将充电机的正、负极分别接在蓄电池的正、负极上，即可对蓄电池充电，如图 4.1.6 所示。充电机是一种直流电源，如直流发电机或整流电源，其端电压应能调节，使之略高于蓄电池电动势。接充电机时应特别注意极性，防止串联短路，如果极性接反则造成永久性损坏。

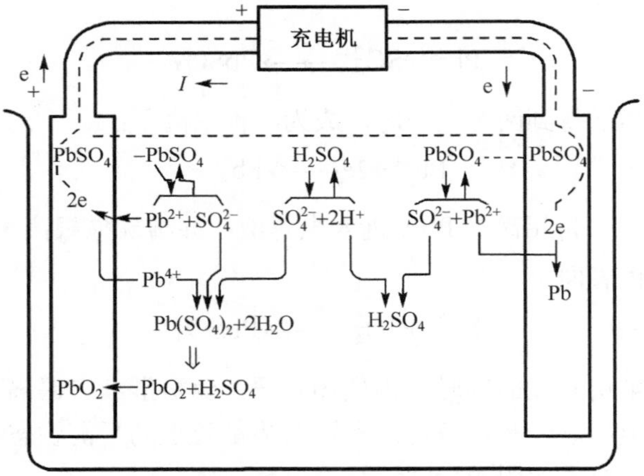

图 4.1.6　铅蓄电池充电时的化学反应

放电后的蓄电池，正、负极板上的硫酸铅分子能溶解于电解液中，并发生电离：

$$PbSO_4 \longrightarrow Pb^{2+}+SO_4^{2-} \tag{4.1.10}$$

当接通充电机的电路时，充电电流从正极经过蓄电池内部流向负极，于是正极的铅离子失去两个电子，成为高价铅离子：

$$Pb^{2+}-2e \longrightarrow Pb^{4+} \tag{4.1.11}$$

高价铅离子与电解液作用，生成高价硫酸铅：

$$Pb^{4+}+2SO_4^{2-} \longrightarrow Pb(SO_4)_2 \tag{4.1.12}$$

$$Pb(SO_4)_2+2H_2O \longrightarrow PbO_2+2H_2SO_4 \tag{4.1.13}$$

而后生成的二氧化铅即沉积在正极板上，负极的铅离子在电极上获得两个电子，还原成铅，并沉积在负极板上：

$$Pb^{2+}+2e \longrightarrow Pb \tag{4.1.14}$$

充电过程总的化学反应方程式为

$$2PbSO_4+2H_2O \longrightarrow PbO_2+2H_2SO_4+Pb \tag{4.1.15}$$

铅蓄电池充电过程的特点是：

(1) 正、负极板上的硫酸铅逐步生成二氧化铅和铅；

(2) 电解液中的水不断减少，硫酸则不断增加，因此，电解液密度逐渐增大；

(3) 电动势逐渐升高。

把铅蓄电池放电过程总的化学反应方程式 (4.1.9) 与充电过程总的化学反应方程式

(4.1.15)加以比较，可以看出它们是一对可逆的化学反应方程式。通常将充、放电过程的化学反应方程式写成如下的综合式：

$$PbO_2+Pb+2H_2SO_4 \underset{\text{充电}}{\overset{\text{放电}}{\rightleftharpoons}} 2PbSO_4+2H_2O+\text{电能} \tag{4.1.16}$$

4. 铅蓄电池的构造

各种类型的铅蓄电池的构造大体相同，现以 12HK-28 型飞机蓄电池为例加以说明。12HK-28 型飞机蓄电池由 12 个单体电池串联而成。每个单体电池由极板组、隔板和电解液等主要部分组成，单体电池的结构如图 4.1.7 所示。

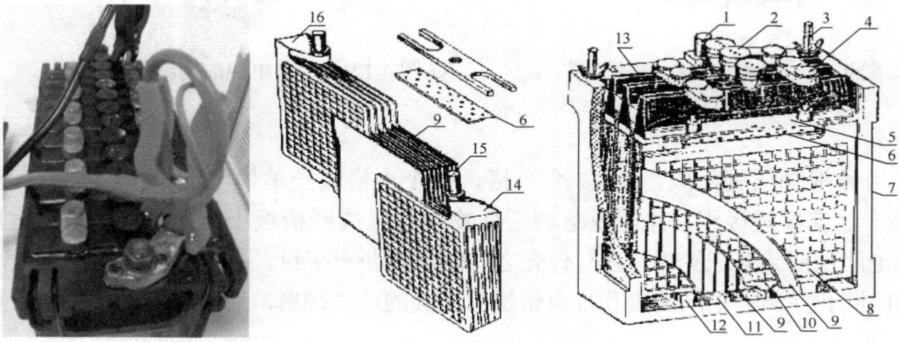

(a) 12HK-28电池外形图　　(b) 单体电池分解图

图 4.1.7　单体电池的构造

1-接线柱；2-工作螺塞；3-上盖固定螺杆；4-连接条；5-护水盖；6-网状胶片；7-外壳；8-负极板；9-隔板；10-正极板；11-菱形条；12-托架；13-三孔盖；14-负极板组；15-极柱；16-正极板组

1) 极板组和隔板

(1) 正极板组：5 块棕红色正极板焊在一个极柱上，组成正极板组；

(2) 负极板组：6 块灰色负极板焊在另一个极柱上，组成负极板组；

(3) 隔板：多孔性隔板夹在正负极板之间，既防止正负极板相碰短路，又能让离子通过。

隔板有槽的一面对着正极板，以保持正极板周围有充足的电解液。这是因为正极板要求有较多的硫酸参加化学反应。极板顶部有网状胶片，用以防止碰坏极板。网状胶片上部有护水盖，既可防止电解液溅出，又便于检查电解液的高度。

正、负极板交错重叠地安放在一起。活性物质涂抹在铅锑合金栅架上，如图 4.1.8 所示。栅架主要用来增加负极板的强度，并可改善其导电性。极板片多而薄，活性物质疏松多孔，增大了极板与电解液接触面积，使更多的活性物质能参加化学反应，以提高最大允许放电电流和容量。图 4.1.9 是铅蓄电池的电池单元，一组蓄电池是由多个这样的电池单元组成的。

2) 电解液

电解液用纯硫酸和蒸馏水配置而成，配置电解液时，切不可把水往硫酸里倒，以防硫酸飞溅伤人。电解液密度的确定，一要考虑蓄电池电动势的大小，二要考虑电解液对极板和隔板的腐蚀作用。一般充足电的蓄电池，电解液密度为1.285g/cm³，液面高度距网状胶片 6～8mm。

图 4.1.8　铅蓄电池的金属栅架

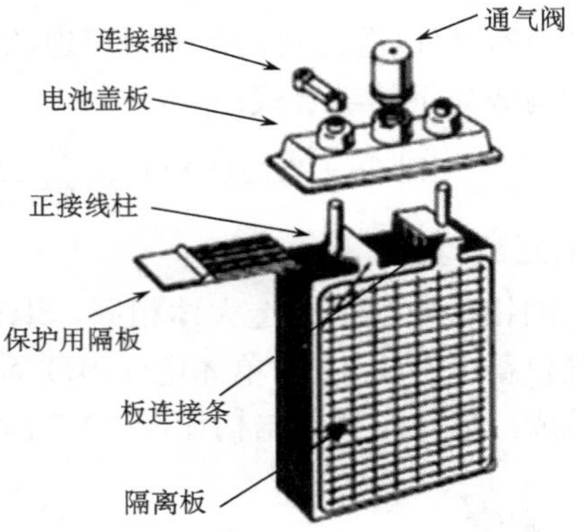

图 4.1.9　铅蓄电池的电池单元

3) 外壳

外壳用硬橡胶压制而成，有 12 个小格，每个小格装一单体电池。小格底部有菱形条，它和托架一起支撑极板组，并使脱落的活性物质得以离开极板下沉，以保障蓄电池的性能。

单体电池顶部装有三孔盖，它与外壳之间间隙用沥青密封。正、负极板组的极性分别从三孔盖两端的圆孔穿出，中间的圆孔拧有带橡皮垫圈的通气螺塞，通气螺塞如图 4.1.10 所示。

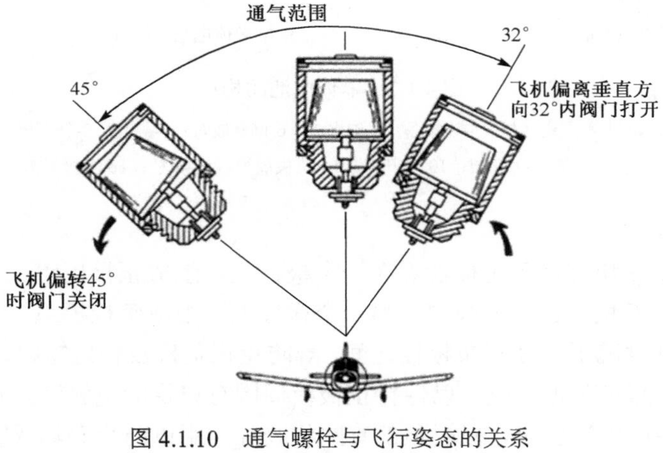

图 4.1.10　通气螺栓与飞行姿态的关系

飞机蓄电池必须要有通气螺塞，飞机平飞时，铅陲使活门打开，使蓄电池工作过程中产生的气体顺利排出；飞机倾斜或俯仰时，铅陲偏倒，活门堵塞，防止电解液流出。

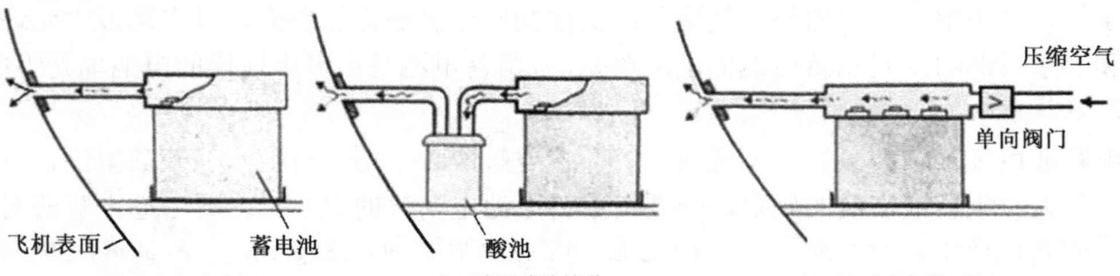

(a) 直接排出机外　(b) 采用酸池接收　(c) 采用单向阀门止回

图 4.1.11　机载蓄电池排气方法

振动会使蓄电池产生泡沫，此外蓄电池的化学反应有气体产生，因此必须采用酸池接收泡沫，用单向阀门(Non Return Value，NRV)和来自增压舱的压缩空气把化学反应的气体排出，如图 4.1.11 所示。橡胶或其他非腐蚀性导管可用作排气管路，把气体排放到飞机外部(通常到机身蒙皮处)。

【维护要点】避免人体接触电池电解液(蒸汽或液体)；遵守安全预防规定，保护手和眼睛及身体外露部分；处理电解液时一定要使用个人防护装备；一旦接触电解液，应立即采取急救措施；配比电解液时一定要把硫酸加到蒸馏水中。

5. 铅蓄电池的放电特性

相关内容请扫描二维码观看。

铅蓄电池的放电特性

6. 容量

蓄电池从充足电状态放电到终了电压时输出的总电量称为容量。容量的单位是 A·h。如果放电电流恒定，则容量(Q)等于放电电流(I)与放电时间(t)的乘积：

$$Q = It \tag{4.1.17}$$

1) 影响蓄电池容量的因素

由蓄电池放电原理可知，当一个二氧化铅分子、一个铅分子与两个硫酸分子发生化学反应时，就有两个电子通过外电路。因此，蓄电池的容量由参与化学反应活性物质的多少决定。

为了提高蓄电池的容量，首先是增加活性物质的数量，其次是增大极板与电解液的接触面积，以增加参与化学反应的活性物质的数量。在活性物质一定的情况下，极板的孔越多，极板组的片数越多，则容量越大；在容积一定的情况下，为了增加极板的片数，极板要做得薄些。但受机械强度的限制，极板也不能太薄。

容量与放电条件和维护的好坏有关。在低温、大电流和连续放电的情况下，到终了电压的时间显著缩短，因此容量也减小，反之容量增大。如果维护使用不当，使蓄电池过早出现极板硬化、活性物质脱落以及自放电严重等现象，都会造成参加化学反应的活性物质减少，容量相应下降。接近寿命期的蓄电池，其容量势必减小。

2) 额定容量和实有容量

蓄电池的额定容量是制造厂标定的标准容量。不同型号的蓄电池，额定容量是不相同的。

蓄电池在不同的放电条件下，所能放出的容量差别很大，为了比较蓄电池的容量，规定了一个标准的放电条件，铅蓄电池标准的放电条件是：电解液温度为 20℃，放电电流为额定值，放电方式为连续放电。实有容量是指蓄电池充足电后，在标准条件下放电到终了电压所能放出的电量。习惯上蓄电池的实有容量用相对值表示，即

$$\text{实有容量（相对值）} = \frac{\text{实有容量}}{\text{额定容量}} \times 100\% \tag{4.1.18}$$

为了使蓄电池能够发挥其应有作用，规定实有容量低于 75%的飞机蓄电池和低于 40%的地面蓄电池时，不得继续使用。完全充电后，每个电池在接线端的电势差为 2.2V，放电后，电势差约为 1.8V。12 节电池组成的电池组，充足电的电势差为 26.4V，放完电的电势差为 21.6V。

铅蓄电池在正常使用期间，接线端电压在电池寿命内很长时间都会保持大约 2V，称该电压为标称电压。对于给定的电池容量，稳定放电的标称值构成电池技术指标的一部分。

例如，一个标称值为 1C=20A・h 的电池，直到电池放完电必须提供比较稳定的电流(20A)达 1h。如果放电电流不同，则放电时间也不同。图 4.1.12 示出了在不同放电电流下，铅蓄电池的典型特性。放电电流用一个系数乘以 C 值表示。某容量的蓄电池，用 0.1C 可放电约 10h，而用 1C 则放电时间约 1h。

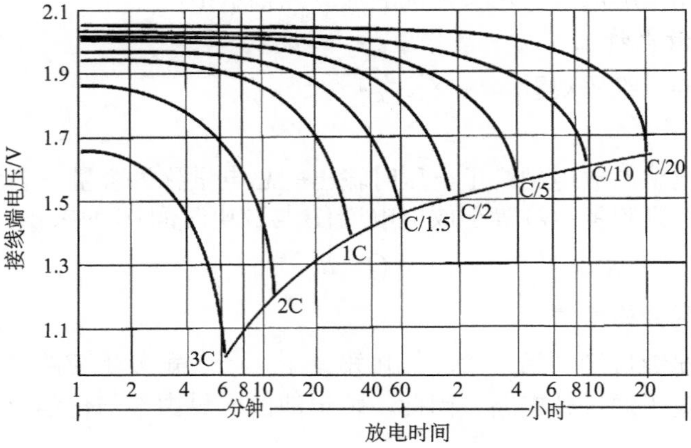

图 4.1.12 铅蓄电池放电方式与放电时间的关系

7. 铅蓄电池的充电特性和充电方法

相关内容请扫描二维码观看。

8. 铅蓄电池适航要求

(1)飞机蓄电池，实际容量应不低于额定容量的 75%；加双倍负载，电压不低于 24V，方可使用。10h 放电率的电流为蓄电池的额定负载电流，如 12HK-28 正常负载电流为 3A，双倍电流为 6A。

(2)一般情况下，发电量不应该超过额定容量的 50%，任一单体电池的终止电压为 1.7V，防止过放电。

(3)放电后的蓄电池应及时充电，不得搁置 12h 以上。防止蓄电池暴晒，在寒冷地区注意保温防冻。

(4)每月至少对蓄电池充电一次。

9. 铅蓄电池的主要故障

相关内容请扫描二维码观看。

10. 飞机蓄电池无充电电流故障分析及维护

相关内容请扫描二维码观看。

铅蓄电池的充电特性和充电方法

铅蓄电池的主要故障

飞机蓄电池无充电电流故障分析及维护

4.1.2　航空镍镉蓄电池

20 世纪 50 年代镍镉蓄电瓶在飞机上获得应用，尽管当时用于飞机的主要电池为铅蓄电瓶和银锌蓄电瓶，但随着技术的发展镍镉蓄电瓶成为大飞机更受欢迎的电瓶，因为它能够经受更高的充电/放电速率，拥有更长寿命。在高放电条件下，镍镉蓄电瓶能够维持相对稳定的电压。由于镍镉蓄电瓶单体电池的输出电压低，因此体积大，重量重。

1. 镍镉蓄电瓶结构

镍镉蓄电瓶通常由 20 只单体蓄电池和镀镍跨接板串联组装在不锈钢组合箱体内，盖与壳由搭扣连接在一起，使蓄电池组结构紧凑坚固，具有较高的机械强度。组合箱体外装有特殊的电连接装置便于飞机上电连接器对接，保障飞行的安全性、可靠性。

1) 外形结构

如图 4.1.13 所示是飞机上安装的型号为 SAFT 410946 航空蓄电瓶(旧电瓶)。

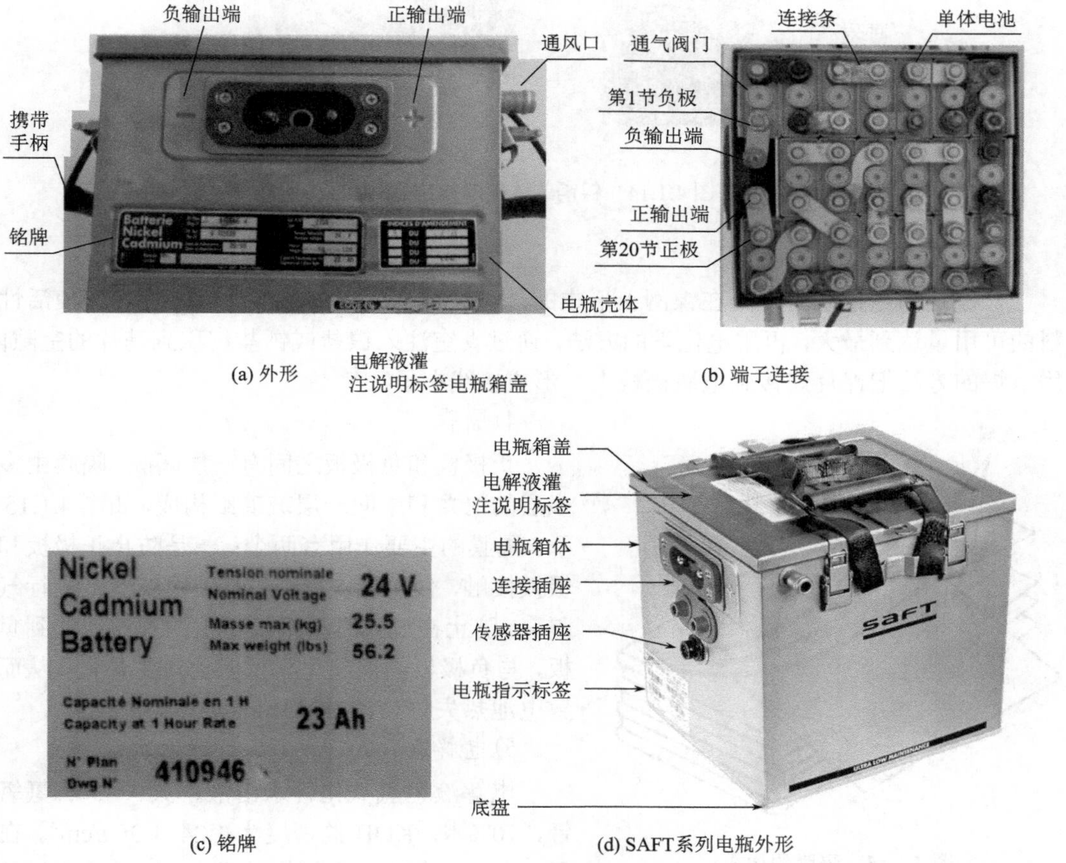

图 4.1.13　SAFT 航空镍镉蓄电瓶

其中，图 4.1.13(a) 是外形图；图 4.1.13(b) 是端子连接图，共有 20 节单体电池组成，单体电池间通过连接条串联连接，第一节的负极连接到电池的负输出端，最后一节的正极连接到电池的正输出端，因是旧电瓶，端部有腐蚀痕迹；图 4.1.13(c) 是铭牌，铭牌上的主要数据包括：蓄电瓶类型即镍镉蓄电瓶(Nickel Cadmium Battery)，额定电压(Nominal Voltage)24V，最大质量是 25.5kg(56.2 磅)，额定容量(Nominal Capacity)是 23A·h；图 4.1.13(d)是 SAFT 系列电瓶外形。

2)单体电池结构

如图 4.1.14 所示是镍镉单体电池(旧电池)外形图。单体电池端部由正、负接线柱和通气阀门组成，外壳与端盖成一体，外壳上有商标、回收标记和电池名称等。单体电池内部由正极板、负极板、隔膜和电解液等组成。壳子与盖子被热封在一起，灌入氢氧化钾(KOH)或氢氧化钠(NaOH)水溶液作为电解液，在电池盖上装有通气阀门，用红、蓝塑料垫圈作为正、负极标识。氢氧化钾或氢氧化钠的溶液为电解液的碱性蓄电瓶，密度范围为 $1.24\sim1.30\text{g/cm}^3$。

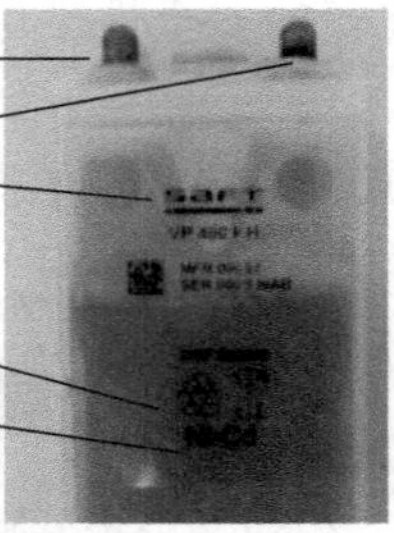

(a) 外形

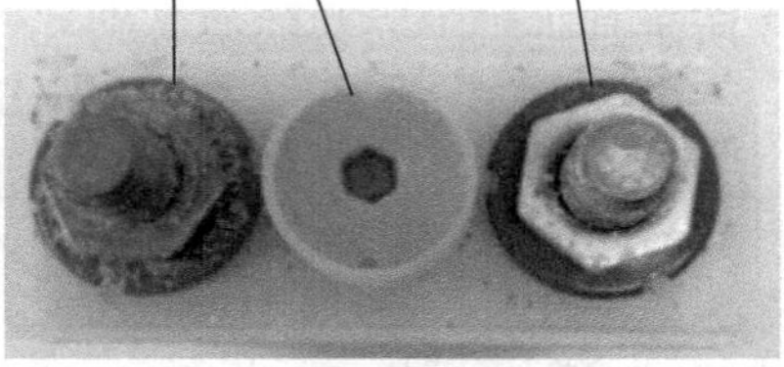

(b)端部

图 4.1.14 镍镉单体电池结构(旧电池)

3)极板

极板是通过把镍粉烧结在镍网上形成的，烧结过程中形成了多孔的基片，并使活性材料的可用量达到最大，再用电化学的方法，通过真空注入镍盐或钙盐沉积到基片的空隙内。用点焊的方法把镍片焊接到电瓶极板上，形成接线端子。

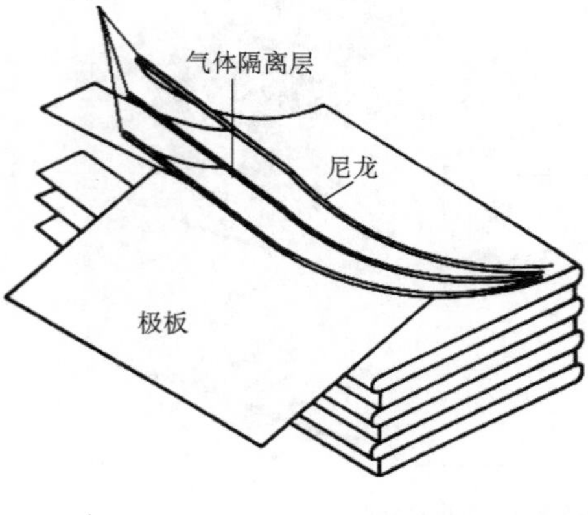

图 4.1.15 隔膜的构成

4)隔膜

正极板和负极板之间有一层隔膜，隔膜由多孔多层的尼龙和中间一层玻璃纸构成，如图 4.1.15 所示。隔膜的主要作用有两个：一是防止正极板和负极板接触，使电瓶失效；二是采用玻璃纸进行气体隔离，防止在过充时正极板产生的氧气流动到负极板，与负极板的镉起化学反应而产生热量，从而导致电池热失控(Thermal Runaway)。

5)电解液

电解液为氢氧化钾水溶液，其中 30%氢氧化钾，70%水。KOH 的密度为 $1.24\text{\textasciitilde}1.30\text{g/cm}^3$。在镍镉电瓶中，电解液不起化学反应，而是作为导体来传送电荷，因此在放电过程中，电解液密度不变，不能和酸性电瓶一样用测量密度的方法来判断电瓶的充放电状态。

6)泄压阀

每个单体电池上安装有泄压阀，也称为释压阀或排气阀，泄压阀有三个作用：

(1)拧开时用于加蒸馏水或电解液；

(2)防止飞机飞行时电解液泄漏；

(3)释放蓄电瓶内气体，防止电瓶内气体压力太大而引起爆炸。

如图 4.1.16 所示是某机载航空镍镉蓄电瓶泄压阀外形图。泄压阀可以使单体电池内的气体排出，又可以防止外界物质进入电池内部。泄压阀开启压力范围为 2～10psi (13.8～69kPa)。

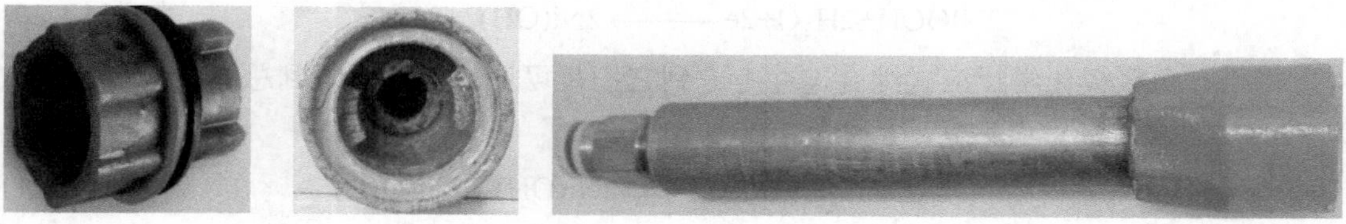

(a) 泄压阀外形　(b) 泄压阀端面　(c) 泄压阀测试专用接头

图 4.1.16　泄压阀

当蓄电瓶充放电时，尤其是过充电时，会产生气体，当气体压强大于 10psi 时，泄气阀必须打开，否则会引起蓄电瓶爆裂，甚至爆炸。当气压压强小于 2psi 时，泄气阀关闭，防止空气中的酸性气体与电解液起化学反应而降低蓄电瓶的容量，以及防止飞机倾斜或颠簸时电解液泄漏溅出。

7) 温度保护开关

有些蓄电瓶装有温度保护开关，当蓄电瓶的温度超过 150℉(65.55℃)时断开蓄电瓶的充电电源。由于碱性蓄电瓶在低温充放电时会出现充电不足或放电容量下降的现象，因此在某些碱性电池上安装有低温敏感开关和加热装置。当温度 $t < 30$ ℉(–2℃)时，接通加热电路；当温度 $t = 40$ ℉(5℃)时断开加热电路。如图 4.1.17 所示是温度保护开关(热敏开关)在蓄电瓶上的使用。

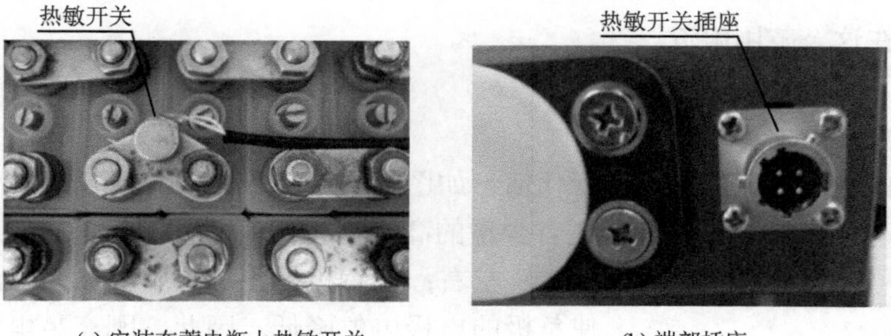

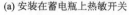

(a) 安装在蓄电瓶上热敏开关　(b) 端部插座

图 4.1.17　温度保护开关(热敏开关)在蓄电瓶上的使用

电瓶型号不同，过热保护和低温加热的温度值也不同，具体参数可参考 CMM 手册。

2. 镍镉蓄电瓶工作原理

充足电的镍镉蓄电瓶正极的活性物质是 3 价羟基氧化镍 NiOOH，负极的活性物质由镉(Cd)的化合物组成，电解液为 KOH 或 NaOH 水溶液。镍镉蓄电瓶放电时，正、负极板上的活性物质，分别与电解液中的钾离子(K^+)和氢氧根离子(OH^-)起化学反应。

在负极，镉失去两个电子，并同氢氧根离子(OH^-)化合，生成难以溶于水的氢氧化镉$Cd(OH)_2$，其反应式为

$$Cd+2OH^- \xrightarrow{放电} Cd(OH)_2+2e \tag{4.1.19}$$

在正极，羟基氧化镍NiOOH获得电子，并与电解液KOH起化学反应，生成氢氧化亚镍$Ni(OH)_2$和氢氧化钾，其反应式为

$$2NiOOH+2H_2O+2e \xrightarrow{放电} 2Ni(OH)_2+2OH^- \tag{4.1.20}$$

将正、负极板化学反应式综合，并考虑到它们是可逆反应，就得到总的充(Charge)、放(Discharge)电反应式：

$$2NiOOH+2H_2O+Cd \underset{充电}{\overset{放电}{\rightleftharpoons}} 2Ni(OH)_2+Cd(OH)_2 \tag{4.1.21}$$

从反应式可知，镍镉蓄电池在充放电过程中，电解液中的氢氧化钾并无增减，电解液的密度和高度几乎不变。因此，不能用测量电解液密度和高度的方法来判断其充、放电程度。通常用测量电压的方法来判断充、放电程度。

3. 镍镉蓄电池的特性

1)电动势

单体镍镉蓄电池的电动势一般稳定在1.34～1.36V，基本不受电解液密度和温度的影响，这是因为镍镉蓄电池在充、放电过程中，电解液的密度基本不变，而且极板孔隙较大，对电解液的扩散速度影响很小。

2)内电阻

镍镉蓄电池放电时，正、负极板上分别生成导电性能很差的氢氧化镍和氢氧化镉，一方面使极板电阻增大，一方面又使极板与电解液接触的有效面积减小，接触电阻增大，因此内电阻随放电程度的增大而增大，充电时则相反。

电解液的电阻则与充、放电程度无关，它除了随温度的升高而减小外，还受密度的影响。当温度为15℃、密度在1.23～1.26g/cm³时，电解液的电阻值最小。因此，电解液的密度一般都选择在这个范围附近。

3)端电压

(1)放电电压。

单体电池的放电电压随时间的变化情形如图4.1.18所示，刚充足电的镍镉蓄电池，在正极板上除了有三价氢氧化镍外，还有少量的高价氢氧化镍，它能使正极的电极电位升高0.12V左右；在负极板上，除了镉以外，还有铁，它会使负极的电极电位降低。因此，刚充足电的单体电池的开路电压可达1.48V，相当于图中的*A*点。

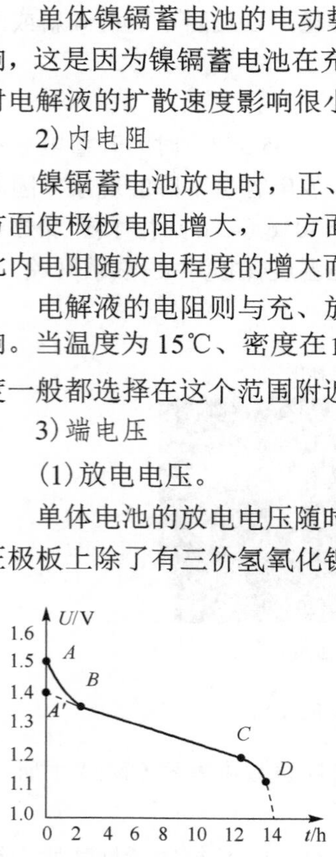

图4.1.18 单体镍镉蓄电池放电特性

放电初期，少量的高价氢氧化镍很快就被消耗掉，铁也逐渐生成氢氧化亚铁，因此电压迅速下降到1.3V左右，如图*AB*段所示。高价氢氧化镉是一种极不稳定的化合物，倘若蓄电池充电后没有立即放电，它也要分解，转变成氢氧化镍，正极电位降低，使电压自动下降到图

中的 A'点。再进行放电时，电压沿 $A'B$ 段曲线下降。B 点以后，由于正、负极生成的物质不会像铅蓄电池那样堵塞孔隙而影响电解液扩散，所以 BC 段的电动势基本不变，电压随内电阻的缓慢增加而稍有下降。C 点以后，正、负极板生成的氢氧化亚镍和氢氧化镉几乎把极板全部覆盖，剩下的活性物质越来越少，电压将迅速下降。单体电池以 10h 放电率放电时，终了电压一般选择在 1.1V，相当于图中的 D 点。

(2) 充电电压。

充电时，单体电池端电压随时间变化情形如图 4.1.19 所示，镍镉蓄电池的充电电压曲线也具有明显的阶段性。在第一阶段，对应于图中 AB 段，主要是使正负极板上的活性物质分别氧化、还原为氢氧化镍和镉。开始电压上升较快，以后便稳定在 1.5V 左右，直到 B 点。B 点以后，电压又会迅速上升，直到 1.8V 左右才不再上升，相当于图中的 C 点，到此充电即结束。

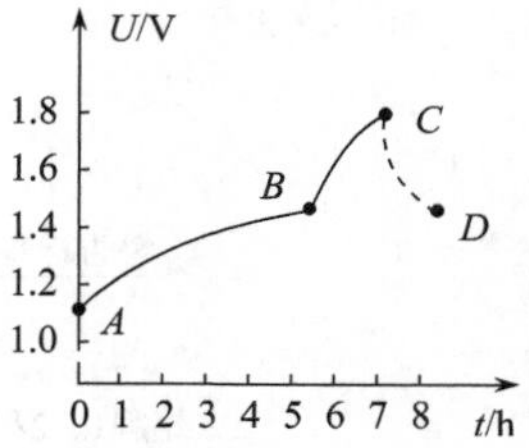

图 4.1.19　单体镍镉蓄电池充电特性

这一阶段电压迅速上升的原因是：正极板生成少量的高价氢氧化镍，正极电位升高，负极板的氢氧化亚铁还原为铁，负极电位降低；电解水产生较大的附加气体电极电位。当切断充电电源时，附加气体电极电位迅速消失，电动势很快下降到 1.48V，相当于图中的 D 点。

(3) 充、放电电流对电压的影响。

镍镉蓄电池与其他蓄电池一样，放电电压也随放电电流的增大而降低。大电流放电时，单体蓄电池的终了电压可以低一些，例如，额定放电电流规定为 8h 放电率，终了电压 1.1V，用 1h 放电率，则终了电压为 0.5V。镍镉蓄电池充电时，有以下规定：正常充电电流为额定容量数值的 1/4，充电时间为 7h，快速充电电流为额定容量数值的 1/2，充电时间为 4h，过充电是在正常充电的基础上，继续用同样的电流充电 2h。

4. 镍镉蓄电池的故障

相关内容请扫描二维码观看。

5. 镍镉蓄电瓶故障维修案例分析

相关内容请扫描二维码观看。

镍镉蓄电瓶的故障　　镍镉蓄电瓶故障维修案例分析

4.1.3　锂电池

锂是碱性活性金属之一，也是最轻的元素之一，这使它在飞机上的应用非常有优势。锂电池技术是增长快速、前景看好的电池技术。由于它有很高的能量重量比、没有记忆效应、不用时放电/充电速率低等优点，正在被谨慎地用在飞机上，如用于烟雾探测器、发动机启动和紧急备用供电等。和铅蓄电池和镍镉电池相比，锂电池有多种优越性，如寿命长、重量轻、维护少及充电时间短。其缺点是成本高、电解液易燃，不管是否使用每年都会损失约 10%的存储容量。电池老化的速率受温度的影响，温度越高，老化也就越快。

1. 航空锂离子蓄电瓶结构

1) 外形结构

如图 4.1.20 所示是航空锂离子蓄电瓶外形图，蓄电瓶内部通常由 8 只单体蓄电池组成，安装在不锈钢组合箱体内，箱体侧面有辅助连接器 J_1、功率输出连接器 J_3，端盖上有可调节的提携带。侧面有危险标签和注意标签，端盖上贴有警告标签，标签内容如图 4.1.21 所示。

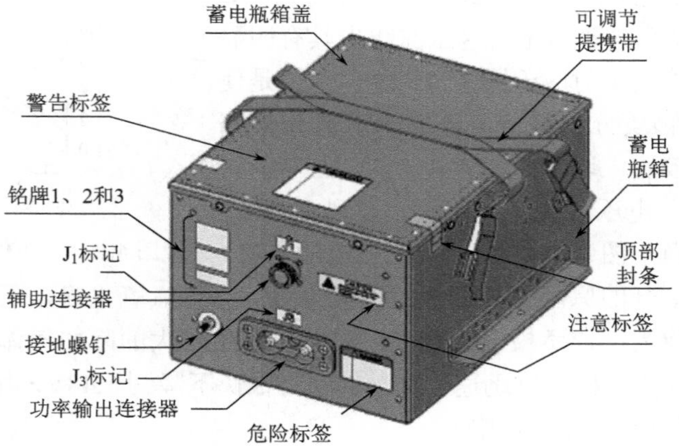

图 4.1.20　锂离子蓄电瓶外形图

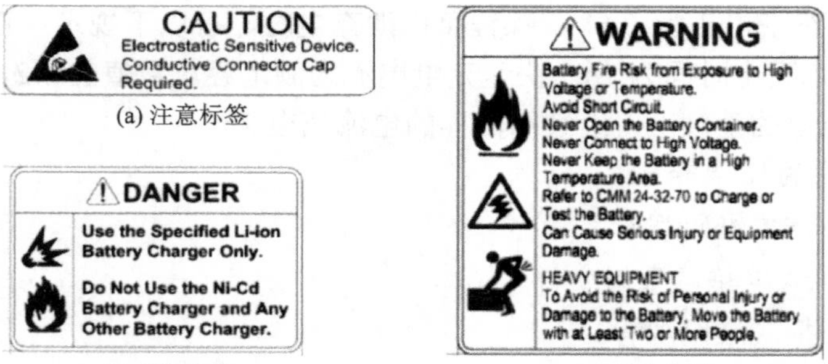

(a) 注意标签

(b) 危险标签　　(c) 警告标签

图 4.1.21　蓄电瓶标签

2) 单体电池结构

如图 4.1.22 所示是贴有凯普顿标签的单体电池外形图，通常有 2 种结构形式，分别为 125A 型和 125B 型。其中 125A 的安全阀接近正极端，而 125B 型的安全阀接近负极端。

锂离子单体电池的内部结构通常有两种，如图 4.1.23 所示，是圆柱状结构锂离子蓄电池，其优点是制造容易，优良的机械稳定性，能承受高的内部压力。

图 4.1.24 是方形柱状结构的锂离子蓄电池，其优点是占有较小的空间及散热好。

3) 极板材料

锂离子蓄电池主要由正极、负极、电解液、隔膜以及外部连接、包装部件构成。

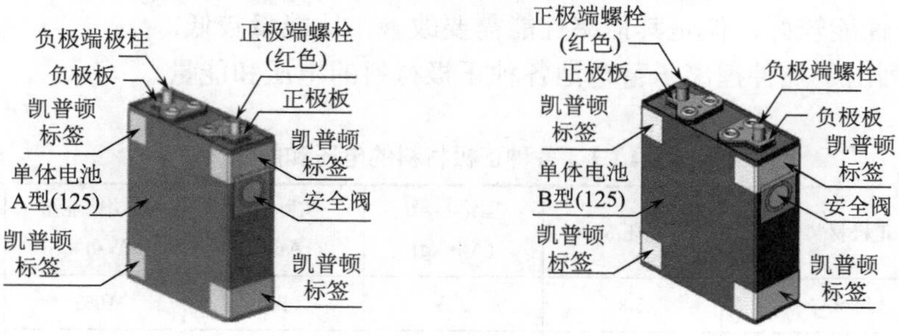

(a) 125A型　　(b) 125B型

图 4.1.22　贴有聚酰亚胺(凯普顿)胶带的 125 型单体电池

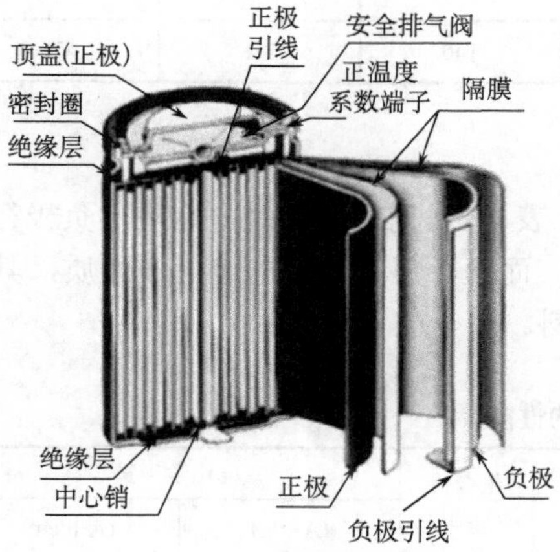

图 4.1.23　圆柱状锂离子蓄电池

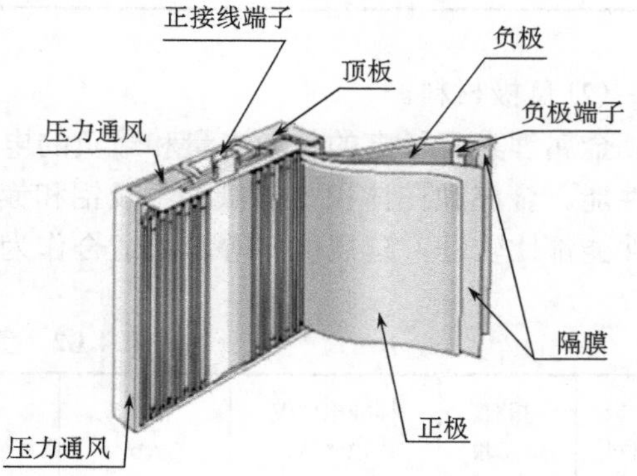

图 4.1.24　方形柱状结构锂离子蓄电池

(1) 正极材料。

构成锂离子蓄电池的正极材料种类很多，正极材料最重要的与锂匹配，提供一个较高电压的电极对。正极材料有较高的比能量和对电解液有相溶性，也就是说在电解液中基本上不起反应或不溶解。正极材料最好导电性能好，可经常导电性能不足，不得不在固体正极材料中添加一定量的导电添加剂(如石墨等)，然后将这种混合物涂覆到导电骨架上做成正极。这些正极材料必须成本低、没有毒性、不易燃等。

正极材料主要由活性材料、导电剂、黏结剂和集流体组成。锂离子蓄电池的正极电位较高，常为嵌锂过渡金属氧化物或聚阴离子化合物，如二氧化钴锂($LiCoO_2$)是应用较为普及的正极材料，电压范围为 2.8～4.2V，放电电压为 3.9V，理论最高比容量为 274 mA•h/g，实际应用中，其比容量为 140～150 mA•h/g。$LiCoO_2$ 制备工艺较为简单，常由高温固相法等方法合成制得。但是其倍率性能、耐过充性能不是很理想，价格高，安全性差。

锂锰氧化物($LiMn_2O_4$)的工作区间电压为 3.5～4.3V，放电电压约为 4.1V，理论比容量为 148 mA•h/g。实际应用中，其比容量约为 110 mA•h/g。$LiMn_2O_4$ 的制备工艺较为简单，价格低，倍率性能较好，但是其循环性能相对较差，尤其是高温性能差。

磷酸铁锂($LiFePO_4$)的工作区间电压为 2.5～4.0V，放电电压约为 3.4V，理论比容量为 165 mA•h/g。实际应用中，其比容量约为 140 mA•h/g。$LiFePO_4$ 的制备工艺较为简单，价格低，循环性能较好，但是其倍率性能需要改善，比能量较低。

表 4.1.1 列出了几种锂离子蓄电池各种正极材料的电压和能量。

表 4.1.1 各种正极材料的电压和能量

序号	正极材料	电压/V	理论容量/(A•h/kg)	实际容量/(A•h/kg)	理论比能量/(W•h/kg)	实际比能量/(W•h/kg)
1	$LiCoO_2$	3.8	273	140	1037	532
2	$LiNiO_2$	3.7	274	170	1013	629
3	$LiMn_2O_4$	4.0	148	110	440	259
4	$Li_{1-x}Mn_2O_4$	2.8	210	170	588	480
5	$LiFePO_4$	3.4	170	140	578	476

(2) 负极材料。

金属锂具有最高的化学当量和最负的电极电位。表 4.1.2 列出了一些电池常用负极材料的性能。金属锂在体积比能量上不及铝和镁等金属。而锂不但有良好的电化学性质，其机械性能都比较好，延展性好等，更适合作为负极材料。

表 4.1.2 负极材料的性能

负极材料	相对原子量	标准电位/V (25°C)	密度/(g/cm^3)	熔点/℃	化合价变化	电化学当量	
						(A•h/g)	(A•h/cm)
Li	6.94	–3.05	0.534	180	1	3.86	2.08
Na	23	–2.7	0.97	97.8	1	1.16	1.12
Mg	24.3	–2.4	1.74	650	2	2.20	3.8
Al	26.9	–1.7	2.7	659	3	2.98	8.1
Ca	40.1	–2.87	1.54	851	2	1.34	2.06
Fe	55.8	–0.44	7.85	1528	2	0.96	7.5
Mn	65.4	–0.76	7.1	419	2	0.82	5.8
Cd	112	–0.40	8.65	321	2	0.48	4.1
Pb	207	–0.13	11.3	327	2	0.26	2.9

锂是所有金属元素中最轻的一种，表 4.1.3 中所列的是锂的物理性质，其密度只有水的一半，锂放在水中，会浮在水的表面，并与水发生剧烈反应，生成 LiOH 和 H_2，放出大量热量，当锂量多时发生剧烈燃烧，并有爆炸的危险。

表 4.1.3 锂的物理性质

熔点/℃	沸点/℃	密度/(g/cm^3) (25℃)	比热/(J/(g・℃)) (25℃)	比电阻/(Ω・cm)	硬度(莫氏)
180.5	1347	0.534	3.565	9.35	0.6

锂在潮湿的空气中很快失去银白色光泽而被LiOH覆盖，生产过程中需要十分干燥的环境，这增加了难度，而锂的机械特性使其容易挤压成薄片或薄带，给制造锂电极带来便利。锂是良导体，在电池中锂的利用率高达 90%以上，根据锂离子蓄电池对锂纯度要求(99.99%)，对常见的杂质（Na 含量≤0.015%；K 含量≤0.01%；Ca 含量≤0.06%）含量有限制，主要是杂质会影响电池的自放电和放电特性。因此，单纯用锂做负极，有很多不便。随着技术的发展，新型的锂离子蓄电池的负极材料有了突破。

锂离子蓄电池的负极主要由活性材料、导电剂、黏结剂和集流体组成。其中用作负极活性材料的也是一种可以和锂生成嵌入化合物的材料，主要有碳基材料、锡基材料、锂过渡金属氮化物、表面改性的锂金属等。目前主要用石墨材料，一些新型负极材料如纳米过渡金属氧化物、硅基、锡基、合金化合物、石墨烯等也值得关注。

4）电解液

电解液主要由电解质锂盐以及有机溶剂构成。通过电解液中锂盐的锂离子，正、负极间的锂离子能够顺利完成脱锂、嵌锂过程，反映在电化学行为上即电池的充放电过程。

电解质锂盐多为单价聚阴离子锂盐，例如，$LiPF_6$、$LiBF_6$、$LiClO_4$和全氟烷基磺酸锂$LiCF_3SO_3$等，通常对电解质锂盐有如下性能要求：

(1)易于解离，易溶于有机溶剂以保证电导率，在较宽的温度范围内保证电导率高于10^{-4}S/cm；

(2)具有较好的氧化稳定性，以及一定的还原稳定性，以保证电解质锂盐不在正、负极发生明显影响电化学性能的副反应；

(3)具有较好的热稳定性，构成的电解液热稳定性优良、可用温度范围宽；

(4)无毒、无污染本身以及分解产物对环境友好；

(5)易于制备、纯化，成本低廉。

5）隔膜

在锂离子蓄电池充放电过程中，隔膜起到分隔电池正、负极以防止电池短路，使锂离子能够通过隔膜，内部电路通畅的作用。聚烯烃微孔膜、无纺布隔膜、聚合物/无机复合膜、聚合物电解质隔膜均可起到锂离子电池隔膜作用，而聚烯烃微孔膜是最常用的隔膜。

6）安全阀

每个单体电池上安装有泄气阀，也称为释压阀或排气阀。泄气阀有三个作用：

(1)拧开时用于加蒸馏水或电解液；

(2)防止飞机飞行时电解液泄漏；

(3)为保护蓄电瓶，防止电瓶内气体压力太大而引起爆炸。

航空锂电池有 125A 型单体与 125B 型单体电池，它们的安全阀位置不同。125A 单体电池的安全阀安装在“正端侧”，125B 单体电池的安全阀安装在“负端侧”。

2. 基本工作原理

充电时，将充电器的正极接锂离子蓄电池的正极，如图 4.1.25(a)所示，加在锂离子蓄电池两极的充电电压迫使正极的化合物释放出锂离子，使其嵌入负极呈层片状结构的碳分子中排列，这个过程称为入嵌过程。

放电时，锂离子蓄电池两端接有负载，如图 4.1.25(b)所示。锂离子从负极片层状结构的碳中析出，这一过程称为脱嵌，析出的锂离子重新和正极的化合物结合。由于锂离子的移动产生了电流。

锂离子电池的充放电过程就是锂离子的嵌入和脱嵌过程，锂离子在正、负极之间往返嵌入和脱嵌就形成了电流。

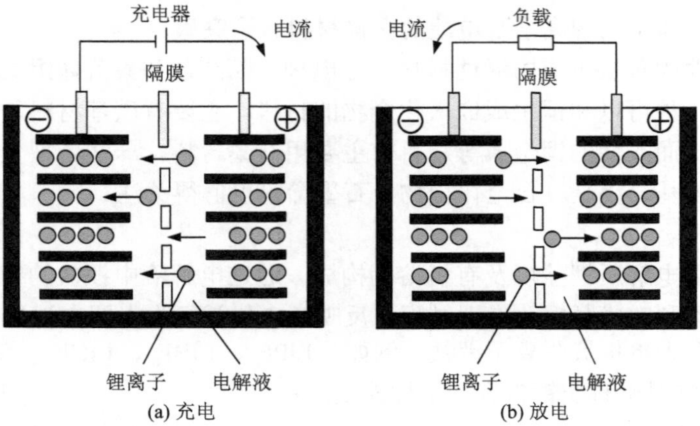

图 4.1.25 锂离子蓄电池的充放电过程

在充电时，正极部分的锂离子脱嵌，离开锂化合物，透过隔膜向负极移动，并嵌入到负极的片层状结构中，正极的充电化学反应式如下：

$$LiCoO_2 \xrightarrow{\text{充电}} CoO_2+Li^{+}+e \tag{4.1.22}$$

负极的碳化锂 LiC_6 失去电子，还原为碳 C，锂离子 Li^+ 嵌入负极层状结构的 C 中，负极的化学反应方程式如下：

$$6C+Li^{+}+e \xrightarrow{\text{充电}} LiC_6 \tag{4.1.23}$$

在放电时，锂离子 Li^+ 在负极脱嵌，移向正极并结合于正极板的 $LiCoO_2$ 化合物之中。与传统锂离子蓄电池不同的是，被氧化还原的物质不再是金属锂和锂离子。锂离子只是伴随着两极材料本身发生的放电过程而产生氧化态的变化，反复脱嵌与嵌入往返于两极之间。所以锂离子蓄电池又称为摇椅电池(rocking chair battery)。

以正极材料锂钴氧化物为例，其放电的化学方程式为

正极反应：
$$CoO_2+Li^{+}+e \xrightarrow{\text{放电}} LiCoO_2 \tag{4.1.24}$$

负极反应：
$$LiC_6 \xrightarrow{\text{放电}} 6C+Li^{+}+e \tag{4.1.25}$$

总的化学反应方程式为

$$CoO_2+LiC_6 \underset{\text{充电}}{\overset{\text{放电}}{\rightleftharpoons}} LiCoO_2+6C \tag{4.1.26}$$

式(4.1.26)中，从左到右为放电反应，从右到左为充电反应。

3. 航空锂离子蓄电池安全问题

1)锂离子电池的安全性

虽然锂离子电池替代传统蓄电池有一定的优势，但是由于锂离子电池滥用或误用时会

引发内部剧烈的化学反应，产生大量的热，导致泄漏、放气、冒烟，甚至剧烈燃烧且发生爆炸。

为了以最小的空间和重量实现最大容量和放电电流，B787 选用了锂离子蓄电池，节约重量 30%。如图 4.1.26 所示是 B787 电瓶的安装位置，B787 有两组锂离子蓄电池，各重 28.5kg，各含有 8 个 4V 的单体电池，串联后达到 32V 电压，容量为 75A・h。

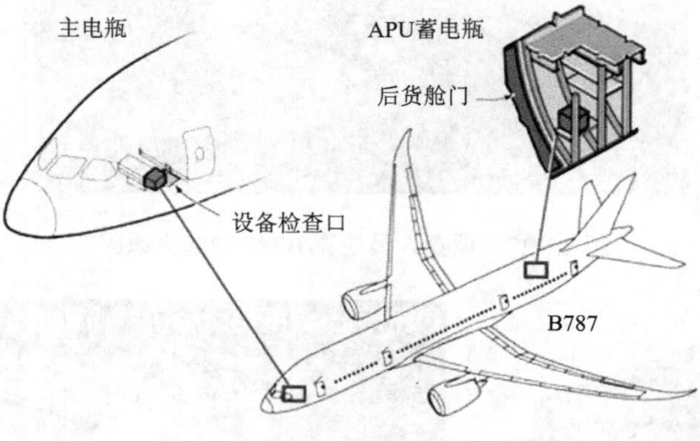

图 4.1.26　B787 电瓶安装位置

与锂离子蓄电池比，镍镉电瓶的体积大、重量重、容量和放电电流不足、充电慢等，例如，波音 777 的镍镉蓄电瓶用 20 只单体电池组成，额定电压为 24V，重量 48.5kg，容量为 16A・h，B787 锂离子蓄电池容量为 75A・h。另外，镍镉电池有记忆效应，如长期充满电，可用容量会逐渐减小，需要定期深度放电，然后再深度充电。表 4.1.4 列出了 B787/锂离子蓄电池和 B777/镍镉电池的参数。

表 4.1.4　锂离子蓄电池(B787)和镍镉电池(B777)的参数对比

机型/型号	单体电池数量/只	容量/(A・h)	额定电压/V	重量/kg	记忆效应	热失控
B787/锂离子蓄电池	8	75	32	28.5	无	有
B777/镍镉电池	20	16	24	48.5	有	有

2) 锂离子蓄电池事故处理及防范

锂离子蓄电池有全面取消镍镉电池的趋势，但锂离子蓄电池容易起火。

【事故】2013 年 1 月 7 日，B787 在停机坪，机身后部电气室的辅助动力装置的 APU 电池发生冒烟事故。2014 年 1 月，B787 准备起飞，其主电池的某单体电池发生放气事故，主电池与 APU 电池型号相同。为此调查人员检查 B787 的起火原因，如图 4.1.27 所示。

烧毁的锂离子蓄电池如图 4.1.28 所示，并在电池内部发生短路，如图 4.1.29 所示。图 4.1.30 所示是烧毁的锂电池与新锂电池外形对比。

B787 锂离子蓄电池由法国 Thales Avionics Electrical System 公司生产，采用的是钴酸锂离子蓄电池，内置 8 只单体电池，通过母线把 8 只单体电池串联连接，如图 4.1.31 所示是 B787 锂离子蓄电池的内部结构示意图。

图 4.1.27 调查人员检查 B787 的起火原因

图 4.1.28 烧毁的锂离子蓄电池

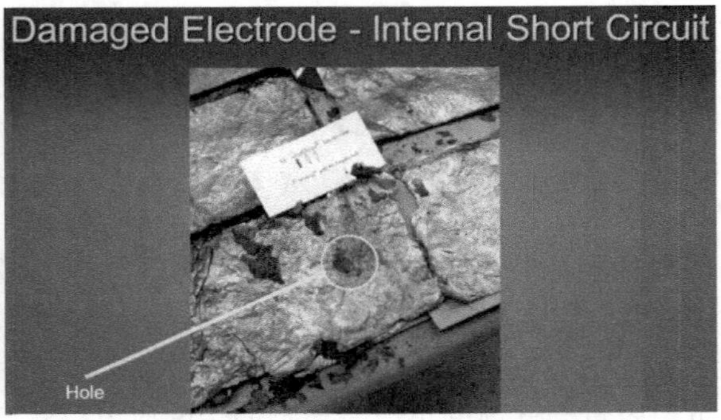

图 4.1.29 锂离子蓄电池内部短路

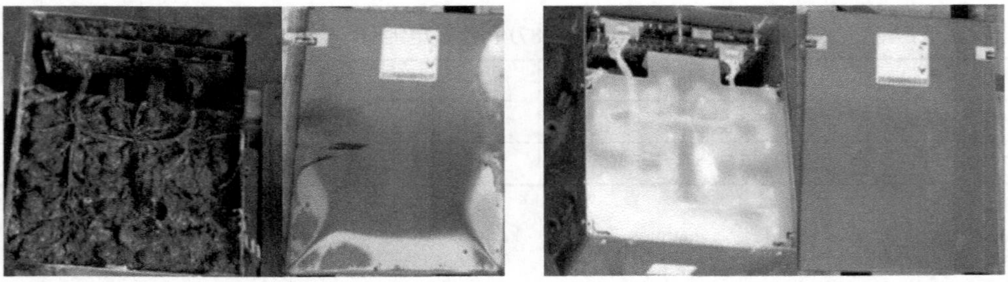

(a) 烧毁的锂电池 (b) 新锂电池

图 4.1.30 烧毁的锂电池与新锂电池外形比对

各电池单元之间利用树脂垫片进行绝缘，另外，为防止电池外壳变形和固定电池单元，中央设置了不锈钢撑杆。还内置了电池监控单元(BMU)，用于防止过充电和过放电，并调整电池单元电压平衡，过充电时可切断充电器，还有霍尔效应电流传感器(HECS)等。电池外壳与电池单元及电池监控单元等内部物体绝缘，采用接地线与外部连接。

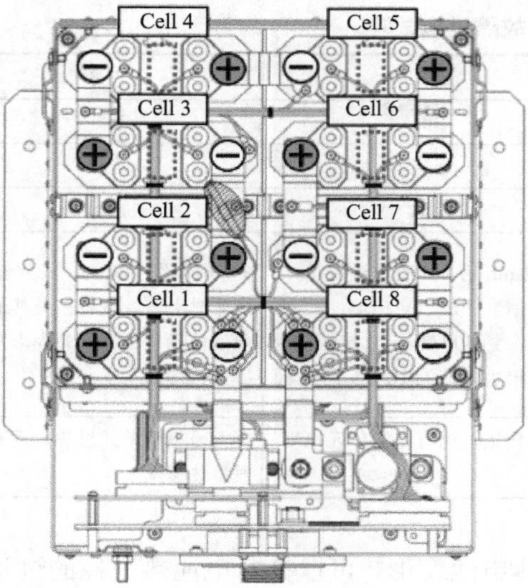

图 4.1.31　B787 锂离子蓄电池的内部结构示意图

图 4.1.32　增加厚重外壳的 B787 锂电池

当故障发生时，Cell 4 和 Cell 5 单体电池的安全阀门没有单开，而其他 6 只单体电池的安全阀门已经打开(放气)。主电池的电池外壳鼓包，外壳的接地线熔断，BMU、触发器和 HECS 及所有的单体电池均存在热损伤。受损最严重的是，Cell 3 和 Cell 6 单体电池，Cell 3 电池的正极熔断，部分母线消失、撑杆熔接，多处电弧灼伤等故障。

事故发生后，采取一些措施，主要是壳体得到极大的加强，增加隔离和耐热能力，如图 4.1.32 所示是增加厚重外壳的 B787 锂电池。

电池芯之间的空隙增加，并增加阻隔层，降低连锁反应的可能性。接线和安装件加强防火能力，即使发生火灾也不会很快就被毁坏。

另外，使充电系统进一步精细化，精确控制充电电压，防止过度充电。泄放管直接通向机外，不仅有效泄放有毒烟雾，还确保电解液受热膨胀后不会溢出污染到其他部分，引起连锁反应。如果没有空气存在，燃烧是不能持续的。新壳体有效地阻绝了空气，具有窒息火灾的作用。在波音的试验中，电解液被有意释放，壳体受到强烈加热，但由于缺乏空气，壳体内无法引起燃烧和温度快速上升。由于后续空气无法进入，燃烧只持续了 200ms 就熄灭了。但重量增加了 60kg，重量优势基本没有。

但值得注意的，修改方案只涉及阻止火灾的蔓延，并没有达到确保不起火的本质。

3) 故障原因分析

锂离子蓄电池发热的原因有过充电、过放电、内部短路、外部短路等，由于发生异常前电池电压正常，因此过充电和过放电的可能性低。如果是外部短路的话，外部电阻降低后，电池单元的正极集电体会立即熔断，不会出现高温。

根据回收的电池烧毁的痕迹，发生内部短路的可能性比较高。也有认为是一只单体电池发生内部短路造成热失控，热量波及其他电池单元，从而导致烧毁。为此，按照表 4.1.5 进行试验，试验时使 6 号单体电池短路。

表 4.1.5 6 号单体电池故障模拟试验

试验条件	条件 1	条件 2	条件 3
初期电池温度/℃	70	30	30
BMU 连接	连接	连接	未连接
电池外壳接地	接地	接地	未接地
试验现象	短路 15s 后 6 号电池放气起火，5min 后 5 号电池放气，8min 后 4 个电池放气，5、7、8 号电池存在热失控痕迹。6 号电池和撑杆熔化，接地线流过 200~600A 电流	短路 46min 后，所有电池放气。6 号短路后立即放气冒白烟，温度迅速上升到 400℃以上。接地线因流过的最大电流为 1630A 而烧断	6 号电池发生放气，导致温度暂时上升，没有波及其他电池单元。撑杆、外壳未发现过热损伤
试验结果	发生热传播，所有电池单元出现热损伤	发生热传播，所有电池单元出现热损伤	仅 6 号电池单元过热，没有发生热传播

根据母线和撑杆等烧毁情况、电弧灼痕、单体电池变形，可以推断电池热失控的过程。如图 4.1.33 所示。

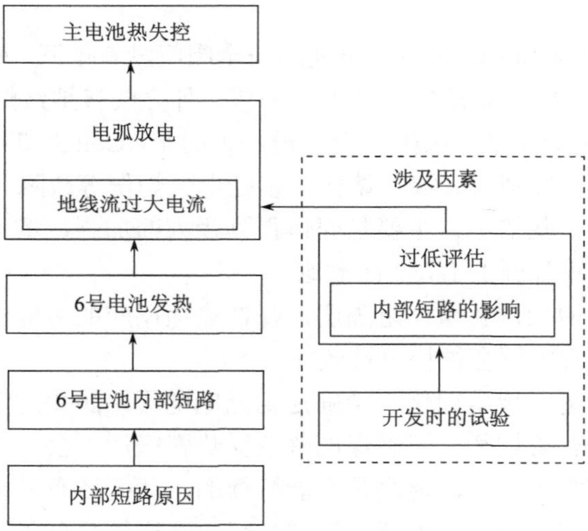

图 4.1.33 电池热失控过程

由于某种原因，6 号单体电池发生内部短路，然后膨胀后接触到撑杆，与接地的电池外壳发生短路，导致流过大电流，发生电弧放电。电弧放电加剧了向其他电池单元的热传播，最终造成热失控。如果在产品开发阶段进行充分的内部短路模拟试验，应该能预测到电弧放电等故障。另外，根据飞行记录器记录的电池电压数据分析，发生异常的 4s 后，电压由 29V 下降到 11V，判断 6 号单体电池是最先发生内部短路的。

随着对锂离子蓄电池的使用和不断深入研究，总有一天会解决好这一技术难题。

4.1.4 电池在飞机上的安装

相关内容请扫描二维码观看。

电池在飞机上的安装

4.1.5 镍镉电池充放电分析仪的应用

相关内容请扫描二维码观看。

镍镉电池充放电分析仪的应用

4.2 无刷直流发电机简介

现代飞机以交流电源为主，而无刷直流发电机将是下一代先进飞机的装备，通常输出为270V的高压直流电，下面主要介绍其组成结构、工作原理和有关特性。

1. *无刷直流发电机的组成结构*

如图4.2.1所示为无刷直流发电机的原理结构图，主要由主发电机、励磁机、永磁副励磁机、旋转整流器和输出整流滤波器组成。转子绕组上有永磁磁极、直流励磁机三相绕组U、V、W，旋转整流器$VD_1 \sim VD_2$，主发电机励磁绕组W_F。定子绕组上有永磁副励磁机，三相定子绕组R、S、T，励磁机励磁绕组W_{ef}，三相主发电机主绕组A、B、C，输出直流整流和滤波电路。其中直流发电机的输出整流器采用三相桥式整流电路，装在发电机空心轴内，故称旋转整流器，它的负载是发电机的励磁绕组，为电感电阻负载，负载电流的脉动很小，但负载电压的脉动很大。

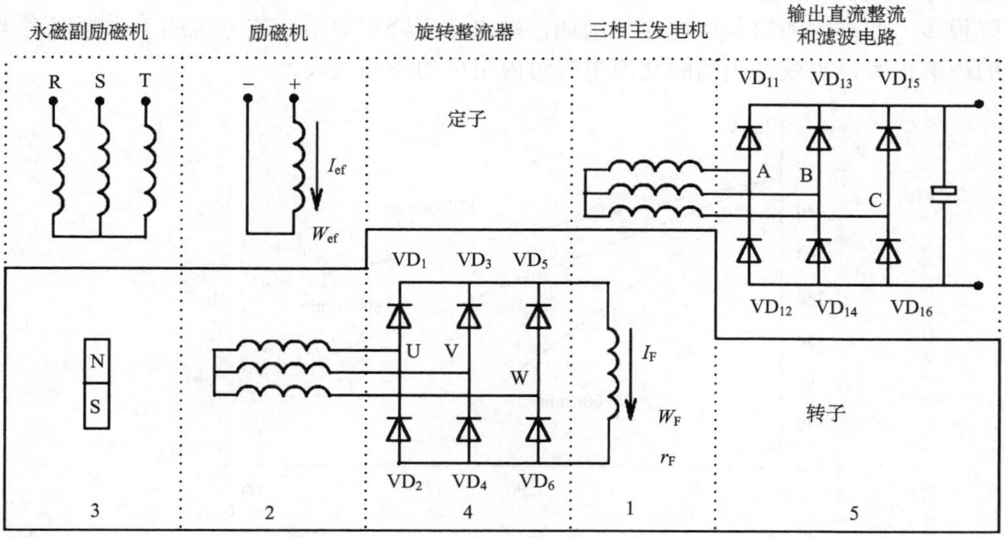

图 4.2.1 无刷直流发电机的原理结构图

无刷直流发电机的设计与交流发电机不同，主要体现在：

(1) 工作频率不受发电机极对数和电机转速的影响；

(2) 无刷直流发电机的转速范围为15000～30000r/min；

(3) 无刷直流发电机可采用更多的极对数，以优化电机结构，减小电机重量；

(4) 无刷直流发电机的绕组得到充分利用，绕组系数高，通常为0.94以上；

(5) 功率因数取决于电机参数、输出整流器和滤波的参数，通常功率因数较高；

(6) 转子表面光滑，旋转时的空气阻力小，有利于减小旋转整流器的机械应力。

由于电机转速高、极数多、工作频率高，因此有利于减小输出滤波电容。频率升高使磁性材料的损耗增加，频率升高又使线圈的高频效应严重，交流电阻增加，因此发电机的电枢绕组大多采用多股并绕或多支路并联结构。

无刷直流发电机输出通常是 270V 直流，是经三相桥式整流电路整流后，经电容滤波获得，表 4.2.1 是某 65kW 无刷直流发电机的主要技术参数。

表 4.2.1　65kW 无刷直流发电机的主要技术数据

序号	技术参数	数值	序号	技术参数	数值
1	额定电压/V	270	6	电机转速/(r/min)	13700～25500
2	额定电流/A	240	7	工作频率/Hz	1370～2550
3	额定功率/kW	65	8	冷却方式	喷油冷却
4	过载功率/kW	87(5s)	9	质量/kg	<20
5	极对数	6	—	—	—

2. 无刷直流发电机的外特性

如图 4.2.2 所示是无刷直流发电机的外特性，从图中可以看出，随着转速的升高，端电压下降很多，此外，随着负载电流的增加，端电压下降得更多。充分说明工作频率对电机内阻的影响很大，也就是线圈的交流阻抗对内阻抗的影响很大。

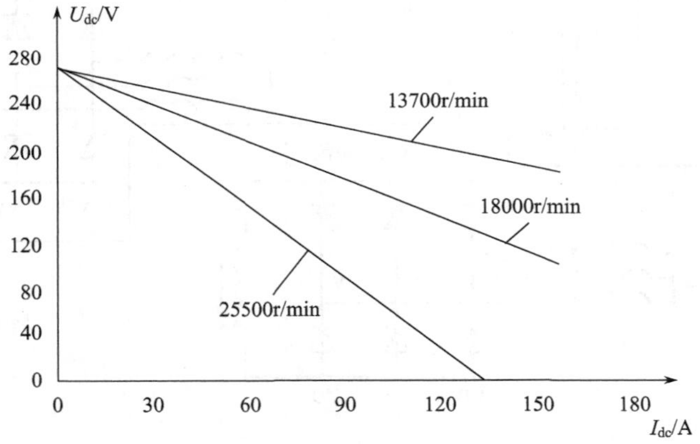

图 4.2.2　无刷直流发电机的外特性

3. 无刷直流发电机的特点

由无刷交流发电机与整流滤波器构成的无刷直流发电机在 VSCF 电源中使用，具有以下特点。

(1) 工作转速高，高转速和多极对数，减小了电机尺寸，降低了输出滤波电容容量，也降低了输出电压脉动，提高了电机功率密度。

(2) 电机工作转速范围和发动机工作转速范围相适应。在低速工作区，主发电机处于饱和状态，高速时工作于不饱和区。由于换相重叠，因此转速越高，自然外特性斜率越大，即等效内阻越大。为了减小电压调整率，主发电机应有重的阻尼绕组。

(3) 无刷直流发电机的旋转整流器宜用三相桥式电路，并置于电机空心轴内，以减小机械应力。

(4) 为了防止高速工作突然卸去大负载时电压的急剧升高，除应有快速的电压调节器外，主发电机励磁绕组应采用低压大电流设计方法，励磁机设计应有电流放大器特性。

(5) 发电机输出整流滤波电路只宜采用电容滤波，不宜采用电感滤波。

(6) 发电机起励时宜采用软启动电路，防止空载输出电压大于额定值。

(7) 高速电机转子结构强度、转子动平衡、转子表面光洁度和临界转速等方面应特别关注。

(8) 同功率的无刷直流发电机的功率密度要比 400Hz 的恒频发电机的高。

由无刷交流发电机与整流滤波器构成的无刷直流发电机用于 F-22 飞机，B737-500 飞机的 VSCF 电源。

4. *永磁无刷直流发电机*

永磁无刷直流发电机是由交流发电机和电力电子与功率变换器组合，组成结构示意图如图 4.2.3 所示。发电机转子部分为永磁材料，定子部分为三相电枢绕组，由于永磁发电机不能进行励磁调节，三相电枢绕组输出电压会随着转速变化而变化，因此需要采用功率变换器，实现电压调节。

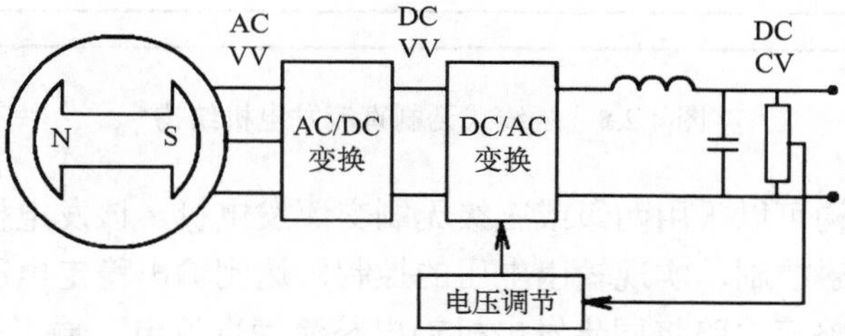

图 4.2.3　永磁直流发电机组成结构示意图

功率变换器由 AC/DC 变换器组成，其中 AC/DC 变换器采用不控整流器，将电压变化的三相交流电(AC Vary Voltage，AC VV)变换为电压变化的直流电(DC Vary Voltage，DC VV)，再由变化的直流电经 DC/DC 变换器变为稳定的直流电源(DC Constant Voltage，DC CV)，实现电压调节。

能够实现电压调节的 DC/DC 变换器，可根据不同的功率等级采用变换器的拓扑结构，由于电源变换器的功率大，常采用桥式电路作为主电路，进行变换，如图 4.2.4 所示电路结构。

高频变压器 T 的原边绕组 N_1 接到 VT_1~VT_4 构成的全桥电路上，副边绕组有 N_{21}，N_{22}，…，N_{2n} 多路全波整流后并联输出，再经 LC 滤波电路得到直流输出电压 U_o。

5. *绕线式无刷直流发电机*

绕线式无刷直流发电机为基于同步发电机的无刷直流发电机，结构如图 4.2.5 所示，它由同步发电机、整流电路、输出滤波器和发电机控制单元(GCU)组成。

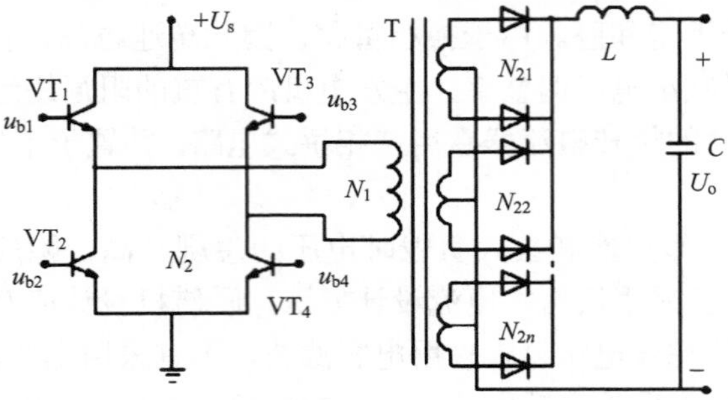

图 4.2.4 电子式变压整流器

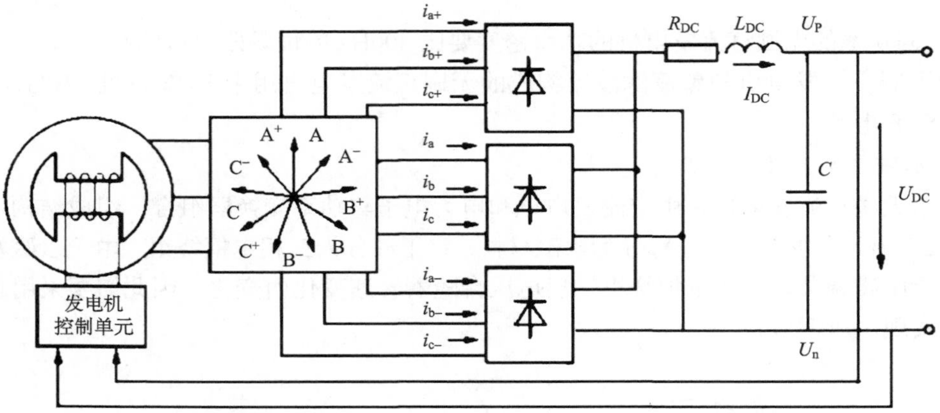

图 4.2.5 绕线式无刷直流发电机结构

同步发电机的结构可以采用两级或三级无刷交流发电机，该发电机在 GCU 的控制下，通过对主发电机的励磁控制，实现输出电压的控制，达到输出稳定电压的目的。

由二极管构成的整流电路将同步发电机输出整流为直流电，输出滤波器完成直流电压的滤波，使输出的直流电压满足航空供电系统的质量标准。为了减小滤波器的体积以及发电机绕组的谐波电流，可以采用自耦变压器移相，实现多脉冲波整流。

4.3 静止变流器

民用飞机上有很多用电设备，所需的电源经常与主电源不一致，例如，中小型飞机直流电源系统中因没有交流电源，但它的一些仪表和电子设备，如无线电导航设备、雷达、陀螺等的用电则为频率为 400Hz 的 36V 交流或 115V 交流。特别是当主电源失效时，还需要把作为应急电源的蓄电池变换成交流电，以满足出现主电源失效的紧急情况后的飞行仪表的应急供电。因此必须将直流电(飞机上的蓄电池)变换为所需交流电。

静止变流器是能把直流电能变换为交流电能的变流设备。它具有效率高、寿命长、噪音小、重量轻、高空性能好、抗冲击及抗振动性能好等优点。但存在过载能力差，控制线路复杂，承受过电压的能力差等缺点。随着功率半导体器件和集成电路技术的发展，静止变流器的设计已经成熟，并在飞机上得到广泛使用。

4.3.1 静止变流器的主要功用

静止变流器的主要功用如下：

(1) 在以直流电为主电源的飞机上用作二次电源，将主电源的直流电逆变为恒频交流电，为机载电子电气设备供电。

(2) 在以恒频交流电为主电源的飞机上，将蓄电池的直流电逆变为恒频交流电，为关键设备提供应急交流电源。

(3) 在以变频交流电为主电源的飞机电源系统中，提供恒频交流电源。

(4) 为某些机载特种设备提供专用交流电源，以实现不间断供电。

4.3.2 静止变流器的工作原理

如图 4.3.1 所示是静止变流器基本组成方框图，静止变流器通常由逆变器、输入滤波器、振荡器、激励电路、控制电路和稳压电源等基本环节组成。

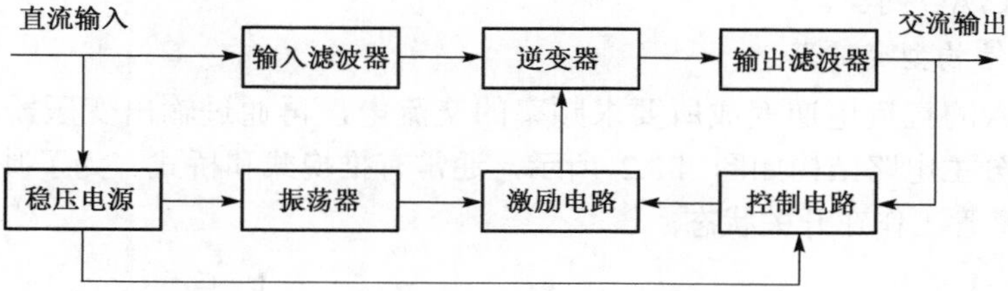

图 4.3.1 静止变流器基本组成方框图

1. 逆变器

逆变器也称功率开关电路，其作用是将直流电进行斩波或调制，输出一定波形的交流电。它是直流电变换为交流电的关键部分。小功率逆变器采用晶体管作为开关元件，而大功率逆变器则采用可控硅作为开关元件。随着电子技术的发展，采用 IGBT 或 MOSFET 场效应晶体管用作逆变器的功率器件，控制电路已经集成化为专用芯片，技术十分成熟。逆变器的基本形式按输出波形分为矩形波逆变器、阶梯波逆变器、脉冲宽度调制 (PWM) 逆变器和正弦脉冲宽度调制 (SPWM) 逆变器。其中 PWM 和 SPWM 式逆变器具有体积、重量和性能方面的优势。

2. 输入滤波器

输入滤波器连接在输入直流电源与逆变器之间，主要用来消除逆变器产生的纹波电压对直流电源的影响。输出滤波器用来滤除逆变器输出的矩形波中各高次谐波电压，以获得较理想的正弦波，满足交流用电设备的要求。

振荡器能将稳压电源的直流电能转换成交流电能，向激励电路提供一定频率的电脉冲信号，并担负调整频率的任务。在三相静止变流器中还提供输出的三相电压之间具有 120° 相位差信号。输出波形可以是矩形波、正弦波、三角波等，主要取决于振荡器输出电路的形式。

3. 激励电路

激励电路的作用是将振荡器输出的交流电压脉冲信号，经过整形放大等环节，作为逆变器功率开关元件的激励信号，控制逆变器的正常工作。当晶体管作为开关元件时，它给功率晶体管提供偏压，使其导通或截止。

4. 控制电路

控制电路主要包括电压调节电路、频率控制电路、相位控制电路和启动保护电路。

静止变流器中常采用稳压精度较高的晶体管直流稳压电源，为控制电路和振荡器提供较稳定的直流电压，以提高这些电路工作的精确度和可靠性。

输入滤波器、逆变器和输出滤波器是将直流电能变换成正弦波交流电能的主要环节，通常称为变流器主回路。其余部分是保证主回路能准确而可靠地工作，使变流器输出交流电的质量满足技术要求的几个环节，通常称为控制回路。

有关逆变器的详细内容，请参考相关文献资料。

4.3.3 常见的静止变流器的基本类型

根据不同的输入输出电气要求，航空静止变流器的典型构型一般有 DA/AC 结构型逆变器和 DC/DC-DC/AC 两类。

1. DA/AC 结构型变流器

直接把输入的直流电逆变成所要求频率的交流电，再通过输出变压器将电压上升至 115V。逆变部分主电路结构如图 4.3.2 所示，通常有推挽式和桥式。为了减小功率管的损耗，必须让功率管工作在开关状态。

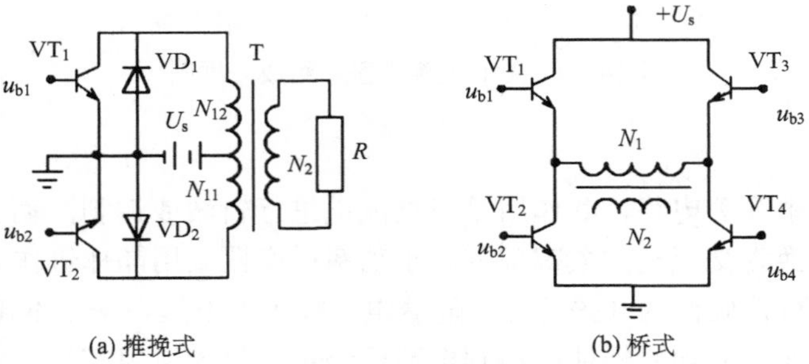

图 4.3.2 DC/AC 结构型变流器

这种构型的输出变压器，除了将输出电压升高到所需的大小外，同时实现了输入输出端的电气隔离。由于只含有一级逆变环节，因此具有结构简单、电力电子元器件少、转换效率高、成本低等优点，但由于输出侧有中频变压器，导致设备体积重量偏大，声频噪声较大，同时对于输入电压和负载波动的抗干扰能力较差。

2. DC/DC-DC/AC 结构型变流器

如图 4.3.3 所示是 DC/DC-DC/AC 结构示意图，前级 DC/DC 变换电路将输入的直流电变换到后级逆变器所要求的输入电压值，同时实现输入和输出的电气隔离；DC/AC 变换电路再将直流电逆变成所需要的交流电。

由于增加的前级 DC/DC 变换装置会产生成本高和系统效率降低等问题，但是由于高频脉冲变压器取代了笨重的中频变压器后，大大降低了逆变器的重量。通过控制 DC/DC 电路的占空比，可以实现直流电压的控制。

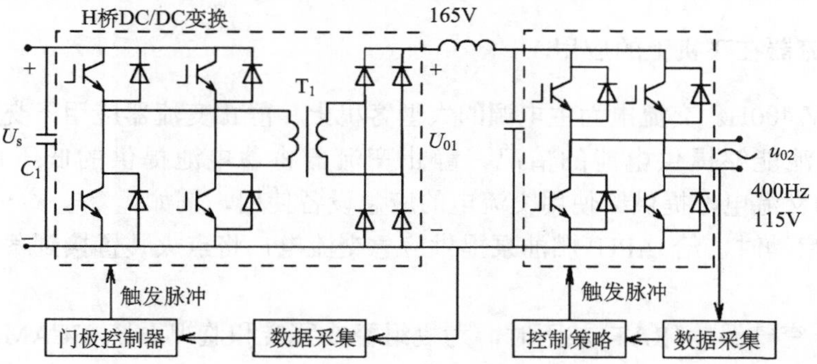

图 4.3.3　DC/DC-DC/AC 结构型变流器

由于功率电子器件性能的提高，逆变器控制技术的不断成熟，DC/DC-DC/AC 结构型静止变流器在效率上、成本上得到改善，应用更为广泛。

对于 DC/DC-DC/AC 结构型的静止变流器，电力电子控制技术已经得到深入的研究。主要体现在以下几个方面。

1) DC/DC 变换器控制技术

在图 4.3.3 所示的静止变流器中，DC/DC 变换器是一个升压变换器，需要将蓄电池的 24V 左右的直流电变换为 160V(单相交流输出型)或 270V(三相交流输出型)左右的直流电。H 桥结构的逆变器将低压直流电变为高频(10kHz)脉冲电源，升压的脉冲变压器将低压的脉冲电源升为高压脉冲电源，变压器副边的整流器再将脉冲电源整流为高压的直流电，其中可以通过控制脉冲的占空比控制电压的高低。

在静止变流器的 DC/DC 变换器中，低压端的逆变控制是关键，相同功率下低电压会导致大电流，使功率器件的损耗加大。采用软开关技术，即通过自激的方法将低压直流电源变换为振荡的脉冲电源，逆变器在零电压时开通，在零电流时关断，以降低逆变器的开通损耗和关断损耗。

2) DC/AC 变换器控制技术

利用图 4.3.3 的拓扑结构，DC/AC 变换器将直流电逆变为 400Hz 的正弦波的交流电。脉宽调制式逆变器具有电路简单、输出电压波形谐波含量小等优点，因而得到了广泛应用。由于输出矩形脉冲序列的脉冲宽度按正弦规律变化，因此这种调制技术又称为正弦脉宽调制技术。通过数学分析，精确选择脉冲的宽度，就可以消除 3 次、5 次、7 次、9 次等谐波分量。半个周期中的脉冲波越多，总谐波含量就越少，因此可以极大地减小输出滤波器的体积及重量。

SPWM 逆变器是现在的主流逆变器结构，在此基础上，为降低输出电压中的谐波含量及提高直流侧电压的利用率，又发展起了消除特定次谐波的 PWM 技术(Selected Harmonic Elimination Pulse Width)。通过开关时刻的优化选择，消除选定的低次谐波，有效地降低了开关频率和开关损耗，提高了直流电压的利用率。这种控制策略与其他调制方式相比，逆变器在相同的开关频率下具有更高的输出电压质量。

逆变器是航空静止变流器的核心，因此采用合适的控制技术可以在允许的指标下最大限度地消除输出波形中的谐波成分，提高输出波形质量、电源性能和效率。

4.3.4 静止变流器在飞机上的应用

在以 115V/400Hz 交流电为主电源的大型客机上，静止变流器应用于交流发电机失效时，只有蓄电池能够提供电能的情况，静止变流器将蓄电池提供的低压直流电变换为 115V/400Hz 的交流电，提供给使用交流电的应急设备使用，例如：

(1) APU 启动时，给 APU 燃油泵提供应急交流电，将点火装置接到蓄电池上，启动 APU 发动机；

(2) 在冲压空气涡轮(RAT)放下时，为机组警戒警告和监视系统 ECAMS 显示装置供电；

(3) 在紧急迫降着陆情况下，放下起落架；

(4) 在地面上，只有蓄电池可使用时，给按钮电门供电。

对于蓄电池提供直流电能，电压的变化范围比较大，因此要求静止变流器在输入电压为 18～32V 范围内正常工作。

静止变流器在实现电能的直交变换时，为了使直流侧和交流侧能够正确接地，需要有电路中的隔离实现。

4.3.5 航空静止变流器维修要点

航空静止变流器是飞机电源系统的二次电源，具有效率高、高可靠性、高功率密度、输入输出之间电气隔离。结构组成复杂，技术难度较大，在进行静止变流器日常维护应注意下列维修要点。

【维修要点】维修时通常需要下列步骤：

(1) 静止变流器分解；

(2) 静止变流器的清洁；

(3) 静止变流器分解后检查；

(4) 静止变流器零件的修理。

静止变流器分解后检查分外观目视检查、内部目视检查。外观目视检查主要检查铭牌完整和数据清晰；检查接头是否损坏、腐蚀、弯曲、开裂等；检查外观是否掉漆。

内部目视检查主要检查焊接接头是否良好；检查绝缘漆是否脱落；检查电子元器件是否有损坏现象，如过热、裂开、弯曲、掉线等；检查所有的屏蔽线是否接地良好；检查变压器、二极管、电阻是否有烧黑或过热现象等。

静止变流器零件的修理相对较为复杂。通常静止变流器主要由主电路、控制电路、输出电路等组成。例如，如果发现晶体管主电路元器件损坏时可以更换，值得注意的是晶体管需要匹配，否则会引起输出谐波失真超出范围，一般用晶体管图示仪进行测试和匹配，损坏严重时报废或送厂家进行维修。

每次修理完毕需要进行必要的性能测试和处理等，如绝缘耐压测试、三防处理、屏蔽层是否安装完毕、散热组件是否安装紧固等。维修后的静止变流器应按装机的技术要求做例行试验方可装机。以直流为主的电源系统主要有直流发电机、APU 发电机和应急蓄电池等，它们必须协调地工作。

4.4　机载直流电源技术要求

直流电源有三种类型，并且在技术要求上有一定的差异，三种类型电源如下所示。

A 类直流电源：经变压整流器得到的 28V 直流及相对应的地面直流电源。

B 类直流电源：由直流发电机产生的 14V/28V 直流及相对应的地面直流电源。

R 类直流电源：由带稳压装置的变压整流器得到 28V/42V 直流电。

4.4.1　低压直流电源的稳态特性

机载低压直流电源的主要稳态特性要求如表 4.4.1 所示。

表 4.4.1　机载直流电源稳态特性要求

项目	状态	28V，A/B 类	28V，R 类	14V，B 类	42V，R 类
稳态电压/V	正常	22～30	26.5～28.5	11～15	40～45.5
	不正常	20.5～32.2	22～30.5	10.25～16	33～48
	应急	18～32.2	—	—	—
脉动电压/V	正常	4	1	2	2
	不正常	6	2	3	—
畸变系数/%	正常	5.5	—	—	—

表 4.4.1 中的脉动指的是直流供电系统稳态工作期间，电压围绕稳态直流电压做周期性的或随机的变化。脉动的原因包括直流电源的电压调节、直流电源的换向或整流、用电设备的负载变化及其影响。脉动幅值即脉动电压的最大峰值和最小峰值之差。

直流畸变系数 D 为

$$D=\frac{\sqrt{U_{\mathrm{rms}}^2-U_{\mathrm{d}}^2}}{U_{\mathrm{d}}}\times 100\% \tag{4.4.1}$$

式中，U_{rms} 是带有脉动分量的有效值(V)；U_{d} 是直流电压值(平均值)(V)。

4.4.2　低压直流电源的瞬态特性

如图 4.4.1 所示是 28V 直流 A 类电源正常情况下的瞬态电压极限范围，图中曲线 A 为最大负载切换时的瞬态电压极限范围，曲线 B 为汇流条切换时的瞬态电压极限范围。曲线(下)AB 为卸载和断开汇流条时的瞬态电压极限范围，曲线(上)AB 是加载或合上汇流条时的瞬态电压极限范围，即汇流条闭合时延时不得超过 0.2s。

从图 4.4.1 还可以看出，在进行最大卸(加)载时，应急情况下能够允许的最大(小)电压为 40V(16V)，并且规定了暂态过程的持续时间，要求整个过渡过程在 0.2s 内结束，即在 0.2s 内过渡过程回到相应的稳态范围内。图中极限范围不包括持续时间小于 1ms 的尖峰电压。

图 4.4.2 为 28V 直流 A 类电源系统在不正常情况下的稳态限制(Abnormal Steady State Limits，ASSL)，若超过 ASSL，电源系统的过压、欠压保护电路将起作用，切断发电机供电。

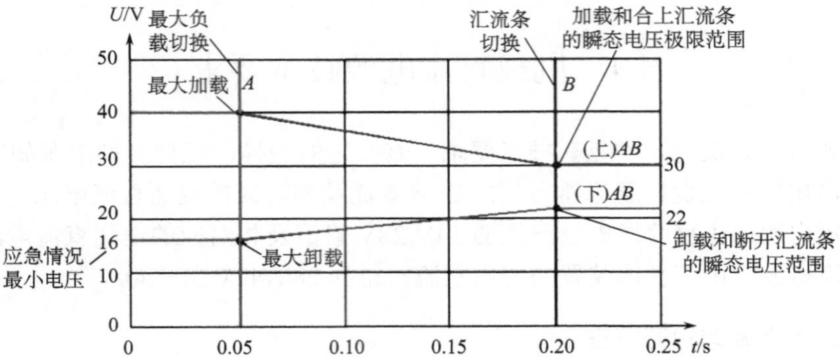

图 4.4.1　28V 直流 A 类电源正常情况下的暂态特性

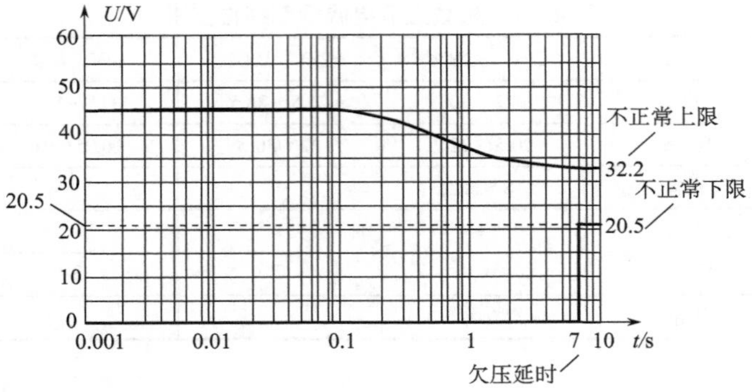

图 4.4.2　28V 直流 A 类电源不正常情况下的暂态特性

欠压故障对用电负载产生的危害不同于过压故障，可以采用固定延时后切断电路，根据表 4.4.1 中的 28V，A/B 类的不正常情况，当欠压值为 20.5V 时，固定延时时间取 7s，即当欠压值小于 20.5V 时，如在 7s 内不能恢复，则欠压保护电路将动作，如图 4.4.2 所示。

过压故障对用电负载及发电机的危害很大，应采用具有反延时特性的过压保护策略。例如，当电压大于 32.2V 时，过压保护将动作，并且电压越大，保护时间越短。表 4.4.2 列出了图 4.4.2 中几个转折时间点电压值。

表 4.4.2　转折时间点的电压值

时间/s	电压/V	时间/s	电压/V
0.001	45.0	1.0	36.6
0.1	45.0	4.0	32.7
0.2	43.4	10.0	32.2
0.4	40.8	—	—

直流 B 类、R 类电源的暂态特性和过压、欠压保护特性与 A 类直流电源相似，不再重复。

4.4.3　高压直流电源的稳态特性

随着航空技术的发展，先进飞机采用 270V 直流电源成为趋势，带来了供电体系的变化。

在军用标准中(MIL-STD-704F)专门对 28V 直流和 270V 直流电源系统提出稳态特性要求，包括稳态电压、畸变系数、畸变频谱和脉动电压。表 4.4.3 所列是直流电源的正常工作特性。

表 4.4.3　直流电源的正常工作特性

名　称	28V 直流系统	270V 直流系统
稳态电压	22.0～29.0V	250～280V
畸变系数	0.035 最大	0.015 最大
畸变频谱	图 4.4.3 所示	图 4.4.4 所示
脉动电压	1.5V 最大	6.0V 最大

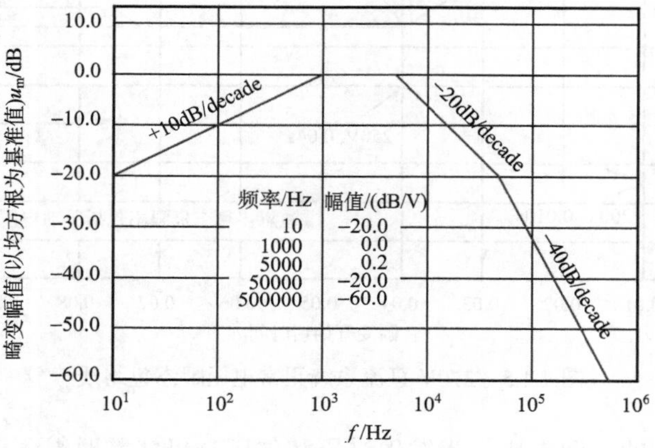

图 4.4.3　28V 直流系统最大畸变频谱

表 4.4.3 中 MIL-STD-704F 提出的低压直流电源的工作特性与表 4.4.2 中的特性略有不同，且增加了图 4.4.3 所示的畸变频谱。

根据表 4.4.3 所列，由于 270V 直流电源系统采用电力电子技术，因此其工作特性有稳态电压、畸变系数、畸变频谱和脉动电压等要求。270V 直流的频谱如图 4.4.4 所示。

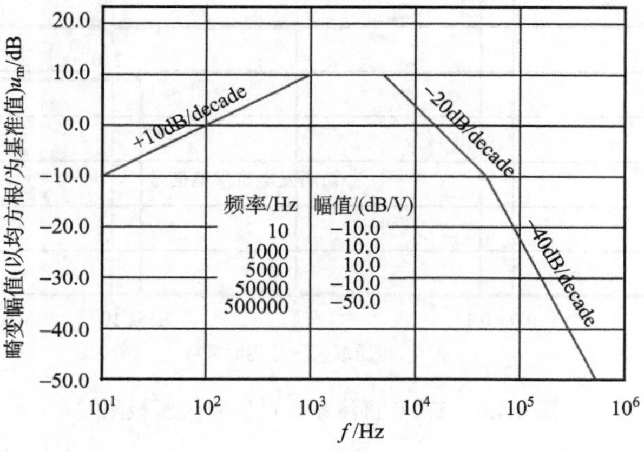

图 4.4.4　270V 直流系统最大畸变频谱

4.4.4 高压直流电源的瞬态特性

如图 4.4.5 所示为 270V 直流电源正常情况下的瞬态电压极限范围，图中曲线 *A* 是最高电压 330V 时加载，电压跌落到 280V，所经历的时间为 0.020s。曲线 *B* 是低压 200V 时突卸负载，上升到最高电压为 250V，所历经的时间是 0.03s。其他工况应在曲线 *A* 和 *B* 所包围的范围内。

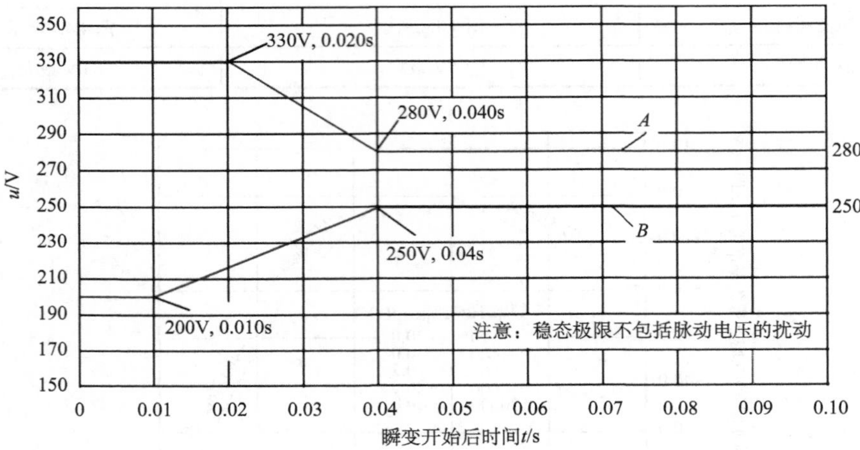

图 4.4.5 270V 直流系统正常电压瞬态包络线

来自发电机输入的电网电压，当发生过压和欠压时仍然需要得到保护而切断发电机的供电，因此设置了过压和欠压极限。由于欠压故障的危害弱于过压故障，采用固定时间延时方法，如图 4.4.6 中曲线 *A* 所示，当发生短路欠压时，延时 7.55s 后切断发电机供电。

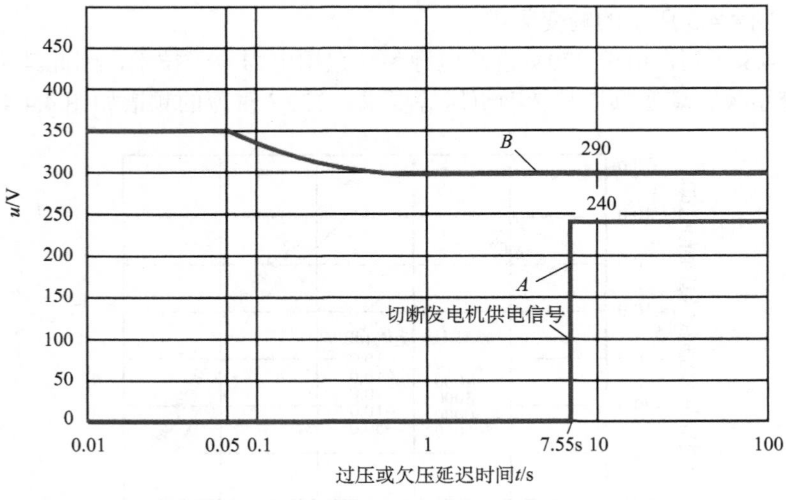

图 4.4.6 270V 直流系统过压和欠压极限

如图 4.4.6 中曲线 *B* 所示，当发生过压时，因为过压值越大，对用电负载的危害越大，应按照反延时特性进行保护。对于 270V 直流电源系统，则按式(4.4.2)设置延迟时间：

$$\begin{cases} t < 0.05\text{s}, & U = 350\text{V} \\ 0.05\text{s} \leqslant t \leqslant 7.55\text{s}, & U = (289.6 + 3.02 / t)\text{V} \\ t > 7.55\text{s}, & U = 290.0\text{V} \end{cases} \tag{4.4.2}$$

从图 4.4.6 可以看出，270V 直流电源系统的最大极限电压为 350V，过压保护点的最低极限电压为 290V，在电路接通 7.55s 后，如果还处于过压状态，必须发出切断发电机供电信号。

4.5　机载直流用电设备负载特性要求

除对机载电源的特性做出要求和规定外，还对机载用电设备提出相关要求，以防止对其他用电设备或者整个供电系统造成不利影响，从而实现了供电、配电和用电三者之间的兼容性，保护了飞机供电系统的安全可靠运行。

4.5.1　输入电流调制

在直流稳态条件下，规定经变压整流器整流得到的 28V 直流用电设备(A 类)超过 200ms，由直流发电机产生的 14V/28V 用电设备(B 类)超过 50ms，带有稳压调节功能的变压整流得到的 28V/42V 设备(R 类)超过 5ms。

如果其瞬时输入电流总是周期性变化的直流用电设备，可能会引起同时向其他用电设备供电的直流电源出现过大的电压调制，这种参数的通用极限现在还没有确定。因此，对于在任何稳态工作模式下预期其输入电流调制超过 15%的用电设备，应该检查是否与其应用时允许的量值极限相协调。

4.5.2　直流负载切换瞬变极限

在直流用电设备输入端测量到的由负载切换引起的尖峰电压应保持在图4.5.1 规定的极限范围内。用电设备应根据能够在规定的瞬态电压输入条件下正常工作而设计，而不应依据实际电源瞬态情况来设计。

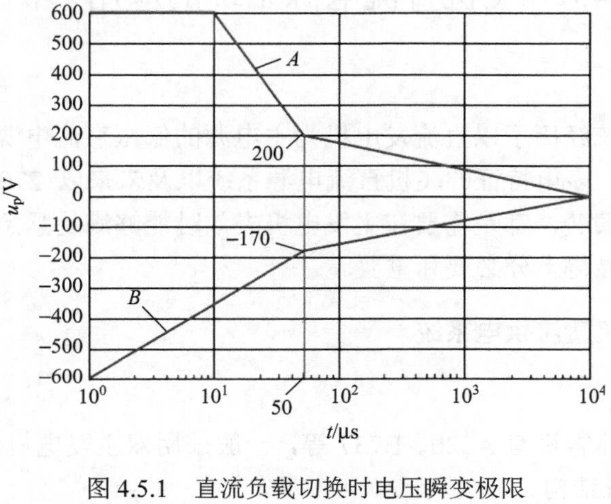

图 4.5.1　直流负载切换时电压瞬变极限

图 4.5.1 示出的是采用 28V 直流电源的用电设备，在切换时引起的电压瞬变，在 10 μs 之内电压尖峰不得高于±600V。而对于其他额定电压的直流电源，则成比例变化即可，例如，14V 直流电源则乘以 14/28。

4.5.3 直流用电设备冲击浪涌电流极限

除了白炽灯负载之外，所有用电负载应限制其最大电流需求，包括冲击电流，从而在正常范围内施加到负载端时，直流用电负载的冲击电流不应超过图 4.5.2 规定的极限。图中曲线是在最大额定电流为 1A(直流或有效值)时的极限值。对于其他不同的负载电流情况，则用负载额定电流乘以各种情况下的倍数。例如，采用直流电源的用电设备允许 2 ms 内有 10 倍的过载电流，5s 内有 5 倍的过载电流。

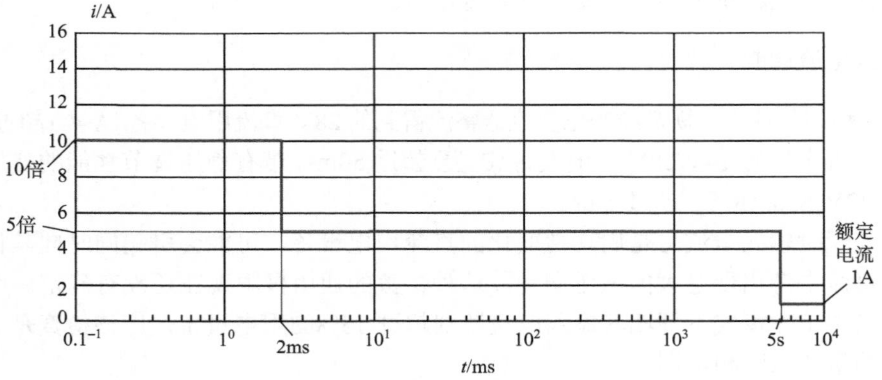

图 4.5.2 直流用电设备最大冲击电流极限

在电源接通初期或其他工作模式下，还要限制直流用电设备的电流变化率。电流变化率极限防止电压偏离瞬态限制曲线，1 ms 内的电流上升率应小于 5 倍的额定稳态电流。

4.6 飞机直流电源系统的应用举例

4.6.1 概述

飞机直流电源系统经历了以直流发电机为主电源的低压直流电源系统、交流电源为主电源的直流电源系统、多电特征的飞机直流电源系统以及未来以 270V 直流电为主电源的系统。但是无论怎样演变，都是需要在主发电机失效时能够满足紧急迫降所需的应急电源(蓄电池提供)，因此显得十分必要和重要。

4.6.2 双通道窄体客机直流供电系统

1. 供电结构

典型的双通道窄体客机有 A320、B737 等，一般采用双主发电机供电，如图 4.6.1 所示是 A320 飞机供电系统结构。

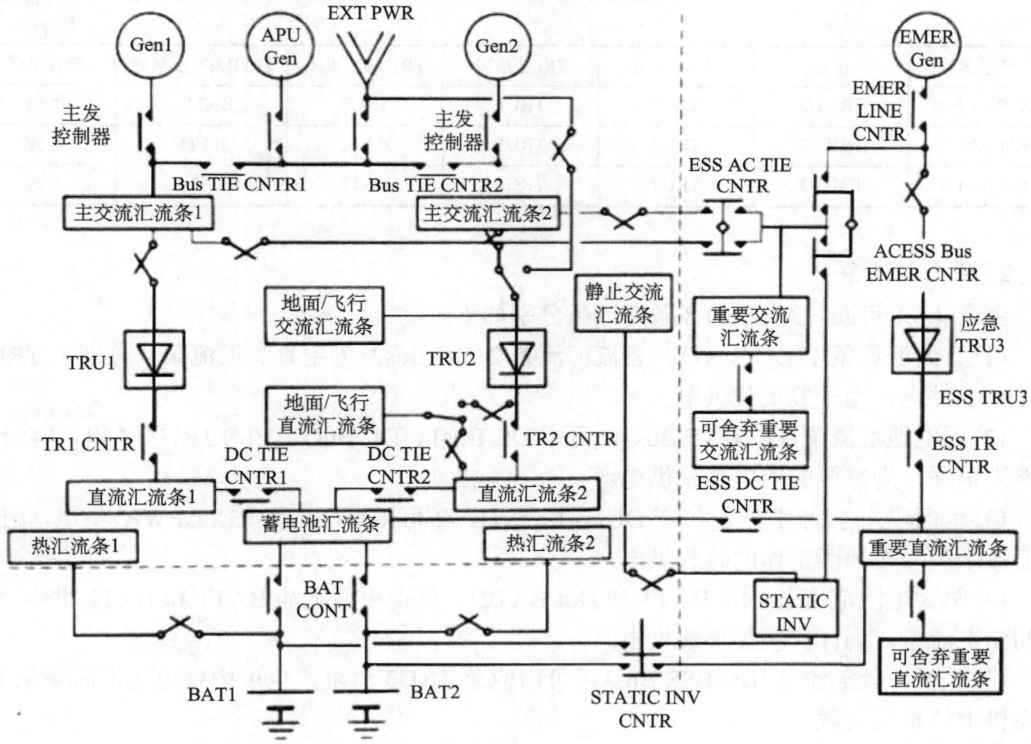

图 4.6.1 双通道窄体客机(A320)供电系统结构

1) 直流电源

由两台交流主发电机 Gen1 和 Gen2 发出的交流电经变压整流器 TRU1 和 TRU2 产生 28V 直流，额定输出电流为 200A，电源的容量为 28×200×2V · A。

2) 重要直流电源 ESS

重要直流电源由紧急交流发电机 EMER Gen 产生的交流电经变压整流器 ESS TRU3 提供，电压品种是 28V 直流，额定电流为 200A。

3) 应急直流电源 BAT1 和 BAT2

由航空镍镉蓄电池提供 28V 直流，容量为 23A · h×2。

A320 飞机的直流电源由两台为普通负载供电的变压整流器，一台为重要负载供电的变压整流装置实现，A320 飞机上共有 8 条直流汇流条，供电方式如表 4.6.1 所列。

表 4.6.1 A320 直流汇流条供电方式

汇流条名称	正常	TRU1 故障	TRU2 故障	TRU1&2 故障	TRU1&2&3 故障	负载级别
DC Bus1	TRU1	—	TRU1	—	—	一般
DC Bus2	TRU2	TRU2	—	—	—	一般
DC ESS Bus	TRU3	TRU3	TRU3	TRU3	BAT2	重要
DC ESS SHED	TRU3	TRU3	TRU3	TRU3	BAT2	重要
G/F DC	TRU2	TRU2	—	—	—	一般、地面

续表

汇流条名称	正常	TRU1 故障	TRU2 故障	TRU1&2 故障	TRU1&2&3 故障	负载级别
DC BAT Bus	TRU1/2	TRU2	TRU1	TRU3	BAT1/2	关键
Hot BAT1	TRU1/2	TRU2	TRU1	BAT1	BAT1	关键
Hot BAT2	TRU1/2	TRU2	TRU1	BAT2	BAT2	关键

2. 供电汇流条

由表 4.6.1 可知，A320 的 8 条汇流条分别如下。

(1) 直流汇流条 1 (DC Bus1)，直流汇流条 2 (DC Bus2) 为主直流汇流条，分别由 TRU1 和 TRU2 供电，为一般负载供电。

(2) 蓄电池汇流条 (DC BAT Bus)，可由 DC Bus1、DC Bus2、ESS TRU3 供电，容错供电能力很强，为重要的用电负载供电。

(3) 地面/飞行直流汇流条 (G/F DC)，由于 TRU2 可由地面电源 (EXT.PWR) 供电，因此该汇流条可为在地面工作的负载供电。

(4) 热蓄电池汇流条 (Hot BAT1 和 Hot BAT2)，分别由蓄电池 BAT1 和 BAT2 供电，是不间断汇流条，为计算机类负载供电。

(5) 重要直流汇流条 (DC ESS Bus)，可由应急 TRU3 供电，也可由蓄电池汇流条供电，接飞机上的重要负载。

(6) 可舍弃重要直流汇流条 (DC ESS SHED)，由应急 TRU3 供电，也可由蓄电池汇流条供电，接飞机上的基本 (重要) 负载。

3. 供电容错能力分析

(1) 普通直流汇流条 (DC Bus1 和 DC Bus2) 正常时分别由 TRU1 和 TRU2 供电，而 TRU1 和 TRU2 的电源为两台主发电机和 APU 发电机，因此只要两台主发电机和 APU 发电机中的 1 台正常工作，则两台 TRU 有电，如果任何一个 TRU 故障，则对应的汇流条将无电。

(2) 可舍弃重要直流汇流条 (DC ESS SHED) 连接在重要直流汇流条 (DC ESS Bus) 上，由 TRU3 供电。只要 Gen1、Gen2、APU 发电机和应急 (RAT) 发电机中任意一台正常，并且 TRU3 正常，则汇流条有电。只有在 RAT 发电机供电，并且 RAT 发电机输出能力不足时，脱离重要直流汇流条，或者 TRU3 故障时才无电。

(3) 重要直流汇流条 (DC ESS Bus) 可由 TRU3 供电，只要 Gen1，Gen2，APU 发电机和应急 (RAT) 发电机中任意一台正常，并且 TRU3 正常，则汇流条有电。只有在 RAT 发电机故障或者 TRU3 故障时才无电。

(4) 蓄电池汇流条 (DC BAT Bus) 可以由直流汇流条 1 或者直流汇流条 2 或者重要直流汇流条供电，当三条汇流条都失电时，由蓄电池或者蓄电池 2 供电，是供电的容错能力最高的汇流条。

(5) 热汇流条 (Hot BAT1 和 Hot BAT2) 可以由蓄电池汇流条 (DC BAT Bus) 供电，始终连接在蓄电池上，形成不间断供电方式。

4.6.3 双发动机宽体客机直流供电

相关内容请扫描二维码观看。

双发动机宽体客机直流供电

4.6.4 多电飞机直流电源系统简介

1. B787 直流供电系统简介

图 4.6.2 为 B787 的直流供电系统原理图，B787 飞机设有 3 种直流电源，分别是 270V 直流、120V 直流电和 28V 直流电源。

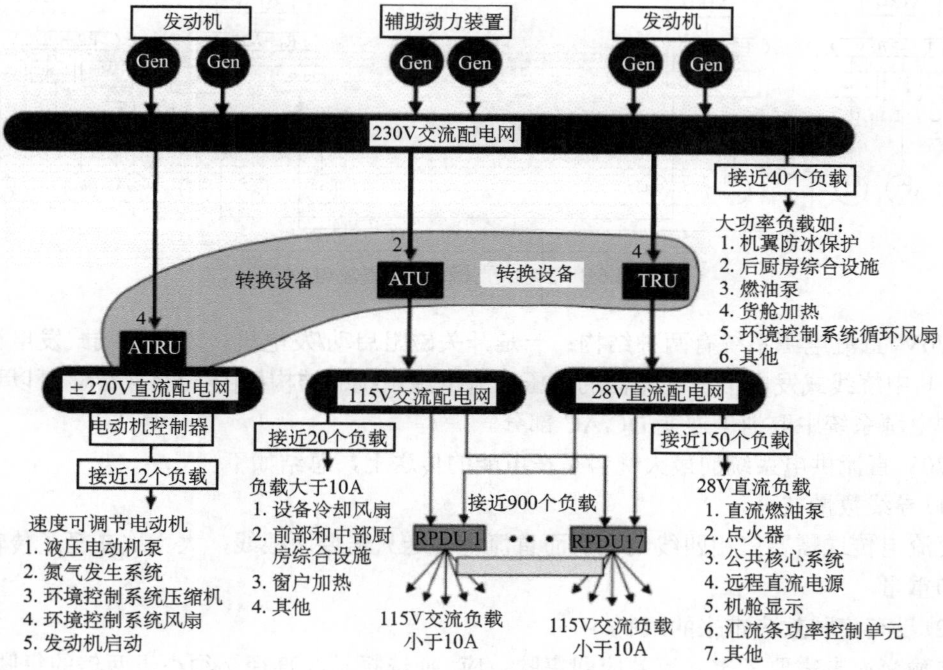

图 4.6.2 B787 供电系统概况

直流电源系统由 4 台变压整流器、4 台自耦型变压整流器、4 台电刹车用直流电源、主蓄电池、APU 蓄电池、飞控直流电源等子系统组成。主蓄电池、APU 蓄电池均为 48A·h 的锂电池。

1) ±270V 直流电源汇流条

如图 4.6.3 所示是 B787 飞机 270V 直流电源原理图，B787 有 4 条高压直流汇流条，分别是：L1±270V、L2±270V、R1±270V 和 R2±270V，是通过 4 条 230V 汇流条分别在自耦合变压整流器单元控制器(ATRUC)控制下，经自耦合变压整流器单元变换而来，大多数用于电动机控制器的供电，调节电动机的速度，共有近 12 种负载，每台功率为 150kW，采用液冷方式。根据图 4.6.2 和图 4.6.3 知，采用±270V 直流电源的负载有：公共电动机启动控制器(Common Motor Start Controller，CMSC)、液压电动泵(Hydraulic Electric Motor Pump，HEMP)，氮气发生系统(Nitrogen Generator System，NGS)，环境控制系统

(Enviromental Control System，ECS)压缩机和风扇及发动机启动(Engine Start)装置。

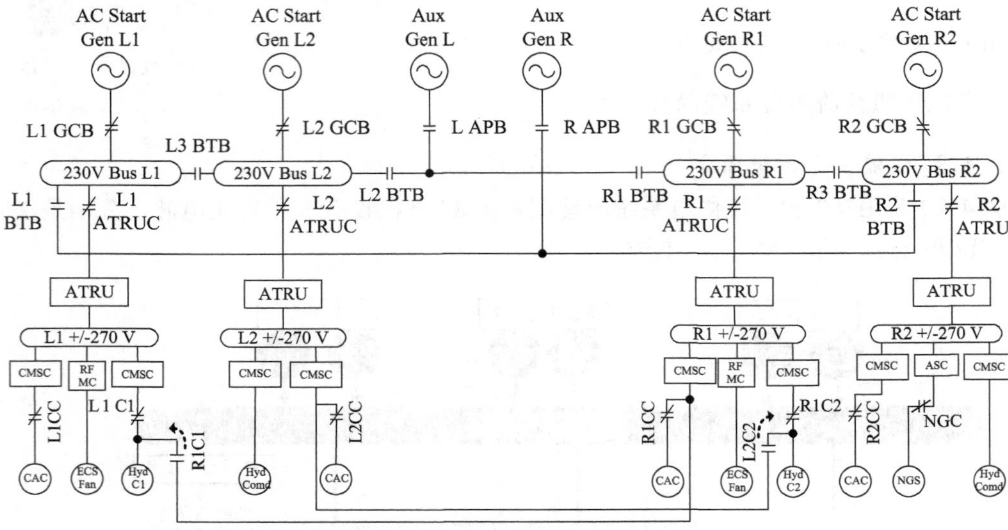

图 4.6.3 B787 飞机 270V 直流电源

270V 直流电源系统有两种结构：一是开关磁阻启动/发电机，二是绕线式发电机与整流器。其中绕线式发电机与整流器的高压直流电源系统的结构如图 4.6.4 所示，可以看作变速恒频电源系统中取消了逆变 DC/AC 部分。

270V 直流供电系统的最大优势是在电能的传送上，总结如下。

(1) 导线数量减少。

交流电传送需要三相四线结构，而直流电传送只需要两根线，大大地减轻了传输线的体积和重量。

(2) 没有集肤效应带来的限制。

传输交流电需要考虑交流效应即集肤效应，使选择导线直径必须小于两倍的集肤深度，对于大电流传输必须选用多股线，同样体积重量增加，而直流电没有集肤效应。

(3) 供电安全性高。

270V 直流电源系统具有结构简单、能量转换效率高、功率密度高、易实现不中断供电以及使用安全等优点。

(4) 电源效率高。

高压直流电源的供电效率可以达到 85%以上，而恒速恒频交流电源的效率在 68%左右。提高效率对减少燃油成本或飞行航程等带来极大的利好。

但是采用高压直流电源供电还存在技术和制造上一些难题，主要问题是：对供电系统的控制开关需要彻底改进，由原来的接触器、继电器和断路器改为固态电子技术的固态功率控制器，采用计算机控制技术、软件技术等实现。

在军用飞机上，270V 直流电源已经在 F-22 和 F-35 战斗机上采用，其中 F-22 战斗机采用了 65kW 的 270V 直流电源系统，F-35 战斗机则采用了 250kW，270V 直流启动发电系统。美国的 F-14A 战斗机，S-3A 和 P-3C 反潜机等局部采用了高压直流供电技术。

2) 120V 电刹车供电直流汇流条

如图 4.6.4 所示是电刹车供电直流汇流条(E-Brake Power Supply Units，E-BPSU)，共有四路 120V 输出，由 28V 直流通过升压 DC/DC 变换器变换而来，每路功率为 2.5kW。

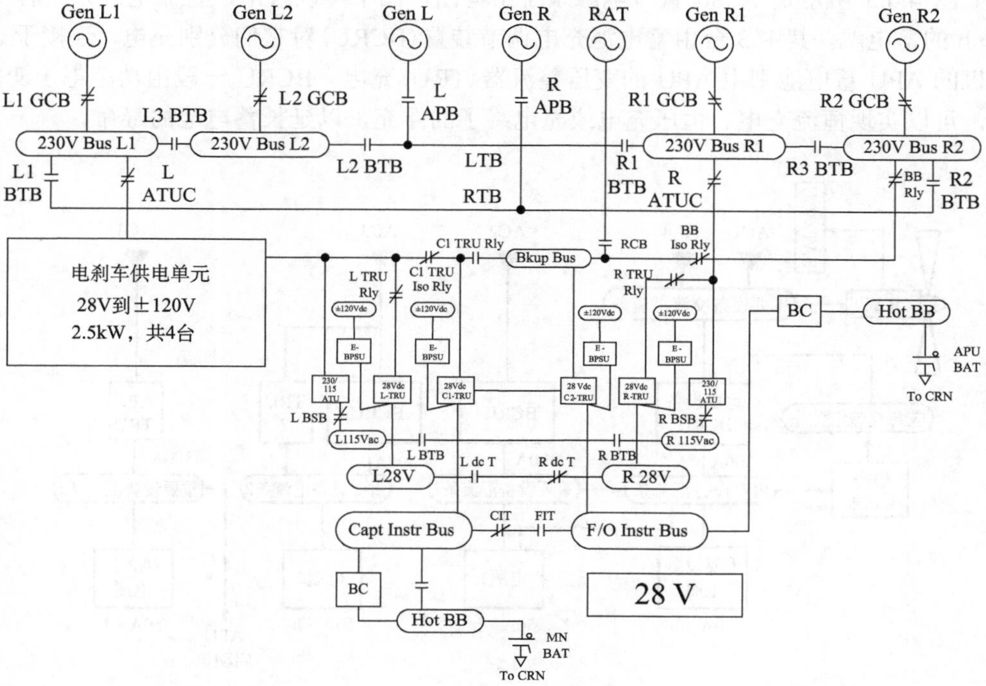

图 4.6.4　E-Brake 供电电源示意图

3) 28V 直流低压直流汇流条

如图 4.6.2 所示，28V 直流汇流条上有近 150 种负载，主要用于燃油泵、点火器、公共核心系统(CCS)、远程配电控制器(RDC)，汇流条功率控制单元(BPCU)或发电机控制单元(GCU)等，电流小于 10A 的负载通过远程功率分配单元(RPDU)送出，其余负载直接从 28V 直流汇流条送出。

如图 4.6.4 所示，28V 直流低压直流电源负载汇流条有 4 条，都是从 230VAC 变压整流而来，其中两条是普通的汇流条即 L28VDC 和 R28，另外两条是应急汇流条，其中一条是机长仪表汇流条(Capt Instr Bus)，另一条是飞行/操纵仪表汇流条(F/O Instr Bus)供机长仪表和飞行仪表。

4) 应急电源汇流条

如图 4.6.4 所示，B787 的应急电源系统有应急直流蓄电池和冲压空气涡轮发动机(RAT)带动的交流发电机，称为 RAT 交流发电机，发出的交流电电压为 230VAC 的变频交流电，功率为 10kV・A，作为电/液应急供电。主蓄电池和 APU 蓄电池共 2 台，都是 48A・h 的锂电池。这两组蓄电池接在热电池汇流条(HBB)上，蓄电池由机长仪表应急汇流条(CIB)经蓄电池充电器(BC)充电，两台充电器采用 DC/DC 变换器原理制成。蓄电池的负极接在电流回馈网络(CRN)上。

当主电源失效时，蓄电池向机长仪表应急汇流条供电。另一组 APU 蓄电池向飞行操纵仪表汇流条供电。

2. A380 直流电源系统

如图 4.6.5 所示是 A380 直流电源系统结构图，图中可以看出，直流电源系统有 4 台 50A·h 的蓄电池，其中 3 台由蓄电池充电调节装置(BCRU)对它们分别充电，连接于 APU 启动机的 APU 蓄电池则由 APU 的变压整流器(TRU)充电。BCRU 一般由功率电子变换器构成，可以实现恒流充电、恒压充电或充电终了的浮充，以延长蓄电池的寿命。

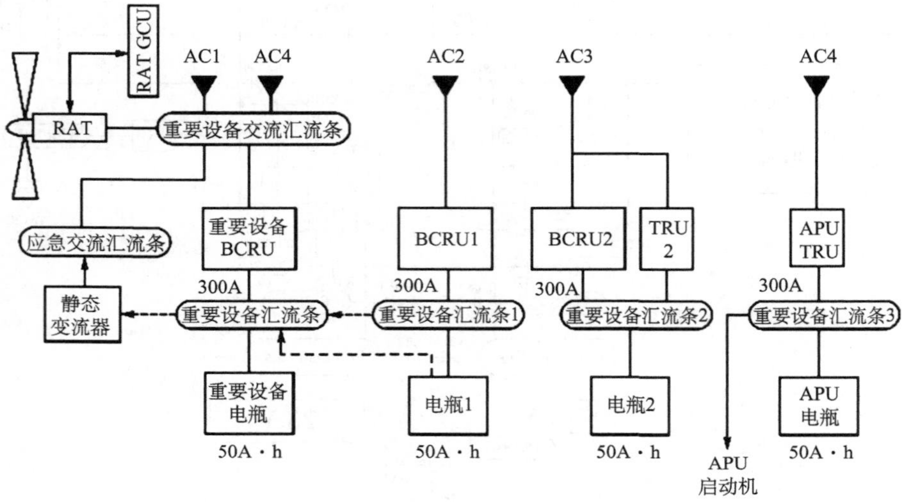

图 4.6.5 A380 直流电源系统结构

BCRU-电瓶充电器调节器装置；TRU-变压整流器；RAT-冲压空气涡轮；GCU-发电机控制装置

图 4.6.5 中的交流汇流条 AC1～AC4 除了给各自的负载(如大功率厨房负载)供电外，可以经过 BRCU 变换后给重要设备汇流条供电，虽然 AC1～AC4 上的电是变频的，但根本不影响 BCRU 的实现，BCRU 将 115V，370～770Hz 的变频交流电源变换为 28V 直流，电流为 300A 的直流电源。

重要设备交流汇流条经常给大功率的应急负载供电，如：飞行控制系统的作动器(EHA、EMA、EBHA 等)。它由 3 种电源供电，即正常情况下由 AC1 和 AC4 供电，当它们都失效时，由冲压空气涡轮发电机发出的应急交流电源供电，如果 AC1 和 AC4 及 RAT 都失效，则由 50A·h 的重要设备蓄电池或 50A·h 电池 1 经静态变流器，由静态变流器给应急交流汇流条供电，由此给重要设备交流汇流条供电。

APU 启动电路由专门的 AC4 供电，启动机是直流电动机，由 1 台 300A 的 APU 变压整流单元(ATRU)供给重要设备直流汇流条 3，并对 APU 蓄电池充电，当 AC4 失效时，APU 则由蓄电池启动。

4.7　科技引领绿色节能航空

气候变化是人类面临的全球性问题，随着各国二氧化碳排放，温室气体猛增，对生命系统形成威胁。近年来，全球多地频发的反常和极端气象事件，越来越让人们意识到全球变暖所产生的巨大影响与破坏力，真切地对全球范围内的减碳活动的必要性有了切身理解。在这一背景下，世界各国以全球协约的方式减排温室气体，我国由此提出碳达峰和碳中和目标。

科技引领绿色节能航空

相关内容请扫描二维码观看。

4.8　工匠精神的培育

民航电子电气工程专业学生毕业后将在民航领域、航空航天等国防企事业单位，从事技术研究、开发和维护等相关工作。因此，该专业的学生应当以民航业的特点和理工科学生的培养方案执行，有必要对其培养方法进行探究。

在中国由制造业大国向制造业强国转型的背景下，工匠精神、创新创业以及劳模精神的培养就是帮助专业人才提升综合素质，规划和发展职业生涯。这里就“工匠精神”进行分析。

相关内容请扫描二维码观看。

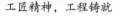

工匠精神，工程铸就　　制造强国-学校是培养工匠精神的阵地

4.9　民航业的职业道德教育

中国共产党的宗旨是全心全意为人民服务，也是民航行业的价值追求，是党的根本宗旨和民航行业内在要求的高度统一。民航安全运行是行业的底线，从事民航的基本素养，就是诚实守信和三个敬畏的具体体现，其中，三个敬畏是敬畏生命、敬畏规章和敬畏职责。

相关内容请扫描二维码观看。

诚实守信，筑牢底线　　三个敬畏

习　题

1. 电池的蓄能容量由下列哪个因素决定的(　)。

   A. 接线端电压　　B. 电解液比重　　C. 化学反应可用材料的量

2. 铅蓄电池所用的维护设备(　)。

A. 也可以用于镍镉电池　B. 决不能用于镍镉电池　C. 用完后必须扔掉

3. 度量电池的容量的单位是(　)。

A. V　B. A　C. A·h

4. 确定镍镉电池状态唯一准确又实用的方法是(　)。

A. 检查电解液的密度　B. 在车间检测放电　C. 检查接线端电压

5. 确定铅蓄电池状态唯一准确和实用的方法是(　)。

A. 检查电解液的密度　B. 在车间检测放电　C. 检查接线端电压

6. 在制作酸性电解液时，应按下述方法操作(　)。

A. 将浓硫酸慢慢倒在蒸馏水中　B. 将蒸馏水慢慢倒入浓硫酸中

C. 将浓硫酸迅速倒入蒸馏水中　D. 将蒸馏水迅速倒入浓硫酸中

7. 铅蓄电池的常见故障描述不正确的是(　)。

A. 使用维护不当，易提前结束寿命

B. 硫酸铅晶体颗粒附着在极板上可能使极板失去可逆性

C. 放完电后，电解液密度下降，冰点温度下降，容易使电池失效

D. 放完电后，电解液密度下降，冰点温度上升，容易使电池失效

8. 大电流充电时，电池容易出现极化现象，其中浓度差极化指的是(　)。

A. 电解液的浓度(或密度)有变化　B. 不同部位的电解液浓度不同

C. 极板上的活性物质数量有变化　D. 极板上不同部位的活性物质数量不同

9. 蓄电池的终止电压是指(　)。

A. 放电时所能达到的最低电压　B. 充电时所能达到的最高电压

C. 放电到能反复充电使用的最低电压　D. 充电到反复放电使用的最高电压

10. 铅蓄电池的内部短路描述不正确的是(　)。

A. 电池槽底沉积过多的活性物质导致

B. 电池隔板损坏

C. 电池内部落入导电物质

D. 蓄电池极板变形时，属于较轻故障，只需要进行常规维修

11. 反流隔断器在(　)实现切断功能。

A. 发电机输出电压高于电池电压时　B. 发电机输出电压低于电池电压

C. 发电机输出电压高于电网电压　D. 发电机输出电压低于电网电压

12. 航空蓄电池的使用维护描述正确的是(　)。

A. 航空蓄电池是时控件，装机一段时间后，容量会丢失，必须离位检查和维护

B. 在内场进行检查、充电、容量检测和维护的目的是恢复其额定容量

C. 航空蓄电池离位时间间隔是统一制定的，与蓄电池的类型无关

D. 离位后的安装航空蓄电池的舱位不必彻底清洁

13. 航空蓄电池的充放电速率描述不正确的是(　)。

A. 定义是单位时间内充入或放出的电量

B. 充放电速率的单位是安培

C. 充放电速率的单位是安培小时

D. 充放电速率取决于蓄电池的化学反应中电子得失的快慢

14. 适航规定对应急直流电源描述不正确的是( )。

A. 主电源或其他辅助电源失效时必须由航空蓄电池提供应急直流电源

B. 应急情况下，航空蓄电池至少提供 1.5 小时的供电能力

C. 应急情况下，航空蓄电池提供飞机应急着陆的电能

D. 所有飞机必须配备应急直流电源

15. 铅酸蓄电池大电流或过量放电的隐患是( )。

A. 内阻减小 B. 极板硬化 C. 自放电严重 D. 容量下降

16. 镍镉电池的特有特性是( )。

A. 自放电严重 B. 极板硬化 C. 活性物质脱落 D. 热击穿

17. 在直流电源系统中，以下方法可以减小切换大负载时电网电压的波动( )。

A. 采用精度高的调压器 B. 采用晶体管稳压器

C. 采用并联供电 D. 采用单独供电

18. 对镍镉蓄电池维护时，需要定期进行“深度放电”，其作用是( )。

A. 消除热击穿 B. 消除单体电池的不平衡

C. 消除容量失效 D. 消除内部短路

19. 在镍镉蓄电池充电过程中，电解液密度基本不变，所以( )。

A. 蓄电池容量基本不变 B. 不能用测量电解液比重的方法来判断充电状况

C. 蓄电池的活性物质基本不变 D. 蓄电池温度基本不变

20. 多电飞机 A380 的应急电源的容量有( )。

A. 50A • h B. 100A • h C. 150A • h D. 200A • h

21. 关于 BCRU 的说法不正确的是( )。

A. 是将变频交流电变换成直流电源的设备

B. 功率为 8.4kW

C. 充电时开始具有恒流充电特性，充电后期具有恒压浮充特性

D. 充电时开始具有恒压充电特性，充电后期具有恒流特性

22. 镍镉蓄电池单体电池性能和维护的描述不正确的是( )。

A. 单体电池的输出电压在 1.22V 左右，因此需要 20 节单体电池组成航空蓄电瓶

B. 单体电池必须有泄气阀、隔膜及正、负极板等关键部分

C. 单体电池之间在使用中会存在差异，使用一段时间后必须进行深度放电后再充电

D. 恒流充电时发现单体电池上的电压高于其他单体电池，说明它是性能好的电池

23. 关于镍镉蓄电池的泄气阀门的作用，解释不正确的是( )。

A. 通气阀门必须密封，否则二氧化碳会进入蓄电瓶内部，会使蓄电瓶缓慢失效

B. 温度升高，电瓶内部压力超过 10psi 时，通气阀门打开，排出气体

C. 通气阀门一旦检查合格，可以长期使用

D. 气压密封圈必须经常检查，如果损坏，可能使通气阀门失效

24. 交流-直流发电机的交流部分实际上是( )。

A. 交流发电机和直流发电机组成的机组 B. 旋转磁极式的直流发电机

C. 旋转磁极式的交流发电机 D. 无刷直流发电机

25. 无刷直流发电机的设计与交流发电机的设计的差别（ ）。

A. 工作频率不受极对数的影响，频率高

B. 极对数更多，电机质量低

C. 转子表面光滑，空气阻力小，有利于旋转整流器的安装

D. 功率因数较低

26. 关于无刷直流发电机的外特性，描述不正确的是（ ）。

A. 工作转速较高，外特性比较软

B. 高于恒频发电机的功率密度

C. 发电机输出整流滤波器应采用电感滤波

D. 发电机转速越高，外特性越软

27. 关于航空静止变流器，描述不正确的是（ ）。

A. 航空静止变流是应急电源中的组件之一

B. 航空静止变流器是现代飞机不可或缺的组件

C. 它是飞机上的一次电源

D. 它的输入电压是航空蓄电池的电压

第 5 章　外电源和辅助动力装置

5.1　外电源简述

外电源是供飞机停在停机坪进行航线维护时，对飞机电气设备检查、发动机启动点火等所需电源的地面支持设备。

5.1.1　地面电源车应用概况

飞机蓄电池尽管可以提供电源满足发动机的启动，但大规模地在地面使用飞机蓄电池是不合适的，因此飞机电源系统必须有一个可以由外电源供电的电路，并能将外电源连接至电源系统的配电汇流条。由于停机坪范围比较广阔，市电不容易遍及，经常采用与飞机电源系统配套的电源车，如图 5.1.1 所示为电源车外形图，一般情况下电源车有 28V 蓄电池、逆变器产生 115V，400Hz 交流电等。

在停场准备过程中，飞机供电主要靠飞机上的辅助动力装置(APU)、车载地面电源设备(GPU)和廊桥装配的静止变换电源设备三种形式。而成本最高的是使用飞机上的 APU 为飞机进行供电，在 APU 供电过程中飞机要消耗大量的航空油料，因此应加大对地面电源车的使用效率，减少飞机 APU 的使用次数，从而降低燃油的消耗，达到降本增效的目的。

图 5.1.1　地面电源车

但电源车的大量使用存在需要一定数量的司机、外航保障量大等不利因素。为了实现增收节支、节能减排的工作目标，地服和站坪运行中心应高度重视，克服困难，提高地面电源设备的使用效率，主要采用如下措施。

(1) 严格落实车辆、设备的安全检查工作，确保地面电源设备完好率；

(2) 加强电源车调配工作，针对不同机型、飞机航前航后和过站的不同时段，合理配置和安排电源车资源，进一步降低飞机 APU 的使用时间；

(3) 在确保安全的前提下，实施一人多机和一人多车种作业，让每个地面电源车司机负责多个(一般为 3 个)相邻机位的飞机地面供电保障工作；

(4) 加大对其他车种司机的培训，使更多的司机尽快掌握电源车操作流程，补充电源车司机的不足。进一步继续加大管控的力度，提升地面电源车的使用效率，增强盈利能力。

除了地面电源车作为外电源供电系统外，有些飞机还携带独立的蓄电池应急电源，仅当地面支持电源车出现故障时，能够进行转换，让应急蓄电池进行供电，应急启动发动机。

5.1.2 外电源供电线路

最基本的直流电源系统如图 5.1.2 所示，它的直流电网有 2 个汇流条，一个是主汇流条，另一个是蓄电池应急汇流条，利用电源选择开关和地面电源插座就可进行主电源和应急电源的交替选择供电。

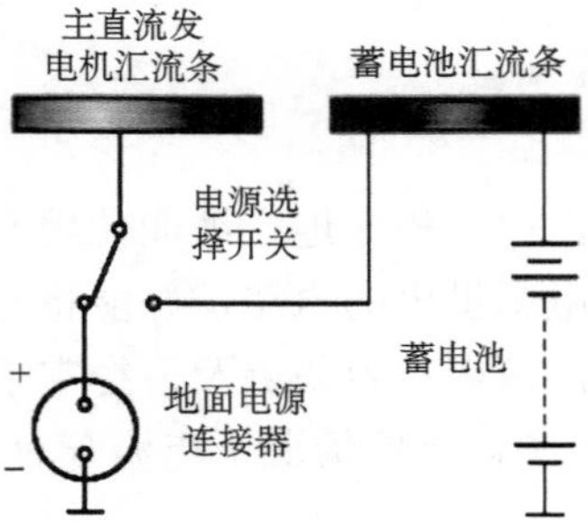

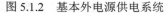

图 5.1.2 基本外电源供电系统

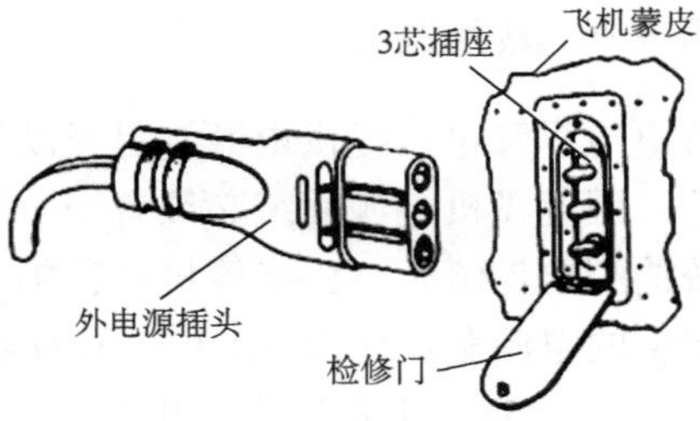

图 5.1.3 外电源插座连接器

外电源供电靠一个地面插头和安装在飞机表面的插座对接就可以工作，如图 5.1.3 所示，地面直流电源插头座为 3 芯的，其中 2 个是正端，1 个是负端，插座上还有快速松开的检修门，在插座不用时起到保护作用。图 5.1.4(a)是地面直流电源控制的连接线图，当电源选择开关拨到外电源位置时，外电源继电器触点 K1 吸合，接通外电源电路。插座上有两个大插钉分别接直流电源的“+”、“–”端，主要用于控制外电源接触器 EPC 的通断，由于控制插钉比较短，插上电源时，能确保只有插紧后外电源接触器才能吸合；拔出插头时，保证先断开外电源接触器，以免拔出插头时产生火花或电弧。

地面交流电源的插座上有 6 个插钉，如图 5.1.4(b)所示。其中 4 个大插钉分别为三相四线制电源的 A、B 和 C 三相火线和零线 N，两个小插钉 E 和 F 起控制作用。E 和 F 插钉比主插钉细而短，因此只有当插头插紧后，E 和 F 插钉才能和外部电源插头形成通路，使 EPC 闭合。

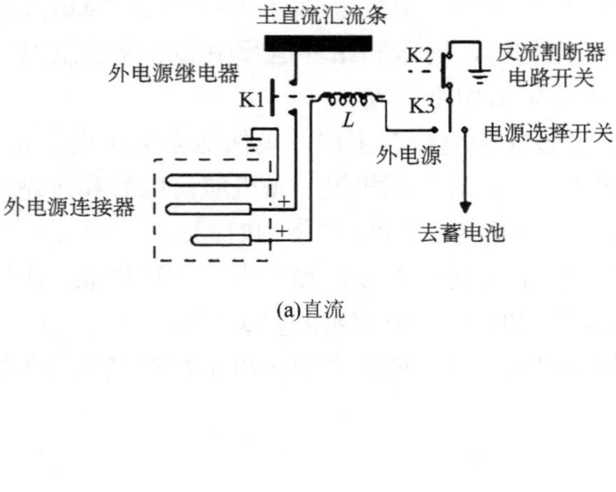

(a)直流

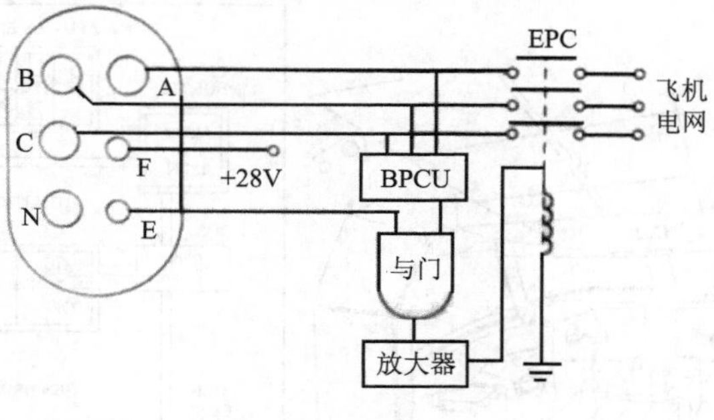

(b)三相交流

图 5.1.4 地面电源控制

在外部电源插头中，E 和 F 端子是短接的。拔出插头时，由于 E 和 F 插钉比主插钉短，因此 E 和 F 插钉先断开，使外电源接触器跳开，以保证主插钉拔出时外电源空载，从而防止产生火花和电弧。

在有的飞机上装有外电源控制组件 EPCU（如 B737-200），用于检测外部电源的相序、电压、电流及频率等是否符合要求，如果符合要求，则 EPCU 发出信号，允许外部电源接触器 EPC 接通。

B737-500 以后的飞机，EPCU 的功能由汇流条控制组件 BPCU 完成，不同的是 E 和 F 不直接接在外部接触器工作线圈回路中，而是提供一个逻辑信号，如图 5.1.4(b)所示。

外部电源接触器的吸合需满足以下条件：①是 E 和 F 已经插好并形成通路；②是外电源质量合格，电压、频率等参数符合要求；③是机上所有发电机的 GCB 都处于“OFF”位。当上述条件全部满足时，由 BPCU 发出使能信号，使 EPC 吸合，外电源即可向飞机上的汇流条供电。

在飞机外部电源插座上一般有两个指示灯分别是“AC CONNECT”灯和“NOT IN USE”灯。当外部电源插好后，“AC CONNECT”灯亮。当“NOT IN USE”灯亮时，表示外电源空载，允许拔下插头；而当“NOT IN USE”灯灭时，说明飞机正在使用地面电源，如果此时要拔下插头，正确的操作程序是先到驾驶舱断开地面电源开关，使外部电源接触器跳开，然后再拔下地面电源插头，以防止插头和插座之间产生火花和电弧。

地面电源向飞机供电后，BPCU 监控地面电源的质量，当发生过流、过压、欠压、过频、欠频等故障时，就会断开 EPC。另外，当 APU 发电机或主发电机向飞机电网供电时，由 BPCU 控制自动断开外部电源，以防止不同电源间的并联。

5.1.3 外电源使用和维护注意事项

交流外电源用作地面给主 AC 汇流条、地面操作汇流条和地面服务汇流条电源供电。系统元件包括汇流条控制单元、外电源面板、外电源盒、外电源接触器，以及地面电流互感器，以 B757 为例介绍外电源的有关组成和功能。如图 5.1.5 所示是电气系统控制面板，印着 EXT PWR 字样的就是关于外电源的操作部分。

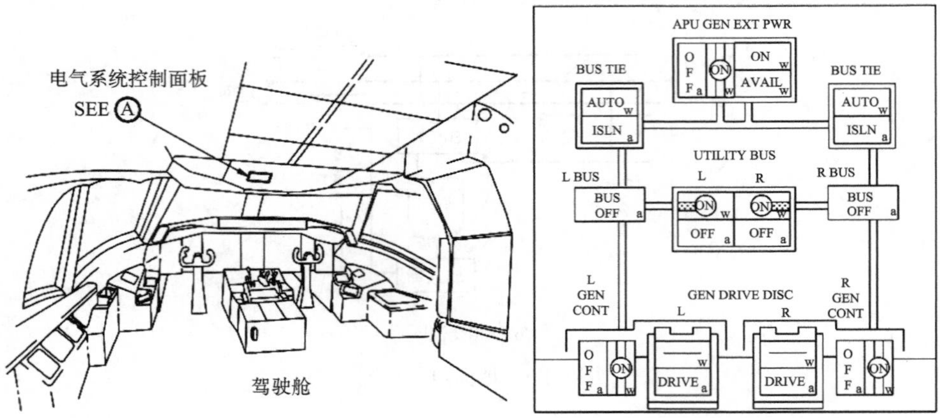

图 5.1.5　电气系统控制面板

1. 汇流条功率控制单元

汇流条功率控制单元(BPCU)安置在前设备舱 E5 架上，监视外电源系统。BPCU 进行电路保护和隔离故障，断开电源质量差的电源。BPCU 具有发电机控制器监视信息功能，控制着所有交流汇流条及负载。

2. 外电源面板

以 B757 为例，P30 板是外电源的面板，安置在飞机机身右侧较低位置，轮舱的后面。面板上有外电源插孔、一个白色的 AC 电源连接灯及一个清晰的电源不用状态指示灯。

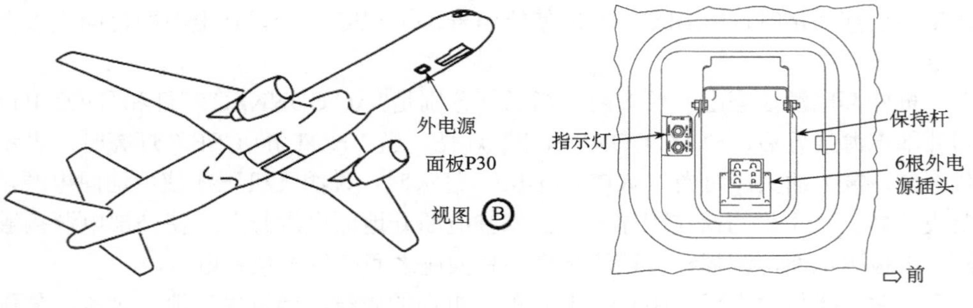

(a) 外电源面板在飞机上的位置　　(b) P30面板示意图

图 5.1.6　外电源面板 P30 板(B757 飞机)

1) 外电源插孔

外电源插孔连接到飞机三相，115V，400Hz 交流电源。外电源插孔有 6 根针，其中 4 根针用于传送 AC 电，2 根针与 DC 汇流条功率控制单元(BPCU)互锁使用。外电源插头安置在 P30 板上，如图 5.1.6 所示。

2) 外电源接触器

外电源接触器(External Power Contactor，EPC)是用于通断三相，115V，400Hz 的电器装置。接通时 EPC 将外电源连接到 AC 汇流条。EPC 由 BPCU 接收到来自驾驶舱的开关指令后控制通断，28VDC 给 EPC 供电。EPC 额定电流为每相 275A 的连续工作模式。BPCU

的保护功能可以让 EPC 自动地失去供电。EPC 有 6 个接头，其控制由各自的电连接端提供，EPC 在 P34 板上，如图 5.1.7 所示。

3）地面电源电流互感器

地面电源电流互感器（Ground Power Current Transformer，GPCT）对流过外电源各馈线中的电流很敏感。外电源电流由 BPCU 监控。P34 板上有地面电源电流互感器 GPCT，如图 5.1.7 所示。

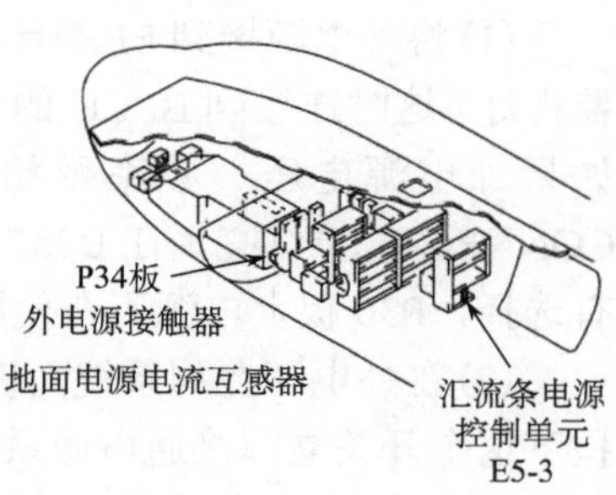

图 5.1.7　外电源接口板 P34 板

3. 外电源工作原理

如图 5.1.8 所示是外电源的部分电路图，下面分析其工作原理。

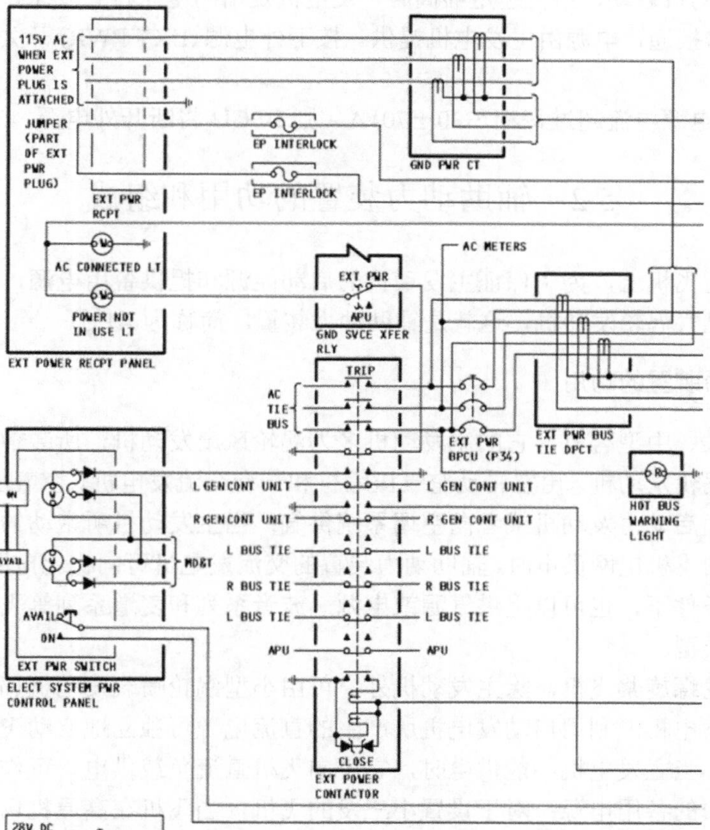

图 5.1.8　外电源电路图

EXT POWER RECPT PANEL-外电源插孔面板；EP INTERLOCK-外电源互锁；ELECT SYSTEM PWR CONTROL PANEL-电气系统电源控制面板；EXT POWER CONTACTOR-外电源接触器；BUS PWR CONT UNIT-汇流条功率控制单元；EXT PWR BPCU（P34）-外电源汇流条功率控制单元 BPCU（P34）；EXT PWR BUS TIE DPCT-外电源汇流条差动电流互感器；GND PWR CT-地面电源电流互感器；HOT BUS WARNING LIGHT-热汇流条警告灯

(1) 将外电源接到EPR上，接通P34板上红色的外电源热汇流条(EXT PWR HOT BUS)警告灯。这时连接到BPCU的DC互锁电路接通，并且BPCU自动检查外部电源供电质量。如果外电源电压、频率及相序正确，在P30面板上的白色交流电源连接(AC PWR CONNECTED)灯亮。在B757的电气系统控制面板上有白色外电源指示灯，如果外电源没有选择，P30板上电源不在使用中(PWR NOT IN USE)的指示灯清晰点亮。

(2) 在外电源控制系统面板上的外电源(EXT PWR)开关触发，接通电源系统，即一旦按下这个开关立即接通电源系统。汇流条功率控制单元(BPCU)引起辅助电源断路器和先前接通的发电机电路断开。BPCU给外电源接触器供电。在控制面板上的外电源可用(EXT PWR AVAIL)和外电源灯亮，P30面板上交流电源连接(AC PWR CONNECTED)灯亮，P30板上的外电源不用灯(PWR NOT IN USE)将关闭，再按下EXT PWR开关断开外电源。

(3) 如果发动机启动，当转速足够高时，发电机发出的电压符合要求，EPC将接通。发电机电路断路器接通，电源由主发电机提供。按下外电源(EXT PWR)开关，将接通外电源与汇流条。

(4) 如果外电源电流超过每相(330±70)A，则BPCU将断开外电源。

5.2 辅助动力装置的功用和组成

在大、中型飞机上，为了保证主发动机的启动能源和提供备用电源，通常都在飞机的尾部装有一台燃气涡轮发动机，这就是辅助动力装置，简称为APU。

5.2.1 辅助动力装置的功用

对于现代大、中型客机，它的主发动机多为涡轮风扇发动机，所装辅助动力装置则为一台小型燃气涡轮发动机，由它带动空气压缩机和一台交流发电机。空气压缩机提供气源，可以用于在地面启动主发动机或者向空调系统供气；当主发动机所带动的交流发电机或地面电源车不能向飞机电网供电时，辅助动力装置的交流发电机可向机上电网提供交流电源；在空中的一定条件下，也可以提供气源或电源。波音系列和麦道系列等飞机的辅助动力装置都属于这种类型。

例如，涡轮螺旋桨飞机，除主发动机外，可由小型涡轮喷气发动机(简称小三发)带动一台直流启动发电机。利用启动发电机所产生的直流电源可独立地启动飞机主发动机；在地面或者在空中当主发电机不能供电时，它可向飞机直流负载供电，可作为地面通电检查电源或作为空中的备用电源；对于设置小三发的飞机，当飞机在高原机场或炎热的气候条件下起飞爬高时，可利用这台小型涡轮喷气发动机产生附加推力，以帮助飞机起飞，这类辅助动力装置不能提供气源。辅助动力装置的功用可归纳为：①在地面和空中向飞机电源系统提供电源；②在地面和空中向空调系统提供压缩空气；③为主发动机的启动提供气源或电源；④对某些涡轮螺旋桨飞机还可以提供附加推力，以帮助飞机起飞爬高。

辅助动力装置的某些功用还受高度条件限制，以B737-300型飞机为例具体的数据为：①海平面到10000ft(3050m)，可以使用电源和气源；②10000～17000ft(3050～5200m)，可以使用电源或者气源；③17000～35000ft(5200～10700m)，只能使用电源。

5.2.2　辅助动力装置的结构组成

1. 辅助动力装置的外形图

大型飞机的辅助动力装置主要由燃气涡轮发动机及其所传动的空气压缩机和交流发电机所组成，其外形图如图 5.2.1 所示。

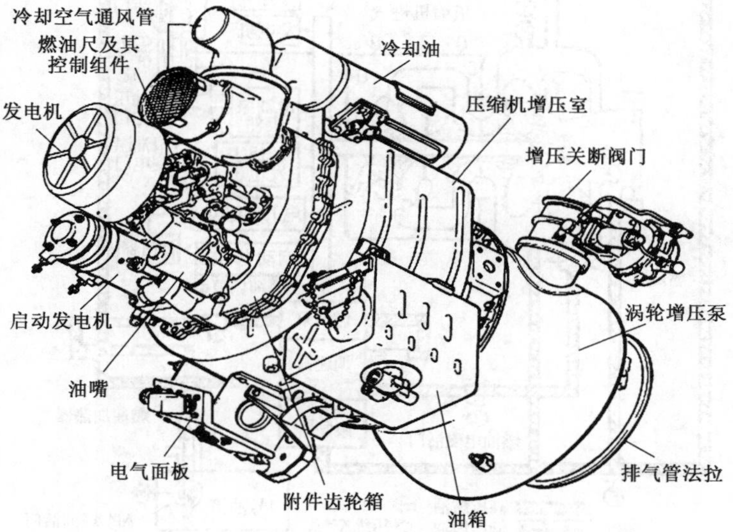

图 5.2.1　辅助动力装置外形图

2. 辅助动力装置的附件系统

辅助动力装置的主体是发动机，通常为一台小型燃气涡轮发动机，如图 5.2.2 所示，由单级涡轮与它带动的两级离心式压气机组成，涡轮轴还与附件齿轮箱啮合在一起，为驱动发动机附件和发电机提供动力。

辅助动力装置的燃气涡轮发动机由燃油系统、启动设备、滑油系统和空气系统组成。当空气燃油混合气在燃烧室内燃烧后，高温高压燃气驱动涡轮旋转。涡轮转子所产生功率主要用于带动它前面压气机叶轮和附件齿轮箱，通过附件齿轮箱带动交流发电机等各个附件。

1) 附件齿轮箱驱动的附件

为了给滑油冷却器和发电机提供冷却空气，用附件齿轮箱驱动风扇。而发电机输出的三相交流电可用于给地面通电检查电源和空中备用电源。

附件齿轮箱驱动的滑油泵组件，用于给滑油增压，在相应的滑油管路上装有滑油压力和滑油温度敏感元件，图 5.2.2 中的滑油压力电门和滑油温度电门，由其发出相应的滑油压力和滑油温度控制信号。

附件齿轮箱驱动转速表发电机，由转速表发电机可以发出辅助动力装置发动机的转速信号；同时，通过电子速度电门(一种固态电子电路，可提供超速保护信号)，还可带动时间指示器，计算辅助动力装置的工作时间。附件齿轮箱还与启动电动机相啮合，在进行启动工作时，由电动机经过附件齿轮箱带动涡轮轴转动。

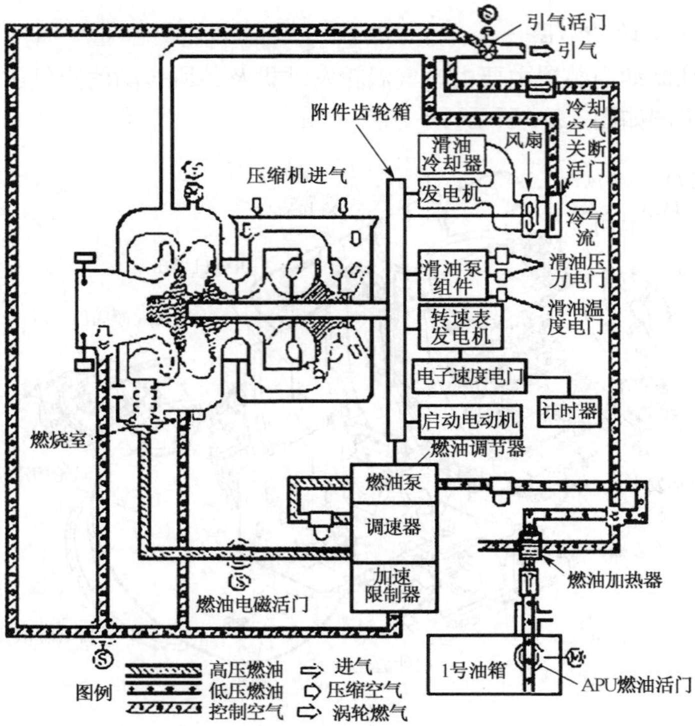

图 5.2.2 辅助动力装置的附件

2) 辅助动力装置的燃油系统

辅助动力装置发动机所需的燃油一般来自飞机左系统 1 号油箱，经过 APU 燃油活门、单向活门、燃油加热器(用热空气为其加热)，再经过低压油滤进入燃油调节器组件。燃油泵为其增压经过燃油调节器控制后的燃油，再经过高压油滤过滤，当燃油电磁活门打开时，燃油进入发动机的燃烧室。燃油调节器的速度调节器可调节燃油流量，从而保持发动机恒速，所以辅助动力装置的发动机通常都是恒速的燃气涡轮发动机。

3) 辅助动力装置的引气系统

辅助动力装置的引气系统由单向活门将压缩空气引出，经过一个三通电磁活门，少量作为燃油调节器等处的控制空气，大部分经过 APU 引气活门而进入气源系统。

5.2.3 辅助动力装置的显示与控制

辅助动力装置的显示与控制部件分布比较广，根据它的功能，需要安装在驾驶舱、轮舱及电子舱内，如图 5.2.3 所示，以 B737-300 型飞机的辅助动力装置为例进行介绍。

1. 驾驶舱内的显示与控制部件

如图 5.2.3 所示，在前头顶板(P5 板)上有 APU 的各种操作和显示开关的表头，分别如下。

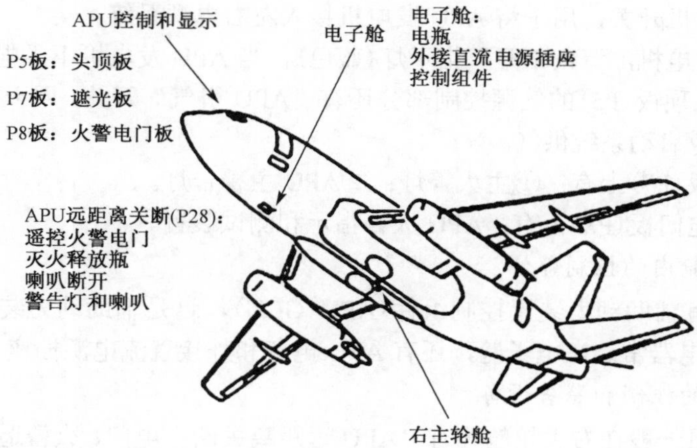

图 5.2.3　辅助动力装置控制与显示组件

(1) APU 总电门，具有“OFF(断开)”“ON(接通)”“START(启动)”三个位置。
(2) APU 排气温度表(图 5.2.4 中左下)。
(3) APU 发电机电流表(图 5.2.4 中右下)。

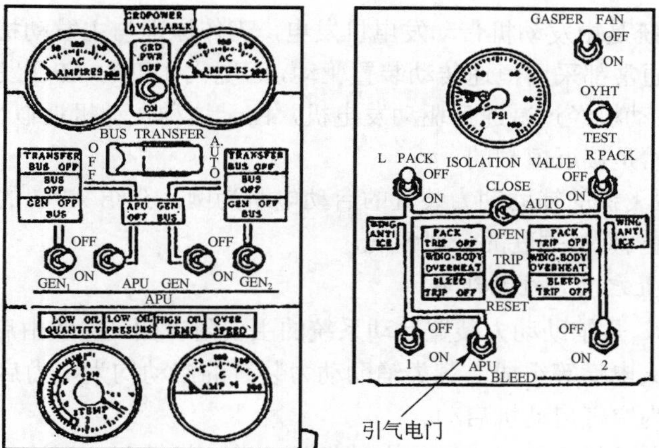

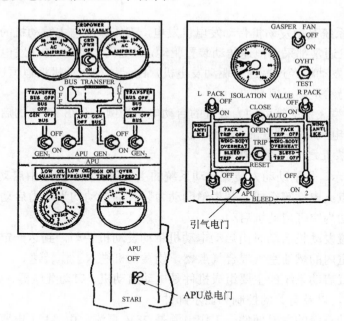

图 5.2.4　辅助动力装置的控制部件

(4)“滑油量不足”信号灯(蓝色)，当滑油量少于规定的最小值时灯亮。

(5)“滑油压力低”信号灯(琥珀色)，启动时当滑油压力大于 55psi 时信号灯灭，工作时当滑油压力降低到小于 45psi 时信号灯亮。

(6)“滑油温度高”信号灯(琥珀色)，当滑油温度高于 255°F (124℃)时灯亮。

(7) APU “超速”信号灯(琥珀色)，当 APU 发动机转速超过 110%时灯亮。

(8) APU 发电机开关，用于将 APU 发电机接入左右电源系统。

(9)“APU 发电机汇流条断开”指示灯(蓝色)，当 APU 发电机不供电时灯亮。

此外，在前头顶板(P5)的气源控制部分还有“APU 引气”开关，用于接通或断开 APU 压缩空气向空调或启动系统供气。

(10) 在遮光板(P7)上有：①主火警灯；②APU 主警告灯。

(11) 在火警电门板(P8)上有：APU 火警指示和测试装置。

2. 电子设备舱内的控制部件

电子舱内装有辅助动力装置控制组件(APU GCU)，这是辅助动力装置的主要控制部件。APU 启动继电器常装在电子舱，还有 APU 电瓶和外接直流电源插座。

3. 主轮舱内的控制和警告设备

波音系列飞机一般在右主轮舱设有“APU 远距离关断”电门、火警遥控电门、APU 灭火瓶释放电门、警告信号灯和喇叭，以及喇叭断开按钮。

5.2.4 辅助动力装置的启动系统

辅助动力装置的维护涉及机械和电气专业技术，其中与电气相关的系统有 APU 的发电、启动、引气和燃油活门的控制和指示、滑油温度和压力的测量与指示，以及故障保护等电路。

APU 发电机系统是由发动机带动发电机发电，工作原理与主发动机的发电机相似，不同之处是主发电机通常都采用恒速传动装置驱动，而现代飞机的 APU 发电机没有恒速传动装置，它由 APU 发动机经过减速后驱动发电机，由于这种发动机近似恒速，因此 APU 发电机的电源频率仍然是接近恒频的。

以 B737-300 型飞机的辅助动力装置的启动电路为例，介绍 APU 的启动工作情况，了解 APU 维护中与电气紧密关联的一般情况。

1. 辅助动力装置启动系统的组成

如图 5.2.5 所示，是辅助动力装置启动系统的主要附件图，主要由启动机、滑油压力电门、点火线圈、点火电嘴等组成，各类辅助动力装置的启动均为电力启动，而大型喷气式飞机发动机的启动为空气启动机启动。

辅助动力装置发动机启动时由启动电动机带动发动机转动，到达一定转速后，由启动点火装置将燃烧室内的燃油空气混合气点燃，使发动机进入工作转速。

辅助动力装置启动系统的主要组成机件是电动启动机、启动继电器、点火激励器(点火线圈)、点火电嘴，以及有关的控制和显示部件。

启动机是启动系统的主要部件，工作电源是 28V 直流，由 APU 电瓶或外接直流电源供给。为保证 APU 可靠启动，飞机上通常设有专门的 APU 电瓶和 APU 电瓶充电器。正常飞行时，由电瓶充电器向电瓶充电。启动点火线圈密封在金属盒内，作用是将 28V 直流变成高压电能，提供给高能点火电嘴产生电火花，用以点燃燃烧室内的燃气混合气。

2. 辅助动力装置的启动程序

如图 5.2.6 所示是 APU 启动程序图，整个启动过程分为 10 个阶段，横坐标为时间轴，纵坐标为发动机转速的百分数，按图中所标数字次序，针对不同的启动阶段，对启动工作程序说明如下：

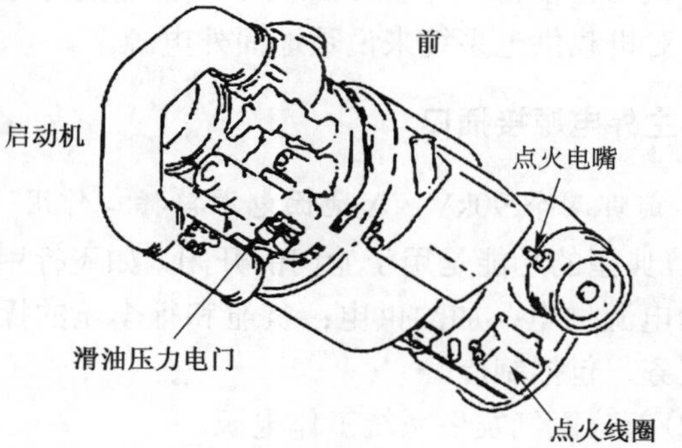

图 5.2.5　辅助动力装置启动系统的主要附件

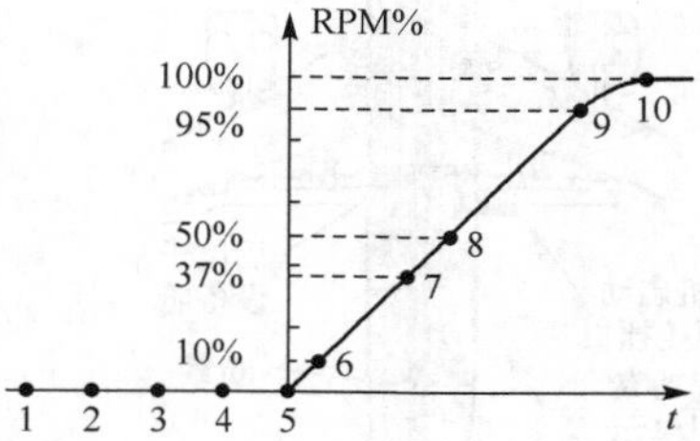

图 5.2.6　APU 启动工作程序

(1)将电瓶电门放“ON”(接通)位；

(2)将 APU 总电门瞬时放“START”(启动)位；

(3)将 APU 总电门放回“ON”位；

(4)APU 燃油关断活门和进气门全开；

(5)启动电动机通电；

(6)程序滑油压力电门闭合(当转速达 10%时，相应的滑油压力达 4psi，则低滑油压力电门 LOP No.1 闭合)，点火系统通电，燃油电磁活门打开；

(7)转速达 37%时，滑油压力增大到 55psi，低滑油压力电门 LOP No.2 打开，“滑油压力低”信号灯灭；

(8)50%转速电门打开，启动电动机断电；

(9)95%转速电门通电，APU 发电机汇流条断开，指示灯亮，小时计时器开始计算 APU 工作时间，APU 引气电门准备好，点火断开，三通气源电磁活门通电，低滑油压力电门 LOP 引气电门准备好；

(10)正常运行，转速 100%，即为 42000r/min。

3. 辅助动力装置的启动电路

相关内容请扫描二维码观看。

辅助动力装置的启动电路

4. 燃油电磁活门的控制

相关内容请扫描二维码观看。

燃油电磁活门的控制

5.2.5　APU 发电机拆卸和安装举例

相关内容请扫描二维码观看。

APU 发电机拆卸和安装举例

5.3　B787 飞机地面电源

如图 5.3.1 所示是 B787 外电源接插口示意图，其中单个容量为 90kV·A 的地面电源接插口满足舱门服务供电，B787 共有 4 个 90kV·A 地面电源接插口，前部两个，中部两个，都是主外电源接插口，对机载供电系统来说是地面外电源。

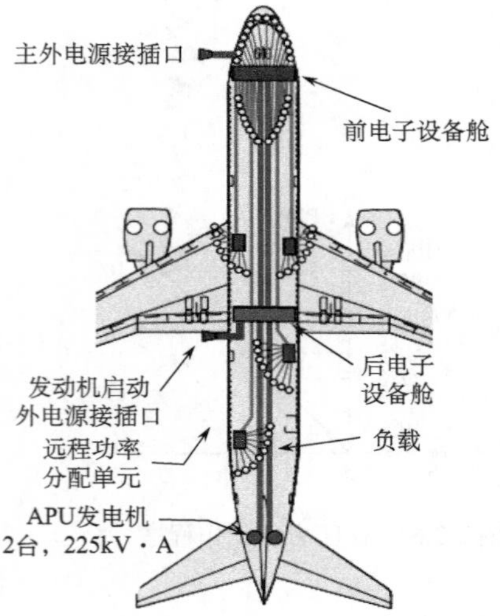

图 5.3.1 B787 外电源接口插座示意图

5.3.1 主外电源接插口

1. 前部两个 90kV·A 地面电源接插口作用

(1) 典型的功能是用于舱门的开闭，如飞行甲板上的显示电源供电；加油供电；货舱和行李舱的操纵；厨房服务，包括制冷。

(2) 部分氮气发生系统工作电源。

(3) 基本客舱服务，如所有客舱的照明；部分通气（如厕所和厨房）；部分内部设备检修；部分厨房设备供电（不用烤箱），但不支持货舱加热；液压供电。

2. 前部单台 90kV·A 地面电源接插口作用

飞机前部单台 90kV·A 地面电源接插口的主要作用有飞行舱显示；加油；货舱和行李舱的操纵供电；厨房供电，包括制冷；基本客舱服务，如部分客舱照明，部分通气（如厕所和厨房）；不能用于氮气发生器、内部设备检修、厨房用电、货舱加热、液压供电。

3. 2 台 APU 发电机

2 台 APU 发电机电源，每台容量为 225kV·A，共 450kV·A，可用于地面电源的服务。APU 电源主要用于：机载环境控制系统供电；货舱和行李舱的操纵供电；电动货舱加热器供电；氮气发生器系统供电；液压系统供电；厨房设施供电，包括制冷；基本服务供电，如所有客舱照明、客舱通风、内部设备检修、所有厨房设施供电、加油供电和地面电源供电等。

5.3.2 其他地面电源供电应用

1. 4 个地面电源接插口

除了上述的地面电源接插口外，在飞机的前部和中部各有 2 个 90kV·A 的地面电源接插口，如图 5.3.2 所示为地面电源服务车前部两个电气接头，应注意使用范围：

图 5.3.2 地面电源服务车连接示意图

(1)限于发动机启动供电或其他独特的维护操作；

(2)所有功能覆盖的单电源和双电源；

(3)限于某些供电和测试，即机载环境控制系统、电子货舱加热、氮气发生系统工作、液压供电。

2. 牵引机车操作供电

用于 B787 牵引的机车需要供电，B787 有 2 辆牵引机车，需要接近 10kV · A 的电气容量。

3. 拖曳操作的蓄电池供电

传统的拖曳采用 APU 液压刹车，而 B787 取消了液压能，采用电刹车。白天拖曳用电池供电只能适用于制动，利用蓄电池用于夜间的照明和制动供电正在研究中。

由上面的分析可知，对于 B787 飞机，现有机场基础设施同样也适用，现有的地面服务设备如电源车也可用于 B787 飞机。单台 90kV · A 电源支持传统的作业供电，地面电源容量增加用于提升供电能力。当供电容量可低于 10kV · A 时，飞机仍然接受并完成一些地面作业。研究人员正在研究拖曳飞机的电池供电的可能性。

5.4　民用航空器外场和车间的安全防护

5.4.1　一般安全规定

维修工作人员由于工作性质和场地不同，安全要求也不同。一般安全规定是工作人员应遵守的基本规则。相关内容请扫描二维码观看。

一般安全规定

5.4.2　防火安全

了解火源的种类和特点，熟悉各种灭火设备的使用以及灭火方法，这是最大可能避免发生火灾和最大程度降低火灾损失的前提。相关内容请扫描二维码观看。

防火安全

5.4.3　电气安全

电气安全十分重要，如果使用不当，轻则发生人身和设备伤害，重则引发人员触电伤亡和火灾。相关内容请扫描二维码观看。

电气安全

5.4.4　危险化学品的安全防护

具有易燃、易爆、有毒、有害及有腐蚀性，并会对人员、设施和环境造成伤害或损害的化学品属于危险化学品。

危险化学品的安全防护

航空器维修中经常会接触许多危险材料，如汽油、液压油、泰氟隆、水银、环氧树脂、聚酯树脂、氟利昂、镍镉电池、电解液、电镀液、玻璃纤维、清洗液等，工作中要正确识别和安全使用危险化学品，查询化学品的安全使用说明书。

相关内容请扫描二维码观看。

5.4.5 气瓶的使用和安全防护

地面高压气瓶是机务经常使用的设备。气瓶按公称工作压力分为高压气瓶和低压气瓶，高于 8MPa（1MPa=145psi）的为高压气瓶，低于 8MPa 的为低压气瓶。维修车间的高压气体常存储在 2000psi 的钢瓶里，钢瓶上装有黄铜阀门。压缩气体会对人体造成损伤，使用时要注意安全。地面高压气瓶的安全使用涉及气瓶的运输、储存、使用和充灌等。

气瓶的使用和安全防护

相关内容请扫描二维码观看。

5.4.6 红色警告标记

红色警告标记是提示相关人员禁止使用或操作设备；提醒工作人员完成工作后及时取下有关工具和设备，恢复航空器状态，以免损坏机件或危及维修人员安全。常用红色警告标记一般有红色警告飘带、红色警告牌和红色警告条。

红色警告标记

相关内容请扫描二维码观看。

5.4.7 其他劳动保护

劳动保护是工作人员工作中的必要安全防护，除电、气和危险品等重要安全防护外，其他方面的危害仍然危及人身安全，如高空作业、发动机噪声和安全通道等。

其他劳动保护

相关内容请扫描二维码观看。

习　题

1. 外电源的作用是什么？
2. 电源车上一般由哪些品种的电源组成？
3. 如何进行地面电源和机载电源选择工作？
4. B787 外电源由哪些部分组成？
5. 根据 APU 启动程序图，请问整个启动过程分为哪几个阶段？
6. 地面直流电源插头座为 3 芯，其中 2 个是正端，1 个是负端，为什么其中一个正端要短些？

第 6 章　电动机的工作原理

随着“多电飞机”的推进，越来越多的靠机械力、液压等作动力的装置采用电动机驱动，带动各种需要转动或运动的设备，如启动飞机发动机、带动燃油增压泵、放下或收上着陆装置、带动各种舱门、风门及调整片的位置，在飞行控制中还需要带动舵面的快速准确动作等。

电动机按照供电性质分为直流和交流电动机两大类，直流电动机根据励磁方式分为自励和他励两类，自励电动机又分为并励、串励和复励电动机；交流电动机分为启动性能很好的三相交流电动机和需要移相启动的单相交流电动机等，根据电动机的应用场合不同还有各种冠以不同名字的控制电动机，如各种舵机，即升降舵机、方向舵机、左右副翼舵机，还有驱动雷达天线转动的伺服电动机、感应电动机，还有各种泵也是用电动机驱动的，如电动燃油泵等。由于在飞机上电动机用于作动系统，本章侧重于分析电动机机械方面的主要特性。

6.1　直流电动机

直流电动机的主要特性有转速特性、转矩特性、机械特性，转速特性是当加在电动机上的电源电压不变时，直流电动机的转速与电枢电流之间的关系；转矩特性是直流电动机的电磁转矩与电枢电流之间的关系；机械特性是转速与电磁转矩之间的关系。根据各种应用场合应选择合适的电动机，所以掌握电动机的基本特性，正确地选择和使用是十分重要的。

6.1.1　直流电动机的结构和基本原理

直流电动机与直流发电机的结构相同，分为两部分：定子与转子。定子包括主磁极、机座、换向极和电刷装置等；转子包括电枢铁心、电枢绕组、换向器、轴和风扇等。

1. 结构

1) 定子

定子就是电动机中固定不动的部分，它主要由主磁极、机座和电刷装置组成。主磁极是由主磁极铁心(极心和极掌)和励磁绕组组成，用来产生磁场。极心上放置励磁绕组，极掌的作用是使电动机气隙中磁感应强度分配最为合理，并用来固定励磁绕组。为减少涡流损耗，主磁极用硅钢片叠成，固定在机座上。机壳也是磁路的一部分，常用铸钢制成。电刷是引入电流的装置，其位置固定不变。它与转子上转动的换向器作滑动连接，将外加的直流电流引入电枢绕组中，使其转化为极性变化的电流。

直流电动机的磁场是一个恒定不变的磁场，励磁绕组中的直流电流形成的磁场方向和励磁电流的关系是由右手螺旋法则确定的。在有些直流电动机中，也有用永久磁铁作磁极的永磁直流电机。

2) 转子

转子是电动机的转动部分，主要由电枢和换向器组成。电枢是电动机中产生感应电动势的部分，主要包括电枢铁心和电枢绕组。电枢铁心成圆柱形，由硅钢片叠成，冲有槽，槽中有规律地安放电枢绕组。通有电流的电枢绕组在磁场中受到电磁力矩的作用，驱动转子旋转，起了能量转换的枢纽作用，故称“电枢”。

换向器又称整流子，是直流电动机的一种特殊装置。它是由楔形铜片叠成，片间用云母垫片绝缘。换向片嵌放在套筒上，用压圈固定后成为换向器再压装，在转轴上电枢绕组的导线按一定的规则焊接在换向片突出的插口中。

在换向器表面用弹簧压着固定的电刷，使转动的电枢绕组得以同外电路连接起来，并实现将外部直流电流转化为电枢绕组内的交变电流。

2. 基本原理

如图 6.1.1 所示是直流电动机的物理模型，如果在电刷 A、B 上加一直流电源 U，并把它的原动机撤去，电枢线圈里就会有电流通过。根据电磁定律，载流导体 ab 或 cd 都与气隙磁密 B 垂直。作用在导体上的电磁力大小为

$$F_{\mathrm{m}} = BlI \tag{6.1.1}$$

式中，F_{m} 是作用在导体上的电磁力(N)；B 是导体所处的磁密(T)，I 是流过导体里的电流(A)；l 是导体的长度(m)。

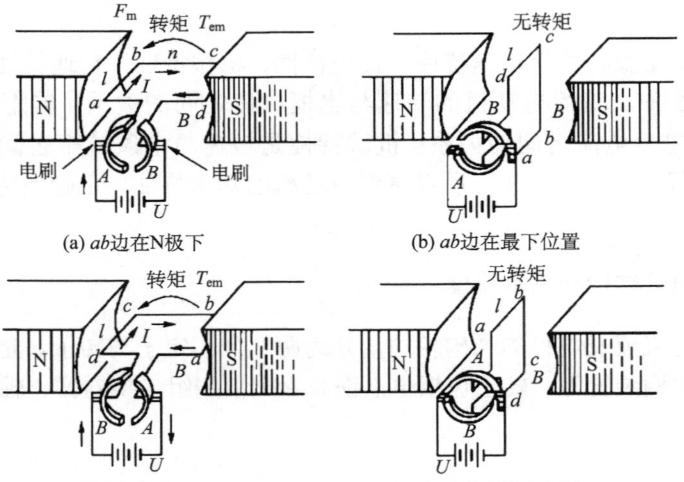

(a) ab边在N极下 (b) ab边在最下位置

(c) ab边在S极下 (d) ab边在最上位置

图 6.1.1 直流电动机的基本原理(电枢绕组平面与磁力线不同位置时的转矩)

导体受力方向由左手定则决定，这个力 F_{m} 乘上转子半径就是转矩，称为电磁转矩 T_{em}。如果电磁转矩能够克服电枢上的阻力转矩，电机就能按反时针方向转起来，这就是直流电动机的简单的物理模型。由于换向器的缘故，电枢线圈产生的电磁力或转矩总是单方向的。与直流发电机的情况类似，当分布在电枢上的线圈相当多时，直流电动机的转矩为恒定值。

直流电动机所产生的电磁转矩的大小为

$$T_{\mathrm{em}} = C_{\mathrm{m}} \Phi I_{\mathrm{a}} \tag{6.1.2}$$

式中，C_m 是电磁转矩常数；Φ 为每极下的有效磁通；I_a 为电枢电流。电磁转矩常数对已经制成的电机来说是不变的。电磁转矩与有效磁通 Φ 和电枢电流 I_a 成正比。

直流电动机一旦转动起来，在电枢回路中产生的反电势为

$$E_a = C_e \Phi n \tag{6.1.3}$$

直流电动机外电压 U 等于电枢内的反电势加上电枢绕组等效电阻上的压降之和，即

$$U = E_a + I r_a \tag{6.1.4}$$

3. 电枢反应

相关内容请扫描二维码观看。

电枢反应

6.1.2　直流电动机励磁方式

直流电动机的性能与它的励磁方式密切相关，通常直流电动机的励磁方式有 4 种：直流他励电动机、直流并励电动机、直流串励电动机和直流复励电动机，除非有特殊要求，常采用自励形式的电动机，如图 6.1.2 是直流自励电动机的工作形式。

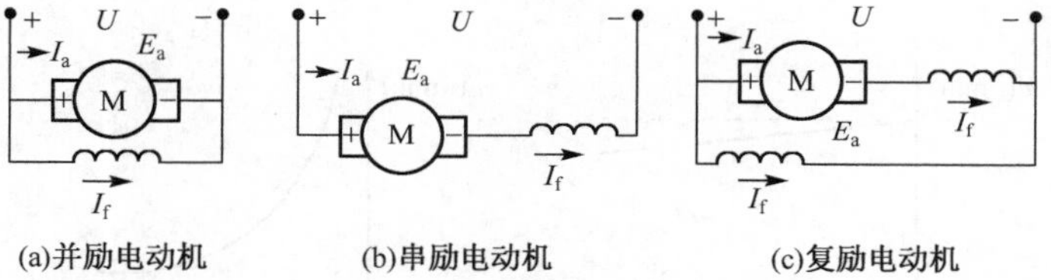

图 6.1.2　直流电动机的电路原理

1. 直流并励电动机

如图 6.1.2(a)所示，励磁线圈与电枢绕组并联，并励绕组两端电压就是电枢两端电压，但是励磁绕组用细导线绕成，其匝数很多，电阻大，使得通过它的励磁电流较小。

2. 直流串励电动机

如图 6.1.2(b)所示，励磁绕组和电枢绕组串联，所以这种电动机的励磁磁场随着电枢电流的改变有显著的变化。为了使励磁绕组中不致引起大的损耗和电压降，励磁绕组的电阻越小越好，所以直流串励电动机的励磁绕组通常用较粗的导线绕成，它的匝数较少。

3. 直流复励电动机

如图 6.1.2(c)所示是直流复励电动机的电路图，电动机的磁通由串励绕组和并励绕组内的励磁电流共同产生，这种电机兼有串励和并励电动机的特性。

6.1.3　直流电动机的运行特性

1.　转矩特性

当并励电动机的励磁磁通 F 为常数时，则它的转矩与电枢电流的关系为一条直线，这条直线就是转矩特性，$T_{em} = C_m \Phi I_a$，如图 6.1.3(a)所示。

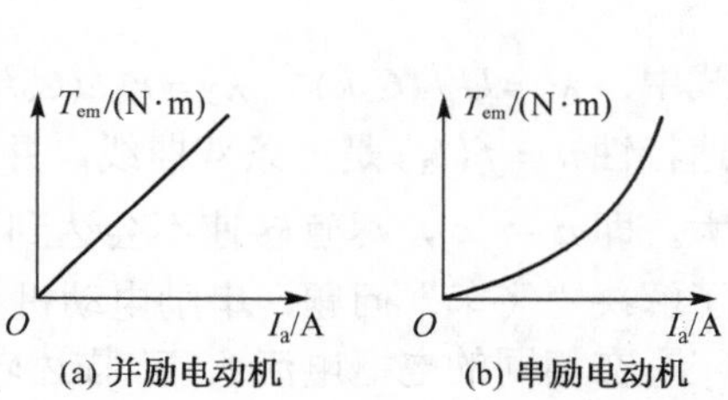

图 6.1.3　直流电动机的转矩特性

对串励电动机来说，当电枢电流增大时，一方面电枢电流 I_a 的增大，直接使电磁转矩增大，另一方面，

由于串励电动机的磁通 F 也随电枢电流 I_a 的增大而增大。因而电机铁心未饱和时，电磁转矩 T_{em} 随电枢电流的增加也很快增加，即

$$T_{em} = C_m \Phi I_a = kI_a^2 \tag{6.1.5}$$

所以串励电动机的转矩特性为一抛物线，如图 6.1.3(b)所示。

2. 机械特性

当电源电压 U 不变，负载转矩 T 变化时，直流并励电动机的转速 n 与电枢电流 I_a 之间的关系称为转速特性，根据式(6.1.2)~式(6.1.4)得到电动机的转速特性公式为

$$n = \frac{U - I_a r_a}{C_e \Phi} \tag{6.1.6}$$

当电动机的电枢电流 I_a 增大时，电枢压降 $I_a r_a$ 增大，电动机的转速 n 降低，由于并励电动机每极下磁通 $\Phi \approx$ 常数，$U \approx$ 常数，$r_a \approx$ 常数，因此转速与电枢电流的关系近似为线性关系：$n \approx k_1 - k_2 I_a$，其中 $k_1 = U/(C_e\Phi)$、$k_2 = r_a/(C_e\Phi)$ 为比例系数，即 $n = f(I_a)$ 为一直线，如图 6.1.4(a)所示。直线与横坐标倾斜程度，表示转速下降的程度，取决于电枢回路的等效电阻 r_a。

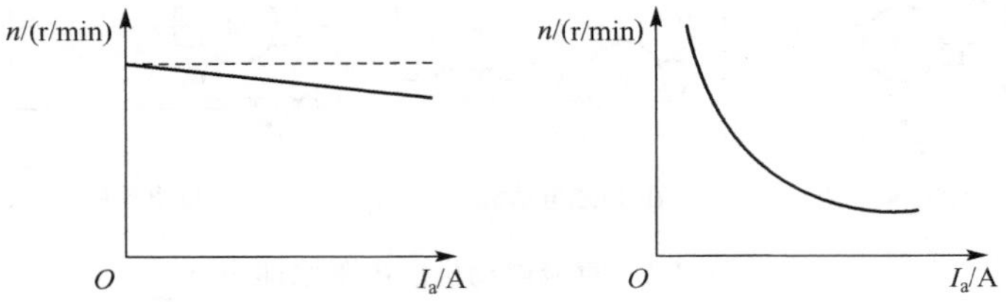

(a) 并励电动机　　(b) 串励电动机

图 6.1.4　直流电动机的转速特性

对于串励电动机，其转速特性公式为

$$n = \frac{U - I_a r_a}{C_e \Phi} = \frac{U}{C_e \Phi} - \frac{I_a r_a}{C_e \Phi} \tag{6.1.7}$$

当电枢电流 I_a 增大时，由于电枢压降 $I_a r_a$ 增大，转速 n 下降，另外励磁电流 $I_f = I_a$ 也增大，励磁磁通增大，使转速下降很多，表现出很“软”的特性，如图 6.1.4(b)所示。当磁路不饱和时，可以近似认为磁通 Φ 正比于电枢电流 I_a，即 $\Phi \approx kI_a$，所以转速与电枢电流的关系为

$$n = k_1 \frac{1}{I_a} - k_2 \tag{6.1.8}$$

式中，$k_1 = U/(C_e k)$、$k_2 = r_a/(C_e k)$ 近似为常数。从式(6.1.8)可以看出，串励电动机的转速特性 $n = f(I_a)$ 是一条双曲线，并且当负载转矩为零即空载时，即 $I_a = 0$，转速趋近无穷大，即 $n \to \infty$，尽管转速不会达到无穷大，但会出现“飞车”现象，导致电动机损坏。为了解决“飞车”问题，串励电动机不允许空载。

在相同的电枢电流 I_a 下，描述转速 n 与转矩 T_{em} 之间的关系特性曲线称为电动机的机械特性，如图 6.1.5 所示。根据式(6.1.2)~式(6.1.4)可以推导出机械特性方程：

$$n = \frac{U}{C_e \Phi} - \frac{R_a}{C_e C_m \Phi^2} T_{em} \tag{6.1.9}$$

对于并励电动机，因为 $T_{em} = C_m \Phi I_a$，所以转矩 T_{em} 正比于 I_a，因而电动机的机械特性是一条直线；对于串励电动机，当设磁路不饱和时，机械特性是双曲线；复励电动机介于并励与串励电动机之间，如图 6.1.5(c) 所示。

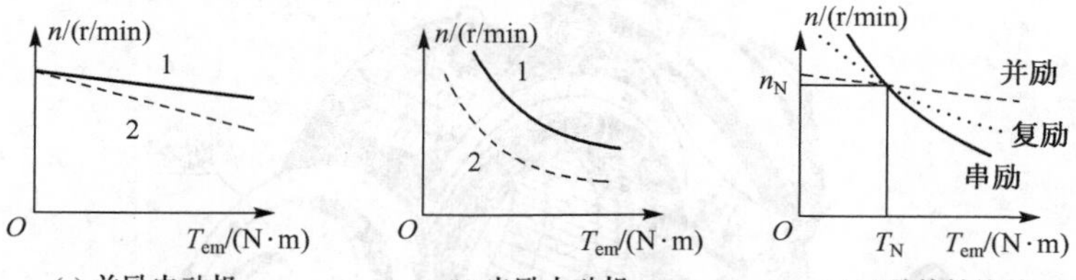

图 6.1.5　直流电动机的机械特性

串励电动机的特性比较“软”，具有启动转矩大、过载能力强的优点，广泛应用于操纵舵面的调整片、起落架、舱门及风门等的控制；并励电动机特性比较“硬”适合于转速变化不大的场合；复励电动机有较好的调整作用，具有并励和串励电动机的优点，在飞机上得到广泛的应用，如油泵电动机采用复励电动机。

飞机发动机的启动电动机也称为启动机。实际上是一台串励式电动机，它可以提供启动发动机所需要的高转矩。启动机是飞机上使用的最大容量的电动机，常以间歇的方式运行。

直流电动机维护时，最容易磨损的是电刷组件，通常采用测量电刷的高度判断磨损情况，当高度小于一定数值时，必须更换电刷。直流电动机和直流发电机在结构上类似，是可以互逆工作的。就单个绕组而言，直流发电机绕组中产生的是交流电而不是直流电，必须经过换向器和电刷滑环结构变换成直流电。

6.2　交流电动机

交流电动机大体上可以分为交流异步电动机和交流同步电动机。前者带负载运行时，电动机转子速度不等于旋转磁场同步速度，又称感应电动机，有笼型异步电动机和绕线转子异步电动机之分。两者的不同之处在于转子的结构，后者通过改变转子回路参数可以获得较好的启动与调速特性。交流同步电动机稳定运行时，转子速度始终与气隙旋转磁场速度保持同步。交流同步电动机按转子结构的不同可分为凸极和隐极式电动机，按照励磁方式的不同则可以分为电励磁、永磁式同步电动机以及近年来出现的混合励磁型同步电动机。

在采用交流电源的飞机上，电气设备采用交流电动机作为驱动动作装置，一般功率较大的场合采用三相交流异步电动机，功率较小的场合采用单相交流电动机，但单相交流电动机启动需要启动电容以产生旋转磁场，所以结构上有特别的地方，维修人员应掌握。

6.2.1 交流电动机的结构

交流异步电动机的基本结构为定子、转子，定子与转子之间有间隙，根据转子结构不同，异步电动机分为鼠笼和线绕两大类，其中鼠笼式的交流电动机因结构简单，启动容易，而得到广泛应用，如图 6.2.1 所示是鼠笼异步电动机的外形图片。

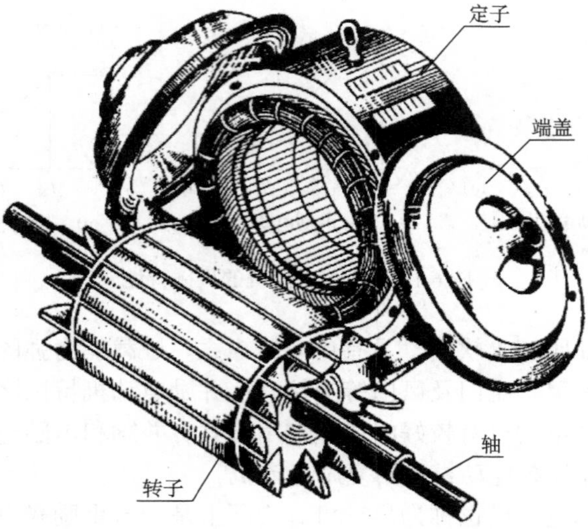

图 6.2.1 三相鼠笼异步电动机的外形

定子的作用是构成磁路的一部分及安装定子绕组，为了减少涡流损耗，定子铁心常用带槽的电工硅钢片叠压而成，定子铁心上的槽用以嵌放定子绕组。定子绕组通以依次间隔 120° 的三相交流电流，产生旋转磁场。

转子铁心既可用于安放转子绕组，又可作为电机中磁路的一部分。通常也用电工硅钢片叠压而成，定子通电后，转子绕组产生感应电势，流过电流，产生电磁转矩。鼠笼式转子绕组结构是在每个转子槽内插入一根导条，在两头的槽口处用两个短路环分别把所有的导条连接起来，如果去掉铁心，整个转子绕组的外形宛如鼠笼，因此得名。

三相异步电动机由于启动容易，结构简单等特点，在飞机上得到广泛的应用。三相异步电动机的工作原理是定子绕组通三相交流电后形成旋转磁场，旋转磁场与在转子绕组内所感生的电流相互作用，产生电磁转矩使转子旋转。三相异步电动机实现电能与机械能转换的前提是产生旋转磁场。旋转磁场产生的原理是学习三相异步电动机工作原理首要弄清楚的问题。关于旋转磁场的基本物理概念请参阅 3.3.1 节的内容。

6.2.2 三相异步电动机的工作原理

三相异步电动机的定子上装有对称的三相绕组，在圆柱体的鼠笼转子铁心上嵌有均匀分布的导条，导条两端分别用铜环接成一体。当对称三相绕组接到对称三相交流电源时，即在定子、转子之间的气隙内建立了以同步转速 n_1 旋转的磁场。由于转子上的导条被旋转磁场的磁力线切割，根据电磁感应定律，转子导条内产生感应电势，若旋转磁场按逆时针方向旋转，如图 6.2.2 所示，根据右手定则，可以判断，图中转子上半部分导体中的电势方向，都是进入纸面的，下半部分导体中的电势都是从纸面出来的。因为转子上导条已构成闭合回路，转子导条中就有电流通过。如不考虑电流与电势的相位差，则电势的瞬时方向就是电流的瞬时方向。根据楞次定律，导条在旋转磁场中，并载有由感应作用所产生的电流，这样导条必然会受到电磁力，电磁力方向用左手定则判定。

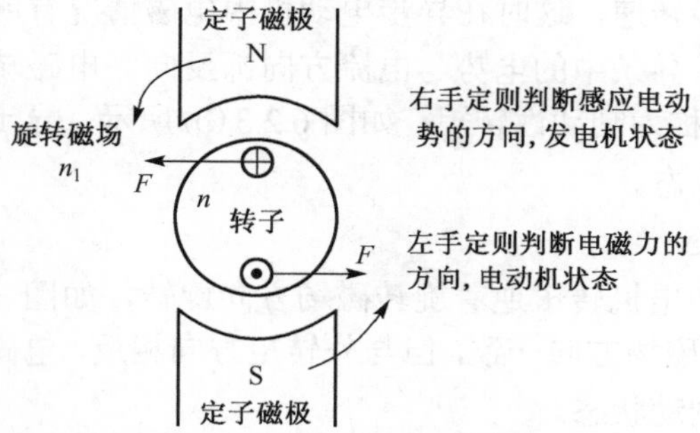

图 6.2.2　异步电动机的工作原理

由图 6.2.2 知，转子上所有导条受到的电磁力形成一个逆时针方向的电磁转矩。于是转子就跟着旋转磁场逆时针方向旋转，其转速为n，如转子与机械负载相连接，则转子上受到的电磁转矩将克服负载转矩而做功，从而实现了能量转换，这就是三相异步电动机工作原理。

6.2.3　异步电动机运行状态

1. 电动机工作状态

如图 6.2.3 所示，异步电动机的转速n不能达到旋转磁场的同步转速n_1，总是略小于n_1，这是由于异步电动机转子导条上之所以能受到一定的电磁转矩T_{em}，关键在于导条与旋转磁场之间存在一种相对运动。如果转子的转速达到同步转速n_1，则旋转磁场与转子导条之间不再有相对运动，不可能在导条内产生感应电势，也不会产生电磁转矩来拖动机械负载。因此异步电动机的转子转速n总是略小于n_1的转速“异步地”转动。“异步”电动机由此得名。n_1与n之差称为“转差”。转差(n_1-n)的存在是异步电动机运行的必要条件，通常用转差率s表示即

$$s=\frac{(n_1-n)}{n_1}\times 100\% \tag{6.2.1}$$

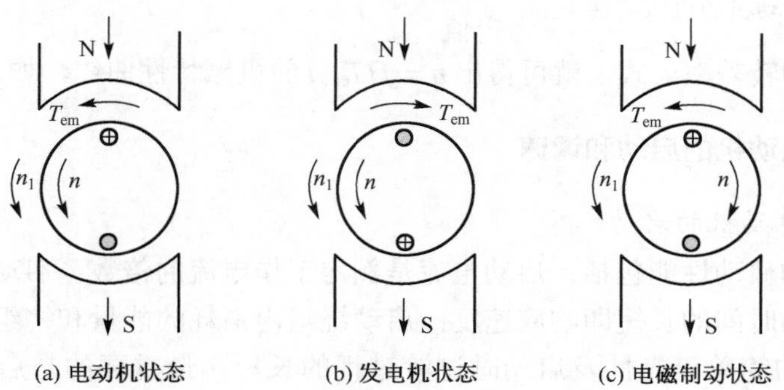

图 6.2.3　异步电动机的三种运行状态

转差率是异步电动机的一个基本参量。一般情况下，异步电动机转差率变化不大，空载转差率在0.5%以下，满载转差率在5%以下。

2. 发电机工作状态

如果用原动机或由其他装置的转矩(如惯性转矩、重力所形成的转矩)去拖动异步电动机，使它的转速超过同步转速，这时在异步电动机中电磁情况有所改变，旋转磁场方向与切割转子导条方向相反，导条中的电势与电流方向都反向。电磁转矩的方向与转子旋转方向相反，则电磁转矩 T_{em} 称为制动性转矩，如图 6.2.3(b)所示。异步电动机由定子向电网输送电功率，处于发电机状态。

3. 电磁制动工作状态

如在外转矩作用下使电机转子逆着旋转磁场方向旋转，如图 6.2.3(c)所示。此时，电磁转矩 T_{em} 方向仍与旋转磁场方向一致，但与外转矩方向相反，电磁转矩对转子转速起制动作用，这种运行状态称制动状态。

6.2.4 三相异步电动机的运行原理

相关内容请扫描二维码观看。

三相异步电动机的运行原理

6.2.5 电磁转矩公式和机械特性

异步电动机上作用 3 个转矩：电磁转矩 T_{em}、空载制动转矩 T_0 和负载制动转矩 T_2。电磁转矩 T_{em} 是由转子电流和气隙中的旋转磁场的基波磁通相互作用产生的；空载制动转矩 T_0 是由电机的机械损耗和附加损耗引起的，负载制动转矩 T_2 是转子所拖动的负载反作用于转子的力矩，关于转矩的公式推导可以参考有关文献资料，这里不再介绍。

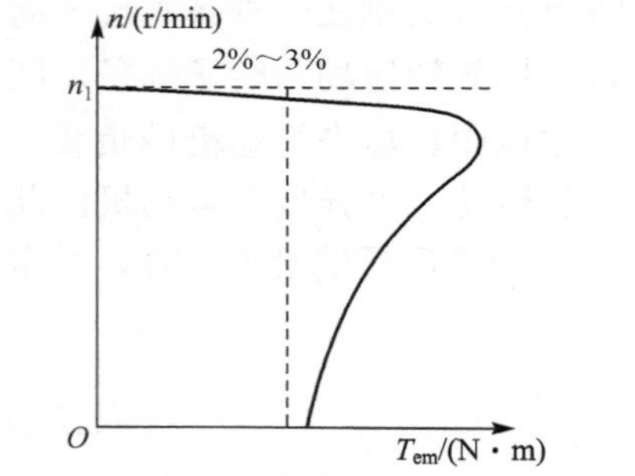

图 6.2.4 三相异步电动机的机械特性

电磁转矩的大小和磁场传递的电磁功率成正比，设转子电流落后于转子电势一个 φ_2 角，即功率因数 $\cos\varphi_2 < 1$，φ_2 越接近 90°，转矩就越小，电磁转矩公式为

$$T_{em} = C_T \Phi_m I_2 \cos\varphi_2 = C_T \Phi_m I_{2a} \tag{6.2.2}$$

式中，C_T 为异步电动机的转矩常数，由电动机的结构决定。$I_{2a} = I_2 \cos\varphi_2$ 也可称为转子电流的有功分量；Φ_m 为旋转磁场中的基波分量幅值，一旦外加电源确定，Φ_m 为定值。

由式(6.2.2)和转差率公式，就可得出 $n = f(T_{em})$ 的机械特性曲线，如图 6.2.4 所示。

6.2.6 三相异步电动机的启动和调速

1. 三相异步电动机的启动

异步电动机的启动性能包括：启动电流是额定工作电流的倍数；启动转矩是额定工作转矩的倍数；启动时间的长短即响应速度；启动绕组内消耗的能量和绕组的发热，即功率损耗；启动设备的简单可靠性及启动时过渡过程的长短；最重要的是启动电流和转矩的大小。

异步电动机启动瞬间，$s=1$，启动电流和启动转矩分别为

$$I_{st}=\frac{U_1}{\sqrt{\left(r_1+\sigma_1^2 r_2\right)^2+\left(x_{1\sigma}+\sigma_1^2 x_{2\sigma}\right)^2}}=\frac{U_1}{z_k} \tag{6.2.3}$$

$$T_{st}=\frac{mpU_1^2 r_2\sigma_1^2}{2\pi f_1 z_k^2} \tag{6.2.4}$$

式中，σ_1 为转子参数折算到定子边的折算系数；r_1、$x_{1\sigma}$ 为定子回路的等效电阻和漏抗；r_2、$x_{2\sigma}$ 为转子回路的等效电阻和漏抗；z_k 为启动时的等效阻抗；m、p 为相数及极对数。

启动方式一般有下列几种。

1) 全压直接启动

全压直接启动就是把异步电动机的定子绕组直接接到额定电压的电网上进行启动。直接启动的优点是操作和启动设备简单，而且启动转矩大，缺点是启动电流大。

2) 降压启动

为了减小启动电流，根据启动电流与端电压成正比例的关系，可采用降低异步电机的输入端电压的方法启动，简称降压启动。降压启动的方法有采用自耦合变压器的降压启动，采用星形三角形连接的降压启动。

现代调压技术一般采用 PWM 方式调节异步电动机的输入电压的大小，而不把电网的交流直接加到电动机的输入端，启动电流和启动转矩容易调节和控制。

3) 增加转子回路电阻启动

增加转子回路电阻启动一般适合于线绕电动机，启动时可在转子回路中串入电阻启动。

2. 三相异步电动机的调速

根据异步电动机的转速公式：

$$n=(1-s)n_1=\frac{60f_1}{p}(1-s) \tag{6.2.5}$$

可见异步电动机的调速方法有以下几种。

1) 变极调速

通过改变定子绕组的极对数 p，以改变定子旋转磁场的同步转速 n_1，从而实现异步电动机的调速。

2) 变转差率调速

当频率 f_1 和极对数 p 不变时，转差率 s 是下列各物理量的函数：

$$s=f(u_1,r_1,x_{1\sigma},r_2',x_{2\sigma}') \tag{6.2.6}$$

式中，$r_2'=\sigma^2 r_2, x_{2\sigma}'=\sigma^2 x_{2\sigma}$，可见要改变转差率 s，可改变括号内的参数，通常改变端电压和改变转子回路的电阻。

3) 变频调速

通过改变异步电动机输入电压的频率 f_1，以改变定子旋转磁场的同步转速 n_1，从而实现异步电动机的调速。除非交流供电的频率可以变化，否则很难控制交流电动机的速度。因此在必须调整交流电动机速度的应用中，电动机只能由变流器供电。随着电力电子技术的发展，采用如图 6.2.5 所示的电路实现对三相感应电机的速度调节。其工作原理是采用三

相桥式整流和滤波把三相交流电变换成直流电，然后采用三相变流器在三相 PWM 脉宽调制信号的驱动下变换成变频交流电，这个变频交流电通入三相感应电动机的定子绕组中，使感应电动机的定子和转子绕组间产生变频的旋转磁场，旋转磁场与转子作用产生力矩使电动机旋转，感应电动机转子的旋转速度受到定子电流频率的控制，因此把转子速度作为负反馈量反馈调节电动机的转速。近年来关于这方面的研究文献很多，可以参阅。

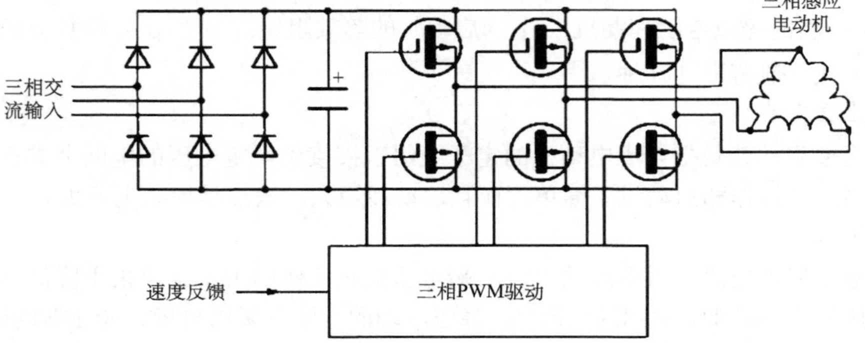

图 6.2.5　利用变流器对感应电动机的调速

从上述分析可知，交流电动机没有像直流电动机那样的碳刷和换向器结构，是成本效益好的方案，但由于转速是由交流供电的频率决定的，这种电动机更适合恒速工作场合。

6.3　两相和单相异步电动机

两相异步电动机一般体积较小，它广泛用于自动控制系统中，作为一种执行元件，因此常称为两相伺服电机，或交流伺服电动机。

6.3.1　交流伺服电动机的工作原理

图 6.3.1 所示是交流伺服电动机的原理图，图中 f 和 k 表示装在定子上的两个绕组。它们的空间位置相差 90° 电角度。绕组 f 由定值交流电压励磁，称为励磁绕组；绕组 k 由控制信号经放大后供电，称为控制绕组，转子为笼型。伺服电动机转动的关键是两相交流电如何产生旋转磁场的。

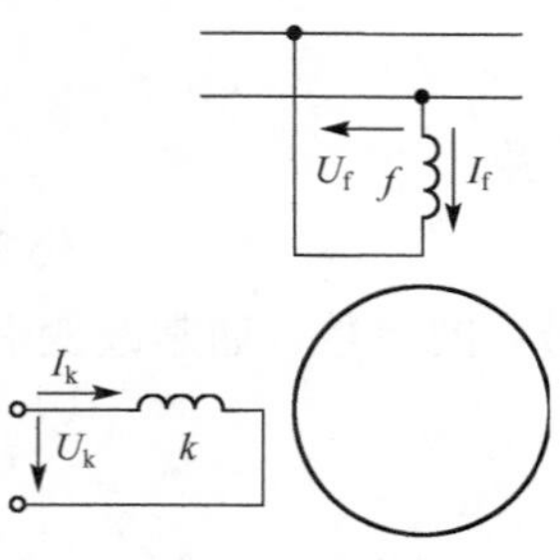

图 6.3.1　交流伺服电动机的原理图

1. 两相旋转磁场的产生

如图 6.3.2 所示，设定子两相在空间相隔 90° 的绕组，AX 中通入交流电为 i_1，BY 中通入交流电为 i_2，i_1 和 i_2 频率相同，振幅相等，相位相差 90°。当电流瞬时值为正时，电流实际流向是 A → X 和 B → Y，电流瞬时值为负时，电流流向为 X → A 和 Y → B，下面分析各瞬间定子磁场的情况。

(1) $t_1 = 0°$ 瞬间，$i_1 = I_{1m}$，$i_2 = 0$，电流方向为 X → A，用右手定则判断，定子产生的磁场方向为由上向下的。

(2) $t_2=90°$ 瞬间，$i_1=0$，$i_2=I_{2m}$ 为正向最大值，电流方向为 $Y\to B$，所以磁场方向是由右向左，与 t_1 瞬时相比，已顺时针转动 90°。

(3) $t_3=180°$ 瞬间，$i_1=-I_{1m}$，$i_2=0$，磁场又转了 90°，产生的磁场方向由下向上。

(4) $t_4=270°$ 瞬间，$i_1=0$，$i_2=-I_{2m}$ 为负的最大值，磁场又转了 90°，转到由左向右的位置。

(5) $t_5=360°$ 瞬间，$i_1=I_{1m}$，$i_2=0$，磁场又转了 90°，转到与 t_1 瞬时一样的位置。

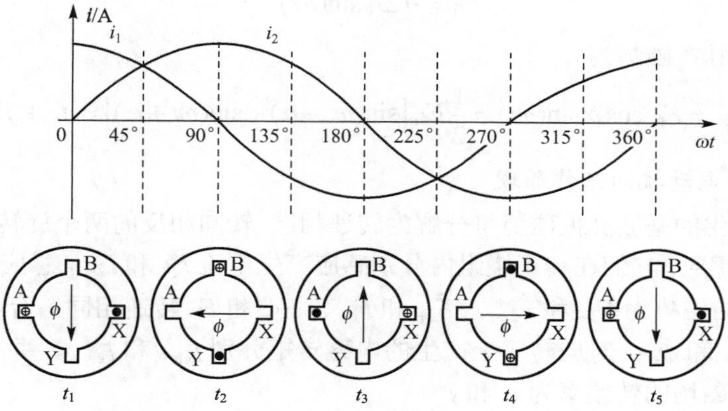

图 6.3.2　两相旋转磁场的产生原理

综上所述，定子所产生的磁场是一对磁极的旋转磁场。与三相旋转磁场一样，同步转速 $n_1=60f/p$。

2. *旋转磁场的转向*

在图 6.3.2 中，控制绕组 AX 的电流 i_1 超前励磁绕组 BY 中的电流 90°，相序为先 A 后 B，转向为顺时针。若将 AX 反相 180°，则相序为先 B 后 A，则旋转磁场的转向变为逆时针方向。当控制绕组的电流为零时，则不能形成旋转磁场，电机应立即停止。

3. *控制方法*

从上面分析可知，转子转动的关键问题是在电机空隙中有旋转磁场。而这个旋转磁场磁通的大小及转向是由励磁绕组和控制绕组上电流的振幅及其相位差决定的。因此，只要改变控制电压的大小及其与励磁电压的相位差就可实现控制。具体控制方法有三种。

1) 幅值控制

使控制和励磁电压保持在相位差为 90°，只改变电压的大小，从而改变旋转磁场的磁通平均值。控制电压越高，控制电流越大，旋转磁场的磁通平均值也越大，转子的转速就越高。

2) 相位控制

控制电压幅值不变，只改变控制电压与励磁电压的相位，从而改变旋转磁场的平均值，以改变转子的转速与转向。控制电压与励磁电压的相位越偏离 90°，旋转磁场的磁通平均值越小，电动机的转速就越低。若控制电压反相 180°，则电机反向。

3) 幅相控制

同时改变控制电压的大小及其与励磁电压的相位差，以改变交流伺服电机的转速与转向。

6.3.2 单相异步电动机的工作原理

单相异步电动机的定子槽内仅放一单相绕组，转子多为笼型。它广泛用于自动控制及家电产品中。

1. 单相交流电动机的脉振磁场

定子单相绕组内的电流为

$$i_1 = \sqrt{2}I_1 \sin(\omega t) \tag{6.3.1}$$

每相的基波脉振磁势为

$$f_{\phi 1} = F_{\phi 1} \cos\alpha \sin(\omega t) = \frac{1}{2} F_{\phi 1} \left[\sin(\omega t - \alpha) + \sin(\omega t + \alpha)\right] = f_+ + f_- \tag{6.3.2}$$

2. 单相异步电动机的工作原理

定子电流产生的基波脉振磁势可分解为转速相同、转向相反的两个旋转磁势，如图6.3.3所示。通过电磁感应，它们在转子绕组内分别感应产生电流 $\dot{I}_{2+}$ 和 $\dot{I}_{2-}$，感应电动势为 $\dot{E}_{2+}$ 和 $\dot{E}_{2-}$，转子产生的磁势为 $\dot{F}_{2+}$ 和 $\dot{F}_{2-}$。$\dot{F}_{2+}$ 和 $\dot{F}_{1+}$、$\dot{F}_{2-}$ 和 $\dot{F}_{1-}$ 转速相同，合成产生每极气隙磁通，分别为 $\dot{\Phi}_+$ 和 $\dot{\Phi}_-$，对应转子上产生的电磁转矩分别 T_{em+} 和 T_{em-}，并令转子相对于气隙正、反转旋转磁场的转差率为 s_+ 和 s_-。

由于定子绕组的脉振磁场可分解为正、反两个旋转磁场。转子绕组切割正转磁场相应感应出 $\dot{E}_{2+}$，$\dot{I}_{2+}$。切割反转磁场产生 $\dot{E}_{2-}$，$\dot{I}_{2-}$。$\dot{I}_{2+}$ 和 $\dot{I}_{2-}$ 分别与正转磁场 $\dot{\Phi}_+$、反转磁场 $\dot{\Phi}_-$ 相互作用产生 T_{em+} 和 T_{em-}，总的电磁转矩为

$$T_{em} = T_{em+} + T_{em-} \tag{6.3.3}$$

当转子静止时，T_{em+} 与 T_{em-} 大小相等，方向相反，所以 $T_{em} = T_{em+} + T_{em-} = 0$，即没有启动转矩。如果用外力使转子沿某个方向转动一下，转子就会沿这个方向连续转动。

当 $n=0$ 时，$s_+ = s_- = 1$，$T_{em+} = T_{em-}$ 合成电磁转矩 $T_{em} = 0$，电机不能自行启动。

当 $n \neq 0$ 时，如外力作用使转子转向任一方向旋转，则转子的旋转方向便可认为是正向，和转子同向旋转的磁场即称正序旋转磁场。当转子启动后，由于转子电流的变化，正序磁场比 $n=0$ 时有所增大。和转子反向旋转的磁场称负序旋转磁场，该磁场将进一步被削弱。于是，合成电磁转矩 $T_{em} \neq 0$，且和转子旋转方向相同，故电机能持续旋转。

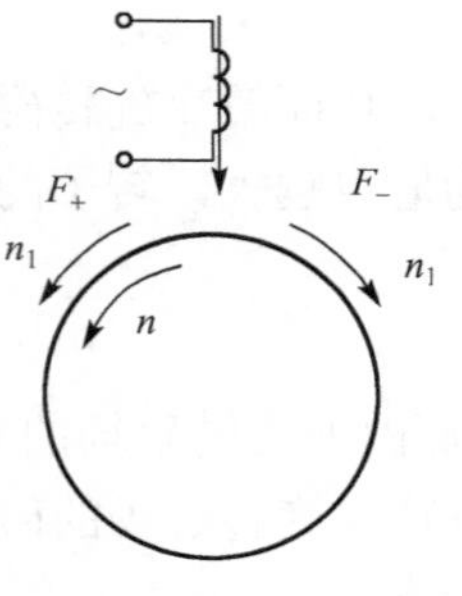

图 6.3.3 基波脉振磁势分解

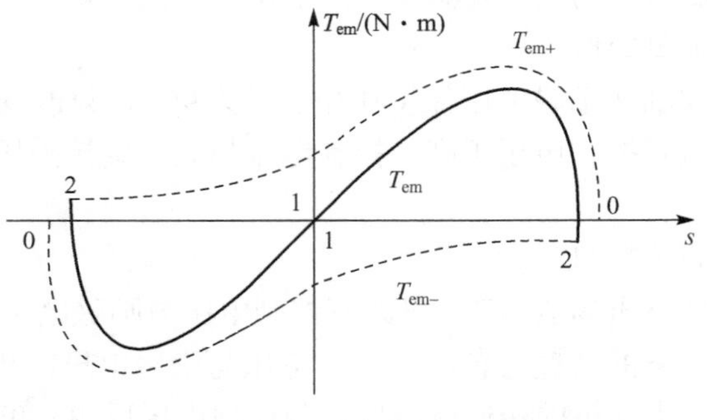

图 6.3.4 单相异步电动机的转矩-转差特性

设转子转速为 n，正向同步转速为 n_1，则转差率为

$$s_+ = \frac{n_1 - n}{n_1} \tag{6.3.4}$$

正转电磁转矩 T_{em+} 与正转差率的关系 $T_{em+} = f(s_+)$ 与三相异步电动机一样，如图 6.3.4 曲线 1 所示。但对反转磁场而言，电动机的转差率应为

$$s_- = \frac{n_1 - (-n)}{n_1} = \frac{2n_1 - (n_1 - n)}{n_1} = 2 - s_+ \tag{6.3.5}$$

反转电磁转矩与反转转差率 s_- 的关系为 $T_{em-} = f(s_-) = f(2 - s_+)$ 和 $T_{em+} = f(s_+)$ 完全一样，不过 T_{em+} 为正值，而 T_{em-} 为负值，且两转差率之间有 $s_+ + s_- = 2$ 的关系，$T_{em-} = f(s_-)$ 如图 6.3.4 曲线 2 所示。曲线 1 和曲线 2 分别为正、反转机械特性，它们对原点对称、单相异步电动机的机械特性 $T_{em} = T_{em+} + T_{em-} = f(s)$，如曲线 6.3.4 所示。由图可看出，单相异步电动机有两个特征：

(1) 当电动机不转，$n = 0$，$s_+ = s_- = 1$ 时，合成转矩 $T_{em} = T_{em+} + T_{em-} = 0$，电动机不能自行启动。

(2) 若用外力推动向正向或反向旋转，即 s_+ 或 s_- 不为“1”时，合成转矩不为零，去掉外力，电机就会转动而不停止。

3. 常用的单相异步电动机

相关内容请扫描二维码观看。

常用的单相异步电动机

6.4　电动机在飞机上的应用

电动机是飞机上数量多而广的用电负载，根据相应的飞机系统要求，当需要原动力去驱动阀或作动器从一个位置到另一个位置的场合，显然要应用电动机，根据电动机的运动形式，其典型应用如下所述。

(1) 直线式作动：用于发动机控制的电动位置作动器，用于飞行控制系统配平的作动器电动机都是做直线运动的。

(2) 旋转式作动：用于襟翼、缝翼操纵的电动位置作动器。

(3) 控制阀作动：燃油控制阀、液压控制阀、空气控制阀、辅助系统控制阀的电作动。

(4) 启动机电机：发动机、APU 和需要助力达到自主工作的启动装置。

(5) 泵：用于燃油泵、液压泵和辅助系统加压的原动力装置。

(6) 陀螺仪表电机：用于使飞行仪表和自动驾驶仪的陀螺仪运动的动力装置，不过在现代航空电子系统中，固态陀螺传感器应用越来越多，所以不需要交流电源。

(7) 风扇电动机：为给乘客和设备提供空气而使冷却风扇运转的动力装置。使用电动机的许多场合不是连续工作的，只要求电机在一小部分时间中运转。而其他应用如陀螺仪和冷却风扇电机则在整个工作期间连续运转，故在选择电动机规格时应注意。

直流电机最常用于直线式作动、旋转式作动、燃油阀作动和启动机的功能，随着电力电子技术的发展，与控制电子装置相结合的直流无刷电机正日益获得广泛应用。

飞机上的交流电机最常用的是“感应式电动机”，适合于连续工作的场合，如燃油增

压泵、飞行仪表陀螺和空调冷却风扇等。

需要说明的是，近年来随着功率电子技术的发展，电动机及其控制理论和方法得到了长足发展，主要体现在无刷直流电动机、永磁同步电动机等，在飞机上逐步得到应用和推广。这部分内容涉及的知识面广，需要扎实的理论基础，有兴趣的读者可以寻找更为合适的文献资料进一步研究探讨。

习 题

1. 直流电动机的工作特性包括（ ）。

A. 机械特性、转矩特性和转速特性　B. 机械特性、调节特性和转速特性

C. 机械特性、负载特性和转速特性　D. 调节特性、转矩特性和转速特性

2. 比较直流电动机的机械特性结果是（ ）。

A. 并励电动机为“软”特性

B. 串励电动机为“硬”特性

C. 并励电动机为“软”特性，串励电动机为“硬”特性

D. 并励电动机为“硬”特性，串励电动机为“软”特性

3. 直流电动机中不允许空载或轻载启动的电机是（ ）。

A. 他励式直流电动机　B. 并励式直流电动机

C. 串励式直流电动机　D. 复励式直流电动机

4. 直流电动机的额定功率是指（ ）。

A. 额定电压乘以额定电流

B. 额定电压乘以额定转速

C. 额定电压乘以额定电流，再乘以电机效率

D. 额定电压乘以额定转速，再乘以电机效率

5. 已知直流电动机转速为n，电枢电流为i，电磁转矩为M，电动机的机械特性是（ ）。

A. 当电源电压不变，负载变化时，$n=f(i)$

B. 当电源电压不变，负载变化时，$n=f(M)$

C. 当电源电压改变，负载不变时，$M=f(n)$

D. 当电源电压改变，负载不变时，$M=f(i)$

6. 交流伺服电动机的控制方式有（ ）。

A. 幅值控制和反接制动　B. 相位控制和反接制动

C. 幅相控制和幅值控制　D. 幅值控制、相位控制和幅相控制

7. 三相异步电动机工作时，定子绕组通入交流电产生旋转磁场，转子绕组内产生（ ）。

A. 附加电阻　B. 感应电流　C. 电抗　D. 感应电势和电磁转矩

8. 三相异步电动机的磁场是（ ）。

A. 旋转磁场　B. 固定磁场　C. 脉动磁场　D. 脉振磁场

9. 交流电动机采用电气制动方式是（ ）。

A. 能耗制动和反接制动　B. 能耗制动和反馈制动

C. 能耗制动、反接制动和反转制动　D. 能耗制动、反接制动和发电回馈制动

10. 三相交流异步电动机变频调速时转速n，频率f和转差率s的关系为（ ）。

A. f 越大，n 和 s 越大　　B. f 越大，n 和 s 越小
C. f 越大，n 越大和 s 越小　　D. f 越大，n 越小和 s 越大

11. 单相异步电动机磁场的组成是( )。
A. 脉振磁场　　B. 三相交流电、脉振磁场
C. 旋转磁场　　D. 三相交流电、旋转磁场

12. 单相异步电动机工作时，电磁转矩为( )。
A. 正转电磁转矩 M_1　　B. 反转电磁转矩 M_2
C. 合成电磁转矩 $M = M_1 + M_2$　　D. 合成电磁转矩 $M = M_1 - M_2$

13. 三相交流异步电动机的旋转磁场是由三相交流电产生的，三相绕组线圈在定子铁心中的分布相间( )。
A. 60°　　B. 90°　　C. 120°　　D. 150°

14. 直流电机有哪几种励磁方式？各有什么特点？

15. 什么是直流电动机的机械特性、转矩特性和转速特性？

16. 什么是脉振磁场？为什么单相电动机不能启动？如何解决启动问题？

17. 交流伺服电动机有哪些控制方法？

18. 什么是电机的转差率？试分析电动机在不同的工作状态下的转差率的大小。

19. 一台感应电动机的同步转速为 3600r/min，其实际的转速测定为 3450r/min，计算转差率和转差的百分比。

20. 一台感应电动机有 4 个磁极，交流供电的频率为 400Hz。如果电动机的转差百分比为 2.5%，计算转子的速度。

21. 一台感应电动机有 4 个磁极，交流供电的频率为 60Hz。如果转子的速度为 1700r/min，计算转差的百分比。

22. 试比较直流电动机机械特性的“软”“硬”。

23. 什么是异步电动机的旋转磁场？它的转速与哪些因素相关？

24. 说明交直流电动机在飞机上的应用。

25. 谈谈在现代飞机电气系统中电动机的应用。

第 7 章 飞机操纵系统电气设备

7.1 飞行控制概述

飞机操纵系统是供飞行员对飞机起飞、爬升、巡航、着陆和滑行实施操作的一整套机电或液压设备。所有飞机都受同样的飞行控制基本原理所支配。如图 7.1.1 所示，由操纵设备操纵飞机绕其纵轴、横轴和立轴旋转，就可以改变或保持飞机的飞行姿态。操纵系统的这种作用，是由飞行员人工操纵或由飞行自动控制系统操纵飞机各舵面或调整片而实现的。飞机的飞行控制分为主飞行控制和副飞行控制。

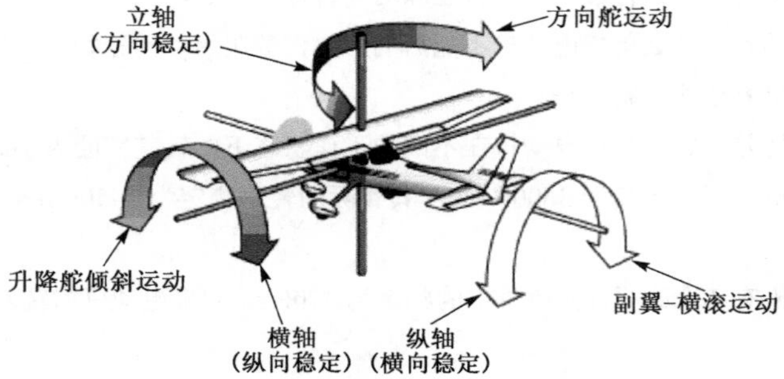

图 7.1.1 飞机操纵轴的转动

7.1.1 主飞行控制

飞机俯仰、滚转和偏航控制称为主飞行控制，典型飞行操纵面实例如图 7.1.2 所示。

俯仰控制由位于尾翼(水平安定面)后缘的 4 个升降舵实现。每个升降舵由专用的飞控作动器独立驱动，作动器由飞机几套液压动力系统中的一套提供动力。滚转控制由 2 块位于每个机翼后缘外侧 1/3 区域的副翼提供。每块副翼由专用的作动器驱动，每个作动器又由飞机液压动力系统提供动力。偏航控制由位于垂尾(垂直安定面)后缘的 3 段独立的方向舵提供。这 3 段方向舵类似于升降舵和副翼的方式驱动。这些操纵装置与飞机偏航阻尼器相连。衰减飞行过程中会出现恼人的“荷兰滚”震荡，这种震荡使飞机后部乘客极其不舒适。

7.1.2 副飞行控制

副飞行控制主要有襟翼、缝翼和扰流板的控制。襟翼控制由位于机翼后缘内侧 2/3 区域的襟翼来实现。在起飞或着落过程中打开襟翼，使襟翼向后向下伸展，增加了机翼的面积和弯度，从而在速度一定时大大增大了升力。对于不同形式的飞机，襟翼段的数目会有不同。每个机翼典型的有 5 段，总共 10 段。

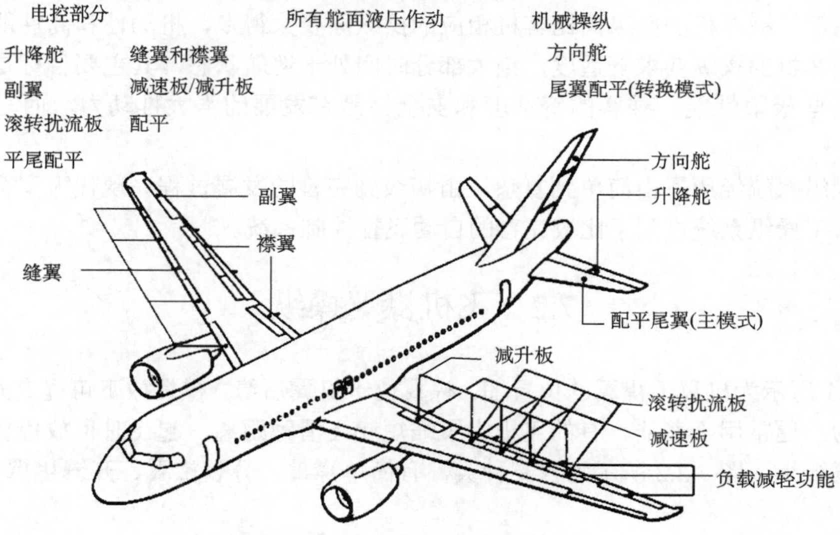

图 7.1.2 飞行操纵面实例(A320)

缝翼从机翼前缘向前向外伸展，与襟翼的工作方式相类似，可增加机翼面积与弯度，从而具有增加总升力的作用。典型的每个机翼可有 5 个缝翼，两侧共有 10 个缝翼。

当机翼上所有扰流板一起伸出时，就相当于减速板打开，它有减小升力和增大阻力的作用。其作用与战斗机上使用的减速板(气动力刹车装置)相类似，它增大阻力从而使驾驶员可迅速调整空速：大多数减速板位于后机身的上部或下部，并可能产生与它们打开有关的俯仰力矩。在大多数情况下，可以在飞行控制系统内自动补偿这一俯仰力矩。

比较图 7.1.2 和图 7.1.3 可知，战斗机与客机之间最大的差异是操纵面大小相对飞机整

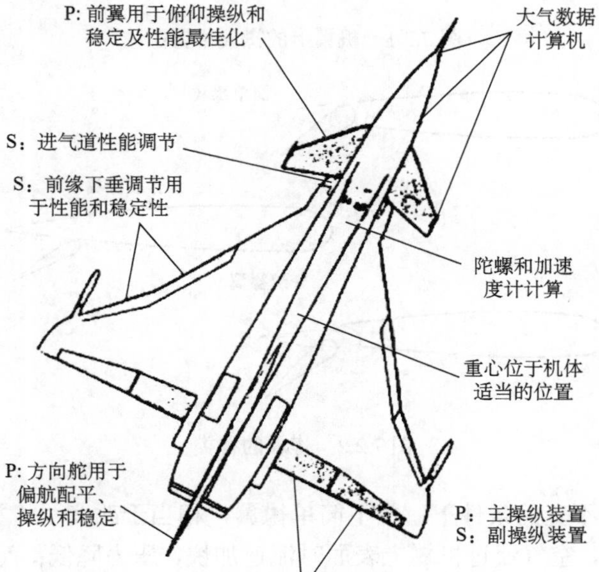

图 7.1.3 战斗机外形及飞行控制操纵面示例

体尺寸的比例，战斗机的操纵面比客机相应的操纵面要大得多，机动性和高性能是必须满足的要求。客机的操纵要求舒适度，绝大部分时间处于巡航状态，其主要目标是燃油经济性而不是一些极限性能，乘客的舒适度和安全性是它发展的强大推动力，而军用飞机则不然。

飞机操纵系统经历了由简单到复杂、由初级到完善的发展过程。现代大型客机，已经由早期的人工操纵系统进到了比较完善的自动飞行控制系统。

7.2 飞机襟翼操纵

图 7.2.1 所示为机翼上襟翼的位置图，襟翼位于机翼后缘，襟翼放下可提高升力，同时也增大阻力，通常用于着陆。有的飞机为了缩短起飞滑跑距离，起飞时也放襟翼，但起飞时放下角度很小。图 7.2.2 所示为襟翼种类，有简单襟翼、分裂襟翼、开缝襟翼等。

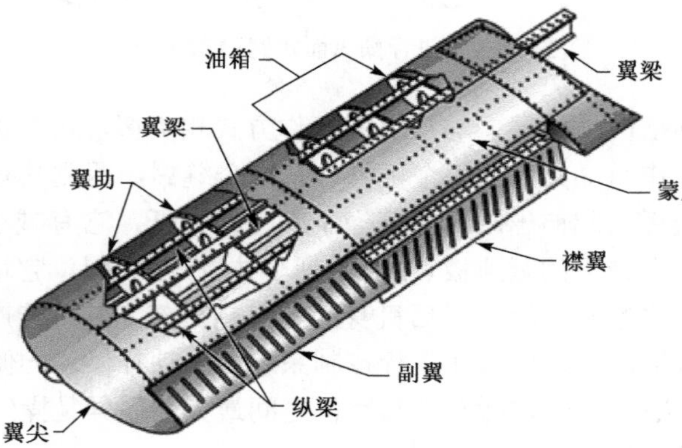

图 7.2.1 机翼上的襟翼位置图

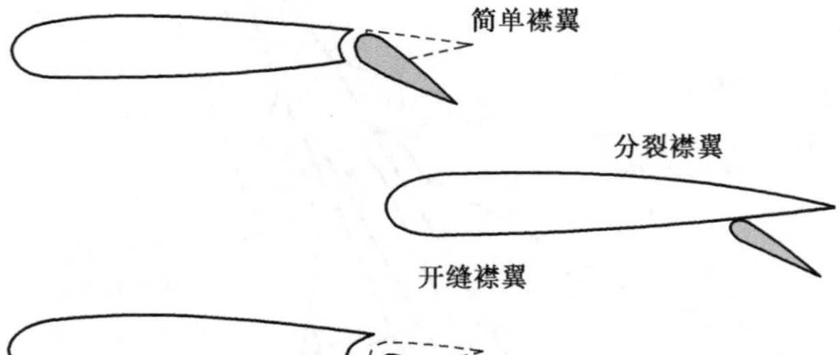

图 7.2.2 襟翼的种类

在机翼迎角保持不变的条件下，放下简单襟翼，相当于改变了机翼切面的形状，使其中弧曲度增大。这样，空气流过机翼上表面时流速加快，压力降低；而其下表面流速减慢，压力提高，使机翼上下压力差增大，提高了升力。而另一方面机翼后缘的涡流区扩大，使机翼前后缘压力差也增大，使阻力同时增大。襟翼放下的角度越大，升力和阻力也增大得越多。如襟翼放下角度较大，这时阻力增大的量比升力增大的量一般要高一些，升阻比减小。在小迎角即放下小角度襟翼时，升阻比略有增大。

飞机型号不同，所装襟翼形式也不相同。襟翼形式很多，常用的有简单襟翼、分裂襟翼、开缝襟翼和后退式襟翼等。

襟翼所在位置对飞行是十分重要的，在自动驾驶仪中，将反映襟翼位置传感器的输出信号给自动驾驶仪 A/P。

通常飞机左右机翼各安装一个襟翼，如果操纵襟翼所需功率较大则由液压作动筒驱动，功率较小的襟翼可用电力操纵系统。如图 7.2.3 所示是襟翼收放工作电路，可用于襟翼的收放控制。襟翼电气系统分为操纵部分、警告部分和为飞机其他电子电气系统提供襟翼位置信号的部分，通过各部分的电门、电磁阀、继电器和信号灯等完成襟翼系统的各种功能。

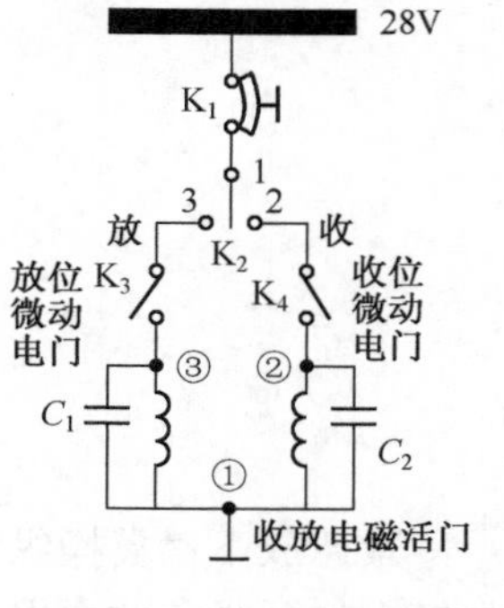

图 7.2.3 襟翼收放工作电路

7.2.1 襟翼收上电路工作原理

接通位于配电板上的保险电门 K_1，将位于中央操纵台上的襟翼操纵电门 K_2 置于“收”位置。机上 28VDC 由应急汇流条经保险电门 K_1 至襟翼操纵电门 K_2 的 1-2 触点，加至装在中翼右侧后梁上的收上位置终点电门 K_4 的触点，最后加至襟翼收放电磁活门的收上线圈②-①而接地。这时收放电磁活门动作后打开收上襟翼的液压油路，把襟翼收上。当襟翼收至 0°时，收上位置终点电门 K_4 两触点断开收上电路。切断收上液压油路使襟翼保持在收上状态。这时，襟翼放下位置终点电门 K_3 的两触点处于接通位置，为放下襟翼操作做好电路准备。

7.2.2 襟翼放下电路工作原理

在图 7.2.3 电路处于襟翼收上的状态下，若将襟翼操纵电门 K_2 置于“放”位置。此时，由汇流条来的 28VDC，将经襟翼操纵电门的 1-3 触点，放下位置终点电门 K_3 的触点加至襟翼收放电磁活门的③-①放下电磁线圈而接地，接通放下襟翼的液压油路，把襟翼放下。当襟翼放到 38°时，放位微动电门 K_3 断开，切断放下液压油路。

在收放电磁活门的两组电磁线圈②和③端分别并接电容 C_1 和 C_2，它们用来减小由于电磁线圈断开电路时产生自感电势在终点电门触点上产生的火花。在大型飞机上，还设有襟翼载荷限制器，它是一种机电装置，当飞行速度很高时用以防止襟翼过度伸出。

7.2.3 紧急放下襟翼工作电路

如图 7.2.4 所示是紧急放下襟翼工作电路，电路用来增加主液压系统管路中的压力，在紧急放下襟翼和紧急刹车时使用，工作电路有三种工作状态。

1. 紧急放下襟翼的控制

接通紧急放下襟翼保险电门 K_3 和紧急放下襟翼操纵电门 K_6。28VDC 由汇流条经保险电门 K_3 和操纵电门 K_6 的 2-1 触点，使紧急液压油泵接触器 J_2 工作，紧急液压油泵电动机 F_1 工作，同时因接触器 AN_1 的活动触点 3 和固定触点 1-2 接通，使紧急油泵工作指示灯 VD_1 燃亮。

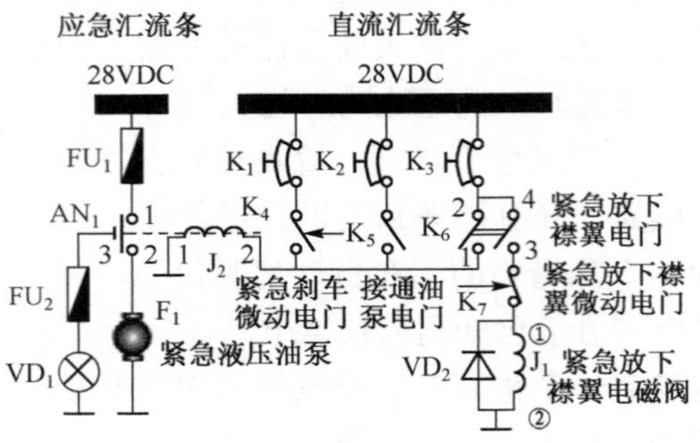

图 7.2.4 紧急液压泵和紧急放襟翼工作电路

紧急放下襟翼操纵电门K_6，4-3 触点接通，使 28V 直流电经襟翼紧急放下终点电门K_7的触点加至紧急放襟翼电磁活门J_1的电磁线圈①-②接地，接通紧急放下襟翼的液压油路，使襟翼放下。襟翼放下之后压断终点电门K_7，断开紧急放下襟翼电磁活门J_1的电路。为防止电磁活门J_1断开电路时产生的自感电势，使终点电门K_7产生火花，在电磁活门J_1线圈两端并联有二极管，用以短路电磁活门自感电势。

2. 正常刹车液压源

接通刹车系统保险电门K_2，接通液压泵操纵电门K_5。使接触器J_2工作，紧急液压油泵F_1工作，同时，紧急油泵工作指示灯VD_1亮，保证向正常刹车系统供压。

3. 紧急刹车液压源的接通

在接通了紧急刹车保险电门K_1的条件下，如需要压动紧急刹车手柄，则将手柄上的微动电门K_4接通，从而接通接触器AN_1，使紧急液压油泵F_1工作，指示灯VD_1燃亮。保证向紧急刹车系统供压，进行紧急刹车。

7.3 水平安定面的操纵和起飞着陆不安全警告

7.3.1 水平安定面的操纵

在飞机的尾部，设有垂直尾翼和水平尾翼。对中小型低速飞机，多数为固定的水平尾翼，在它的后部设有活动的升降舵和升降舵调整片。对于高速的大型飞机，一般为活动的水平尾翼，称作水平安定面，同样在它的后部设有升降舵和升降舵调整片。

水平安定面的作用是当飞机起飞、着陆和受到强烈气流影响时，作为飞机的配平机构保持飞机平稳飞行。水平安定面配平操作的动力源可以是液压动力，也可以是大型电动机机构直接操纵，如波音系列的一些飞机就是用电力操纵的。其控制方式可以是自动控制，也可以是人工控制。人工控制时，一般是利用中央操纵台上的水平安定面配平轮，使水平安定面向上或向下转动到所需要的角度。

有的飞机是采用液压助力系统对水平安定面实施操纵的，即以液压作为动力源，舵面由液压助力器驱动，飞行员通过中央操纵机构和机械传动装置，控制助力器的伺服活门，从而间接地操纵液压使舵面偏转。由此可见，在液压助力系统中，电气设备只参与控制和发送控制信号、警告信号和实施自动控制与调节作用。

图 7.3.1 为一高速飞机液压助力器工作原理图。液压助力器外壳固定在飞机机体上不

动。飞行员操纵驾驶杆，可带动轻小的配油柱塞在助力器腔体内移动，控制Ⅰ、Ⅱ两条液压油路开闭，靠进入活塞内油压推动活塞杆移动，从而带动水平安定面和升降舵偏转。当飞行员向后拉杆时，将使配油柱塞按空心箭头方向(图面向左方)移动。这时柱塞打开了动杆之前堵塞的Ⅰ、Ⅱ号油路。从助力液压油泵输来的高压油通过Ⅰ号油路而进入活塞的左腔内，压动活塞带动活塞杆向右运动，此时，处于右腔内的液压油由打开的Ⅱ号油路通向回油管道。活塞杆向右伸出，一方面能使升降舵前缘向下、后缘向上偏转，使飞机抬头上仰；另一方面也带动配油柱塞并列地向右移动，把打开的Ⅰ、Ⅱ号油路重新关闭，使移动量与向后拉杆量相协调。如果向前推杆，则动作与上述相反。

图 7.3.1 所示操纵系统，装设了一个动力感觉器，用来模拟水平安定面上空气动力的大小，产生适当的杆力。动力感觉器实际上是选定好的一组弹簧，无论推杆或拉杆，总有弹簧受压而给驾驶杆一个受力的感觉。飞行员推、拉驾驶杆，移动的距离越大，水平安定面的偏转越大，飞行员从杆上感受到的力也越大。松开驾驶杆，在动力感觉器弹簧的作用下，驾驶杆就自动回到中立位置。

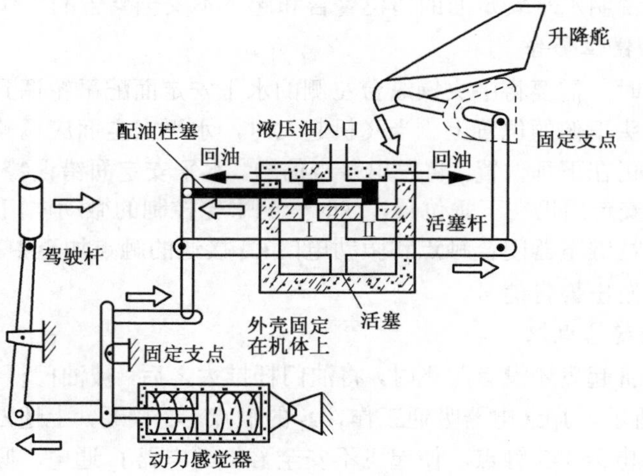

图 7.3.1　升降舵液压助力器原理图

7.3.2　起飞不安全警告

飞机在起飞时，前缘襟翼和后缘缝翼没有放出，或者错误地放出了减速板，而水平安定面处于下垂位置，这是飞机起飞时的四种不安全因素。对于这些不安全因素，都设有错位警告电路，将警告信号加到中央警告系统，从而发出文字、灯光以及音响警告信号。

【例 7.3.1】某飞机的起飞警告系统必须包含马赫数配平信号、减速板位置信号、前缘襟翼位置和后缘缝翼位置信号，它们之中只要一个条件不满足就应报警，同时只要飞机的迎角开关信号和推力手柄控制开关信号任何一个不满足情况也需要报警。请设计逻辑关系，并画出逻辑图，报警采用音响报警。

解　用电路开关接通表示现象存在，可以用逻辑或的条件，即马赫数配平、减速板位置、前缘襟翼和后缘缝翼位置只要有一个开关接通，表示报警条件成立，另外与推力控制手柄开关和迎角开关称为“与门”关系，如图 7.3.2(a)、(b)所示。

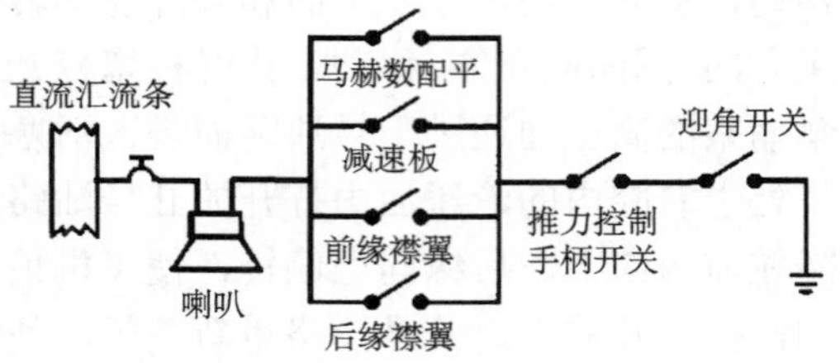

(a) 功能原理图

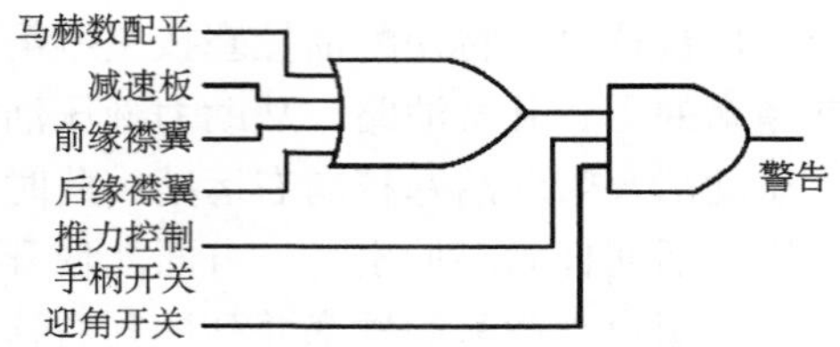

(b) 逻辑原理图

图 7.3.2 起飞警告系统

图 7.3.2(a)中的每个控制器的位置受到监控，受到监控的还有推力控制手柄开关位置和迎角开关的位置。如果监控到一个不安全的起飞位置，警告喇叭就会响起。系统的逻辑原理图如图 7.3.2(b)所示。因为各种飞机的错位警告工作方式多种多样，下面仅举出一个较为简单的电路，说明水平安定面的错位警告和起飞不安全警告的工作情况。

1. 水平安定面错位警告

飞机停在地面时，需要将中央操纵台左侧的水平安定面配平轮调到最前，使水平安定面下垂，停在使机头下俯的位置上。当飞机起飞时，水平安定面应调整在水平位置，如在起飞时水平安定面仍在下垂位置，将发出警告信号。水平安定面错误警告电路如图 7.3.3 所示。在起飞时水平安定面仍在下垂位置，这时受配平轮控制的微动电门 K_4 被压通，从直流汇流条来电经减震柱继电器闭合触点和微动电门 K_4 接通的触点加至中央警告系统，在警告牌的“操纵”窗口发出警告信号。

2. 起飞不安全警告电路

飞机已滑出准备起飞还没有起飞时，将油门杆推大之后，被油门杆控制的微动电门 K_2 压通，如图 7.3.3 所示，J_1 继电器吸通工作，J_1 的触点 1-3 接通，上述四种警告信号来的直流电都可通过 J_1 继电器 1-3 触点，使起飞不安全警告继电器 J_2 通电，吸合其触点，经此触点将直流电加至警告喇叭，警告喇叭发出警告音响信号。所以在准备起飞时，如果发生了上述四种不安全因素，除了使中央警告系统用灯光报警之外，还有音响报警。

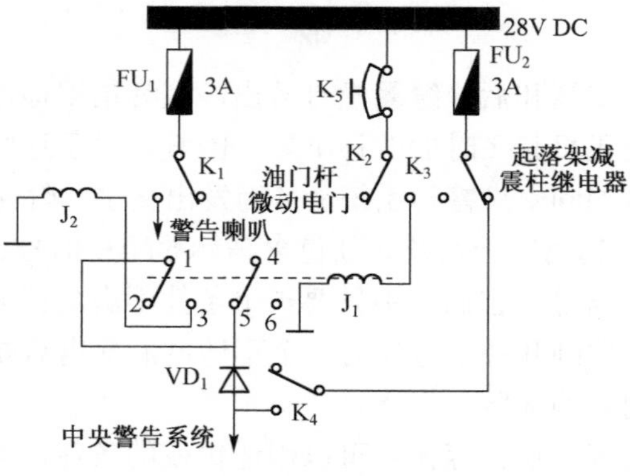

图 7.3.3 水平安定面配平警告电路举例

较大飞机上，需要监控更多的参数，根据逻辑功能设置警告系统，如图 7.3.4 所示。图中的 3 个门电路 A、B 和 C 是与非门，对于 A 和 B，当输入中有一个为低电平时，输出为高电平信号。对于逻辑门 C，它的第 3 个输入端，低电平有效。

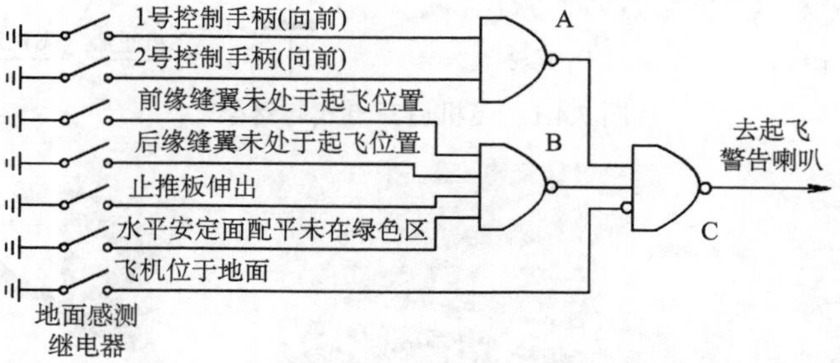

图 7.3.4　警告系统逻辑设置图

7.3.3　起飞音响报警逻辑工作电路

起飞音响报警逻辑工作电路

相关内容请扫描二维码观看。

7.3.4　座舱减压报警逻辑工作电路

座舱减压报警逻辑工作电路

相关内容请扫描二维码观看。

7.3.5　着陆报警逻辑工作电路

着陆报警逻辑工作电路

相关内容请扫描二维码观看。

7.4　起落架收放与刹车防滑系统

起落架是飞机在地面停放、滑行、起降滑跑时用于支撑飞机重量，吸收撞击能量的部件。早期的起落架是由固定的支架和机轮组成的，在飞行中产生很大的阻力。现代飞机除少数小型飞机外，其起落架在飞机起飞之后都收入机身或机翼内。

起落架由主体结构和辅助结构组成，包括带充气轮胎的机轮、刹车装置、减震装置、起放机构、减摆器、转弯机构、警告信号装置等。起落架重量占飞机重量的 2.5%～4%。

起落架按照所在飞机离重心的位置和布局分为前三点式起落架和后三点式起落架，如图 7.4.1 所示为后三点式起落架飞机，后三点起落架比前三点轻，当地面转弯不灵活，刹车过猛时有“拿大顶”的危险，滑行时稳定性差，已经被淘汰。

飞机上使用最多的是“前三点”式起落架，前轮在机头下面，远离飞机重心，两个主轮左右对称地装配在飞机重心稍后之处。这种布局在较高速度着陆时，使用较猛的刹车，飞机不会倒立。飞机着陆和滑行中，飞行员视野宽阔，可阻止飞机在滑行中打地转。

现代大飞机由于重量重的缘故，采用了新的起落架布置方式，如图 7.4.2 所示是 A380 的起落架安装位置图，一共有 5 个起落架，机头下面 1 个，机身 2 个在重心稍后处，机翼 2 个，确保飞机的支撑和着陆稳定，图 7.4.3 是 B787 的起落架外形图。

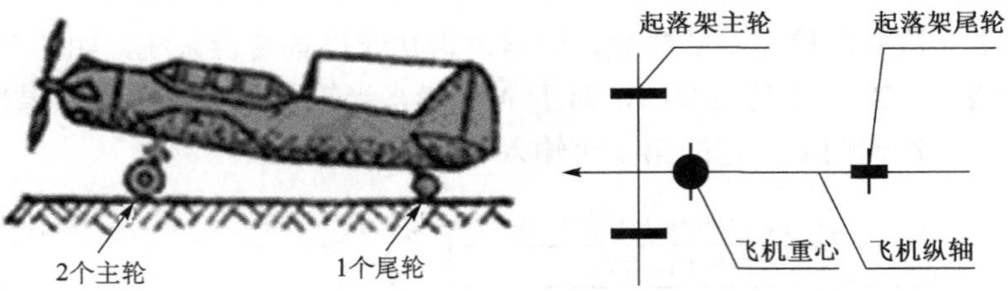

图 7.4.1 飞机后三点式起落架

图 7.4.2 A380 的“前三点式”起落架飞机

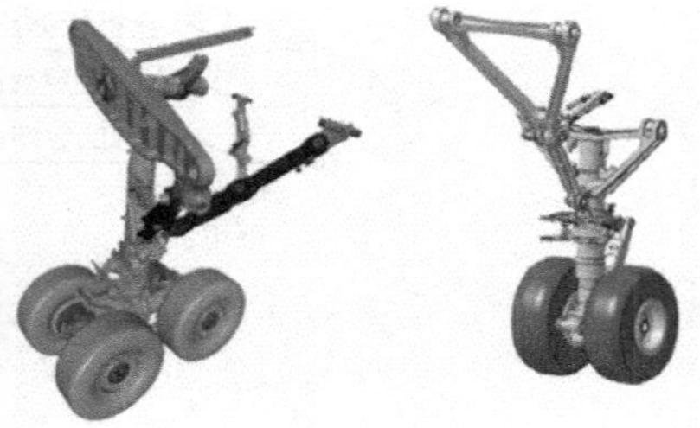

图 7.4.3 B787 起落架外形图

飞机着陆时，在机轮接地瞬间或在不平的跑道上滑跑时，与地面发生剧烈的撞击，除充气轮胎可起一些缓冲作用外，主要撞击能量要靠减震器吸收。减震柱是自身封闭的液压装置，在地面支撑飞机，吸收和减缓着陆时产生的巨大冲击载荷，以保护飞机结构。当减震器受撞击而压缩时，其中空气的作用相当于弹簧，储存能量，而油液则以极高的速度穿过小孔，吸收大量的撞击能量，把它们转化为热能，使飞机落地撞击后很快稳定下来，不会颠簸不止，起落架的收放动力源用液压或冷气，其操纵用电气控制装置来实现。

7.4.1 起落架收放操纵电路

图 7.4.4 所示为利用电气元件操纵液压电磁阀、开关液压油路、驱动液压作动筒对起落架进行收放控制的起落架收放操纵电路图。

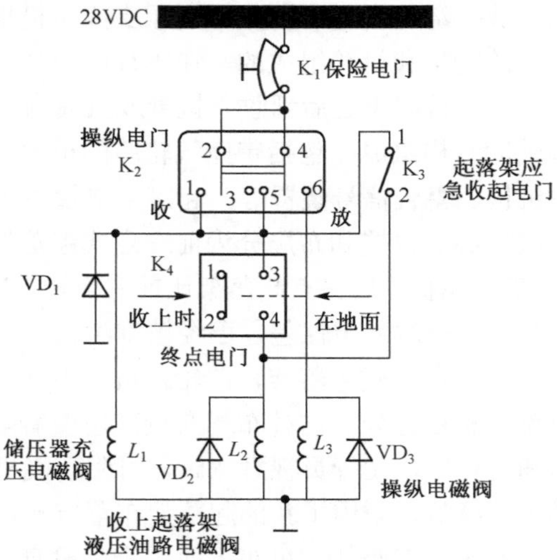

图 7.4.4 起落架收放操纵电路

起落架收放操纵电路主要组成器件有自动保险电门K_1、收放起落架操纵电门K_2、地面连锁终点电门K_4、储压器充压电磁阀线圈L_1，收放操纵电磁阀线圈L_2、L_3，应急收上起落架电门K_3和电磁阀线圈并联的消除自感电势的反并续流二极管VD_1、VD_2和VD_3等。

1. 正常情况在空中收起起落架

接通保险电门K_1，将起落架操纵电门K_2置于收上位置，这时直流 28V 经保险电门K_1和操纵电门K_2，K_2的 1-2 和 4-5 接通，收上触点至地面连锁终点电门K_4触点 3，此终点电门因飞机离地减震柱放松伸开，不再压动此电门，K_4的触点 3-4 接通，电源经此加至收放电磁阀的收上线圈L_2，于是打开收上起落架液压油路电磁阀，将起落架收上。经操纵电门K_2收上触点 1-2 的来电还加至储压器充压电磁阀线圈L_1，使其停止储压，全部压力用于加速收上起落架。

2. 应急收上起落架

飞机起飞后，应将起落架收上。若此时连锁终点电门K_4失效，K_4的 3-4 触点接触不良时，可接通应急收上起落架电门K_3，使起落架收上，减少阻力，以免造成不必要的返航。

3. 着陆前放下起落架

将起落架收放操纵电门K_2放在“放”位置，直流电经K_2电门 4-6 触点加至操纵电磁阀放出电磁线圈L_3，打开放起落架液压油路，将起落架放下。

当飞机着陆轮子接地后减震柱被压缩，地面连锁终点电门K_4受压，使 3-4 触点断开，切断了正常的起落架收起电路，防止在地面时误将起落架收起。但要特别注意，在地面如接通紧急收起落架电门，仍可收起起落架，所以在地面禁止接通紧急收起落架电门。

7.4.2　起落架收放手柄锁控制电路

在有些飞机上对起落架的收放不是用电磁阀控制液压油路的，而是由机械式的收放手柄直接去控制收放起落架的液压开关。但为了防止飞机在地面时误将起落架收起，在起落架收放手柄上设置了电磁锁，在起落架放下后飞机已落地，这时收放手柄被锁在“放下”位置，较好地防止了在地面误将起落架收起的事故。

图 7.4.5 所示为一种飞机起落架手柄锁的控制电路。电路中被控制的是手柄锁卡的电磁铁线圈 M。当飞机准备着陆放下起落架时，起落架收放手柄带动有缺口的锁凸轮置于“放下”位置。电磁铁线圈 M 没有电源时，其铁心端头的锁卡在弹簧力下正好落入有缺口的凸轮上卡入缺口，使起落架手柄固定在“放下”位置而不能移动。

飞机在空中电磁铁线圈 M 是通有直流电的，在电磁吸力作用下，铁心锁卡被吸开凸轮缺口，使手柄可以从“放下”位置自如地移至收上位置。飞机离地在空中时，两减震柱伸出，两个减震柱微动电门K_2、K_6被接通，使两个减震柱继电器线圈J_1和J_2工作而吸合其触点，起落架手柄稍向上一动就使手柄微动电门K_8接通，这时从直流汇流条来电加至电磁铁线圈 M 上，使电磁铁工作锁卡从凸轮缺口中吸出，起落架手柄处于开锁状态。而当飞机落地之后，减震柱继电器断电，其触点断开了电磁铁线圈的电源，带锁卡的铁心在弹簧力作用下卡入凸轮缺口中，锁住手柄固定在“放下”位置。

在地面时，为了检查飞机的需要，在起落架收放手柄的旁边还设有一个人工操控手柄，用它可使电磁锁卡离开凸轮缺口，这时可操纵起落架收上。

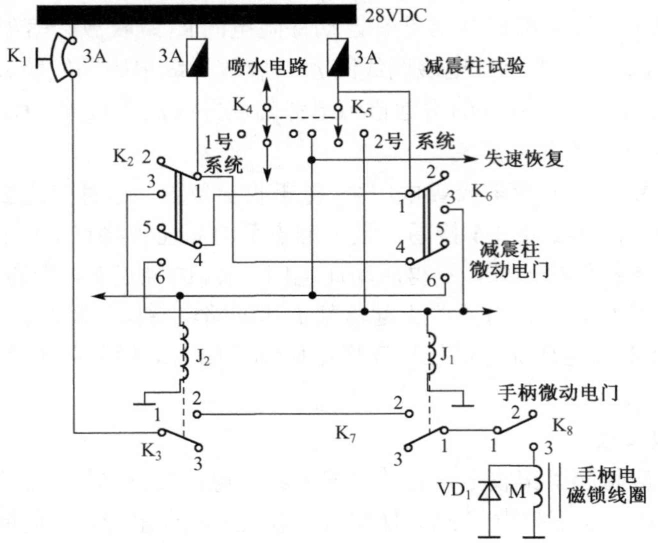

图 7.4.5　起落架手柄锁控制电路

减震柱继电器 J_1 和 J_2，是由减震柱微动电门控制的，在左、右主轮支架上各装一个微动电门，飞机离地时减震柱伸出，微动电门被压通。只要有一个微动电门被压通，就可接通两组减震柱继电器。这些继电器共用时根据需要控制某些设备只在空中工作，或是只在地面工作。当飞机接地之后，减震柱被压缩，放开了微动电门，使这两组 14 个减震柱继电器断电。电路中还设有减震柱试验电门，用于在地面时对这些继电器的工作情况进行检查。

7.4.3　刹车防侧滑系统

相关内容请扫描二维码观看。

刹车防侧滑系统

7.5　失速警告与保护

7.5.1　概述

飞机在飞行中，依靠气流的相对运动，在机翼上产生升力。升力的大小取决于飞行速度和迎角的大小。在一定范围内，迎角增大，升力也增大，当迎角增大到某一值时，可使升力达到最大值，得到最大升力的迎角，称为临界迎角。超过临界迎角之后，升力不再随迎角的增大而增大，相反，升力将迅速减小。

飞机在超过临界迎角之后，升力降低，阻力急剧增大，而不能保持正常飞行。这种现象称为失速。飞机在飞行时，飞行状态多样，飞行速度也有大小，如果飞行员过多、过猛地拉杆，超过了临界迎角，就会造成失速。

飞机是否接近临界迎角，虽然直接观察不到，但也有预兆可察。在飞机接近失速状态时，有下述现象出现：

(1) 飞机抖动并左右摇晃；

(2) 杆舵抖动，操纵杆力变轻；

(3) 飞行速度迅速减慢；

(4) 飞机下降，机头下沉；

(5) 飞机可能突然向一边倾斜。

机型不同，失速的征兆也不相同，有的甚至差别很大，很难得出统一判断是否失速的标准。失速保护系统在失速前向机组人员提供清晰、独特的警告，用于保护系统的主要监测参数是飞机的迎角。飞机的机翼设计成用于产生升力的翼型，翼型术语的定义如图 7.5.1 所示，迎角 α 是翼型弦线与飞机和大气相对运动速度矢量之间的夹角。

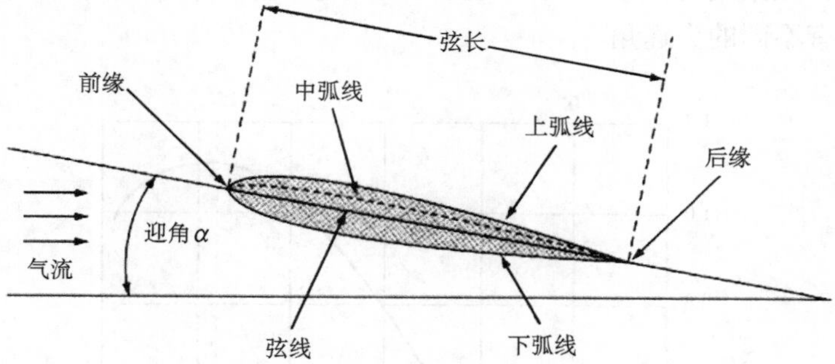

图 7.5.1　翼型术语定义

如图 7.5.2 所示，当气流通过机翼而没有湍流时，称为流线型气流。增加迎角会增加机翼产生的升力，当迎角增加到一定值时，机翼上的气流就会变成湍流，使升力急剧下降，如图 7.5.3 所示，机翼处于失速状态。

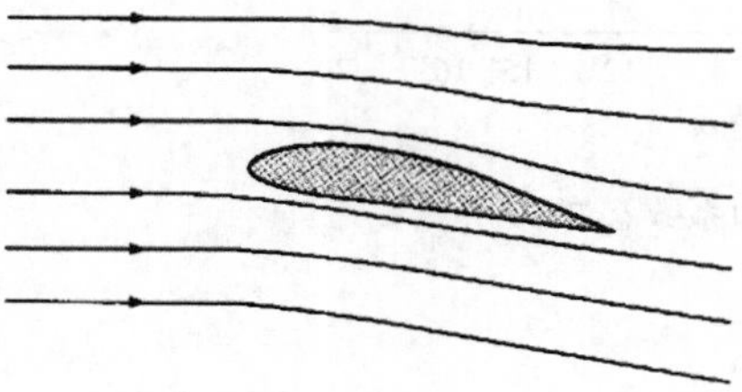

图 7.5.2　流线型气流

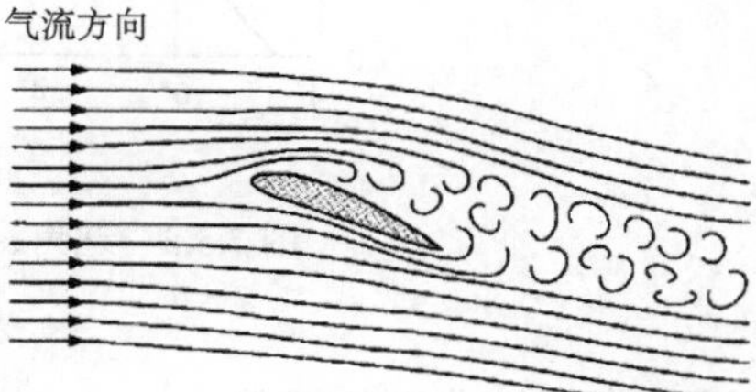

图 7.5.3　翼型失速

需要特别注意的是，翼型会在某个角度失速。飞机的速度与失速角没有多大关系。速度和失速可通过升力公式直接建立关系：

$$升力=\frac{1}{2}\rho v^2 AC_{\mathrm{L}} \tag{7.5.1}$$

式中，ρ 是大气密度 (kg/m^3)；v 是飞机速度 (m/s)；A 是机翼面积 (m^2)；C_{L} 是翼型的升力系数。

如图 7.5.4 所示是俯仰角相同，迎角不同的飞行姿态，对于一个给定的俯仰姿态，飞机可以有不同的迎角 α。飞机的俯仰角 θ 不应与迎角混淆。飞机翼面上的相对气流在飞行中会改变相对于飞机俯仰的方向。

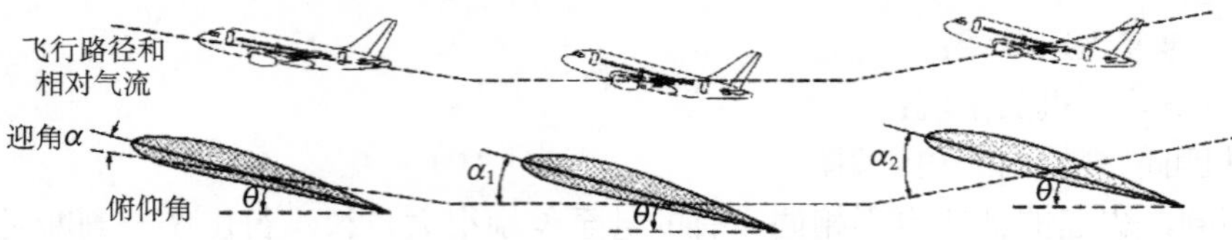

图 7.5.4 迎角和姿态

如图 7.5.5 所示是升力系数和迎角的关系曲线，在正常的飞行迎角范围内，升力系数随迎角成比例增加。如果迎角继续增大，就会达到失速条件。不同的翼型截面有不同的升力系数，因而也就有不同的失速角。

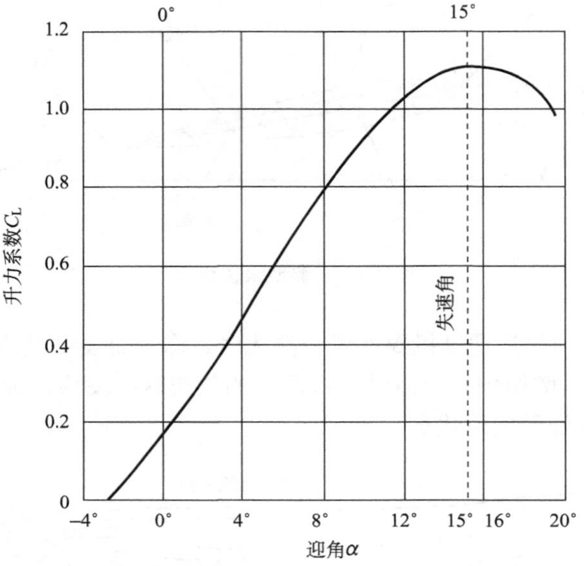

图 7.5.5 迎角 α 与升力系数 C_L 的关系

7.5.2 失速警告系统典型传感器

失速警告系统最基本的探测失速装置是失速传感器，典型的传感器有簧片传感器、叶片传感器、压力传感器及迎角传感器，用于失速前向机组人员提供清晰、独特的警告。

1. 簧片传感器

图 7.5.6 所示为一种用于失速警告的簧片传感器，不需要电源供电，气流从机翼前缘上的一个进风斗导入簧片和喇叭，如果失速前缘气压降低，把空气吸入簧片而振动，从而发出声响，经喇叭放大后，机组人员就可以听到。

2. 叶片传感器

飞机上使用的另一种装置称为叶片传感器，如图 7.5.7 所示，叶片由一个内部弹簧保持在前一位置并与一个微动开关相连。在正常迎角下，叶片被气流顶回，微动开关处于断开位置，如图 7.5.8 所示，随着迎角的升高，开关处的气压降低，叶片最终在弹簧力的作用下向前移动，从而闭合微动开关，进而闭合了警告灯和警告喇叭的警告电路。

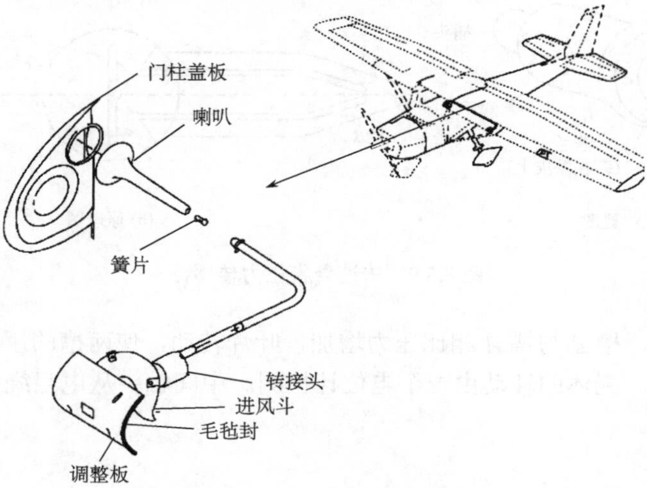

图 7.5.6 失速警告簧片传感器

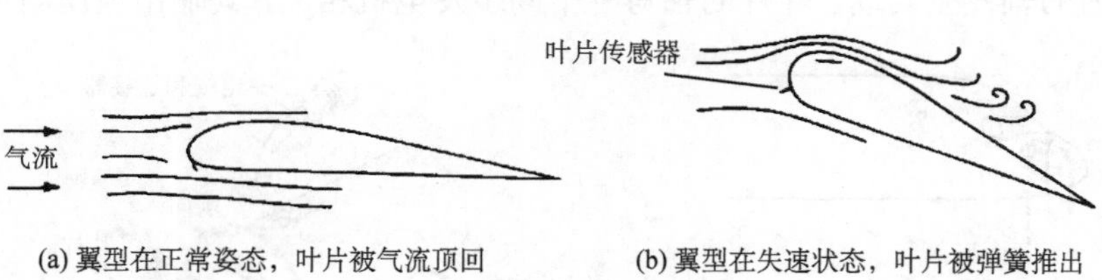

(a) 翼型在正常姿态，叶片被气流顶回　　(b) 翼型在失速状态，叶片被弹簧推出

图 7.5.7 失速警告叶片传感器原理图

图 7.5.8 所示是叶片传感器在飞机上的位置实物图，通常在机翼前缘。

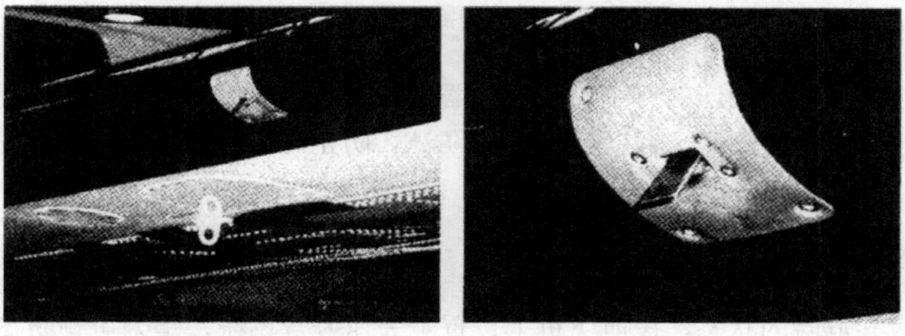

(a) 传感器收进　　(b) 传感器放出

图 7.5.8 失速警告叶片传感器在飞机上的安装

3. 压力传感器

图 7.5.9 所示是基于测量传感器壳体上两点处压力的压力传感器，锥形壳体绕自身的轴转动，槽 A 和槽 B 与一个压力腔相连，压力腔内有一个带转轴的叶片。传感器壳体总是与迎角一致，因为槽 A 和槽 B 给叶片的压力相等，所以锥形壳体也就与迎角保持一致。

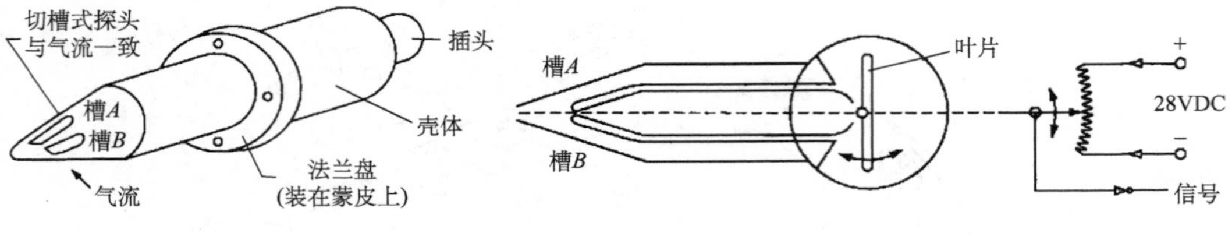

(a) 在机上位置图　　(b) 原理图

图 7.5.9　失速警告压力传感器

如果迎角增加，槽 B 与槽 A 相比压力增加，叶片转动，使两槽的压力相等，从而使壳体重新与气流一致。壳体的转动由一个电位计检测。中间触头从电阻绕组提取一个电压信号，用于测量迎角。

4. 迎角传感器

图 7.5.10 所示是用于测量失速警告信号的迎角传感器，迎角传感器与气流保持一致，这使得壳体内的轴发生转动。叶片的轴与一个同步发电机相连，其输出电压与迎角成正比。

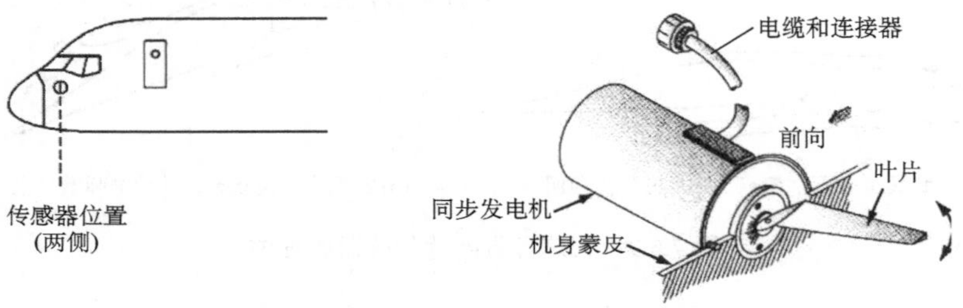

(a) 传感器在机上位置　　(b) 传感器叶片位置

图 7.5.10　失速警告迎角传感器

与迎角传感器叶片相连的一个黏性阻尼器使叶片的运动保持稳定，降低扰动的影响。迎角传感器包含一个加热器，可以持续除冰/防冰，防止冷凝，以降低阻尼器内流体黏性的变化。

7.5.3　失速警告系统工作原理

失速是极其危险的状态，民航飞机上设置了失速警告系统，是为了预防飞行员一旦操纵失误，使飞机接近失速迎角状态时，能人为地发出明显的报警信号，给飞行员有足够的时间及时地解除这一危险状态。

【例 7.5.1】某型飞机在飞行巡航速度减小到接近失速的速度时，飞机有明显而持续的抖动现象。但在起飞，襟翼放下 15°时，或是着陆，襟翼放下 38°时，当飞机接近失速速度时，飞机及驾驶杆并无明显抖动现象。

通常失速警告系统，应在大于失速速度的 7%时发出警告信号。图 7.5.11 中曲线是失速警告迎角与飞行马赫数的对应关系，其中虚线是对飞机气动力计算所得的理论曲线。该曲线表示，飞机在某一马赫数下飞行，当迎角大于曲线对应值时，失速警告系统应当发出警告信号。图中的实线是实际警告系统的工作曲线，它采用折线逼近的模拟方式表示飞机失速警告系统的工作特性。

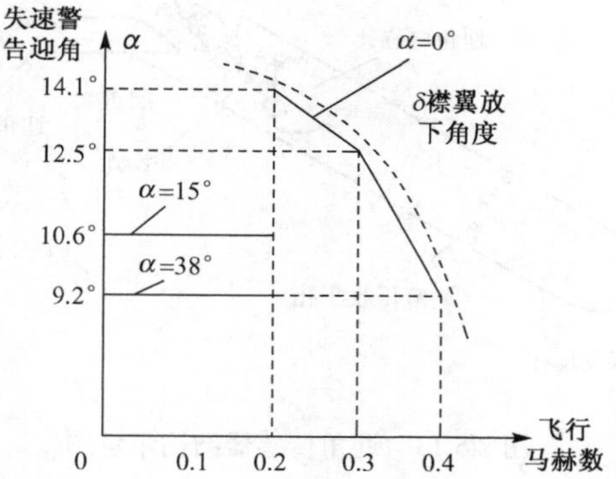

图 7.5.11　失速警告系统工作特性曲线

如图 7.5.12 所示是失速警告系统原理图，主要组成部分有：迎角传感器、马赫数传感器、襟翼位置电门、控制盒、抖杆器、警告灯和耳机。

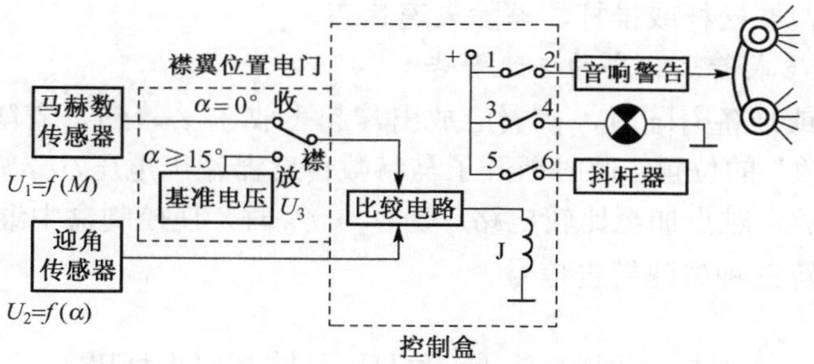

图 7.5.12　失速警告系统原理图

迎角传感器是利用风标受空气动力的作用来感受飞机迎角的变化，改变内部电刷位置，以输出与飞机迎角 α 成比例的电压信号 $U_2 = f(\alpha)$。其原理结构如图 7.5.13 所示，风标是两个小叶片，装在支杆的两侧，可以绕转轴转动。在转轴的一侧装有配重和电刷。配重用来使转轴两侧的重量平衡，防止重力对风标位置的影响，支杆与飞机纵轴平行，有的飞机上此支杆是用全、静压管代替。迎角风标的转轴与飞机横轴平行。在飞行时，迎角一定，电刷在电位计上的位置一定，如迎角增大，支杆前段抬起，风标在空气动力作用下，仍保持与气流方向平行，其支杆与风标相对运动角度，正好等于迎角的变化量。

马赫数传感器是利用膜盒感受全压和静压，并输出一个与马赫数成比例的电压信号 $U_1 = f(M)$，图 7.5.12 所示为失速警告系统的工作原理图。

1. 巡航飞行时的失速警告

飞机在巡航状态飞行时，襟翼处于收上状态，即襟翼放出角 $\alpha = 0°$，这时马赫数传感器输出电压 U_1 经襟翼位置电门的“收”位置加至控制盒的比较电路，迎角传感器输出的电压 U_2 输至比较电路另一端，当 $U_2 \geqslant U_1$ 时，比较电路输出使控制盒中继电器 J 吸通工作。

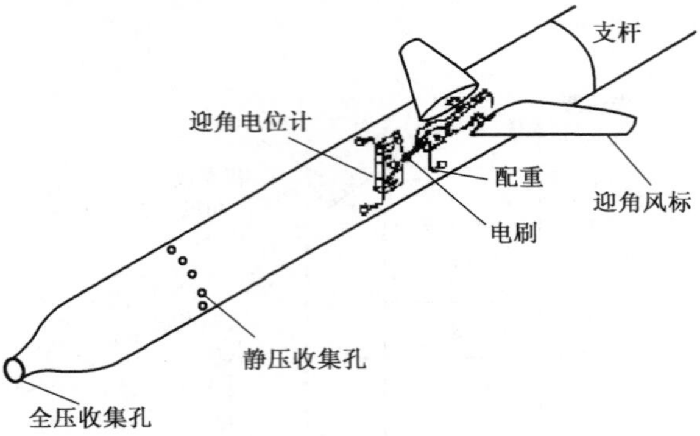

图 7.5.13 迎角传感器结构示意图

继电器 J 的 1-2 触点接通，使音响警告电路工作，加至飞行员的耳机中，发出断续的音响报警信号；

继电器 J 的 3-4 触点接通，使驾驶舱仪表板上的失速警告灯闪亮；

继电器 J 的 5-6 触点接通，使驾驶杆上的抖杆器发出振动频率为 23～35 次/秒的强烈抖动，以警告飞行员，要松杆或推杆，解除失速状态。

2. 飞机处于起飞或着陆状态的失速警告

飞机处于起飞或准备着陆时，襟翼应放出，起飞放在 $\alpha=15°$，着陆放在 $\alpha=38°$，襟翼位置电门放在“放”的位置，此时断开了马赫数传感器输出电压 U_1，而是将固定电压 U_3 经襟翼位置电门“放”触点加至比较电路。当 $U_2>U_3$ 时，使控制盒中继电器 J 接通，发出声响、灯光、抖杆等三种失速警告信号。

7.6 调整片的作用及其控制电路

7.6.1 概述

飞机上任何物体的移动、质量的减少或增减都会引起飞机重心的移动，例如，飞机飞行中要消耗燃油、飞行员要加减油门、收放襟翼、空投物资、改变飞行姿态等都会引起机翼、水平尾翼、机身以及推力等发生变化。

假设飞机飞行一段时间后，消耗机身后部油箱的一些燃料，将使飞机重心位置前移，造成附加的下俯力矩，迫使飞机下俯，为了维持俯仰平衡，飞行员必须向后带杆使升降舵上偏，增大水平安定面的上仰力矩，使作用于飞机的各俯仰力矩之和仍然为零，这样才能保持飞机处于俯仰平衡状态。

对于飞机而言，稳定性问题分为静稳定性和动稳定性两种，其中静稳定性是针对某一飞行状态点而言的，而动稳定性是针对飞机运动的动态变化过程而言的。静稳定是动稳定的基础，只有满足静稳定的时候，才能谈动稳定的问题。悬停稳定性也属于静稳定性的问题。飞机的静稳定性通常是在其姿态、高度和速度一定的条件下来讨论的，也就是上面说的状态点。

如图 7.6.1(a)所示，飞机在发动机拉力 F、升力 L、重力 G 的作用下达到基本平衡，对于常规布局的静稳定飞机，由于重心在升力作用点的前边，此时还需要水平尾翼产生一些负升力 L_t，才能达到力矩平衡。通常尾力臂比较大，所以 L_t 比较小。

分析飞机的静稳定性，通常是在力和力矩平衡的基础上，用小扰动的办法来考察的。即在平衡状态下，假设有一个外部的扰动力矩，如低头力矩附加在飞机上，那么飞机由此也会产生附加的力和力矩，如果附加的力矩趋向于使飞机回到原来的姿态，飞机就称为在该状态点上是静稳定的，反之是静不稳定的。显然，如图 7.6.1 (b) 所示的情况是静稳定的。需要注意的是，在空中飞行时，所提及的力矩都是对飞机重心而言的。

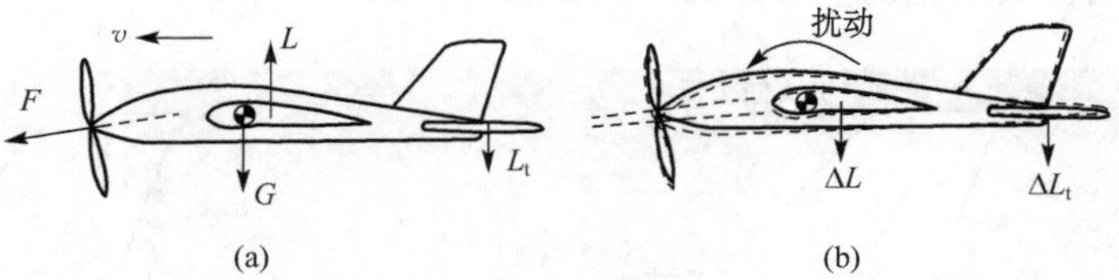

图 7.6.1　用升降舵保持飞机俯仰平衡

7.6.2　调整片的作用

为了减轻驾驶员的体力，不采用飞行员带杆操作的方法保持飞行中俯仰的平衡，一般通过改变装在飞机升降舵、方向舵和副翼上的调整片，如图 7.6.2 所示是飞机尾部的调整片示意图，在方向舵和升降舵上分别安装了一块可以活动的调整片，可以通过给定的参数进行一定角度和方向的偏转，即利用升降舵调整片来使升降舵偏转，以保持飞机的俯仰平衡；利用方向舵调整片可使方向舵偏转，以保持飞机方向平衡。利用副翼调整片可以使副翼偏转，以保持飞机横侧平衡。各调整片保持飞机平衡作用原理相同。

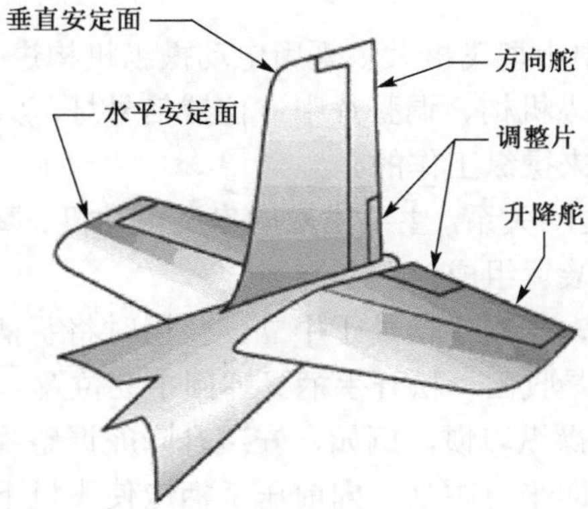

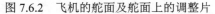

图 7.6.2　飞机的舵面及舵面上的调整片

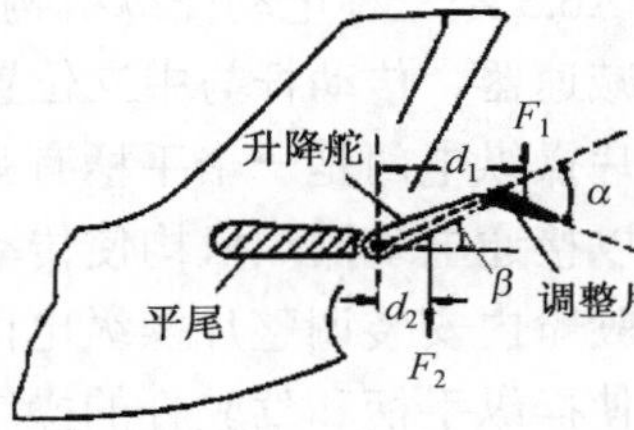

图 7.6.3　飞机下俯时用调整片恢复平飞

以飞机升降舵为例说明调节原理，如图 7.6.3 所示，当飞机出现下俯力矩时，飞行员操纵电门使调整片顺时针偏转角 α 。调整片产生向上升力 F_1，它对升降舵转轴构成的力矩为 F_1d_1，其中 d_1 是调整片重心到升降舵与平尾交接点的距离，为了维持力矩的平衡，升降舵必将产生一个与之大小相等，方向相反的力矩 F_2d_2，即有 $F_2d_2=F_1d_1$， d_2 是升降舵重心到升降舵与平尾交接点的距离。

升降舵逆时针转动后，由于舵面上下的压力差构成了空气动力，对升降舵的转轴构成了另一个向下力矩，使飞机抬头。

当两个力矩平衡时，升降舵就自动保持在某一上偏转角 β 。这就和飞行员向后带杆一样，能保持飞机的俯仰平衡状态。使用这种方法保持平衡，飞行员不用长时间带杆，可以减轻劳动量。

如图 7.6.4 是升降舵和调整片协调工作时的位置图，当机头低头时，升降舵向下转动，调整片则上翘，当机头上翘调整时，升降舵上翘，调整片向下。

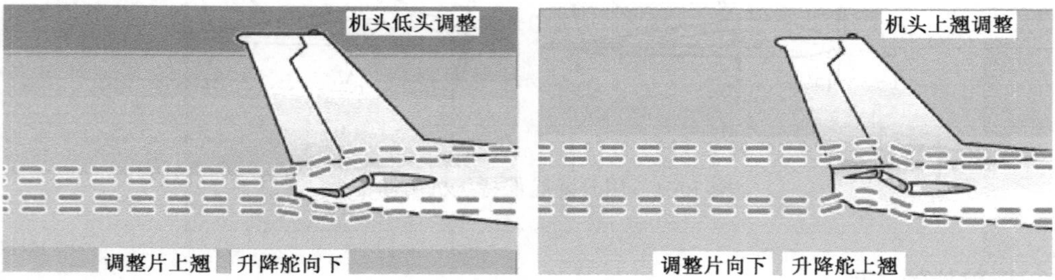

图 7.6.4 升降舵与调整片的协调工作

总之在飞行中，当俯仰平衡受到破坏时，如果机头上仰，飞行员可向上偏转调整片(等效向前推杆)使升降舵下偏一定角度；如果机头下俯，则应向下偏转调整片(等效于向后带杆)使升降舵上偏一定的角度，借水平尾翼力矩作用以保持飞机的俯仰平衡。对于方向舵和副翼的操纵原理与升降舵类似，不再重复。

7.6.3 调整片操纵电路举例

飞机机型不同，调整片的控制方式不同，中小型飞机大多采用电动操纵机构进行操纵，主要电路组成部分是调整片操纵电门、电动操纵机构、调整片中立位置信号灯。大型飞机上则是由自动飞行控制系统通过液压传动机构来操纵工作的。

如图 7.6.5 是一种电动操纵机构的组成和传动关系，主要由双向串励电动机、摩擦离合器、齿轮减速器、传动杆与中立位置信号接触装置组成。

调整片操纵电门是一个手柄有弹性的电门，平时手柄处于中立，使用时将手柄向两侧压动，用以接通电动操纵机构使传动杆伸出或是收回，松开手柄又弹回中立位置。

在驾驶舱内安装调整片操纵电门时要符合操纵习惯，例如，安装升降舵调整片操纵电门时，应使操纵手柄和驾驶杆的操纵相一致，即平时中立，向前压手柄应使飞机下俯，向后压手柄应使飞机上仰。

实现调整片改变转向原理是改变电动机励磁磁场的方向，如图 7.6.5 中的左转励磁和右转励磁，因此操纵电门手柄压向“伸出”触点时，电源经保险丝，经“伸出”接点，到 4 号插钉经过左转励磁到电动机的 B 端，再经过电动机的 A 端到 1 号插钉接地，电动机工作后使传动杆向外伸出；当电门手柄压向“收回”触点时，电源经保险丝，经“收回”接点，到 2 号插钉经过右转励磁到电动机的 B 端，再经过电动机的 A 端到 1 号插钉接地，电动机工作后使传动杆向外收回。当调整片与舵面取齐时，正好是信号接触装置触点接通时刻，中立位置信号灯经 3-1 插钉与电源接通，中立灯亮表示调整片中立。

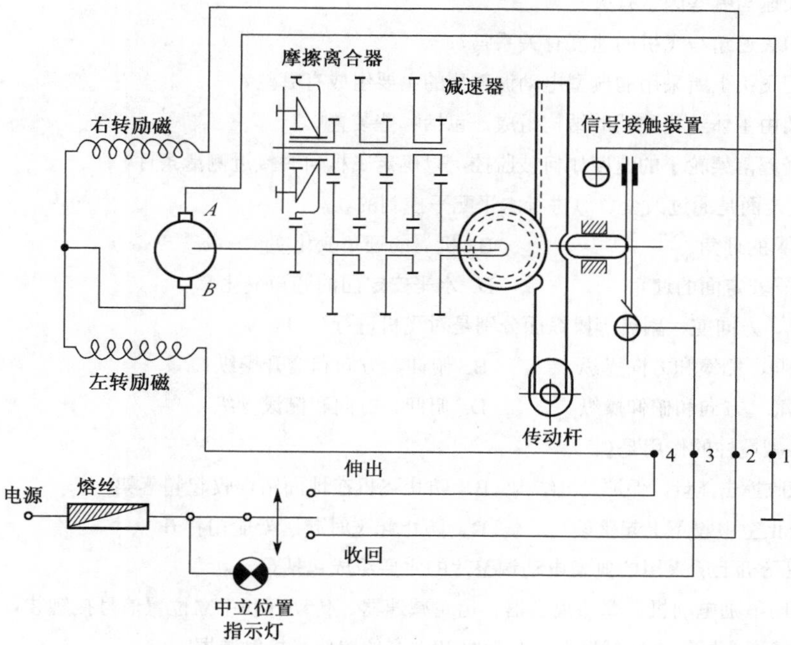

图 7.6.5　调整片电动操纵机构

7.7　飞控作动装置

飞控作动装置

相关内容请扫描二维码观看。

习　题

1. 各种舵面操纵动作实现分为哪几种？

2. 飞机操纵功能的实现应注意什么？

3. 襟翼位于飞机的机翼的什么位置？放下襟翼对飞机的升力、阻力有什么影响？通常用于飞行的什么情况下？

4. 为什么襟翼放下的角度有一定的限制？

5. 水平安定面的作用是什么？

6. 在水平安定面的液压助力系统中，电气设备参与哪些作用？

7. 飞机起飞时有哪四种典型的起飞不安全因素？

8. 飞机起飞时水平安定面应调整到什么位置？

9. 什么是“前三点式”起落架？有什么优点？

10. 分析起落架三种工作状态时的工作原理。

11. 分析起落架手柄锁的控制电路原理。

12. 如何防止起落架在地面被收起？
13. 飞机接近失速状态时有什么现象？
14. 飞机失速与哪些因素有关？
15. 飞机的失速角与飞机的速度有关系吗？
16. 中小型飞机上所采用的典型电动调整片的主要组成有哪些？
17. 起落架由主体结构和辅助结构组成，包括哪些装置？
18. 请解释起落架轮子的速度如何被监控，以确定飞机何时接近侧滑条件。
19. 水平安定面是通过改变（ ）进行水平配平控制的。

A. 机翼的迎角　　B. 机翼的迎角变化率

C. 水平安定面的迎角　　D. 水平安定面的迎角变化率

20. 升降舵、方向舵、副翼等操纵面分别是对飞机进行（ ）。

A. 俯仰、侧滚和方向操纵　　B. 俯仰、方向和增升操纵

C. 侧滚、方向和俯仰操纵　　D. 俯仰、方向和侧滚操纵

21. 起落架减震柱的作用是（ ）。

A. 吸收撞击能量，保护飞机结构　B. 防止飞机在地面错误收起起落架

C. 防止空中收不上起落架　　D. 防止起飞时起落架舱门打开

22. 中小型飞机上所采用的典型电动调整片的主要组成包括（ ）。

A. 双向串励电动机、摩擦离合器、齿轮减速器、传动杆和中立位置信号接触装置

B. 摩擦离合器、齿轮减速器、传动杆和中立位置信号接触装置

C. 操纵电门、齿轮减速器、传动杆和中立位置信号接触装置

D. 操纵电门、摩擦离合器、齿轮减速器和中立位置信号接触装置

23. 解落架操纵手柄电磁锁的作用是（ ）。

A. 避免在空中时，错误地将起落架收起

B. 避免在地面时，错误地将起落架收起

C. 避免在空中时，错误地将起落架放下

D. 避免在空中时，忘记将起落架收起

24. 当起落架未收上并锁好且手柄不在“放下”位，起落架位置指示（ ）。

A. 起落架位置无指示　　B. 起落架位置指示绿灯亮

C. 起落架位置指示红灯亮　　D. 起落架位置指示红灯与绿灯交替闪亮

25. 防滞刹车控制系统由（ ）。

A. 探测组件、控制组件和执行装置组成

B. 控制电路、测试电路和故障隔离电路组成

C. 防滞保护、接地保护和锁轮保护组成

D. 空地信号传感器和轮速传感器组成

26. 飞机调整片的作用是（ ）。

A. 产生升力　　B. 操纵和平衡飞机，减轻劳动量

C. 协助副翼滚转　　D. 作为减速器用

27. 起落架收放常用的动力源是（ ）。

A. 液压或冷气　　B. 电动机构　　C. 机械螺杆　　D. 拉杆与钢索

第 8 章　发动机点火、启动与电气功率提取

发动机是飞机的“心脏”，它的正常启动是飞机完成飞行任务的首要条件，并在发生故障及短时停止运行时，也能立即再次启动继续后续飞行任务。另外在地面还要能对发动机及其工作所需要的电气、油路、点火和调节系统等进行检测与维修。

发动机除了与飞机机体进行接口外，还需要进行全权限的控制系统。发动机和机械、油液与功率提取的接口成为发动机复杂性的标志。

发动机自身有许多需要供电的系统，最主要的是启动、点火与控制系统。在民航飞机上，活塞发动机和燃气涡轮发动机都使用电气启动机。较大的运输机使用来自地面设备或另一台发动机空气交互供给的空气启动系统。活塞式发动机和燃气涡轮发动机上的电气启动系统有很大的差别，还需要为其点火系统提供电能，点火、启动和控制系统需要协调一致地工作。

航空发动机经历了活塞式发动机、涡轮螺旋桨发动机和大型喷气式发动机三个发展阶段，启动方式相应地经历了磁电机式、电动机和空气启动机三个阶段。另外不同类型的航空发动机，启动与点火系统所采用的启动机和点火装置是不同的。点火装置一般有磁电机式点火器、启动点火线圈和高能点火器等类型。发动机的电气和电子系统还包括运行和管理发动机所需的指示系统，主要有转速、转矩、温度、燃料流量和油压等参数的测量和显示。

航空发动机启动系统的作用是使发动机转速从静止状态到慢车工作状态。由静止状态加速到慢车转速的过程称为启动过程。要启动发动机，必须做到：

(1) 用不同类型的启动机所产生的启动力矩来克服发动机的静力矩；

(2) 用点火装置将进入燃烧室的燃油空气混合气均一一点燃。

启动发动机需要使燃油流入，使发动机旋转和提供点火能量等一连串操作顺序。驾驶员参照手册保证正确无误地完成手动操作，或由发动机控制装置自动完成，发动机启动时主要涉及燃油控制装置和油门杆、点火系统、发动机自持及启动顺序等内容。

8.1　发动机点火

发动机的点火类型通常有启动点火线圈、磁电机点火装置和高能点火器等。

8.1.1　启动点火线圈

相关内容请扫描二维码观看。

启动点火线圈

8.1.2　磁电机点火装置

相关内容请扫描二维码观看。

磁电机点火装置

8.1.3　高能点火器

高能点火器向电嘴提供高压电能，以便将发动机燃烧室内的雾化燃油点燃。现代涡轮

风扇发动机都用高能点火器点火。

1. 高能点火器结构

高能点火器主要由晶体管高压产生器、高压整流器、储能电容、放电间隙和高阻值的电阻等组成。所有部件装在一个轻合金壳体和罩子里，构成一个完全密封的装置，以免对无线电设备产生辐射干扰。点火器在机上安装及外形图如图 8.1.1 所示。

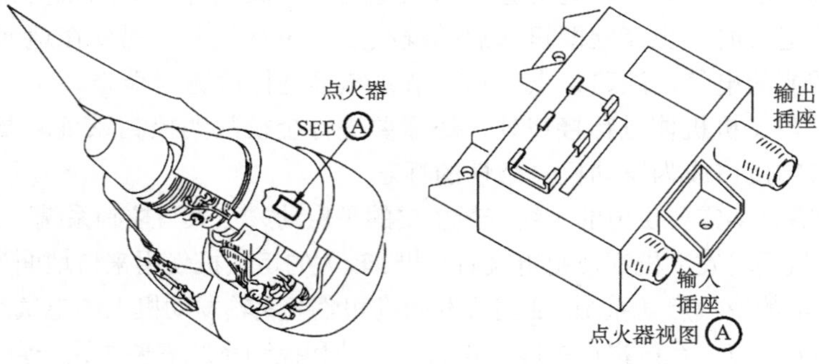

(a) 机上安装　　(b) 外形图

图 8.1.1　高能点火器在机上安装及外形图

壳体上有两个插座：一个为输入插座接到 24V 启动蓄电池；另一个为输出插座(输出约 2000V 脉冲电压)，通过高压导线与电嘴连接。

2. 高能点火器的工作原理

如图 8.1.2 所示是高能点火器的原理框图，当点火系统接通直流电源(通常是航空蓄电池，电压范围为 20～30V)时，滤波电路用于滤掉直流电压上的纹波分量，直流变换器将直流低压变换为高压脉冲电，经整流后对储能电容器充电，电容器的电压达到放电管的击穿电压后，放电管被击穿，储能电容器通过放电管进行放电，半导体电嘴发出电火花用于点燃发动机燃烧室内空气和燃油的混合气体。

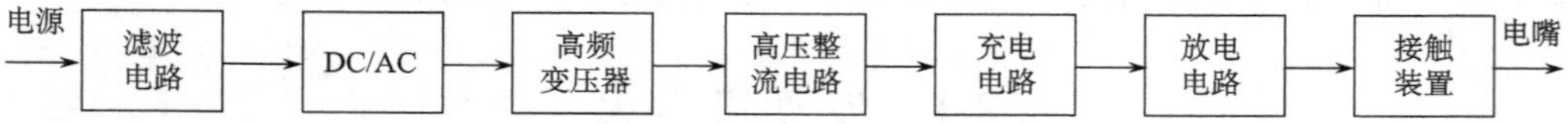

图 8.1.2　高能点火器的原理框图

设计高能点火器的电路拓扑有很多种，如单端正激、单端反激、推挽类等电路，虽然工作电压高，但功率较小。选择单端反激变换器较为合理，如图 8.1.3 所示，主要由晶体管 VT 和高频变压器 T 组成。高频变压器有三个线圈：集电极线圈即初级线圈 W_1、基极线圈即反馈线圈 W_2 和次级输出线圈 W_3。二极管 VD_1 用来防止蓄电池的极性接反。

假设输入为 24V，经 R_1、R_2 分压，$U_{R_2}=0.7V$ 加于晶体管 VT 的 be 结而产生基极电流 i_b。基极电流 i_b 经放大后将有集电极电流 i_c 从零增长，引起 W_1 链合的磁通同样也是 W_2、W_3 链合的磁通增长，结果在各线圈均产生“•”端为正的感应电势。W_2 线圈中的感应电势产生的基极电流 i_b 使晶体管完全饱和导通，如果忽略晶体管 T 的饱和压降，即 W_1 两端承受输入直流电压引起流过集电极电流 i_c 的增长。W_2 上的感应电势 $U_2=(W_2/W_1)\times 24V$，则此

时基极电流 i_b 应有 $i_b = (U_2 - U_{be}) / R_2$，其中 U_{be} 为晶体管的 be 结压降，为 0.6～0.7V。

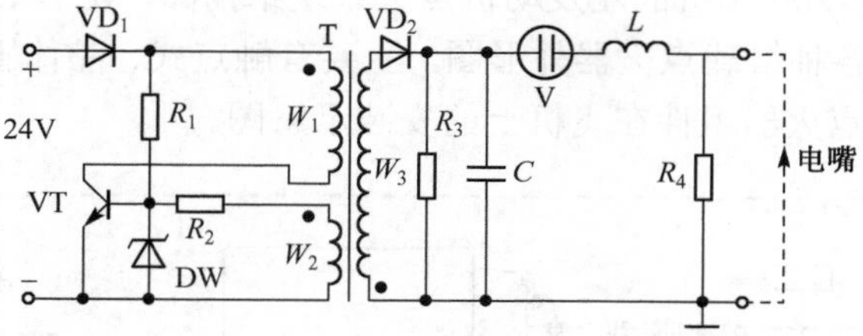

图 8.1.3　高能点火器的原理电路

集电极电流 i_c 增长到 $i_c = \beta i_b$ 时，将停止增长，则各线圈链合的磁通 $\varPhi$ 也停止增长，$\dfrac{d\varPhi}{dt} = 0$，则各线圈感应电势为零，i_b 迅速下降为零，i_c 也迅速下降，此时在各线圈产生“•”为负的感应电势，其结果更促使 i_b 和 i_c 的迅速下降，直至为零。当“•”端为正感应电势时，次级输出电路由于 VD_2 是不通的，实际上此时通过的 i_c 增长，W_1 中电流的增长，给高频变压器储存磁场能量；当“•”端为负的感应电势时，由于 W_1 中电流的迅速消失，磁场能量的迅速释放，W_3 次级输出很高的电压达到 2500V，以后又重新开始另一个振荡周期，振荡频率有几千赫兹或几万赫兹。

(1) C 为储能电容，充电达到 2000V 时击穿放电管 V，变换器输出电压。

气体放电管一般是二极管或三极管，工作电压范围为 75～3500V，有上百种规格，严格按照有关标准进行生产、监控和管理。

(2) V 为密封式气体放电管，高频变压器次级输出达到 2000V 时被击穿，放电管击穿才有输出。这主要是考虑到电嘴上可能有可燃气体燃烧时形成的积炭，对电嘴电极间隙放电，使积炭的影响最小。

放电管常用于多级保护电路中的第一级或前两级，具有泄放雷电暂态过电流和限制过电压作用，其优点是没有击穿前绝缘电阻很大，寄生电容很小，缺点是放电时延(即响应时间)较长，动作灵敏度不够理想，对于上升陡度较大的雷电信号难以有效抑制。

当放电管外加电压达到两极间的间隙放电击穿电压时，间隙气体成为导电状态，导通后放电管两极之间的电压维持在放电电弧所决定的残压水平。

响应时间是放电管的一个重要指标，即从暂态过电压开始作用于放电管两端的时刻到管子实际放电时刻之间有一个延迟时间，该时间就称为响应时间，包括由管子中随机产生初始电子离子到带电粒子所需要的时间，即统计时延；以及初始带电粒子形成电子雪崩所需要的时间，即形成时延。

为了测得放电管的响应时间，需要用固定波头上升陡度 du/dt 的电压源加到放电管两端测取响应时间，并取多次测量的平均值作为该管子的响应时间。

(3) L 为扼流圈，用来延长火花的放电时间。

(4) R_3 为安全电阻，防止连接电嘴高压导线断路时，C 的充电电压过高而危及安全。

(5) R_4 为放电电阻，点火装置断电后，将 C 储存的电能释放掉。

一般取 $R_4 = 4\sim7\,\text{M}\Omega$，而 $C \approx 6\mu\text{F}$，其时间常数 $\tau = R_4 C$ 在 30s 以上，即 VT 处于振荡工作状态是不受其影响的。

3. 高能点火器在飞机上的应用举例

如图 8.1.4 为 B757-200 飞机的左发动机点火系统结构图，配有 2 台高能点火器和 2 个点火电嘴。图 8.1.5 是各种机载点火器外形图，主要有触点式、晶体管式、数字式和交流点火装置等。图 8.1.6 是点火器组件在飞机上的安装示意图。

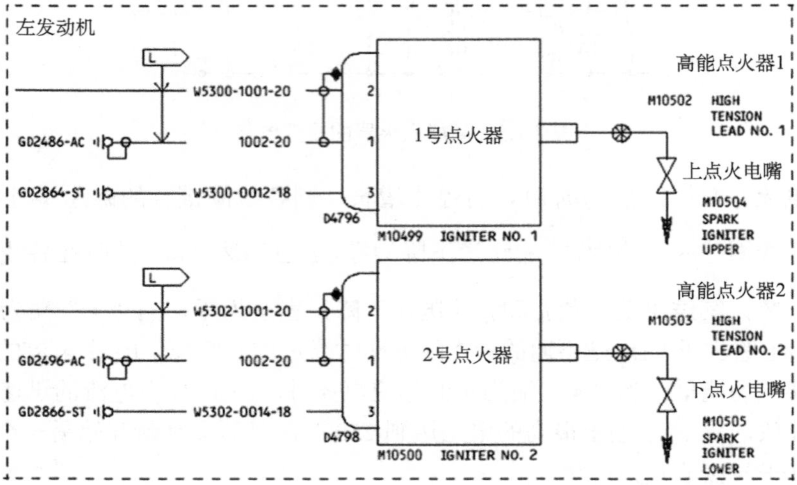

图 8.1.4 B757-200 左发动机点火系统

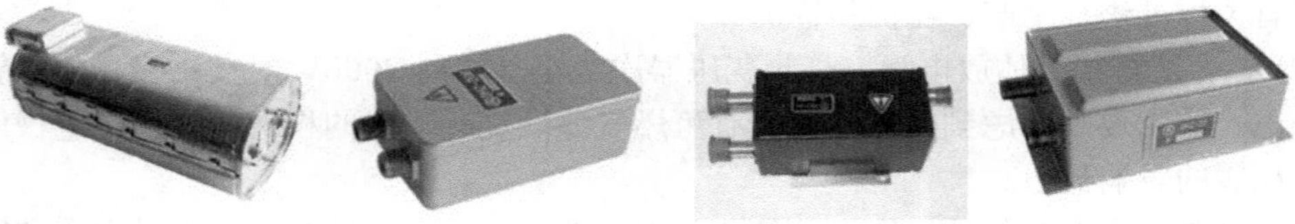

(a)触点式 (b)晶体管式 (c)数字式 (d)交流点火装置

图 8.1.5 各种机载点火器

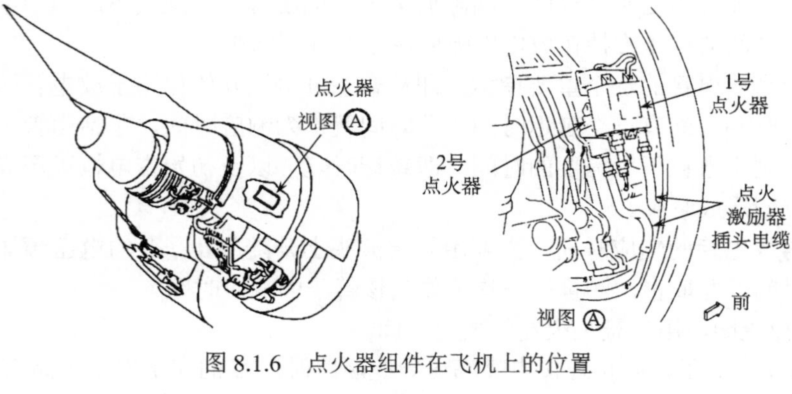

图 8.1.6 点火器组件在飞机上的位置

某点火系统的主要性能参数介绍如下。

(1)工作电压范围：点火系统的工作电压范围为 DC(24～30)V。

(2) 输入电流：在工作电压范围下，输入电流的最大值应不大于 3 A。

(3) 火花频率：点火系统的火花频率为 20～55Hz。

(4) 储能量：点火系统储存能量不小于 0.4 J。

(5) 输出电压：点火装置的输出电压为 3200×(1±10%) V。

(6) 工作规范：工作 6s，休息 20s；连续 6 次为一循环，然后休息 3min，允许连续工作 12s。

4. 使用注意事项

(1) 安装前应把点火装置高压出线管的内外表面与接触装置接触部位擦拭干净，并检查点火电缆是否有表面破损和短路、断路现象。

(2) 产品按外部接线图连接，需注意电源极性，电源极性接反产品不工作。

(3) 点火装置、接触装置和半导体电嘴连接好后，方能通电。如果高压输出端开路，其通电时间不宜超过 5s。长时间通电易导致点火装置损坏。

(4) 产品外壳(安装部位)应良好搭铁。产品在定期检查或调试时，电嘴周围切勿放置易燃、易爆物品，否则会引起爆炸危险。

8.1.4 电嘴

电嘴也称火花电嘴，是安装于发动机燃烧室或气缸内的放电装置。将点火装置中的电能转变为热能，用以点燃发动机内的燃料/空气混合气，是发动机点火系统中的重要元件之一。

火花电嘴又称高压空气间隙电嘴，是利用高电压击穿电极间空气间隙放电产生火花的一种电嘴。其放电过程和一般空气放电相同，当电极间加上电压后，在电场的作用下，气体开始游离，电压继续增大，达到一定值时，气体产生分子雪崩击穿，在空气间隙形成火花。击穿电压随电极间隙和气体压力的增大而提高。火花电嘴主要用于活塞式发动机，也曾用于涡轮喷气发动机，如图 8.1.7 是火花电嘴的结构和外形图。

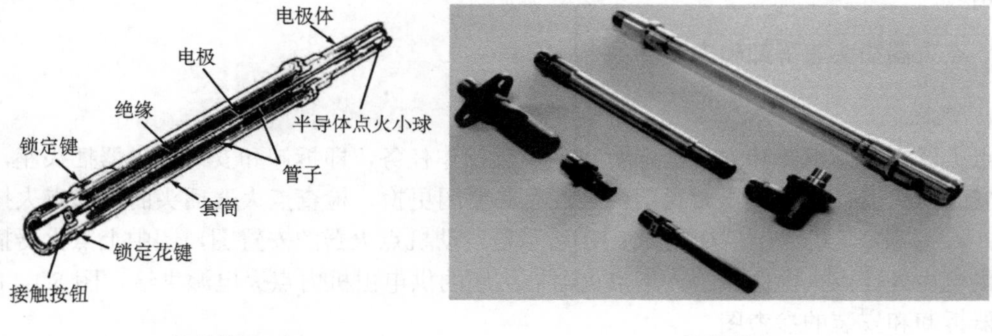

(a) 结构图　　(b) 外形图

图 8.1.7　火花电嘴结构与外形

火花电嘴把磁电机的高能传输给一个气隙，如图 8.1.8 所示是一个新的和用过的火花电嘴图。随着磁电机的电压不断增加，改变了电极之间燃料/空气混合物的状态，气隙间的电压超过燃料/空气混合物的介电强度，混合物就会离子化而导电，使电子通过气隙时，把当前位置的温度提高到大约 60000K，电能变换成热和光沿气隙放电，以电打火的形式出现，并伴随着“啪啪”的声响，点燃了气缸中的燃料混合物。

火花电嘴暴露在高压、高温的恶劣环境中长期工作，性能会逐渐降低，火花电嘴的外壳由高延展性钢材料制成，通过公差很小的螺纹安装到气缸的顶部。由一个挤压铜垫片来完成对高压气体的密封。外壳通过本体与气缸顶部进行电气连接。中间电极把高能传给火花气隙，电极由能够抵抗重复性电打火的材料制成，通常为镍、铂或铱。绝缘体把火花电嘴的内层和外层分开，典型绝缘材料包括云母、陶瓷、氧化铝陶瓷。火花电嘴安装及点火电缆如图 8.1.9 所示。

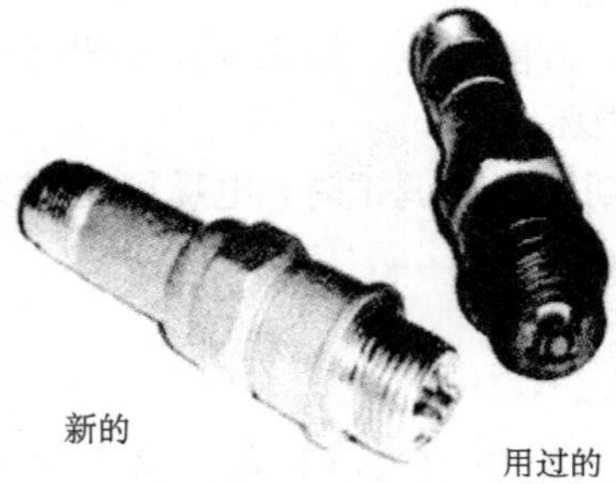

图 8.1.8　火花电嘴(新的和用过的)

图 8.1.9　火花电嘴安装及点火电缆

值得说明的是每个气缸采用两个火花电嘴的冗余设计，当其中一个磁电机出现故障时仍能成功点火，并使燃料/空气混合物燃烧得更有效。火花电嘴的一个重要缺陷是击穿电压随气体压力的增大而升高。击穿电压高，火花能量大对点火不利。但在高空点火时，由于条件恶劣，需要更大的火花能量，但磁势因气压低，释放能量小，对高空电极极为不利。按工作原理和结构分为火花电嘴、高压表面间隙电嘴、电触电嘴和半导体电嘴等，此处不再介绍。

8.1.5　点火器插头座拆卸和安装

1. 概述

点火器插头座拆卸和安装维修实践有 4 项操作任务，即拆卸和安装点火器插头座，拆卸和安装点火器插头盖；需要说明的是没有必要因更换、检查点火器插头而拆卸点火插头器盖；以 B757 飞机为例，如图 8.1.10 所示是发动机点火器的安置图，图中上点火器插头座的供电由外挂点火电源供给，下点火器插头座的供电由机内点火电源供给。图 8.1.11 是点火器拆卸和安装的参考图。

2. 点火器插头的拆卸

(1) 引用文件：中间通风面板 P11。

(2) 检修入口：插头安装处及入口面板处。

(3) 拆卸准备。

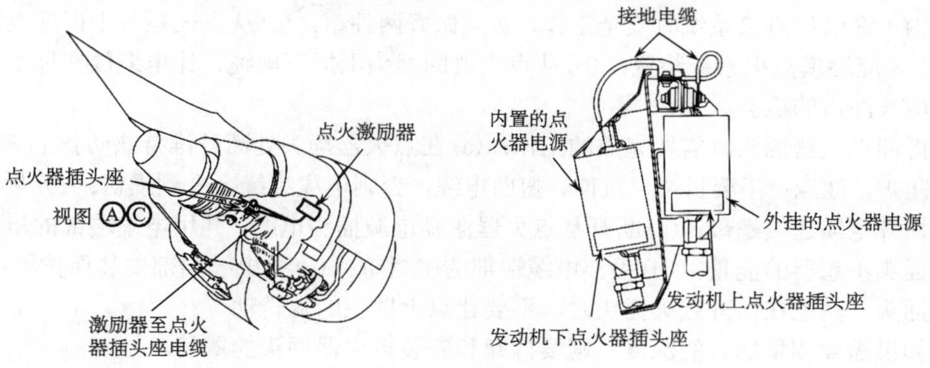

图 8.1.10　发动机点火器安置(B757)

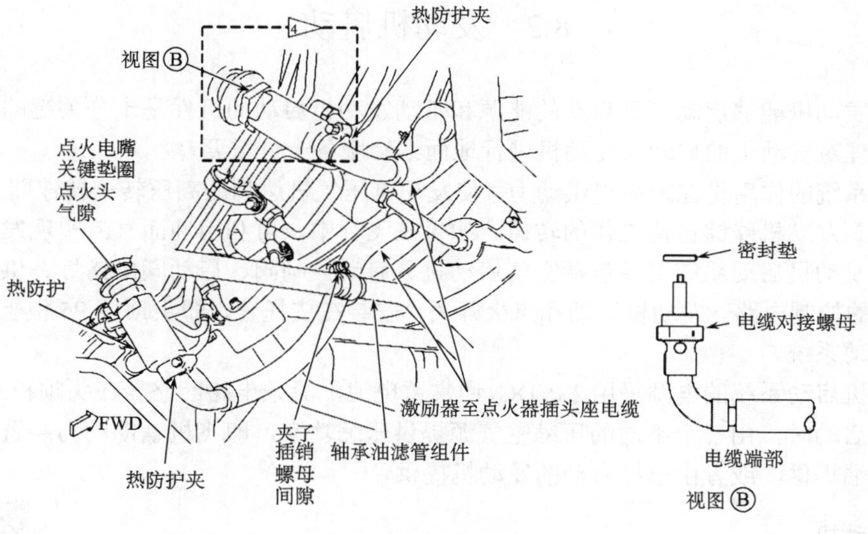

图 8.1.11　点火器拆卸和安装参考图

①对于左发动机，打开头顶板 P11 电路断路器，并在发动机备用点火装置左 1(P11D7)、发动机备用点火装置左 2(P11D8) 及左发动机点火 1(P11L1) 处贴上不要关闭“DO-NOT-CLOSE”的标签。

②对于右发动机，打开头顶板 P11 电路断路器，并在发动机备用点火器右 1(P11D9)、发动机备用点火器右 2(P11D10) 及右发动机点火器 (P11L28) 处贴上不要关闭“DO-NOT-CLOSE”的标签。

③在地面维护时，反向推力停止工作。

④打开右中间通风面板。

警告：不允许在地面做反向推力试验，意外的试验会伤人或损坏设备。

(4) 实施步骤。

警告：接近点火系统时，点火系统的电压非常高，并且容易伤到人。在允许人接近点火系统前，要确认安全措施到位。如果没有做好安全防范措施，可能会引起人的受伤甚至死亡，或者损坏设备。

①为了在维修点火系统时安全工作，必须做好两件事：(a)从点火系统中拆卸电源最少 3 分钟后才能触摸点火系统装置；(b)从点火器的插头上拆下电缆，让电缆放在地上，排除了接收电气冲击的机会。

②拆卸点火器插头时需要完成的工作：(a)在点火器插头处断开维持热防护的夹子，并移开热防护，注意：不要折弯、拉伸、扭曲电缆，否则电缆绝缘会受到损伤；(b)从点火器插头上松开电缆连接螺母；(c)断开从点火器激励电源插头电缆，并用电缆端部的罩子释放掉点火插头不想要的能量；(d)丢弃电缆端部的密封垫；(e)在电缆端部安装保护罩；(f)移开点火插头，注意在松开点火插头时，不要让点火插头的端转动。

③如果需要测量插入的深度，则要拆卸和安装点火器插头的罩子。

关于点火器插座的安装不再详述，可以查阅相关机型的维修手册。

8.2 发动机启动

要使发动机能够启动，则启动的能源和带动发动机启动的机件是十分关键的设备，掌握工作原理对发动机的启动与发动机进行地面维修服务十分重要。

启动系统的作用是在地面提供动力，使发动机压气机达到的高压转子转速即 n_2 转速或在空中达到发动机能够自持工作的转速。如果在飞行中，可利用迎面气流实现发动机的启动。每台发动机启动系统组件包括空气启动机、启动控制阀、启动阀出错灯、供气气流管道、必要的控制电路。发动机启动和点火开关，安装在皮托管，即头顶板 P5 板上，控制着发动机启动系统。

发动机启动系统的电源采用 28VDC，通常蓄电池汇流条电路断路器在头顶板 P11 板上。

地面启动时，由三个不同的压缩空气源提供压缩功率，即飞机辅助动力装置，由地面服务连接端提供，或者由已经启动的发动机提供。

8.2.1 启动机

相关内容请扫描二维码观看。

启动机

8.2.2 发动机的启动顺序和种类

启动期间，必须借助其他力量使发动机旋转，直到燃油被点燃及燃烧室温度足以使发动机可以无须外力下旋转，这称为发动机自持。

借助于空气、电能或化学能来提供发动机的启动，现代飞机常用外部气源或内部的辅助动力装置启动第一台发动机，然后用交叉传动来启动其余的发动机，有些小型发动机，还有如 B787 飞机，采用电启动发动机。

发动机启动可以分为几种，即地面启动、空中启动、冷转和假启动，每种启动都有其特殊的目的，以涡轮螺旋桨飞机发动机启动为例加以说明。

1. *发动机启动工作种类*

1) *地面启动*

飞机出航前或做试车检查时，在地面将发动机从静止状态驱动至慢车转速就是发动机的地面启动。地面启动时，启动电源可有两种情况：一般使用地面电源；用机上电瓶先启动涡轮发电装置。

2) 空中启动

发动机空中停车后，若需再次启动，则将螺旋桨回桨，这时发动机就像一台风车一样，在飞机迎面气流作用下产生自转，所以空中启动不必要用启动机带动发动机转子，只要直接使发动机点火、注油即可启动。

3) 冷转

为排除发动机燃烧室的剩油并作吹风冷却，在进行发动机启动工作时，不注油，不点火，只是由启动机带着发动机空转，称作发动机的冷转。所以，发动机冷转是在发动机第一次启动没有成功，需要作第二次启动之前；或者是飞机停场过久，在正式试车之前需对发动机专门进行的一项工作。

4) 假启动

假启动是用来检查发动机供油系统工作情况的，当燃油系统故障排除后，或发动机启封时，可对发动机进行假启动。假启动的特点是作启动工作时，只注油、不点火。

2. 涡轮喷气发动机的启动

现代飞机主要是涡轮喷气发动机，一般用空气启动机启动，控制气流的活门和各种信号显示装置由电路操纵或计算机控制。启动的关键问题是气源的供给问题，启动工作的种类及其启动工作电路的控制。

1) 启动空气的来源

如图 8.2.1 所示是由空气启动机启动主发动机，启动空气的来源可由地面气源车提供或由 APU 提供，也可由一台已经启动好的发动机提供压缩空气。

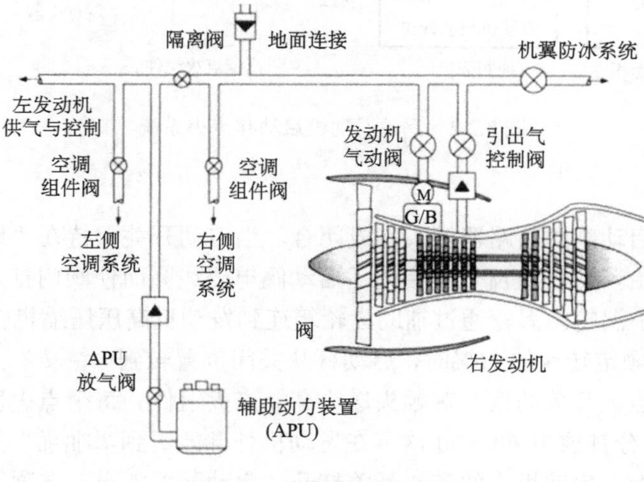

图 8.2.1　典型供气系统

Ⓜ - 空气涡轮起动机；　▶ - 止回阀(NRV)；　⊗ -电动阀；　G/B-发动机附件机匣

使用地面气源车供气时，通过外部连接口把空气经发动机引气阀送到启动阀，或者经隔离阀和发动机放气阀送到启动阀。利用另一台正在运行的发动机时，空气从其放气阀经隔离阀和启动发动机的放气阀送到启动阀。

2) 启动工作情况

以双发动机飞机的启动和点火系统为例，如图 8.2.2 所示涡轮发动机启动和点火系统。座舱头顶面板上有一个启动点火组合面板，带有用于每台发动机的转动开关。对于每台发动机来说，这个开关的操作和功能都完全一样。为了防止开关的意外动作，做任何选择前，这个开关必须按下。如果选择“地面”(GRD)会把 28V 直流电输入给启动开关保持线圈。

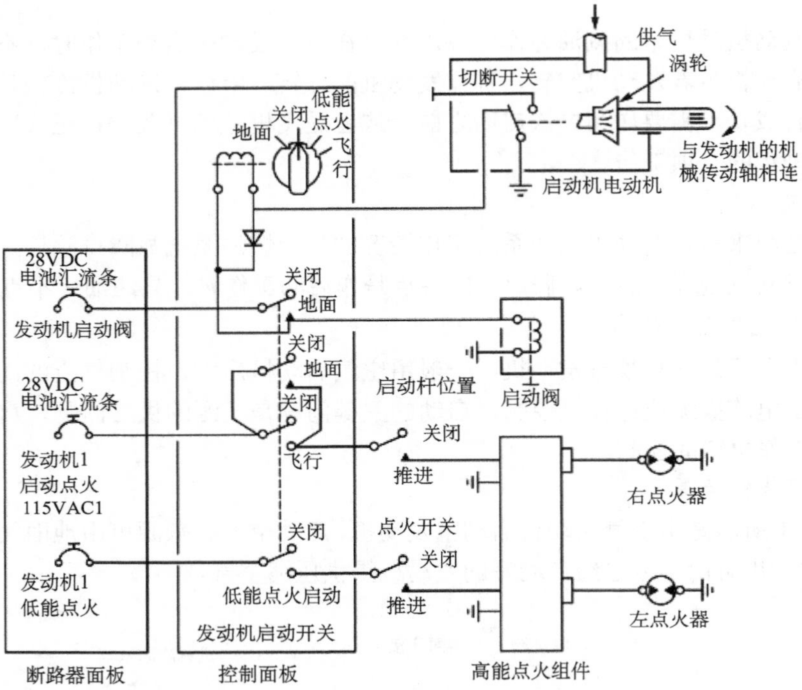

图 8.2.2 涡轮发动机启动和点火系统

(1) 地面启动。

电路经发动机启动阀的断路器触头完成闭合，当启动开关保持在“地面”位置时，地面启动程序已经开始。28V 直流供电启动了启动阀电磁线圈而使阀门打开，提供空气以驱动启动机中的一个小涡轮。涡轮通过辅助齿轮箱连到发动机高压压缩机轴上。

当 n_2 转速达到额定转速的 16%时，启动杆从关闭位置转到“空转”。这样就把 28V 直流通过启动开关和点火开关的第二对触头送给高能点火组件。每个点火器插头以高电量放电(一般为 20J)，1 分钟放电 60～90 次，在发动机外部能听到“啪啪”的响声。在一个预先确定的切断速度上，启动机上的离心开关打开，启动开关断电，在弹簧力作用下返回关闭位置。28V 直流从高能点火组件断开，启动阀电动机转到闭合位置。发动机继续加速到地面空转速度，该速度略高于维持转速，是发动机稳定运转时的转速。双轴轴流式发动机的地面空转速度一般为高压压缩机转速的 60%。

(2) 地面冷转。

冷转的特点是发动机不点火，不注油。只要将发动机启动电门放“地面”位置，启动活门打开，压缩空气驱动空气启动机工作，从而带动发动机转动。由于不提燃油手柄，保障不点火，不注油。冷转结束，松开启动电门，启动机退出工作。

(3) 空中启动。

飞行中如遇发动机熄火，机组人员会尝试发动机的空中启动。这需要对地面启动规程进行调整。由于飞机的前向速度，发动机在风力的作用下将自动转动。启动阀和启动机不会像在地面那样接通。在控制面板上选择“低能点火”(LOW IGN) 和“飞行”(FLT)，直到发动机达到飞行空转速度。控制重新启动只能在一定的空速和高度范围内进行。

(4) 发动机点火工作情况。

低能点火一般为 4J，每分钟放电 30 次，用于起飞、遭遇气流不稳和着陆阶段，如果飞机穿越云层、雨层或雪，应在控制面上选择连续低能点火。闭合转动开关上的触头，把电力送给第二个高能点火组件输入。

麦道-82 飞机每台发动机装有一个点火器、两个电嘴。地面启动、空中启动和超控点火时，两个电嘴同时工作，使用直流电源，能量是 20J；连续点火时，只有 1 号电嘴工作，使用交流电源，能量为 4J。

【维护要点】燃气涡轮发动机的启动顺序为：①产生足够的气流以压缩空气；②启动点火；③打开燃料阀。这个顺序至关重要，因为燃料/空气混合物点燃前，必须有足够的气流进入发动机，以便能够支持混合物的燃烧。

地面启动时，使飞机迎风，会使燃气涡轮发动机容易启动，也有助于发动机的加速，尤其是涡轮螺旋桨飞机。

燃气涡轮发动机有时会出现启动问题，即燃料进入燃烧室但没有点火。这种情况有时被称为“湿启动”。发动机指示系统将指示发动机以正确的启动速度运转，指示燃料流量，以及没有升高的排气温度 EGT。机外人员能从发动机的排气喷口观察到雾化的燃料和蒸汽。

造成湿启动最有可能的原因是高能点火组件/点火器插头有缺陷。其结果是燃烧室没有点火，而有燃料聚集。如果空压机出口的空气足够热，它会点燃燃料，使燃料/空气混合物迅速膨胀，可能导致爆炸，损坏涡轮部件，并在发动机的尾喷口喷出火焰。对这种情况的处理程序是关闭发动机的燃料供应，继续让启动机清除发动机内的燃料。有些启动机面板带有“吹出”选择开关位置，可用于完成这项操作。

3. 发动机启动顺序

发动机的启动过程必须严格按照启动顺序执行，典型的启动顺序如图 8.2.3 所示。

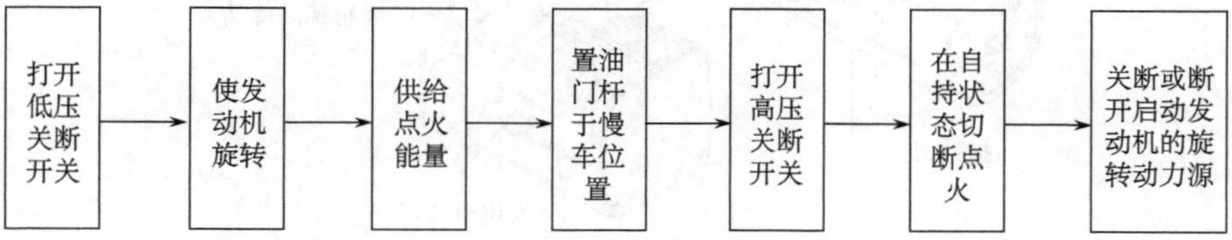

图 8.2.3　典型的发动机启动顺序

为了使驾驶员能监控发动机的启动状态，除了用状态指示灯和警告灯指示“启动进行中”、“启动失败”和“发动机起火”以外，还在指示器上给驾驶员提供发动机转速、温度和压力的信息。

在许多先进的飞机上，启动循环是自动进行的，因而驾驶员仅需选择“启动”就可进行整个程序，而无须进一步地干预。这可由飞行器管理系统完成，或由全权限数字式发动机控制装置 FADEC 完成。

8.3 发动机指示系统

发动机指示系统可以粗略地分为主系统和辅助系统。有些指示系统专用于燃气涡轮、涡轮螺桨或活塞发动机，有些适用于所有类型。主指示包括速度、温度、推力及燃料流量。辅助指示器包括油温、油量、油压和振动等。

各种参数的测量是利用各种传感器来完成的，把需测得的参数，如压力、温度、位移等转换为电信号，发动机仪表的位置通常位于飞行员面板之间。

8.3.1 主指示系统

主指示系统只要指示发动机的速度、温度、压力比、燃料流量和转矩，下面分别介绍。

1. *发动机速度*

发动机速度指示是活塞发动机和涡轮发动机的主指示参数，燃气涡轮发动机通常显示每分钟最大转速的百分比，而不是实际每分钟转数。燃气涡轮发动机的典型速度为 n=8000～12000r/min。燃气涡轮发动机有多达 3 个轴，称为低压（LP）、中压（IP）和高压（HP）。发动机的速度需时刻被机组人员监控，尤其是在启动和起飞期间，以确保没有超过发动机的极限，测量速度的装置常为转速表系统和可变磁阻器件。

1）转速表

转速表指示系统是一个小型三相交流发电机，它通过机械连接与发动机辅助齿轮箱相连。转速表系统用于大多数通用航空飞机，如图 8.3.1 所示，转速表的电压随发动机速度的增加而增加。转速表的输出修正连接到一个动圈式仪表上。发电机的输出被送到指示器内一个三相交流同步机。

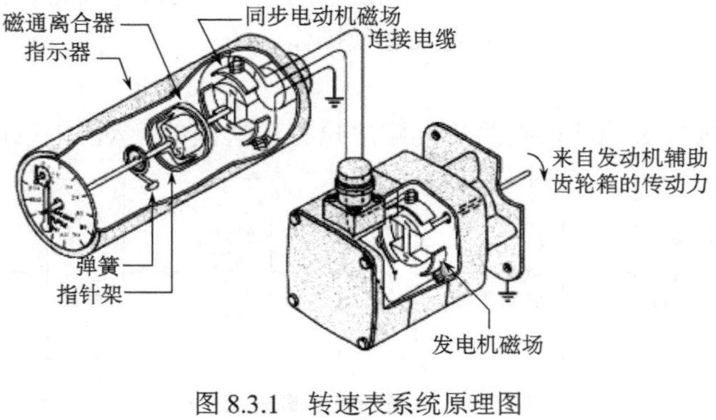

图 8.3.1 转速表系统原理图

交流发电机转速表包含一个永久磁铁，磁铁在三相星形连接的定子绕组内转动。三个定子输出连接到电动机的定子绕组。发动机转动时，永久磁铁在定子绕组中感应出电流。三相输出在电动机定子绕组感应出一个旋转磁场。

如图 8.3.1 所示，永久磁铁装在同步电动机的转子轴上与指示器的指针相连。定子磁场转动时，永久磁铁保持与磁场同步。另一个永久磁铁装在指示器的转子上，位于阻尼杯内，如图 8.3.2 所示。第二个永久磁铁转动时，在阻尼杯内感应出涡流，其转向与旋转磁场相反。

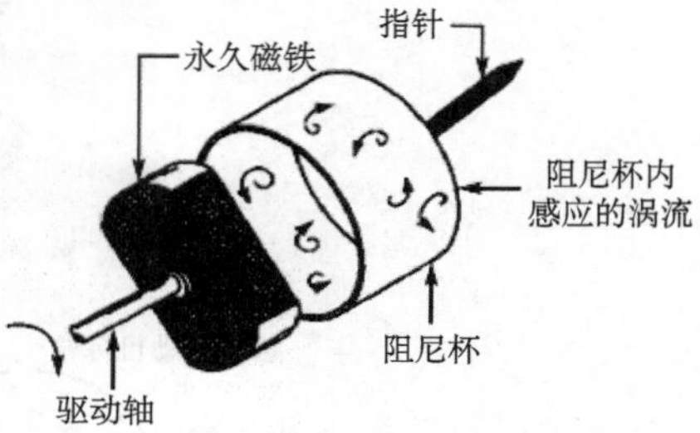

图 8.3.2　阻尼杯特性

旋转磁场速度增加时，阻尼杯上的阻尼也随着增加，装在轴上的游丝抵制这个转矩。结果是指针在刻度盘上的位置与发动机轴的速度成正比。

2）可变磁阻速度传感器

图 8.3.3 所示为可变磁阻速度传感器，将线圈绕在永久磁铁。大多数燃气涡轮发动机采用这种传感器。当叶片端部通过传感器时，磁场受到扰动。这在线圈里感应出电压。随着轴速度的增加，叶片端部通过传感器的速率也不断增加。线圈输出以电压脉冲的形式呈现。这些脉冲由一个处理器进行计数，并用于确定发动机速度。有些发动机配有嵌入叶片端部的低磁导率材料，以便每次某个特定的叶片通过传感器时，都会产生独特的脉冲。

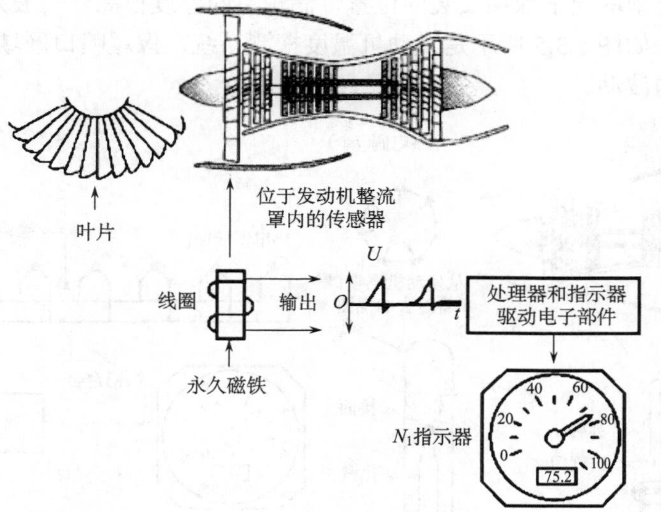

图 8.3.3　发动机速度指示系统

N_2 速度传感器位于附件传动机匣，如图 8.3.4 所示。齿轮箱驱动的目标轮包含一个嵌在轮周上的永久磁铁。每次目标通过传感器时，线圈/磁芯传感器磁场都会受到扰动。传感器的输出信号 U 送给图 8.3.4 中处理器和指示器驱动电子部件。

2. 发动机温度测量

发动机的排气温度是需要随时被监控的主要指示参数，尤其是在启动和起飞阶段，以确保没有超过发动机的温度极限，主要有涡轮入口温度（Turbine Input Temperature，TIT）、涡轮中间温度（Intermediate Turbine Temperature，ITT）、涡轮出口温度（Turbine Output

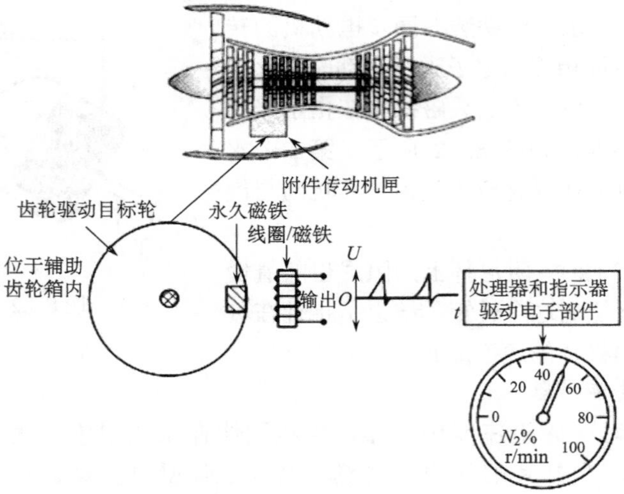

图 8.3.4 发动机速度指示器

Temperature，TOT）、发动机排气温度（Exhaust Gas Temperature，EGT）、涡轮气体温度（Turbine Gas Temperature，TGT）及尾喷管温度（Jet Pipe Temperature，JPT）。

温度的测量类型取决于探头安装的位置，涡轮室的温度很高，一般为1000℃，常用的传感器为热电偶。如图 8.3.5 所示是发动机温度探测系统，像尾喷口区域，由于气体扰动，温度在一个范围内波动。

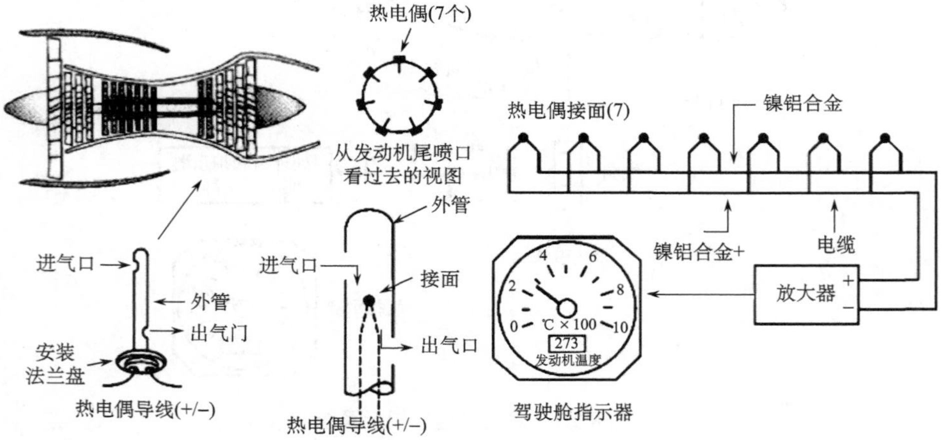

图 8.3.5 发动机温度探测系统

图 8.3.6 所示为平均温度测量，因为有时所用的热电偶在同一个外导管内带有两三个热接面。这种结构测量区域内的平均温度，能给发动机提供不同深度的平均温度。热电偶接面自身不能产生电动势，受热接面产生的电位差是热接面温度和冷接面温度共同作用的结果。

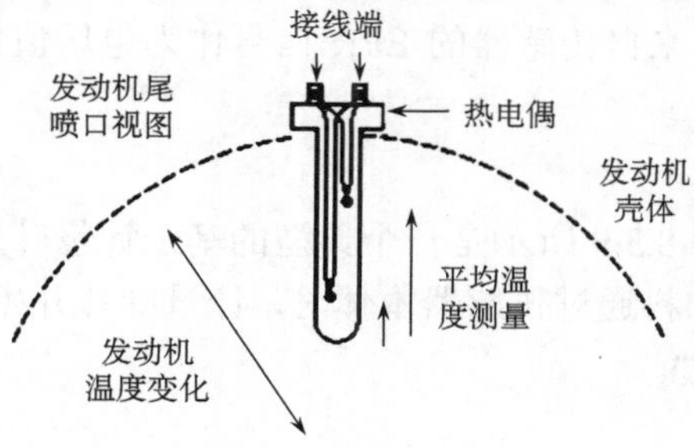

图 8.3.6 平均温度测量

图 8.3.7 热电偶/电缆安装

小型燃气涡轮发动机常配有几个热电偶，以提供平均温度和部分冗余。较大的发动机可以配备多达 21 个热电偶，并联连接，以提供尾喷口区域燃气温度的平均值。

在整个系统中，热电偶和指示器之间的连接电缆必须是同样的材料，否则会构成额外的接面，产生不需要的电压。一种典型的热电偶的安装如图 8.3.7 所示。维护时，应注意热电偶电缆带有色标，以降低同一个测量系统中不同材料之间串接或混接的可能性。颜色和材料的对应关系如表 8.3.1 所列。

表 8.3.1 热电偶颜色与材料对应关系

材料名称	镍铬	镍铝	铁	铜镍合金	铜
颜色	白色	绿色	黑色	黄色	红色

3. 发动机的压力比

指示燃气涡轮发动机推力常用发动机排气口和进气口的压力比(Engine Pressure Ratio，EPR)指示，EPR 探头位于发动机的进气口和排气口，如图 8.3.8 所示。进气口压力探头是一个单个装置，位于发动机整流罩内。通过一个集管可以连接几个排气口探头。

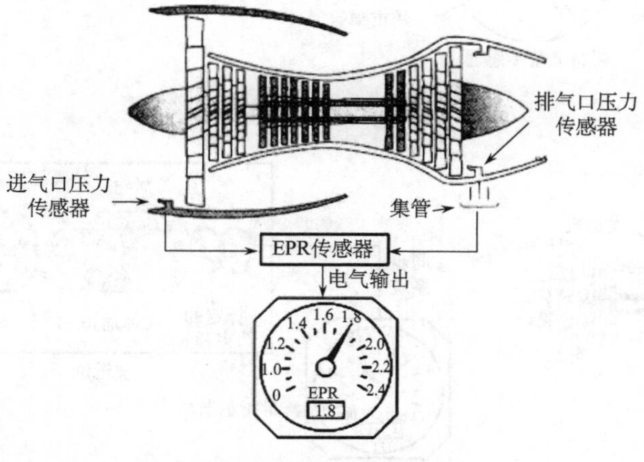

图 8.3.8 EPR 原理图

进气口和排气口的压力通过小直径管路送给 EPR 传感器，它由压力敏感元件，称为膜盒构成。这些膜盒被练到一个机构，该机构把膜盒的位移转换成比率。比率传感器的输出通过先行可变差动变压器(LVDT)送给指示器。来自传感器的EPR信号作为电压值传送给指示器，EPR的典型指示范围为1～2。

4. 燃料流量

燃料流量传感器位于燃料输送管路中，如图8.3.9所示是一个典型的基于计量叶片原理的传感器，计量叶片装在一个轴上，当输送的燃料通过传感器本体时，计量叶片开始转动。圆形腔体有足够的间隙使燃料以最小的约束通过。

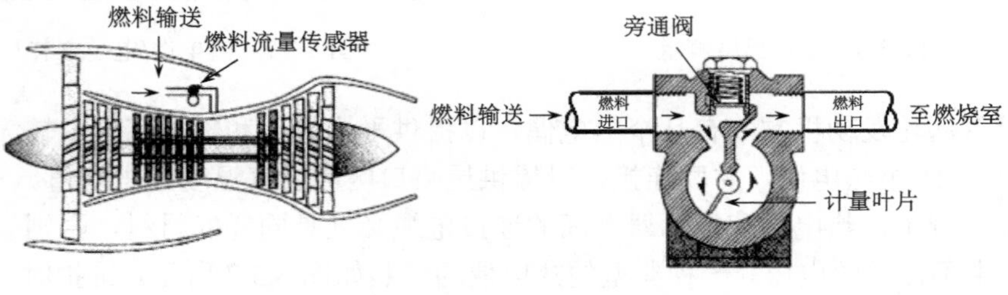

图8.3.9 燃料流量的计量叶片原理

叶片的转动受到弹簧的阻力的限制，叶片的角位置由同步系统测量和指示，如图8.3.10所示，计量叶片系统指示的是体积流量。燃料流量的叶轮原理如图8.3.11所示。

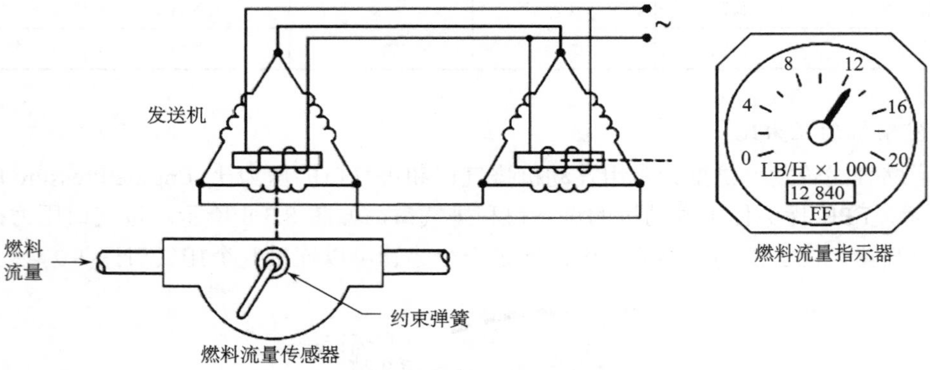

图8.3.10 燃料流量指示系统

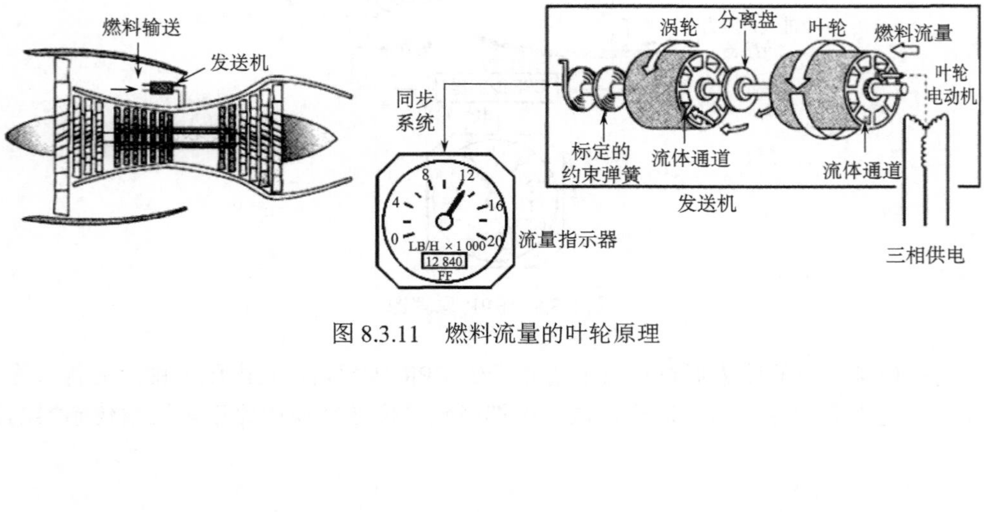

图8.3.11 燃料流量的叶轮原理

5. 转矩

发动机传给螺旋桨轴的功率可以从下式推出：功率=转矩×速度。功率通过测量转矩和速度来导出。这种指示系统一般用于涡轮螺旋桨发动机和直升机转子。指示器的标定分为两种，即相对于最大转矩的百分比和输出轴上的马力。

用于双发动机直升机的典型转矩指示器，如图 8.3.12 所示。指示的参数为两个发动机的输出和主转子(M/R)的转矩。这是指示发动机所产生的功率最有效的方法。测量转矩有几种方法。转矩传动轴带有齿形轮或发声轮，如图 8.3.13 所示。随着输入转矩的增加，两个速度传感器所给信号之间的相位差也相应增加。施加给传动轴的转矩导致两个传感器输出之间产生相位差，如图 8.3.14 所示。

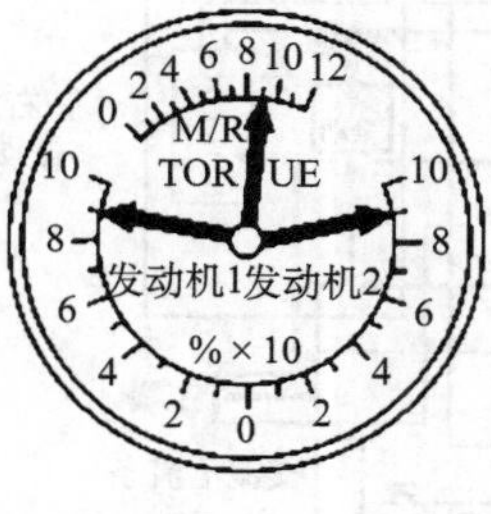

图 8.3.12　典型直升机转矩指示器

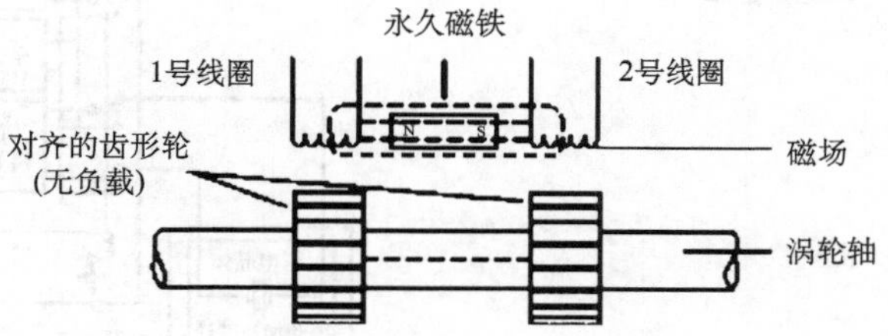

图 8.3.13　转矩传感器原理

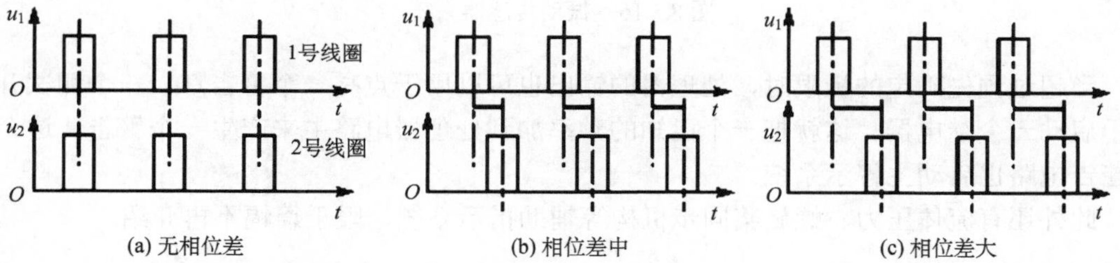

图 8.3.14　传动轴转矩传感器相位差

通过在传动轴上嵌入应变片而测量轴的变形(应变)也可以测量转矩，可以是金属应变片或半导体压敏电阻器。

8.3.2　辅助指示系统

1. 油/燃料温度

需要对发动机和发动机周围流体(如燃料、发动机润滑油和液压油)的温度进行精确测量。这些流体的典型温度范围为–40～150℃。由于润滑油在高温下工作时，其黏度降低，润滑效能也就降低，会导致发动机磨损，并最终导致轴承或其他发动机部件失效。润滑油在低温下工作时，其黏度增加，会影响发动机的启动。燃料暴露在高温下时，会蒸发，引起燃料输送问题和爆炸的危险。在低温下，燃料会结冰，而使过滤器堵塞。飞行舱指示器是一个与电阻温度器件(Resistor Temperature Device，RTD)的电阻绕组串联的动圈式仪表。随着温度的变化，电阻发生变化，这使得指针做出相应的响应。

2. 振动

燃气涡轮发动机上的不平衡传动轴会引起损坏，特别是在高转速的情况下。这些条件可以通过测量发动机的振动来预防。用于探测振动的传感器基于压电晶体。当晶体振动时，会产生一个小的电信号。每台发动机在关键位置上都装有传感器，其输出被送到一个处理器并在显示器上显示出来，如图 8.3.15 所示。

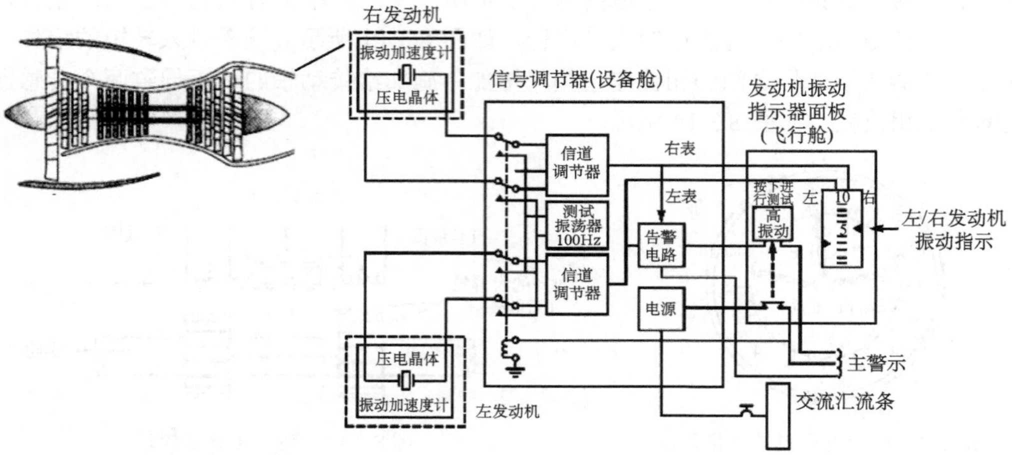

图 8.3.15 振动传感器系统

当超过预先确定的极限时，处理器的输出也可以用于点亮一个警告灯。一个测试开关用于启动一个继电器。这就把一个已知的频率加到处理器电路中来产生一个警告。这个振动警告电路也启动主警示系统。

此外还有流体压力、螺旋桨同步机构等辅助指示系统，限于篇幅不再介绍。

8.4 多电飞机发动机的应用

多电飞机需要探索的大部分技术是在各子系统的能源使用设备上，研究如何采用电能取代液压、气压能源。而对电源和供电系统，最大的要求就是增加电能的容量，还包括产生更多的电能，将电能输送到用电设备，管理和使用电能。

8.4.1 多电发动机技术

长期以来一直进行着探索飞机从发动机提取功率的多电方法。通常从发动机提取能量有 3 种主要的方法：①通过附件传动机闸驱动的发电机获得功率；②通过附件传动机闸驱动的发动机驱动泵获得液压动力，但也可通过电驱动或空气驱动的方法获得液压动力；③通过提取中压或高压压气机的引气获得气压动力，给环控系统、客舱增压和机翼防冰系统等系统提供能量。高压空气也提供启动发动机的手段，这种空气取自地面启动车、APU 或已经运转的其他发动机。

由于发动机实际上是一种高度优化的燃气发生器，所以在提取引气时要付出代价，这种代价当与被提取的功率相比时是不相称的。这种情况当涵道比增加时变得更加严重：最初的涡轮风扇发动机具有很低的近似 1.4(旁涵道)：1(发动机主涵道)的涵道比；最近的设计近似为 4：1，而下一代涡轮风扇发动机如通用电气公司的 GEnex 和罗尔斯·罗伊斯公司的"瑞达"1000 则接近 10：1。现代发动机具有(30～35)：1 量级的压力比，它们对于越来越小和调节程度更高的发动机中央主涵道提取引气会更加敏感。

多电发动机技术的概念是采用新的机电结构，在二次能源生成系统中优化二次能源的变换性能。如图 8.4.1 所示是在多电验证发动机上所研究的关键设计，主要关键技术之一是将发电机嵌入到发动机中，形成机电一体化的结构。

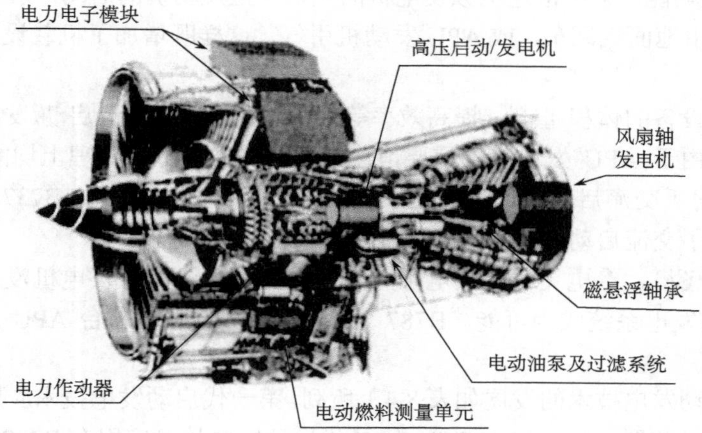

图 8.4.1　多电发动机的关键设计

1. 高压轴驱动的启动发电机

在发动机高压轴上安装的风电机(High Pressure Starter Generator，HPSG)为永磁式启动发电机，由泰雷兹公司设计，其被嵌入到高压压缩机内，直接固定在高压轴的前面，这使得能够直接电气启动。高压启动发电机将代替已有的通过齿轮箱固定的气动启动器。在高压启动发电机启动的过程中，能量是通过它的功率电子模块(Power Electric Model，PEM)从发动机功率汇流条(Engine Power Bus，EPB)上传过来的，而且它使发动机达到启动转速。一旦发电机点火启动，高压启动发电机将回复到发电机模式，而且功率被回馈到发动机功率汇流条上。高压启动发电机的功率电子模块固定在风扇箱上。

2. 风扇轴驱动的发电机

风扇轴驱动的发电机(Fan Starter Driver Generator，FSDG)是一个开关磁阻电机，由古德里奇公司设计。它位于多电发动机尾部的锥体部分，并且通过一个同轴的高速齿轮箱，连接到低压轴的尾部。这个齿轮箱增加了低压驱动的速度，使得发电机的体积最小。开关磁阻发电机有一个坚固的转子，这使得快速运动转子上不存在绕组可能出现的问题。功率通过固定在风扇箱上的功率电子模块传递到发动机功率汇流条上。如果发动机熄火，设计成风扇轴驱动的发电机可减少为风力发动机的功率。来自于风力发动机的功率能提供冲压空气涡轮的应急后备功率。风扇轴驱动发电机和高压启动发电机取消了固定发电机齿轮箱，并能为发动机和飞机负载提供大量的电能。

电机是能够实现能量双向变换的装置，在将机械能变换为电能时为发电状态，而在将电能变换为机械能时为电动机状态。启动/发电机就是利用电机的这种双向变换能力，在发动机启动时工作在电动状态，作为发动机启动机使用。而在发动机启动完成后工作在发电状态，作为电源使用。

在早期的低压直流电源为主的飞机上，大多采用了直流启动发电机，如轻型飞机或涡桨飞机等。交流电机实现启动发电首先需要发电机装置能够双向传递功率，其次需要交流电机的控制技术。

恒速恒频发电机包含了恒速装置，由于恒速装置很难实现逆向的功率传递，因此无法实现启动/发电的功能。采用恒速恒频发电机的飞机，主发动机的启动一般采用专门的空气启动机，这需要由地面气源车，或 APU 发动机引气，这样既增加了机载设备的重量，又会增大燃油消耗。

从减少机载设备的体积/重量、提高效率等性能方面考虑，交流启动/发电技术一直在研究发展过程中。由于 APU 发电机不需要恒速装置，在结构上、原理上均能够实现启动/发电的功能。因此对于交流启动/发电机的研究，首先在 APU 上进行。如 B737NG 飞机的 APU 发电机已经采用了交流启动/发电机，以减轻机载设备的重量。

新一代民用飞机、多电飞机的主电源开始采用变频电源，主发电机没有了恒速装置，使采用交流启动/发电系统成为可能。B787 上，4 台主发电机，2 台 APU 发电机均采用交流启动发电机。

总结交流启动发电技术的发展如表 8.4.1 所列。第一代启动发电技术应用在 B737NG 飞机的 APU 上，启动装置的功率仅为 7kW。第二代启动发电技术应用在 B737NG 飞机的 APU 上，启动装置的功率仅为 120kW。未来将采用 300kV・A 发电机实现启动发动机的控制。

交流启动发电机技术的发展如表 8.4.1 所示。

表 8.4.1　交流启动发电技术的发展

	启动系统	发电功率/(kV・A)	发电性能	启动装置功率/kW	启动转矩/(N・m)
第一代 B737NG	APU	90	115V/400Hz 12 000r/min	7	33
第二代	主发动机	150	115V/360～753Hz 10800～22600r/min	120	>271
第三代	APU	300	230V/400Hz	10	—
第四代	主发动机	150～200	230V/360～735Hz	50	>190
未来	—	300	—	75	—

8.4.2　多电发动机电气功率提取

为了完全实现新涌现发动机技术所带来的利益，必须采用一种不同的、更有效地为飞机系统提取功率或能量的方法，为飞机有效地提取能量，而又不会对发动机主涵道和发动机整体性能产生不利影响，这一点已成为改变所采用的结构和技术的迫切理由。如图 8.4.2 所示是常规飞机和多电飞机提取功率的比较图，左边是应用引气的常规功率提取方案，右边是多电方案。

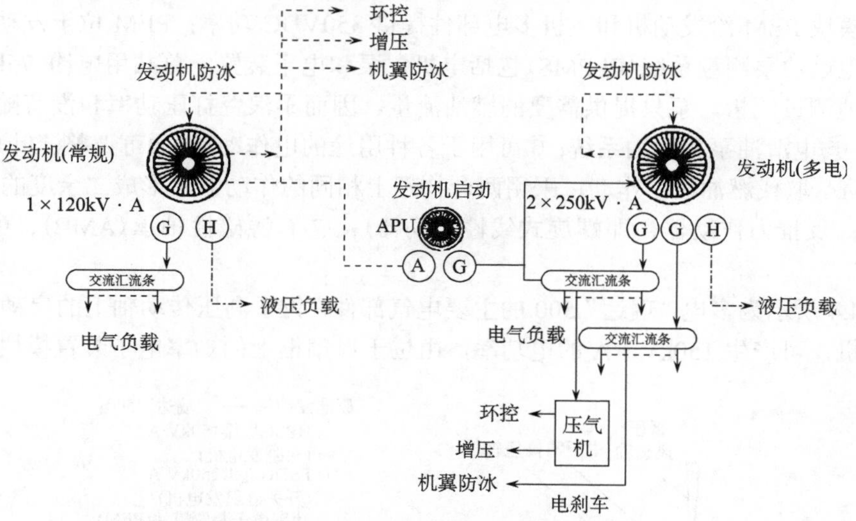

图 8.4.2　常规和多电飞机提取功率的比较图

A-空气；G-发电机；H-液压；← - - 引气；←— 电气；← · - 液压

常规飞机和多电飞机发动机主要差别如下所示。

(1) 常规发动机特性。

在常规发动机中，从发动机提取引气，并用于下述用途，即发动机防冰、机翼防冰、环控和增压。通过安装于风扇壳体下部的传动轴驱动附件传动机闸，实现发动机的功率提取，发电机和液压泵给中央系统提供功率。

(2) 多电发动机的特性。

在多电发动机中，将发动机风扇的引气用于发动机防冰，没有引气输入防冰系统。图 8.4.3 所示为“瑞达”500 多电发动机部件的位置。欧洲功率优化飞机 POA 计划联合集团验证了多电发动机“瑞达”500 具有如下特点：①高压启动/发电机提供 150kV · A 功率(永磁发电机)；②低压风扇轴驱动发电机 FSDG 提供 150kV · A 功率(开关磁阻发电机)；③功率

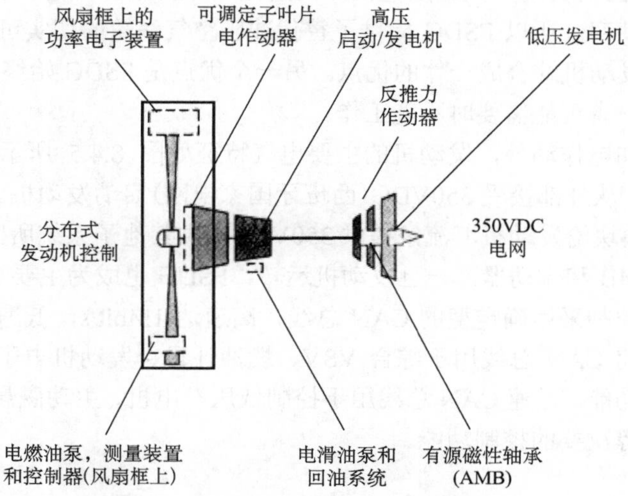

图 8.4.3　“瑞达”500 多电发动机部件位置

电子装置模块 PEM 给发动机和飞机多电部件提供 350VDC 功率；PEM 位于发动机风扇壳体上；④电燃油泵测量系统(EFPMS)包括电机、泵和电子装置，总共用电约 75kW，可以极其精确地测量流量，泵只提供需要的燃油流量，因而不浪费打压功率和没有随之带来的散热问题；⑤电滑油泵和回油系统；⑥可用于各种用途的电作动器(如可调整流叶片的作动，即应用 EMA 取代燃油压力作动，采用两台物理上相同的作动器，形成二余度的主动/从动结构形式；反推力作动器，即螺旋式线性作动器)；⑦有源磁性轴承(AMB)；⑧350VDC 电网。

图 8.4.4 所示为多电“瑞达”500 的主要电气部件，位于高压传动轴上的启动/发电机是永磁发电机，可产生 150kV・A 的电功率，由位于风扇框上的功率电子装置模块调节。

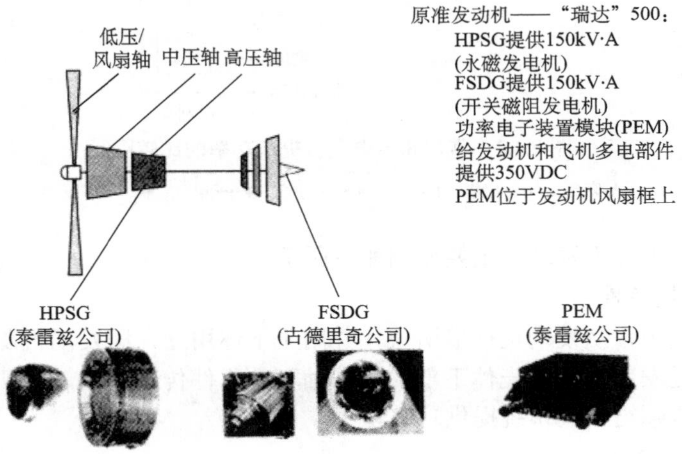

图 8.4.4　多电“瑞达”500 的主要电气部件

FSDG 是一种位于风扇轴上、尾椎内的开关磁阻电机。它产生 150kV・A 功率，具有在应急情况下，提供大功率的重要优点。在自转情况下，发动机风扇轴将继续以发动机全部转速的 8%旋转，因而利用开关磁阻电机的灵活性，仍然可以从风扇轴驱动发电机 FSDG 提取相当数量的电功率。所以 FSDG 提供了替代冲压空气涡轮的切实可行的装置，供给应急功率，并具有与发动机综合成一体的优点。另一个优点是 FSDG 始终可以使用，而 RAT 是一次性应急系统，有可能需要时不能工作。

除了上述的增加电作动外，发动机的主要电气特征如图 8.4.5 所示。发动机 350VDC 电源汇流条，HPSG 从外部接受 350VDC(西班牙国家电网)启动发动机。一旦发动机运转，HPSG 经功率电子模块给发动机汇流条提供 350VDC，供其他子系统所应用，如燃油计量，主动磁悬浮轴承 AMB 和作动器。一旦发动机运转，FSDG 也成为主要 350VDC 电源。

分布式发动机控制采用确定型的 CAN 总线，高速达 1Mbit/s，低速为 125kbit/s，具有综合控制功能。高速 CAN 总线用于综合 VSV、燃油计量、发动机电子控制和滑油系统等主要的发动机控制功能。低速 CAN 总线用于控制低压发电机、主动磁悬浮轴承、滑油回油泵和滑油通气装置等次要的控制功能。

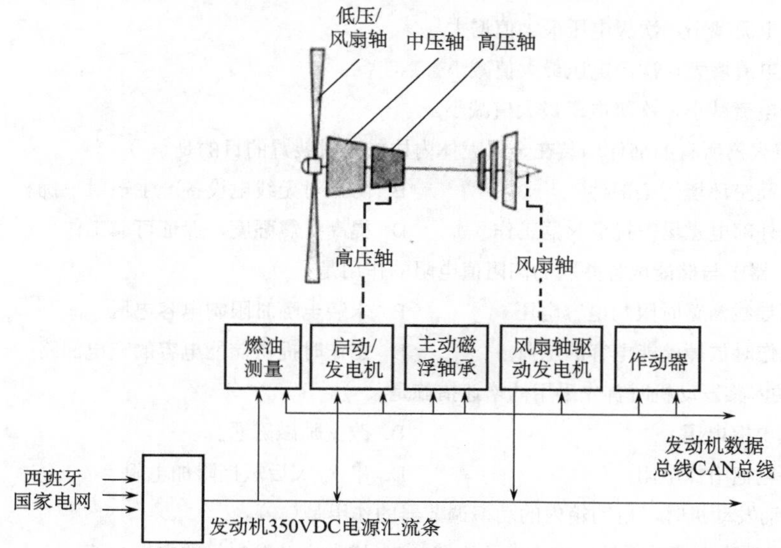

图 8.4.5 多电“瑞达”500 的电气结构概貌

习 题

1. 磁电机中的四极永久磁铁转子旋转一周，将使基本磁通( )。

A. 两次达到零值，两次改变方向　　B. 两次达到零值，四次改变方向

C. 四次达到零值，两次改变方向　　D. 四次达到零值，四次改变方向

2. 磁电机开关持续接通闭合时，( )。

A. 磁电机低压线圈有电流，高压线圈不产生高压电势

B. 磁电机低压线圈无电流，高压线圈产生高压电势

C. 磁电机低压线圈有电流，高压线圈产生高压电势

D. 断电器仍起作用

3. 磁电机中的断电器设定在低压线圈电流为( )。

A. 最小值时断电　　B. 最大值时断电

C. 平均值时断电　　D. 任意值时断电

4. 磁电机工作时，初级线圈产生的感应电势和感应电流的关系是( )。

A. 感应电势和感应电流同时达到最大值

B. 感应电势滞后感应电流达到最大值

C. 感应电流滞后感应电势达到最大值

D. 感应电势有时超前有时滞后感应电流达到最大值

5. 磁电机中电容器的作用是( )。

A. 消除电火花，保护断电器触点　　B. 控制电火花，改变断电时机

C. 消除电火花，降低电流变化率　　D. 减弱电火花，提高次级感应电势

6. 启动点火线圈次级电压最大值可采用其调整螺钉进行调节，当顺时针拧入调整螺钉时( )。

A. 断开电流增大，次级电压最大值增大

B. 断开电流减小，次级电压最大值增大

C. 断开电流增大，次级电压最大值减小

D. 断开电流减小，次级电压最大值减小

7. 将高能点火器所有的部件均装在金属壳体内构成密封装置的目的是(　)。

A. 防止高空环境污染部件　　B. 防止对无线电设备产生辐射干扰

C. 防止外部电磁场干扰点火器工作　　D. 提高抗震强度，保证可靠工作

8. 高能点火器中与储能电容并联的高阻值电阻的作用是(　)。

A. 高压导线断路时限制电容电压　　B. 未装电嘴时限制电容电压

C. 不工作时放掉储能电容的电荷　　D. 工作时提供储能电容的充电回路

9. 电力启动涡桨发动机时首先采用的增速措施是(　)。

A. 改变电枢电压　　B. 改变励磁磁通

C. 调节电枢附加电阻　　D. 串入 3s 后短接附加电阻

10. 电力启动发动机时，启动箱内的功率调节器的作用是(　)。

A. 减弱励磁电流并保持电枢电流不下降　　B. 增大启动发电机的电枢电流

C. 减弱励磁电流和电枢电流　　D. 增大启动发电机的励磁电流

11. 启动点火线圈中，电容器的作用是(　)。

A. 消除电火花，降低电流变化率　　B. 消除电火花，保护断电器触点

C. 控制电火花，改变断电时机　　D. 减弱电火花，提高次级感应电势

12. 在其他因素不变的条件下，电极温度与击穿电压之间的关系是(　)。

A. 电极温度升高，击穿电压减小　　B. 电极温度升高，击穿电压增大

C. 电极温度升高，击穿电压不变　　D. 电极温度降低，击穿电压不变

13. 航空发动机启动系统的作用是什么？

14. 启动发动机必须做到哪几点？

15. 磁电机在发动机启动工作中的作用是什么？

16. 发动机启动过程分为哪三个阶段？

17. 电力启动发动机时，利用启动机启动有哪些增速措施？

18. 如何进行涡轮喷气发动机的地面启动？

19. 多电飞机发动机功率提取与常规发动机功率提取的差别是什么？

20. 利用磁电机的点火装置，是怎样产生低压电、高压电的？

21. 磁电机产生的高压电是怎样分配到各个气缸的？

22. 为什么磁铁在中立位置时软磁芯中仍有磁通？

23. 试分析启动点火线圈的工作原理。

24. 试分析高能点火器的工作原理。

25. 如何进行涡轮喷气发动机的地面冷转？

26. 如何进行涡轮喷气发动机空中启动？

第 9 章　燃油系统的电气控制

9.1　概　　述

燃油系统对飞机的安全和经济飞行来说是极其重要的，其规模取决于飞机的类型。燃料通过各种方式输送给发动机。燃料系统包括油量指示、油料的配送、加油、放油和燃料抛放。燃料装在密封的箱式结构内。

如图 9.1.1 所示，油箱分为主油箱、备用油箱和中间油箱。民用飞机上的油箱为经橡胶化处理的弹性囊，位于飞机的结构内，小型飞机则是挂在机翼/机身上的金属油箱。

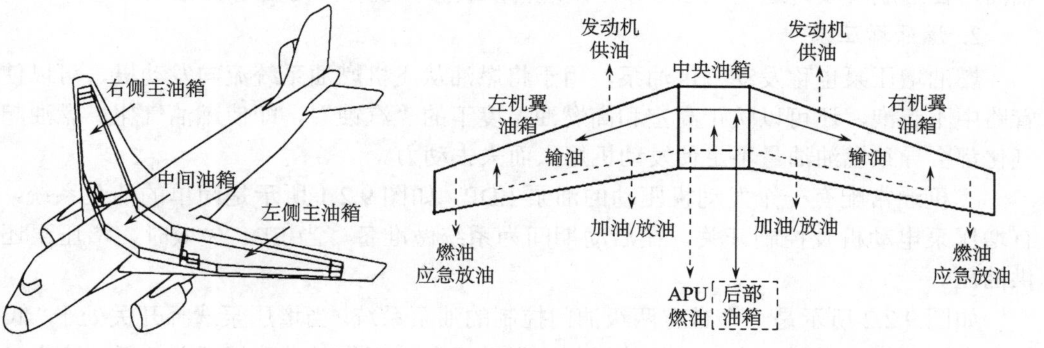

(a) 飞机油箱　　(b) 油箱布局

图 9.1.1　典型民用飞机燃油箱布局

除了左右机翼油箱和中央油箱，飞机也有可能有后部油箱或配平油箱，主要功能是为发动机和 APU 供油、输油、加油和放油、应急放油。

飞机性能越高，燃油系统越复杂，随着高性能飞机的出现，随之产生了对输油泵和增压泵的需求，更为复杂的油箱布局又引发对多阀系统的需要，以便使驾驶员可以根据当时的需要在燃油箱之间转移燃油。

涡轮喷气动力飞机其油耗高，要求高的燃油输送压力，以增大飞机的航程；高油耗的另一结果需应用机翼下油箱或机身下的机腹油箱，必须采用增压系统，将外部燃油输送至飞机内部油箱，同时需要更多的阀来控制油箱的增压，确保油箱不因高压造成损坏；再由于不断追求的高精度测量，可能需要众多的传感器，当前的客机的典型精度为 1%～2%，具有补偿温度与密度、飞行姿态、燃油高度和其他变化问题。

近年来，飞机燃油系统应用数字数据总线技术使燃油系统向数字化发展。燃油管理和测量系统都由众多的阀门、电动泵、传感器、油面传感器和开关等元件组成，并由微处理控制。

9.2 燃油系统的组成

燃油系统通常由输油泵、燃油增压泵、输油阀和止回阀等组成，工作形式有燃油增压、发动机供油、燃油输送、加油/放油及燃油存储等。

9.2.1 输油泵和燃油增压泵

1. 输油泵

输油泵承担燃油箱之间输送燃油任务，以确保满足发动机供油要求。需要将燃油输送至消耗油箱，消耗油箱执行发动机供油前集合或聚集燃油的任务，必须确保每台发电机的保障性供油，当飞行姿态改变时，如俯仰或横向平衡时需要输油泵在飞机各油箱间转移燃油。随着耗油的改变还影响到飞机的重心，例如，A340 飞机的水平安定面中可容纳 7 吨的燃油，在巡航阶段，这些燃油必须不断地前后转移，确保重心在容许范围。

2. 燃油增压泵

燃油增压泵也称发动机供油泵，用于将燃油从飞机燃油系统流向发动机，可以使燃油管路中不起泡，还可以防止高空和高燃油温度下的“汽蚀”，即使燃油气化。燃油起泡和气化都会导致燃油油量不足使发动机熄火而失去动力。

飞机通常配有一个发动机驱动的油泵 EDP，如图 9.2.1 所示是简单的油泵系统，它带有增压泵电动机及控制开关，在启动期间为系统做准备。当 EDP 失效时，增压泵还能提供油压。

如图 9.2.2 所示是一个带有两级油门控制的油泵系统。当增压泵选择开关处于“低”时，控制电阻器接入电路，电动机低速运行。发动机开始工作时，选择开关处于“高”位，油门微动电门的常闭开关 NC 触头接入。当油门设定低于打开状态的 1/3 时，电阻器仍然串入电动机电路，继续低速运行。当油门进一步打开时，微动电门触头常开 NO 接通，把电阻器短接，电动机全速运行。

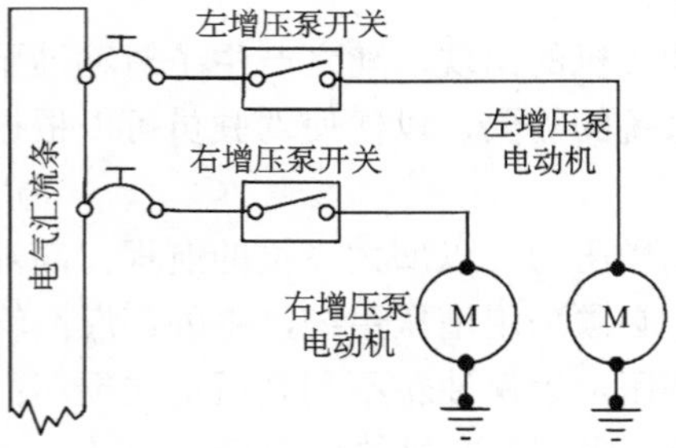

图 9.2.1 简单的油泵系统

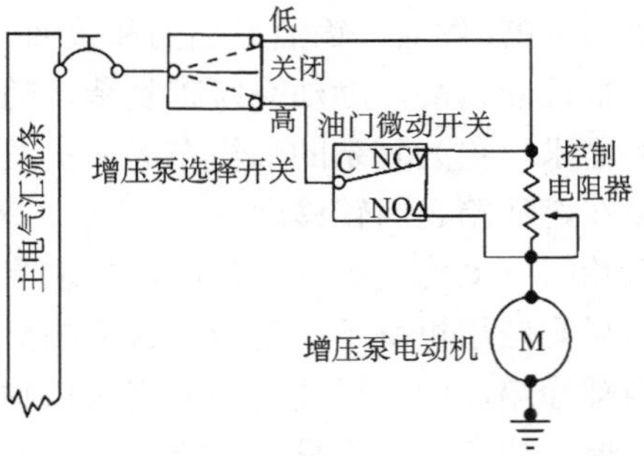

图 9.2.2 两级油泵系统

如图 9.2.3 所示是燃料配送系统供电原理图，油泵由 115V/400Hz 的三相交流电动机驱动，增压泵的继电器由 28V 直流电供电，各种控制开关位于燃料控制面板上。

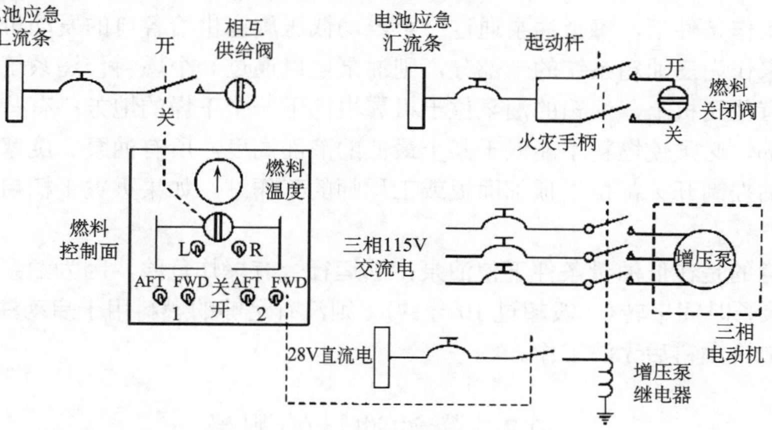

图 9.2.3　燃料配送系统供电

9.2.2　输油阀

飞机燃油系统需使用各种阀门，有关断阀、加油/放油阀、交输油阀和应急放油阀等。关断阀表示切断燃油供给，或切断从一个油箱输送至另外一个油箱；加油/放油阀用于飞机燃油补充过程中，将燃油从加油平台输入燃油箱，在放油过程中，可使燃油负载减少到要求的水平，常用于飞机的维护；当需要将燃油从飞机的一端输往另一端时，应采用交输油阀。

应急放油阀用于应急情况下，排放飞机多余的燃油，降低燃油容量。例如，刚起飞时，需要应急迫降。这时它们的工作尤为关键，而在正常飞行时，阀门不工作。这些阀门由电动机驱动。

燃油通气阀用于在加油过程中排出飞机油箱中空气，也可用于飞行中排放多余的燃油。止回阀(Non Return Valve，NRV)用于保持系统的燃油流动逻辑，阻止燃油反向流动。

如图 9.2.4 所示是燃料配送的三油箱系统，每个油泵的输出经过一个 NRV 供给配送系

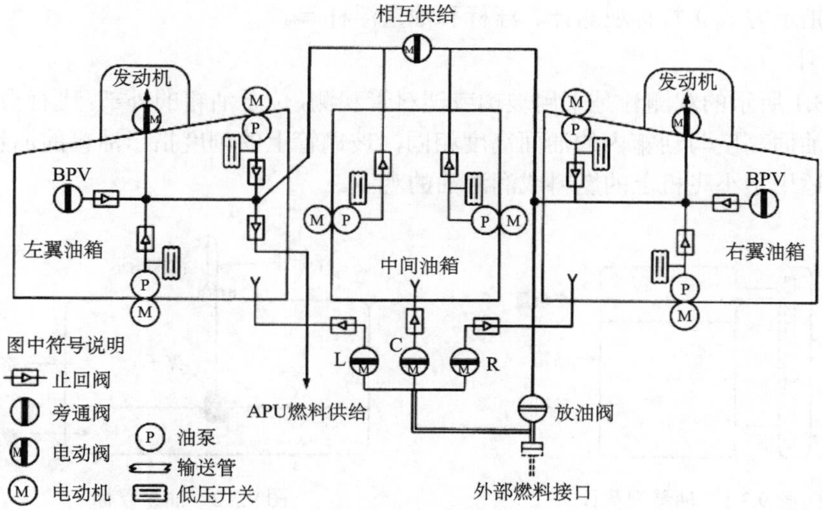

图 9.2.4　燃料配送的三油箱系统

统。在正常工作条件下，每个油泵通过一个电动低压旋塞供给各自的发动机。如果飞机配有中间油箱来作为三油箱系统的一部分，则油泵可以通过一个燃料传递系统给任何一台发动机供油。有些飞机上，油箱的油泵位于机翼根部下一个干燥的地方；有些飞机上，油泵位于油箱内部，必须使燃料不能低于某个最低的液面高度。所有油泵、旋塞和阀门以及警告指示使用的控制开关都位于顶部面板或工程师的工作站。如果火灾手柄启动，低压旋塞会自动关闭。

值得注意的是在低油量条件下使油泵持续运行会有爆炸危险，因为油泵可能会出现过热。如果油泵长时间干转(一般超过 10 分钟)，则没有足够的燃料用于启动注油，这会引起油泵在重新加注燃料后无法工作。

9.3 燃油油量的测量

燃油测量是燃油系统的一个重要组成部分，燃油测量系统的测量精度、可靠性和维护性对飞机的整体性能有着重要的影响。对民用飞机而言，则可以大大改善其经济性。据有关文献报道，燃油测量精度只要每提高 0.5%，就可以至少增加 2～3 名乘客。各种新的燃油测量技术的研究、开发和应用推动着燃油测量技术不断地发展与完善。

燃油测量方法很多，如机械、振动、超声波、电磁、电、光、辐射等，其中很多方式由于实现难度和制造成本等因素的影响而未能被广泛应用，机上广泛使用的还是电容式油量测量技术。随着飞机设计与研究水平的不断提高和计算机与微电子技术的不断发展，电容式油量测量技术在近几十年来得到了很大的发展，燃油测量系统的发展经历了从模拟式到数字式的跨越。近年来发展起来的利用超声波油量测量技术的研究与应用已日趋成熟，代表了燃油测量技术发展的一种方向。常见的油量测量方法有电容式油量测量技术、电感式油量测量技术、浮子式油量测量技术和超声波式油量测量技术等。

9.3.1 油量的指示

油量的指示方式通常有观测计、浮标和油量浮杆等。

1. 观测计

如图 9.3.1 所示的观测计是采用玻璃或塑料管观测，位于油箱的外部，飞行员可以看到。玻璃管里的油面高度与油箱内的油面高度相同，玻璃管上的刻度指示油箱的油量，因没有活动部件，适用于小飞机上的燃料或润滑油的观测。

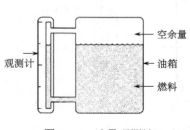

图 9.3.1 油量观测计

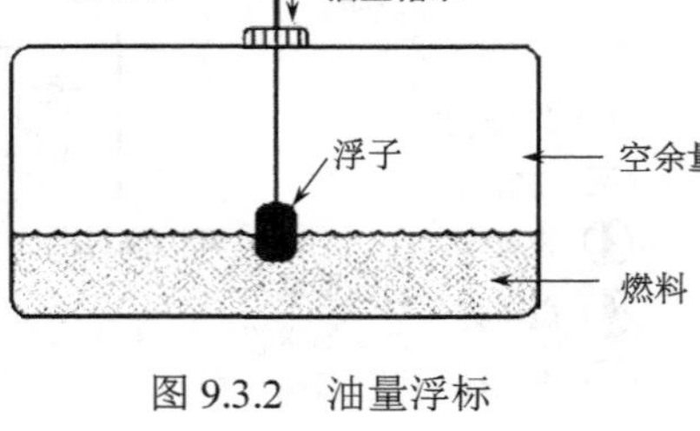

图 9.3.2 油量浮标

2. 浮标

浮标使用一个穿过油箱盖孔隙的伸出杆，如图 9.3.2 所示。浮子连在杆的底部，随油面升降。通过检查浮标杆伸出油箱盖的多少确定剩余油量，从浮标杆上直接读数，这种方法的缺点是机动飞行期间，浮标不稳定。

小型飞机使用如图 9.3.3 所示的浮标，也称油量浮阀，将油箱电阻器可变电阻接入直流比率电路中，线圈产生两个相反的磁场。指针由一个永久磁铁构成，并与线圈产生的磁场一致，指针根据两个线圈的电流比而偏转。

3. 油量浮杆

如图 9.3.4 所示是一种机翼翼下油量计，由油箱内的杆、浮子和磁铁等组成，浮杆不用时，置于一个固定位置，通过一个四分之一圈的凸轮机构被释放出来。释放后，它滑出油箱，等到两个磁铁对齐时，就保持在这个位置上。把浮杆拉出，推进油箱，直到感受到磁铁吸力，参照机翼表面上的一个基准点读取油量读数，锁定在设定位置。

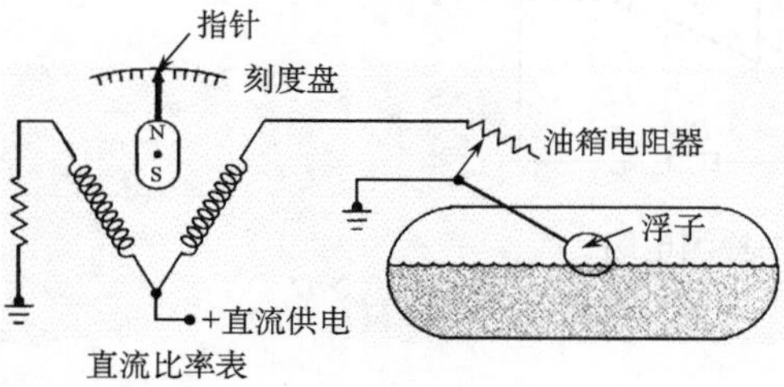

图 9.3.3 油量浮阀

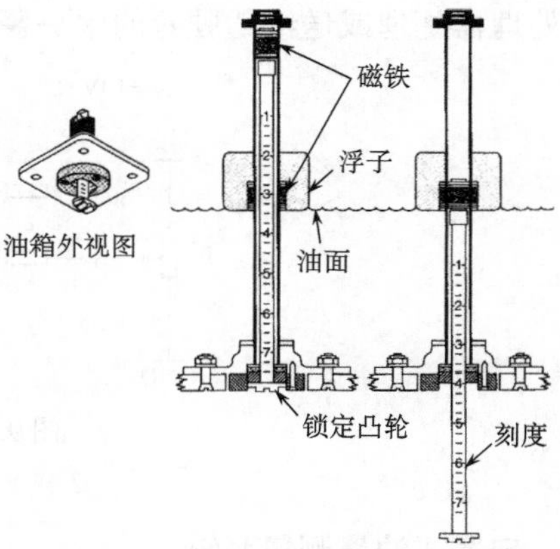

图 9.3.4 油量浮杆

当电子油量系统失效时，就可以使用浮杆，读取每个油箱所有浮杆的读数，计算油量，典型的中型飞机上，每个机翼油箱有 6 个浮杆，每个中间油箱有 4 个浮杆。这种浮杆在飞机地面维护时常使用。

9.3.2 浮子式油量测量系统

如图 9.3.5 所示是浮子式油量表原理电路图，浮子随油面移动感受油面高度的变化，从而把油量变化转换成位移，改变了电阻值，使检流计指针发生变化，而指示出相应的油量数值。

随着系统数字化程度的提高，仍可以用浮子式传感器进行油位测量，把浮子连到电位计或可变电阻 W_1 上，把反映油量信号的电压值，接到一个接成跟随器的运算放大器的输入端，如图 9.3.6 所示。如果采用图中标出的 10V 作为参考电压，输出电压与液面的关系为每伏相当于满刻度液面高度的 10%。在电位计和运算放大器之间可以插入一个普通的或特制的 *RC* 滤波器以平滑掉噪声(在液体表面的纹波、波动和泡沫等)的影响。

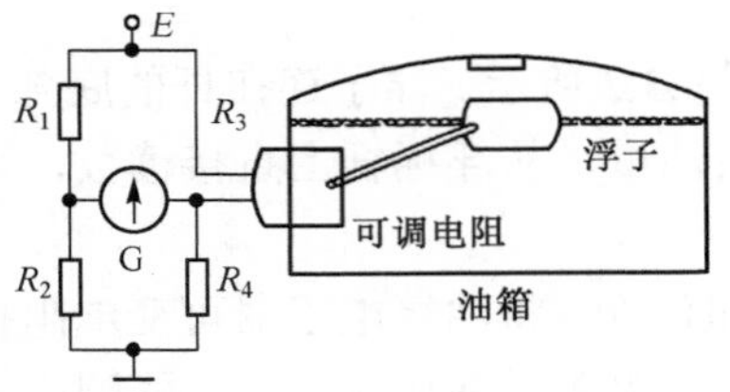

图 9.3.5　浮子式油量表原理电路

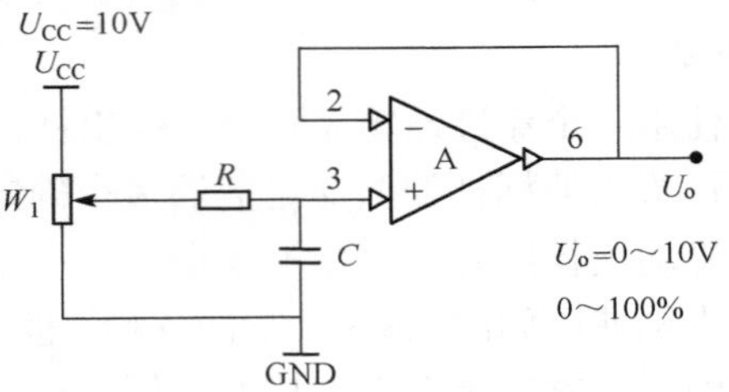

图 9.3.6　用浮子和电位计测量液面

燃油和滑油油量表中一般都有剩油警告装置，它由仪表板上剩油警告灯和传感器微动电门组成。当油量减少到一定数值时，浮子下落触动微动电门，它就自动接通了警告灯，这时红灯就亮，提醒飞行人员作好着陆准备。

剩油警告电路采用抗干扰强的迟滞比较器可以实现，如图 9.3.7 所示，正常时比较器输出为高电平 1，当油面下降到规定值以下时，比较器输出为低电平 0，这个电平信号可以送给微处理器处理或送给驾驶舱的中央警告系统。

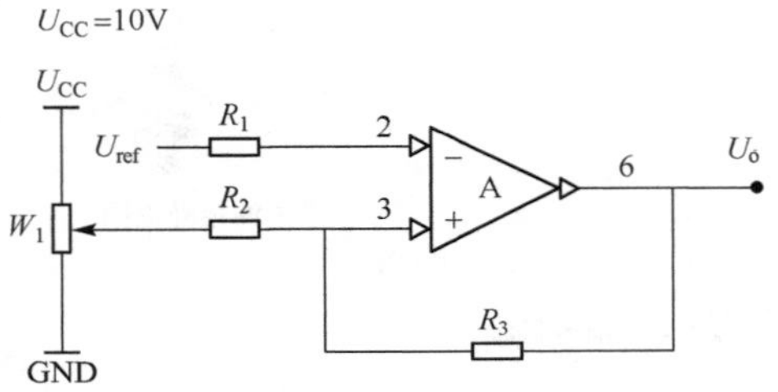

图 9.3.7　剩油检测电路

9.3.3　电容式油量测量系统

电容式油量表是利用电容式传感器把油面高度的变化转换成电容量的变化。电容式传感器是由同心圆筒形极板组成的圆柱形电容器，如图 9.3.8 所示，图(a)是实物图，图(b)是电容等效原理图。圆柱形电容量与油面高度之间具有单值函数关系。当油箱内燃油增加时，油面增高，电容量增大；当燃油减少时，油面降低，电容值相应减小。因此由于圆柱形电容器的介质变化，反映了电容值的变化，从而反映了油量的变化。

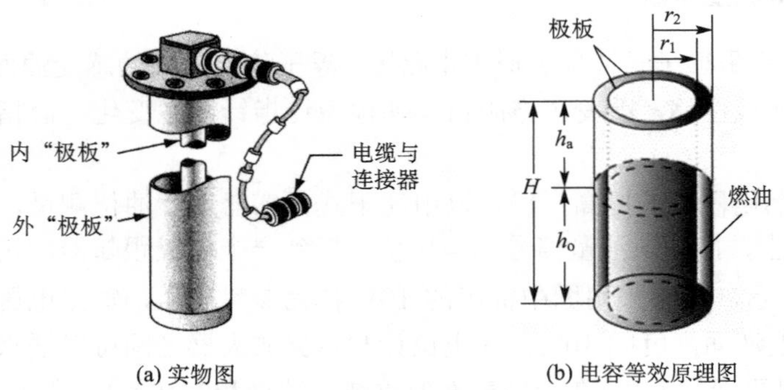

(a) 实物图　　(b) 电容等效原理图

图 9.3.8　电容式油量传感器

对具有两层极板的圆柱形电容来讲，当某种介质的介电常数为 ε，设极板的总高度 H 远大于圆筒的半径 r 时，其电容量为：$C = 2\pi H\varepsilon / \ln(r_2 / r_1)$，式中 r_1、r_2 为内、外极板半径。

若将圆柱形电容器垂直插入油箱中，则必将有一部分浸没在燃油中，其浸没的深度取决于油面高度 h_o，浸在油中部分电容器的极板间隙中的燃油介质常数为 ε_o，电容器上部露在空气中，其高度为 h_a，且 $H = h_a + h_o$，空气的相对介电常数 $\varepsilon_a = 1$。因而传感器的总电容值等于这两部分电容并联，其值为

$$C = C_a + C_o = \frac{2\pi\varepsilon_a (H - h_o)}{\ln\frac{r_2}{r_1}} + \frac{2\pi\varepsilon_o h_o}{\ln\frac{r_2}{r_1}} = \frac{2\pi\varepsilon_a H}{\ln\frac{r_2}{r_1}} + \frac{2\pi(\varepsilon_o - \varepsilon_a) h_o}{\ln\frac{r_2}{r_1}} = C_0 + \Delta C \tag{9.3.1}$$

当油箱空时，$h_o = 0$，传感器电容值最小：

$$C_{\min} = C_0 = \frac{2\pi\varepsilon_a H}{\ln(r_2 / r_1)} \tag{9.3.2}$$

当油箱装满时，$h_o = H$，传感器电容值最大：

$$C_{\max} = \frac{2\pi\varepsilon_o H}{\ln(r_2 / r_1)} \tag{9.3.3}$$

由式(9.3.3)可知，传感器的总电容由两部分组成，一部分是空箱时的电容 C_0，另一部分是加油后所增加的电容 ΔC。C_0 只取决于传感器的本身尺寸，对已制成的传感器它是一个常数，而 ΔC 的大小与油面高度 h_o 和 ε_o 有关。因而，可得出下列结论。

(1)燃油的油面高度仅反映燃油的容积，而燃油的介电常数取决于燃油的密度。因而电容式传感器的电容值，不仅取决于燃油的容积，也取决于燃油的密度，因而所指示的为燃油的质量(质量=容积×密度)，相应的指示读数应为公斤，而不是升。

(2)因为燃油的介电常数 ε_o 总是大于 1 的，所以 ΔC 恒为正值。

(3) r_2 / r_1 越接近 1(即极板间隙越小)时，相同的高度变化量引起的电容值变化量越大，灵敏度越高，但间隙不宜过小，过小会引起毛细现象。一般间隙应选在 1.5～4mm，这在维修时应特别注意。

图 9.3.9 所示为电容式燃油测量图，油箱电容变化引起电抗 X_C 的变化。

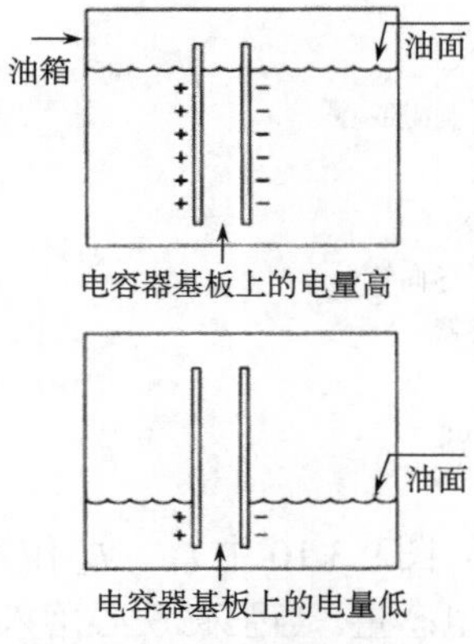

(a) 电容式油量传感器示意图

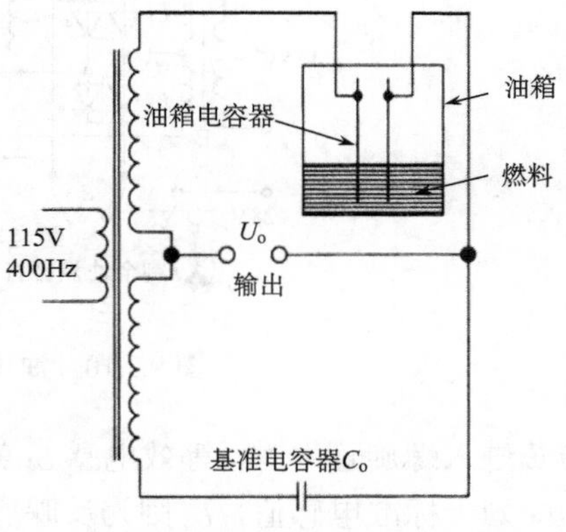

(b) 电容式油量测量电桥

图 9.3.9　电容式燃油测量

X_C是传感电容的容抗，工作频率为电源频率 400Hz，C_0为基准电容。假设变压器次级两绕组完全对称，当电桥平衡时，输出电压等于零，当被测电容发生改变时，电桥不再平衡，其不平衡度影响输出电压U_0的值，根据这个原理判断油量的改变。

飞机燃油实际测量系统测量的应该是燃油的质量而不是体积，因为对于相同体积的燃油，密度不同，它的质量和燃烧情况不同。

第二次世界大战以后，在飞机上大量采用电容式油位测量传感器感受油面变化，并用模拟电路进行测量和计算，为使油量/体积变化与电容增量呈线性对应关系，电容式油位测量传感器的内极管与飞机油箱形状相关的成型剖面必须进行精密设计。由于燃油密度和温度变化会引起燃油介电常数的变化，因此通过增加传感器数量和采用补偿传感器等方法来提高燃油测量精度。但是飞行中油箱姿态随时可能发生改变，而传感器安装位置和特性并不随之改变，且燃油测量系统不能直接测量燃油密度，所测得的油量精度较低，一般空中为±4%，地面为±3%。同时由于传感器是非线性的，制造工艺十分复杂，并且系统的校准与标定相当费时，显然不能满足新一代高性能飞机的发展需求。

从20世纪70年代开始，霍尼韦尔公司将数字式燃油测量系统成功应用在B757和B767飞机上。在这套系统中采用了双余度的微型计算机、线性电容式传感器和燃油密度传感器直接测量燃油密度，由数据总线与发动机指示和座舱警告系统(飞行管理任务计算机)等交联，同时还具有机内自检测、故障监测、故障显示等功能，将燃油系统的测量精度提高到了一个新的水平，在空中测量精度为±2%，地面为±1%。这就大大减少了系统硬件数量，提高了系统的可靠性和安全性，改善了系统的维护性，使燃油测量技术跃上了一个新台阶。

9.3.4 电感式油量测量技术

如图 9.3.10 所示是油量测量的实用电路，如果把磁铁心与反映油面高度的浮子接在一起，就可以测量电感量的变化，达到燃油油量测量的目的。其测量原理是强磁铁心由浮在油平面上的浮子带动，浮子随油平面的高低上下浮动，铁心也就跟着伸入或退出电感线圈，这时电感线圈的电感发生变化。

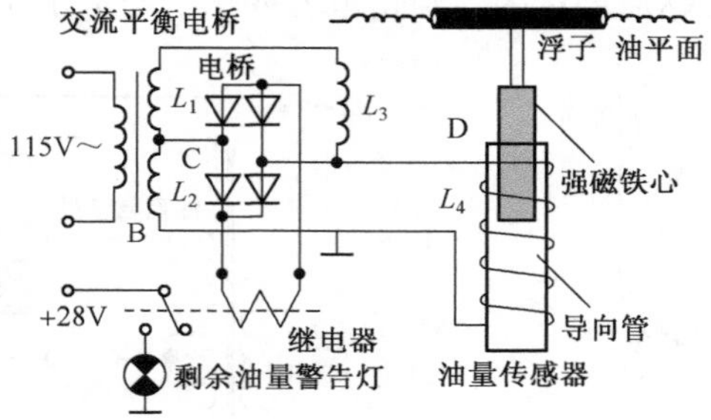

图 9.3.10 油量测量实用电路

当强磁芯进入螺旋管中时，等效电感L_4就发生改变，图 9.3.10 中L_1、L_2作为变压器的副边绕组，L_3为一标准电感值，L_4则为反映燃油油量的电感量。当强磁铁心落入导向管时，电感L_4将增大，由四个电感组成的电桥将不平衡，将这个不平衡量通过整流桥整流后驱动继电器的线圈，继电器线圈得电后吸合，接通剩油警告灯。用这种方法可以做成关闭油泵电路、剩余油量警告电路和加油活门关闭电路。

9.4　燃油箱的安全性

9.4.1　影响油箱安全性的因素

燃油箱安全性极其重要，由于系统中涉及电气部件和安装，在油箱气相空间中需要提供贫氧的环境。特别在燃油系统维护时其防静电干扰尤其重要，接地是必需的，主要从以下几个方面分析燃油箱存在的不安全因素。

(1) 油箱内接线。由于正常工作、短路和燃油系统接线中可能产生感应电流/电压，会引起电能进入燃油箱，这可使易燃蒸汽点燃。在油箱内电气设计中，现在容许的电流限制值是 30mA。

(2) 燃油泵接线。泵接线短路可引起电火花侵蚀和热斑。

(3) 燃油泵无油运转。部件磨损或泵内部的外来物损伤会形成机械火花。

(4) 搭接。燃油箱内部由闪电产生放电、高强度辐射场、静电和(或)故障电流，通过搭接会形成低阻抗通路。

(5) 邻近系统的点火源。在燃油箱的周围也会产生火源，例如燃油箱外部的电弧容易穿透油箱壁而点燃油箱中的燃油，或者由于油箱壁的热量积聚而引起燃油的自动点燃，或者邻近区域内的爆炸等都有可能使油箱点燃，甚至爆炸。

(6) 电弧气隙。部件与结构之间分离不充分，而由闪电引气电弧。

9.4.2　油箱的惰性化

在民用飞机上，主燃油箱通常由左、右机翼油箱和中央油箱构成，如图 9.4.1 所示。中央油箱是较易发生灾难的油箱。油箱由于受到邻近热源的影响而需要燃油惰性化，例如，空调装置是重要的热源。而通常认为左、右机翼油箱是比较安全的油箱，主要因为内部装纳的燃油温度低，且不受邻近飞机热部件的影响。某些飞机安装的其他油箱，如机身油箱和尾翼配平油箱不受影响，如果没有中央油箱，飞机没有安装惰性化系统的需要。

在正常燃油箱中，空气隙或燃油气相空间中包含富油的蒸汽，其中具有 20%左右气态氧。当存在热源或火花时，这种混合物在某些条件下可提供爆炸性混合气体。燃油箱惰性化系统，也称为降低系统的可燃性，接受来自机载惰性气体发生系统(On Board Inertia Gas Generator System，OBIGGS)的富氮空气。这样将富油蒸汽中氧的百分比减小至不大于 12%。

典型的燃油惰性化系统如图 9.4.2 所示，供给系统的空气源是从发动机提取的引气。在通过一个关断阀 SOV 后，空气经过空气/空气热交换器，使温度降低至空气分离模块最佳工作的 80℃。在通过过滤器滤掉液体微滴和颗粒后，空气进入一组通常为 3～5 个的空气分离模块(Air Separate Model，ASM)。ASM 分离出空气中的氮和氧成分。富氧 OEA 空气收集歧管中并排出机外。富氮空气先经一组阀的控制，再输入油箱无油容积，以降低氧含量至安全水平。

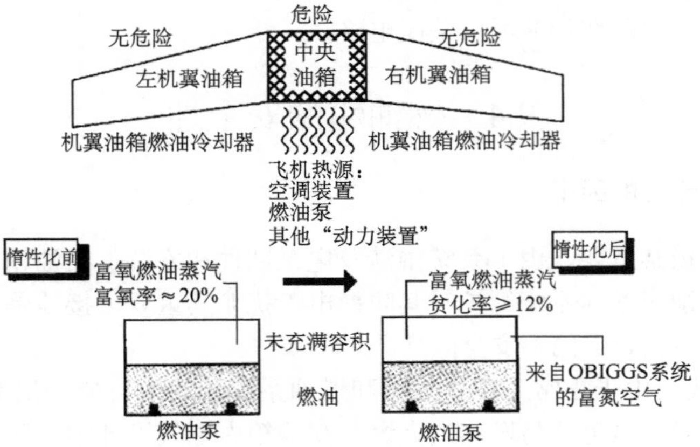

图 9.4.1　燃油箱的惰性化

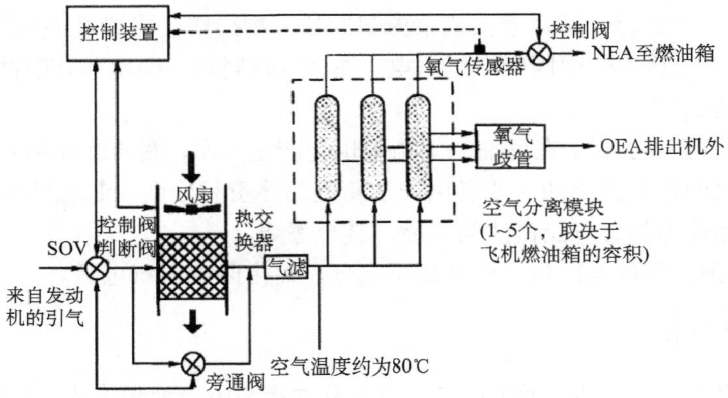

图 9.4.2　典型的燃油箱惰性化系统

NEA-富氮空气；OEA-富氧空气；SOV-关断阀

多电飞机 B787 不从发动机提取引气，而应用不同的方法给燃油箱惰性化系统提供空气。通过贯穿机身长度的长管从飞机内部提取空气。然后应用电驱动压气机将这些空气压缩，并以与常规引气方案相类似的形式经过 ASM 输入。

为了避免油箱爆炸，设计和维护要求改进油量指示系统和油泵的设计、改进油箱内导线的检查体系、对靠近高温源的燃料箱进行隔热处理。对油箱安全性更有贡献的长效方案是油箱的惰性化。常采用下列方案：①基于地面设备的惰性化；②基于机上设备的地面惰性化；③机上惰性气体产生系统；④从地面提供液氮。

地面时，舱门关闭前给油箱加注富氮空气，惰性化用于滑跑、起飞和爬升阶段，此时燃料蒸汽温度最高。基于机上设备的地面惰性化，其目的与地面相同，只是惰性设备属于飞机系统。尽管机上惰性气体产生系统带来极大的优越性，但造价高。

关于燃油系统还有燃油系统的各种工作模式，如增压、发动机供油、输油、加油、放油、应急放油、燃料抛放、油箱排放灯，这些内容非常重要，但需要电子电气设备少，限于篇幅不再介绍。

习　题

1. 飞机燃油系统的功用是（ ）。

A. 储存燃油和可靠地向发动机供油　B. 储存燃油

C. 可靠地向发动机供油　D. 加油和抽油

2. 能够精确指示发动机燃油消耗量的仪表是（ ）。

A. 燃油流量表　B. 燃油油量表　C. 燃油压力表　D. 燃油温度表

3. 飞机上的剩余油量警告系统所指示的剩余油量为（ ）。

A. 飞行中各个油箱剩余的燃油量总和　B. 飞行中每个油箱剩余的燃油量

C. 加油前飞机油箱内所存的燃油量　D. 油箱油量消耗

4. 电容式燃油油量指示系统中的电容器的介质是（ ）。

A. 电容器的外壳　B. 油箱外部的线圈

C. 燃油和燃油上部的空气　D. 油箱中的燃油

5. 电容式燃油油量表实际上是一个（ ）。

A. 浮子式可变电容器　B. 以燃油和空气作为一个极板的电容器

C. 浮子式可变电阻器　D. 以燃油和空气作为介质的电容器

6. 电容式油量表的电容器的电容值与油面高度之间的关系是（ ）。

A. 油面增高，电容量不变　B. 油面增高，电容量增大

C. 油面增高，电容量减小　D. 油面与电容值之间没有对应关系

7. 典型飞机加油控制系统中，当油箱加满油时（ ）。

A. 浮子电门断开，电磁线圈通电使活门打开

B. 浮子电门接通，电磁线圈断电使活门关闭

C. 浮子电门断开，电磁线圈断电使活门关闭

D. 浮子电门接通，电磁线圈通电使活门打开

8. 燃油系统的各附件必须搭铁并接地，其目的是（ ）。

A. 防止漏电　B. 放掉静电　C. 区别各附件　D. 固定各附件

9. 通气油箱的功用是（ ）。

A. 通气　B. 防溢　C. 通气和防溢　D. 安装燃油系统附件

10. 燃油箱通气的目的之一是（ ）。

A. 维持一定压力差　B. 减缓燃油流动

C. 防止温度变化的凝结　D. 减小油箱内部的空气压力

11. 飞机燃油系统的增压泵通常使用（ ）。

A. 齿轮泵　B. 旋转泵　C. 离心泵　D. 手摇泵

12. 飞机燃油系统为什么多使用离心式增压泵？（ ）

A. 把泵浸入油中节省空间

B. 因为它构造简单

C. 浸在油里电机散热好

D. 流量大、重量轻并且不运转时允许燃油自由流过

13. 在某些飞机上有剩余油量警告系统，其所指示的剩余油量为（ ）。

A. 飞行中每个油箱剩余的燃油量　　B. 飞行中各个油箱剩余的燃油量总和

C. 加油前飞机油箱内所存的燃油量　　D. 油箱油量消耗量

14. 在高空飞行的飞机燃油系统中为什么使用离心式增压泵？(　)

A. 把泵浸在燃油中以节省空间　　B. 因为它是排油泵

C. 给发动机驱动的燃油泵输送一定压力的燃油　　D. 使空气转动

15. 简述燃油测量的几种方法，并分析其特点。

16. 试分析影响飞机油量测量精度的各种因素。

17. 采用带微处理器的油量测量系统有哪些优点？

18. 油箱中燃料的容积随温度而变化，温度变化时燃料的质量和容积是怎样变化的？

19. 查阅最新油量测量的新方法资料，总结油量测量的发展趋势。

20. 为什么油箱要惰性化？

第 10 章　飞机结冰、防冰、除冰与防雾

10.1　概　述

由于环境温度和气流速度的作用在飞机的一些部位常出现结冰现象，如图 10.1.1 所示，其中以机翼、尾翼、风挡、空速管、螺旋桨、直升机旋翼、雷达罩、发动机进气道等前缘处最为常见，严重结冰时会危及飞行安全。结冰会影响飞机的空气动力学特性和配平，发动机入口的冰层破碎后被发动机吸入，结冰影响风挡玻璃的能见度，结冰会影响传感器如空速管的工作等，图 10.1.2 所示为设备外壳上的冰凌。

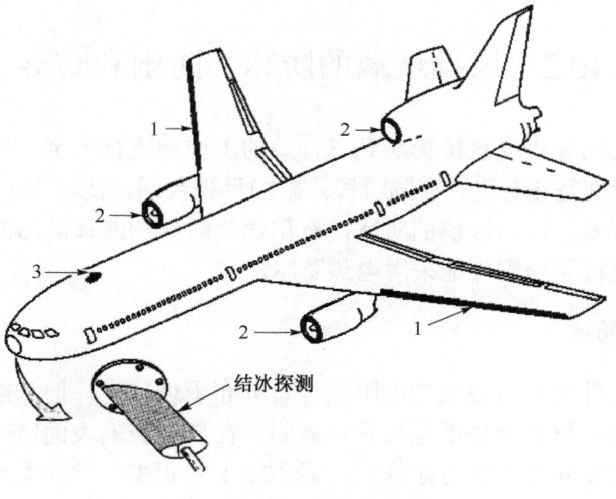

图 10.1.1　飞机结冰部位

1-机翼防冰；2-发动机进气道防冰；3-VHF 天线防冰

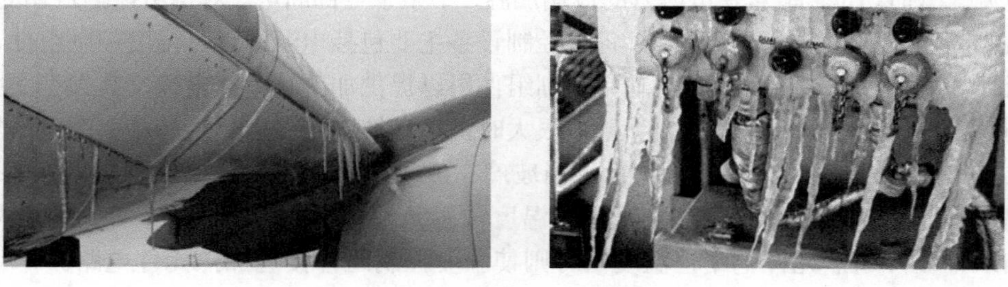

图 10.1.2　飞机及设备外壳的冰凌

结冰对飞行危害很大，轻则导致飞行性能下降，重则导致机毁人亡。历史上曾对因结冰发生的事故有过一系列记载，现代飞机因结冰而造成严重事故的例子也不少见。例如，1982 年 1 月，美国佛罗里达航空公司的一架 B737 客机，在起飞阶段由于结冰而未及时打

开防冰加温装置，起飞马力不足掉进华盛顿的一条河里，造成机上 74 人和地面 4 人死亡的惨剧。

飞机结冰主要取决于雾层的温度、云层极小水滴的含有量和云层范围。云层温度是影响飞机结冰的主要气象参数之一。在 0～40℃甚至更低的温度下，不同的飞行高度上飞机都有可能结冰。但是据统计，飞机结冰一般发生在 0～20℃温度范围内，强烈的结冰主要发生在–2～8℃温度范围内。而发动机进气道前缘的结冰又有它的特点，由于气流在进气道内加速，温度下降，因而在环境介质温度为 5～10℃的正温度条件下也可能结冰。云层范围是指云的水平长度和垂直厚度。云层范围很大，飞机在云层中飞行越长，冰层越厚。

飞机上结冰保护有两个策略：除冰和防冰。除冰是允许结冰的，然后定期去除冰。防冰是用于不允许结冰的场合，如机身、发动机进气道、螺旋桨、转子叶片、风挡玻璃等。防冰系统启动后，发动机进气道前缘一直加热。这种方法应用于燃气涡轮发动机和涡轮螺旋桨发动机。除冰和防冰有 3 个主要方法，即液体、气动和热，3 种方法都由电气系统控制和操作。

10.2 风挡玻璃的防冰、防雨和防雾

风挡玻璃的清洁明亮程度直接影响到飞行员的工作和飞行安全。风挡玻璃结冰会严重影响飞行员视线，特别是在起飞、着陆阶段，影响目视判断，使起飞、着陆操纵发生困难，导致起飞着陆产生偏差。风挡玻璃的防冰，有用热气防冰和液体防冰的，但多数是采用电热防冰。就已知的飞机无一例外地采用电热防冰。

10.2.1 风挡玻璃的防冰

电热防冰加温元件常采用极细的电阻丝埋置分布于玻璃内，但加热不够均匀，且电阻丝对光线有一定影响。更多地采用金属导电薄膜，在风挡玻璃表面镀一层薄的导电膜，给导电膜通电使玻璃温度升高达到防冰目的。图 10.2.1 是根据一些典型风挡玻璃防冰系统电路概括出来的原理图。

风挡玻璃防冰常将多块玻璃分组，不同组别的玻璃由不同的汇流条供电，以保证某汇流条电源失效时，正、副驾驶员前方的玻璃加温，不至于全部断电。对每组风挡玻璃的加温，由加温控制器或由计算机进行控制。每个控制设备主要包括电源组件、温度控制组件、过热控制组件和功率控制组件等部分。功率控制组件用以提供加热功率的电流，其大小受温度组件控制。当环境温度很低、座舱内外温差很大时，功率控制组件应提供满功率的电加热，但应按 1/3、2/3、3/3 阶梯式提供，防止风挡玻璃在冷状态下突然剧烈加热而产生“龟裂”。

温度控制组件接收埋在风挡玻璃里的温度敏感元件提供的信号，温度高时，信号使温度控制组件断开加热元件电路，温度低时则使温度控制组件接通加热元件电路。

过热控制组件是温度控制的备份控制，起过热保护作用。当温度控制组件故障时，埋于座舱玻璃的过热敏感元件感受到超过正常调定温度的较高温度，此时过热敏感元件提供信号给过热控制组件，由此组件控制过热继电器的接通，从而断开电加热元件的电路，并接通过热指示器。由于加热元件电路断开，温度下降达一定值，过热信号消失，又将重新接通电加热元件电路，这样使玻璃保持在较高的温度范围内。

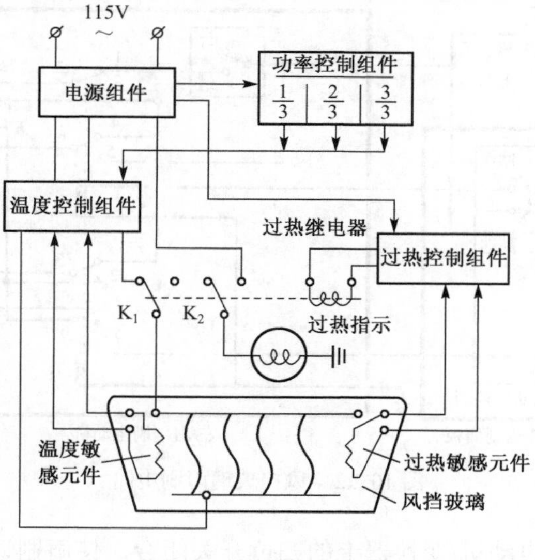

图 10.2.1 风挡玻璃加温原理图

飞机在地面时，由于通风条件差，一般是不允许对风挡玻璃进行全功率通电检查的，为避免玻璃过热损坏，通常由起落架空地感觉电门在地面断开全功率加温电路。

风挡玻璃防冰也采用引气系统提供引气防冰，同时也为风挡玻璃外部提供除雾和排雨。系统通过尾锥中的电控压力调节关断活门和人工位置调节活门向每一个风挡提供发动机引气。风挡玻璃引气人工活门位于相应的引气喷管上，正常情况下都处于关断位。

打开风挡玻璃防冰后有比较明显的气流噪声，这表示系统工作正常。通常在飞行前警告系统测试中，通过选择旋转测试电门至 W/S TEMP(风挡玻璃温度)位，并将风挡引气电门置于高或低位进行温度监控系统的自检，通过检查 W/S AIR O' HEAT(风挡引气过热)信号灯亮以核实系统是否正常工作，也可在飞行中完成自检。如风挡引气防冰系统失效，机上还提供一个仅供左侧风挡使用酒精防冰系统，但是酒精只能提供十分钟的防冰工作，因此应该尽快离开结冰区域。同时还要注意，在使用酒精防冰时，需要检查排雨手柄在按入位。

10.2.2 风挡玻璃雨刷电路

风挡玻璃雨刷器由 28V 直流电动机带动，变换器供电的电动机带动齿轮机构进而带动雨刷沿风挡玻璃摆动。如图 10.2.2 是典型的风挡玻璃雨刷电路。J_1 线圈通电，J_2 线圈不通电时，J_1 的触点 2-3 和 5-6 接通，电动机励磁绕组中电流流向为 $a \to b$ 及 $c \to d$，两个绕组并联后与电动机的电枢绕组串励供电，励磁增强，转矩升高，处于高速运行。当 J_1 线圈断电，J_2 线圈通电时，两个励磁绕组串联后再与电动机电枢绕组串联。励磁绕组电流为 $a \to b \to c \to d$，由于回路等效电阻增加，励磁电流下降，转矩下降，处于低速运行。雨刷电动机的控制开关使电动机有两种速度，即 160 次/分钟和 250 次/分钟。通常设计成每块玻璃有一个雨刷，以确保出现故障时至少有一个驾驶员的玻璃是清晰的。当关闭雨刷时，电动机/变换器上的一个归位开关把雨刷设定在归位点。

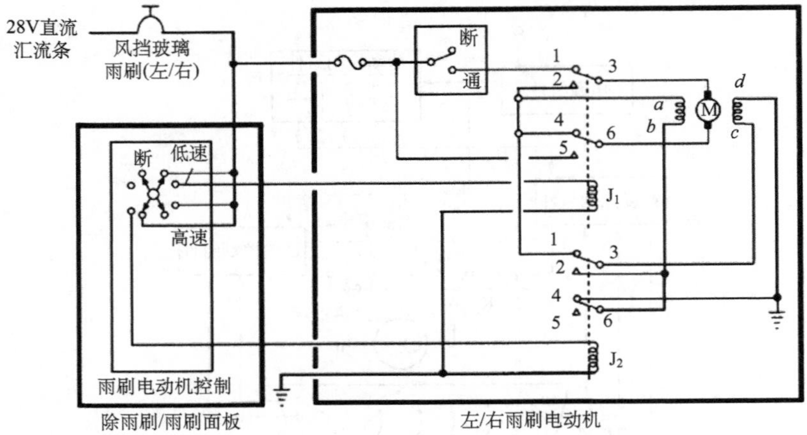

图 10.2.2　风挡玻璃雨刷电路

在关闭位置，每台电动机/变换器上的归位开关闭合，使雨刷返回到风挡玻璃的底部。在飞机起飞和着陆期间为保持风挡玻璃上一块清晰区域，采用如图 10.2.3 所示的除雨剂系统。除雨剂瓶位于机身顶部，包含压力表、可视储罐和关闭阀。

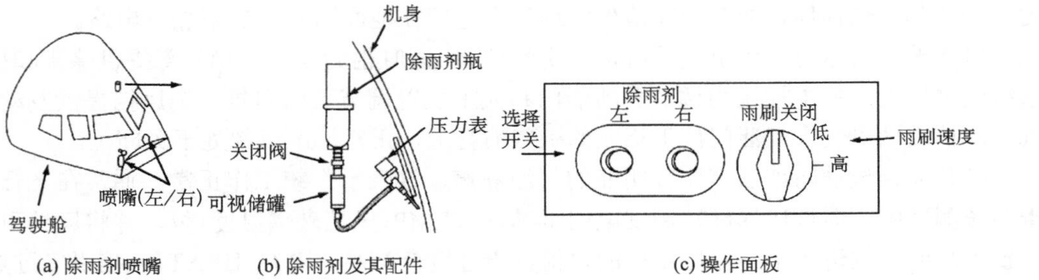

(a) 除雨剂喷嘴　(b) 除雨剂及其配件　(c) 操作面板

图 10.2.3　除雨剂系统

图 10.2.4 为一种典型除雨剂系统原理图，左/右除雨剂系统各有一个开关，左/右挡风玻璃各有一个由时间延时器控制的电磁阀，用于控制除雨剂的喷射。除雨剂存储在一容器中，容器从外部气源加压。两个电磁阀控制除雨剂输送到风挡玻璃的流量。机身上的喷嘴把除雨剂喷到风挡玻璃上。除雨剂开关均为瞬时动作型，按一次开关启动相应的电磁阀。电磁

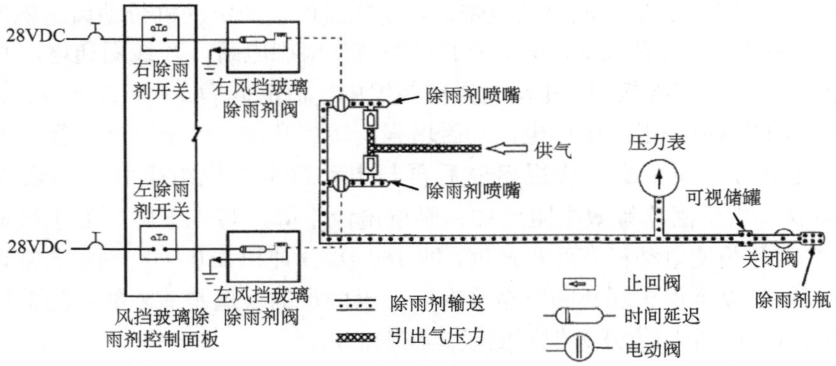

图 10.2.4　除雨剂系统原理图

阀上的一个时间延迟电路控制除雨剂喷出的量。经过较短的时间间隔(0.5s)后关闭电磁阀。图中的压力表用于指示何时应该更换容器。

10.2.3　风挡玻璃的防雾

暴露于一定温度和湿度环境中的物体，表面温度低于该环境空气的露点时，在物体表面就会出现一层极细微水滴，称为结雾。座舱玻璃的内表面温度等于或低于座舱空气的露点时，也会结雾；如果内表面温度等于或低于 0℃时，还会结霜。雾和霜都会降低玻璃透明度，并使光线发生折射和反射，影响飞行员的视线，考虑防冰时，也要考虑防雾问题。

风挡玻璃防雾的方法有电热防雾、双层壁板式热空气防雾和自由喷射热气流式防雾等多种，一般以电加热应用较多。对多层结构的风挡玻璃，电热防冰的结构是在外层玻璃的内表面设置导电金属膜作为加温元件；而电热防雾则是在内层玻璃的外表面设置导电膜作为加温元件，这样使防冰和防雾的问题都得到合理的解决。而且，在选择加温温度时，既使其具有防冰和防雾的能力，又使其内表面保持良好的韧性而具有接近防鸟撞击的最佳温度。

10.2.4　窗户防冰加热

机长和头等舱 NO.1～NO.3 需要加热。加热系统包括窗户、窗户加热控制单元、窗户加热控制面板及附件测试板。工作电源包括 28V 直流汇流条(左)，115V 交流汇流条(左右)。窗户上贴有导电膜或者导线网络，在外层面和中间提供窗户的电气加热。

如图 10.2.5(b)所示是内置测试设备(Built in Test Equipment，BITE)的窗户加热控制单元(Window Heat Control UnitS，WHCUS)，共两个，控制加热和隔离系统失效。左 WHCUS 在主设备中心 E1 架的第 2 层上，右 WHCUS 在 E1 架的第 1 层上。BITE 按钮、故障指示

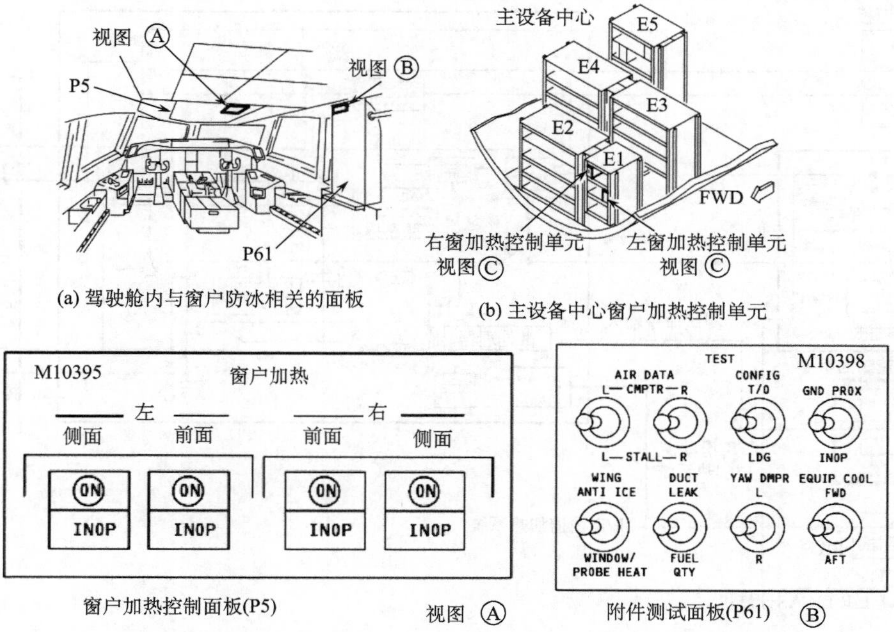

(a) 驾驶舱内与窗户防冰相关的面板　(b) 主设备中心窗户加热控制单元

(c) 窗户加热控制面板　(d)附件测试面板

图 10.2.5　窗户加热系统

灯，BITE 指令在单元的面上。WHCUS 采用 200V 电压(NO.1 窗户)，NO.2 窗户和 NO.3 窗户采用 115V，28V 直流电源用于系统测试。

窗户加热控制面板 M10395 安置在飞行员的头顶板 P5 上，上有 4 个窗户加热开关，控制窗户的加热，如图 10.2.5(c)所示。

如图 10.2.5(d)所示，附件测试面板 M10398 为窗户加热系统提供测试面板，测试面板在驾驶舱右侧的 P61 板上。

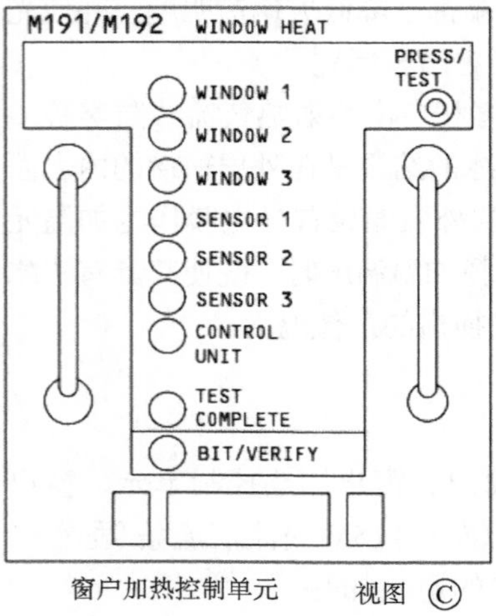

图 10.2.6 窗户加热选择面板

如图 10.2.6 所示，是窗户加热选择面板，每个窗户有其控制通道、温度传感器及加热器。根据传感器的信息，控制通道调节电源给窗户加热，并保持窗户温度达到预置温度。

每个窗户加热控制单元包括一个前窗户(NO.1)通道和两个相对的侧窗户(NO.2 和 NO.3)通道。

如图 10.2.7 所示是前窗户加热系统电路图，按下窗户加热控制面板(M10395)上的窗户加热开关。图 10.2.5(c)中每个开关包含一个白色的“ON”灯和一个琥珀色的“INOP”灯。白色的“ON”灯点亮，表示开关控制的加热通道正在工作，琥珀色的“INOP”灯点亮表示开关控制的加热通道失效。加热通道失效的信息也会在 EICAS 显示。注意“INOP”在外界温度大于 29.5℃时也会点亮。左右侧窗户加热系统电路原理图与图 10.2.7 类似，不再重复。

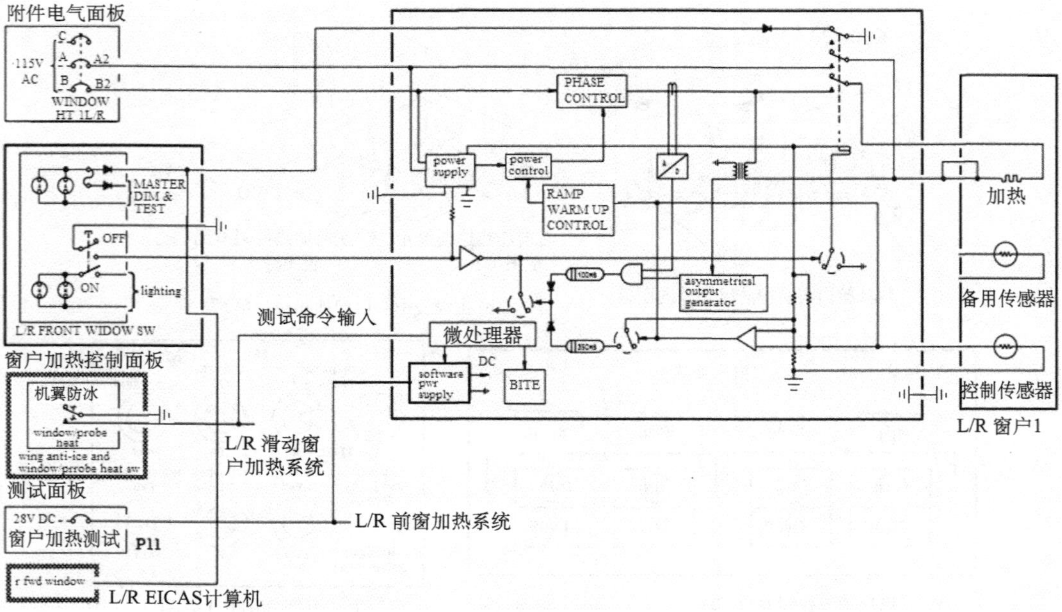

图 10.2.7 窗户加热系统电路原理图(B757 前左右窗户 1)

10.3　发动机、空速管和攻角探测器的结冰、防冰/除冰

10.3.1　发动机结冰、防冰和除冰

1. 发动机结冰

例如，涡扇发动机，飞机在结冰气象条件下飞行时，发动机结冰通常出现在进气道前缘、发动机整流罩支撑及第一级压气机叶片前的导流叶片等处。进气道及发动机结冰会改变进气道内表面的空气动力特性，使气流速度分布不畅，影响发动机的正常工作，引起发动机喘振和叶片变形等，损坏发动机，甚至造成发动机熄火。

发动机进气道前缘通常具有与机翼类似的流线外形，故其结冰情况与机翼有雷同之处，但又有它的特殊点，如结冰区域比机翼大，另外由于气流在进气道内加速，使温度下降，所以在环境介质温度为 5～10℃的正温条件下也可能结冰。图 10.3.1 为发动机进气道前缘及内外表面结冰情况的示意图。

发动机进气道及其部件结冰，破坏了它们原来的气动外形，减小了进气道面积，同时也减小了压气机每相邻叶片间的空气流通面积，使进入发动机的空气流量减少，因而发动机功率下降。对进气道入口处装有格栅的发动机，结冰时气体流通面积减小更多，可能导致功率严重下降。为了保障发动机的转速和推力，这时必须加大燃油比流量，这样除增大燃油消耗外，还会使涡轮前燃气温度升高，若超过允许值则会烧坏涡轮叶片，导致发动机停机。

由于结冰的不对称性及压气机叶片上冰层的不均匀脱落，都会破坏转子的动平衡，它除造成动力装置及飞机的振动外，严重时还会导致发动机轴承的损坏；脱落的冰层随高速气流进入压气机，打在叶片上还可能造成压气机的损坏。

2. 发动机进气道防冰/除冰

图 10.3.2 为发动机进气道除冰系统结构图，主要由加热元件、温度调节装置和加热导线组成，由于进气道的结冰面积大、范围广，加热导线也应布置得合理有效。

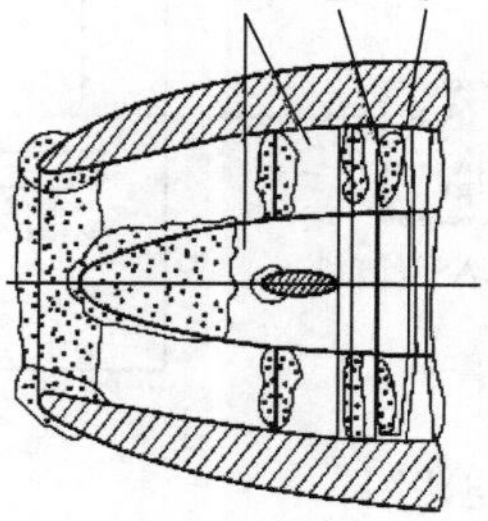

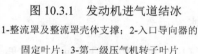

图 10.3.1　发动机进气道结冰

1-整流罩及整流罩壳体支撑；2-入口导向器的固定叶片；3-第一级压气机转子叶片

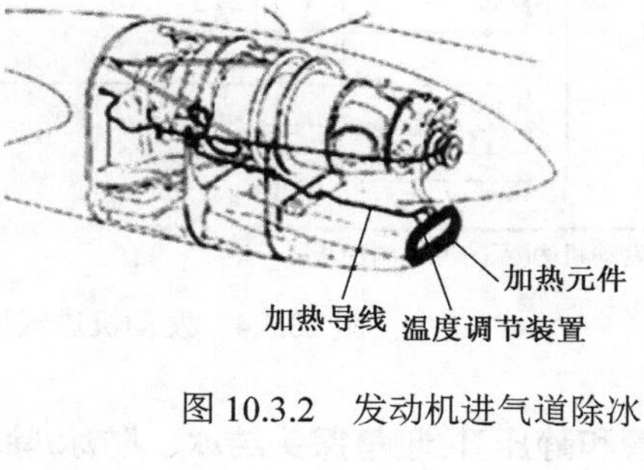

图 10.3.2　发动机进气道除冰

如图 10.3.3 所示是发动机进气道热防冰图，当防冰电门位于“发动机”位或“机翼/发动机”位时（飞行中发动机的 n_2 转速大于 70%满转速），热引气将输送到相应的发动机进气口和发电机冷却空气入口以提供防冰保护。

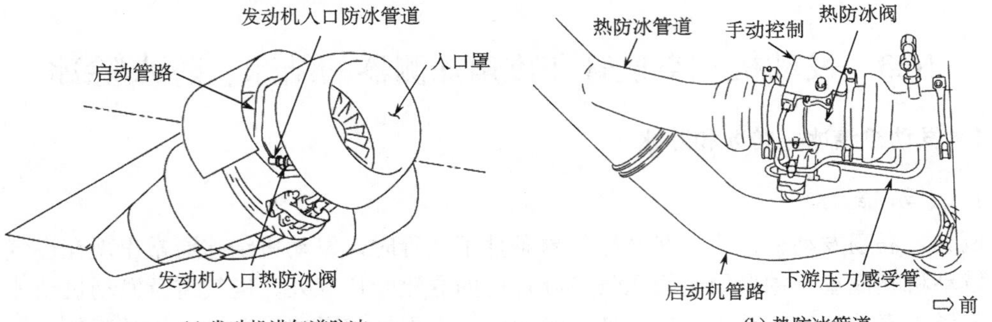

(a) 发动机进气道防冰 (b) 热防冰管道

图 10.3.3 发动机进气道热防冰元件的安置(B757)

如图 10.3.4 所示是发动机进气道热防冰电路图，由 28V 直流供电，在头顶板 P11 上有供电电门，由 EICAS 计算机发出热防冰指令。

发动机风扇、定子和转子利用空气动力除冰。如果冰在转子、发动机风扇、定子上堆积，离心力和空气动力的作用会使其脱落。发动机防冰系统由温度传感器监控，当引气温度低于104℃时，ENG ANTI-ICE LH/RH(发动机防冰左/右)信号灯亮。如果发动机防冰信号灯亮有两种情况：其一是104℃温控开关接通，其二是当发动机 n_2 转速减少至低于满转速的 70% 1min 后，主警戒灯都会在信号灯点亮约 1min 后亮。

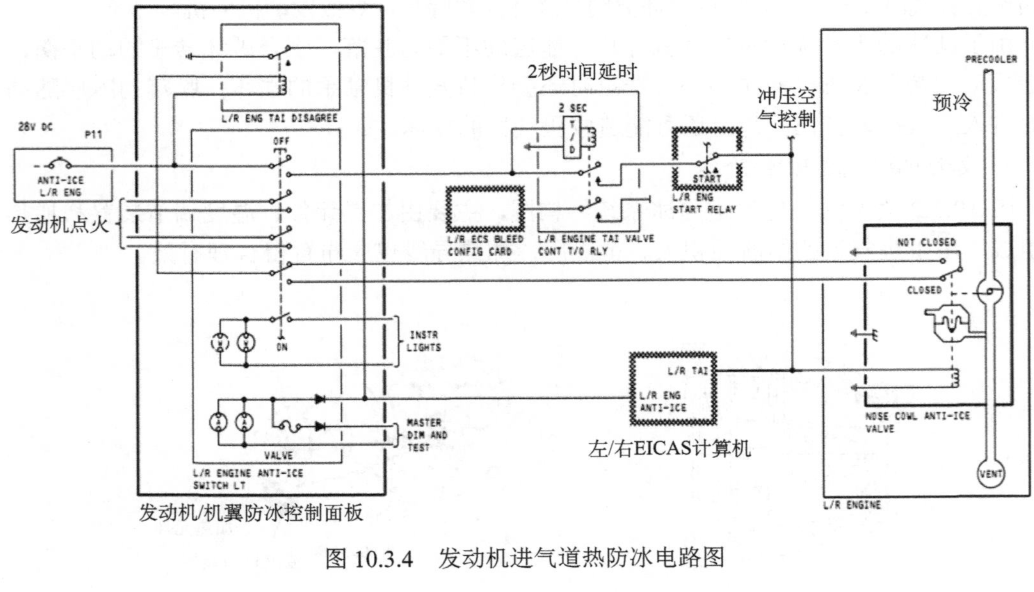

图 10.3.4 发动机进气道热防冰电路图

10.3.2 空速管和静压孔/迎角探头结冰、防冰/除冰

飞机的空速管和静压孔结冰，会使空速表、气压高度表以及升降速表等重要仪表的指示度失真，甚至完全失效，这是极其危险的，因为飞机可能进入复杂状态，或危险飞行状态而飞行员没有觉察。

如图 10.3.5 所示是空速管面板在驾驶舱布局及空速管在机身位置(B757 飞机)，有 4 根

(每边 2 根)空速管用电气加热以防止由于结冰错误地读取信息。图 10.3.6 是空速管辅助报警面板和测试面板。

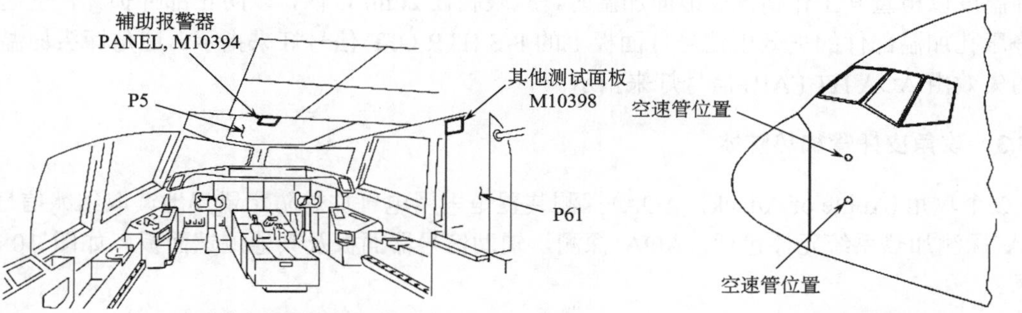

(a) 驾驶舱内空速管操作面板　　(b) 空速管位置

图 10.3.5　空速管面板在驾驶舱布局及空速管在机身位置

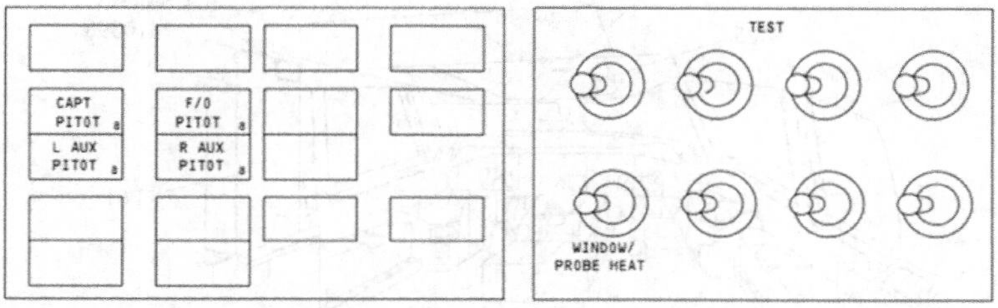

(a)辅助报警面板　　(b)测试面板

图 10.3.6　空速管辅助报警面板及测试面板

如图 10.3.7 所示是空速管结冰探测和防冰电路图，系统包括：空速管、辅助报警器面板及其他测试面板。电源由 28VDC 和 115VAC 供电，电路断路器在断路器面板 P11 上，交流主电源配电板为 P6 板。

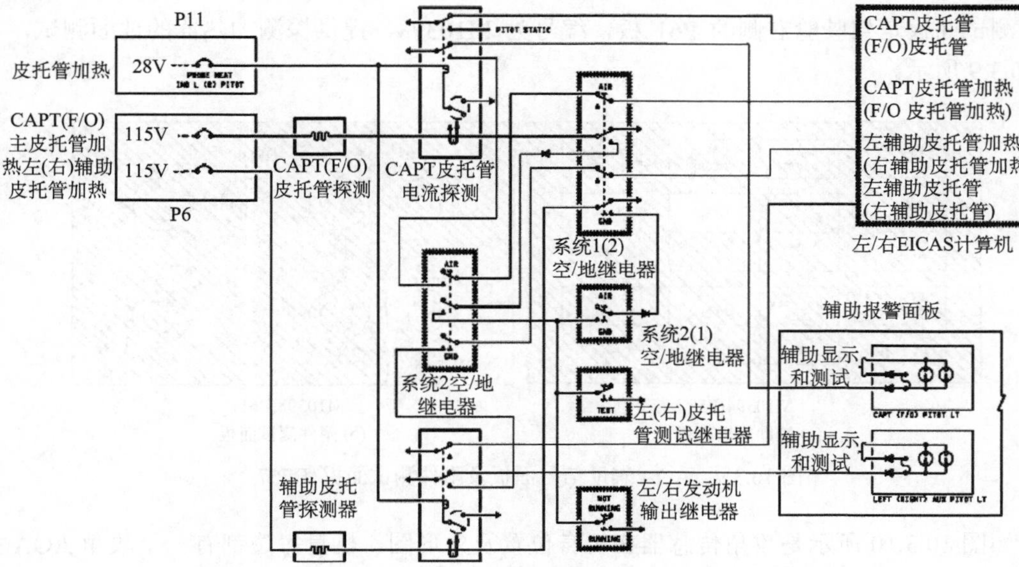

图 10.3.7　空速管结冰探测和防冰电路图

【维修要点】空速管-静压孔和迎角探头内部都有电热加温部件，全静压加温电门控制所有这些部件。飞行前进行外部检查时，打开盖电门约 30s 后关断，然后触摸感觉每一个部件温度以检查其工作情况。地面加温时，应限制在 2min 以内，以防止部件损坏。空速管和静压孔加温部件的失效由信号灯面板上的 P/S HTR OFF 信号灯来指示。迎角探头加温部件的失效由 AOA HT FAIL 信号灯来指示。

10.3.3 攻角皮托管加热防冰

2 个攻角(Angle of Attack，AOA)探测装置是采用电气加热防止错误地读取结冰信号。AOA 探测加热系统元件包括：AOA 探测，辅助信号器面板及其他测试面板，如图 10.3.8 所示。

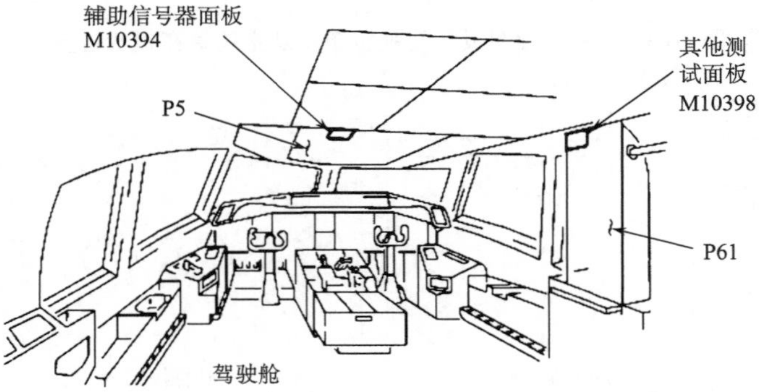

图 10.3.8 与 AOA 相关的探测面板在驾驶舱的位置(B757)

电源来自 28V 直流汇流条和 115V 交流汇流条。电路断路器在头顶板 P11 上，配电在 P6 板上。辅助信号器面板是飞行员的头顶板 P5 上，编号为 M10394。信号器面板包含 2 个琥珀色的灯，即 L AOA 及 R AOA。这些指示灯指示探测器加热或系统是否失效。附件项目的测试面板是驾驶舱右侧的 P61 板，编号为 M10398，提供探测加热器的地面测试，如图 10.3.9 所示。

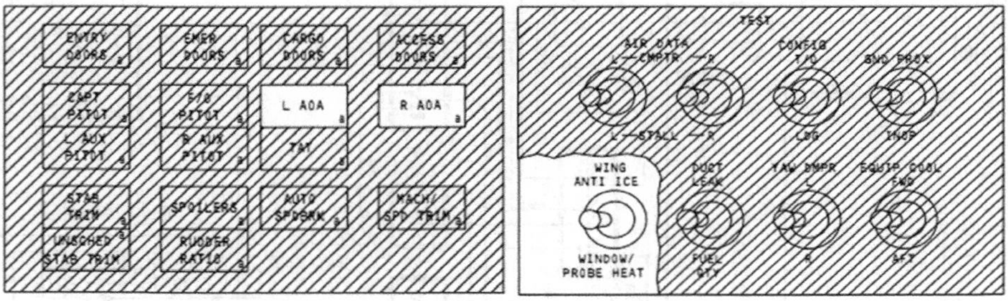

M10394(P5)
(a) 辅助信号面板

M10398(P61)
(b) 附件测试面板

图 10.3.9 AOA 辅助信号面板及附件测试面板(B757)

如图 10.3.10 所示是攻角传感器在机身位置及外形图，机身每边都有一个攻角 AOA 探测器，每个 AOA 探测器有一个叶片加热器及壳子加热器。叶片加热以维持金属薄片测量攻角有效，壳子加热器确保叶片的自由旋转。在地面或飞行中仅当 AOA 探测器的一侧加热时使用。

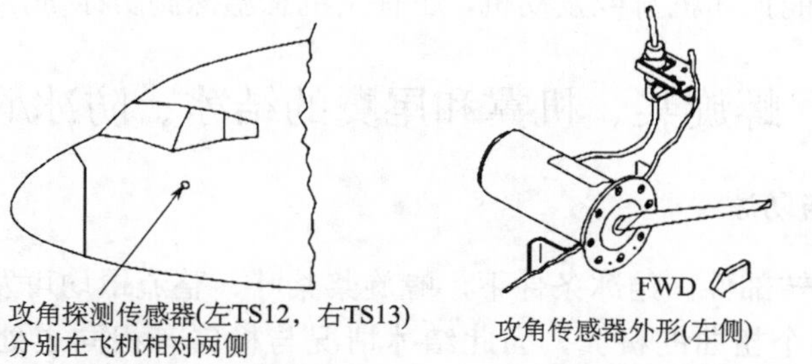

(a) 传感器在飞机上的位置　(b) 传感器外形

图 10.3.10　攻角传感器在机身位置及外形图(B757)

如图 10.3.11 所示是攻角传感器加热电路图，AOA 探测器由空/地继电器实现加热自动控制，空/地开关继电器的位置取决于发动机速度插件。

在地面，AOA 探测器加热取决于发动机速度。空/地开关继电器得电，打开探测器加热电路。(空/地开关在左附件继电器面板 P36 板上，右附件电气设备面板是 P37 板。)

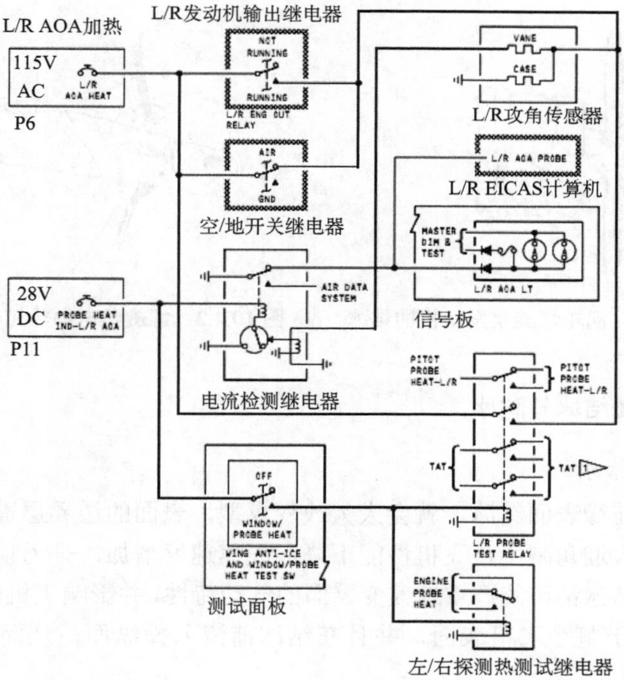

图 10.3.11　攻角传感器加热电路图(B757)

如果左、右发动机都停车，则发动机速度插件继电器“ENG OUT”失电(两个 ENG OUT 继电器在 P36 和 P37 板上)。探测电路保持开路，探测器没有加热。与每个 AOA 探测器相关的电流检测继电器没有加电。

在辅助信号面板上为 AOA 指示灯对地提供一个近的路径。因此在地面，发动机关闭、

AOA 探测器不被加热，并且 P5 板上的琥珀色 AOA 灯亮。

此外还有飞机天线结冰，天线结冰可能导致无线电通信失效，造成联络中断，结冰造成的天线折断甚至可能损坏机身或发动机，还有飞机总温探测防冰等，限于篇幅不再详述。

10.4 螺旋桨、机翼和尾翼的结冰、防冰/除冰

10.4.1 螺旋桨结冰与防冰

螺旋桨为高速旋转部件，结冰条件下，螺旋桨桨叶、整流罩均可发生结冰。螺旋桨桨叶的形状实际上是一个扭曲的机翼，因此结冰情况与机翼有相同之处，有时甚至比机翼还严重，在桨叶的整个长度上都可能结冰，桨尖的冰在离心力作用下比较容易甩掉。弦向结冰从桨叶前缘开始，结冰范围可达 25%左右。螺旋桨及进气道的结冰情况如图 10.4.1 所示。

螺旋桨结冰后破坏了它的气动外形，增加了翼型阻力，因而降低了螺旋桨的效率。螺旋桨结冰，还会引起振动，冰层甩脱时，可能危及飞机和发动机部件，甚至有击穿蒙皮和气密舱的危险，所以螺旋桨结冰也严重地影响着安全飞行。如图 10.4.2 所示，将电加热导线和温度调节装置安置在螺旋桨容易结冰的部位，电加热元件发热，融化已结的冰块。

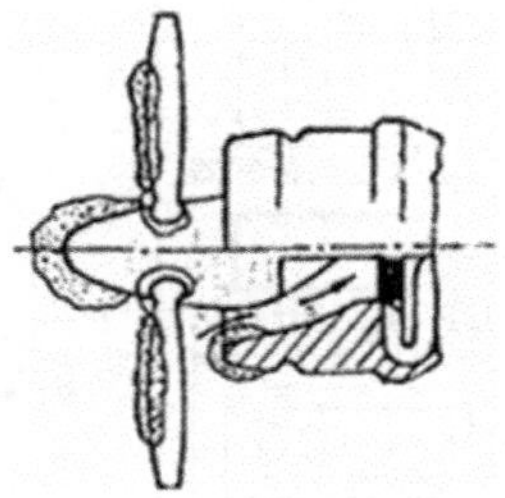

图 10.4.1 涡轮螺旋桨发动机的结冰

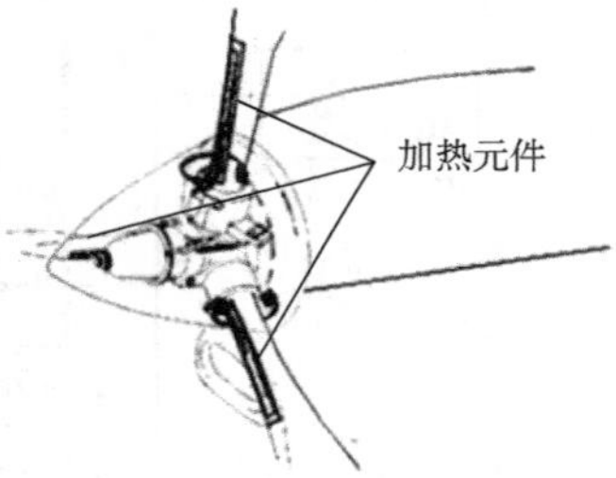

图 10.4.2 螺旋桨电加热元件的布置

10.4.2 机翼和尾翼结冰与防冰

1. 机翼和尾翼结冰

当机翼和尾翼前缘表面结冰，就会大大改变翼型，表面的边界层遭到破坏，造成最大升力系数减小和最大迎角减小，飞机性能下降，失速速度增加，升力损失增大。水平安定面上的微量或轻度结冰都可能严重地改变翼面的气动特性，并影响飞机的安定性和操作性，冻雨和明冰会滞留于整个飞机表面，并且在结冰前流入操纵面，从而妨碍副翼和襟翼的操纵。

2. 机翼前缘防冰

机翼热气防冰采用发动机引气防冰，提供每个机翼的 3 个(SLAT NO.2～NO.4)外部斜面进行热气防冰，如图 10.4.3 所示。防冰系统包括：机翼热气防冰阀，引气管道、喷雾剂管道、机翼和发动机防冰控制面板及测试面板。电源采用直流汇流条上电压，断路器在头顶板 P11 上。

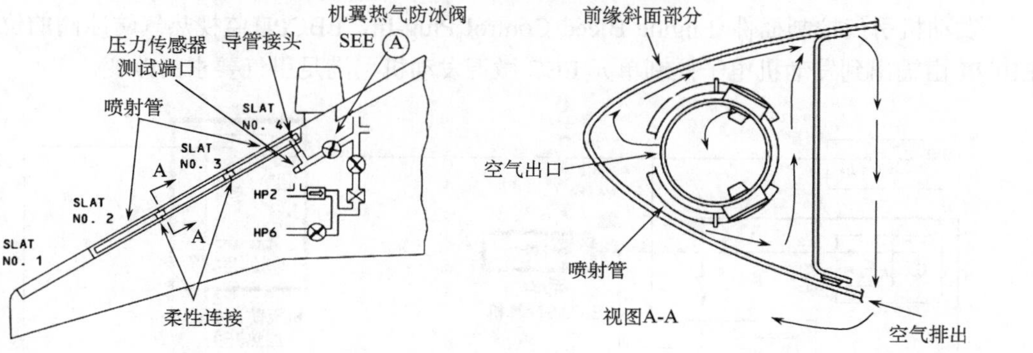

(a) 机翼引气防冰结构图　　(b) 气流流动示意图

图 10.4.3　机翼引气防冰和气流流动示意图(B757)

机翼热气防冰(Thermal Anti-Ice，TAI)阀控制着发动机引气到机翼防冰前缘管路的开启。每个机翼的支撑位置有一个阀门，保持管路压力为 20～28psi。

阀门上有一个指示器，有闭合和开启两种选择。可以人工地设置全开或全闭位置，也能锁定在闭合位置。每个机翼由管道连接到机翼，并汇集到前缘分布管道，热气引气能馈送给前缘斜面。每个机翼斜面是独立的，柔性连接可连接到前缘管路，在管路移动时可以灵活地调整误差。每个机翼上有 2 个柔性连接处。如图 10.4.3(a)所示，在机翼外面的斜面上有 3 个喷管口，可直接引气到机翼前缘表面。

如图 10.4.4 所示，机翼和发动机防冰控制面板有机翼防冰开关，用于控制机翼热防冰，同样也控制着发动机进气道的热防冰，这些都在头顶板 P5 上。测试面板上有机翼防冰窗口/探测热开关，可用于机翼热气防冰系统的地面测试。

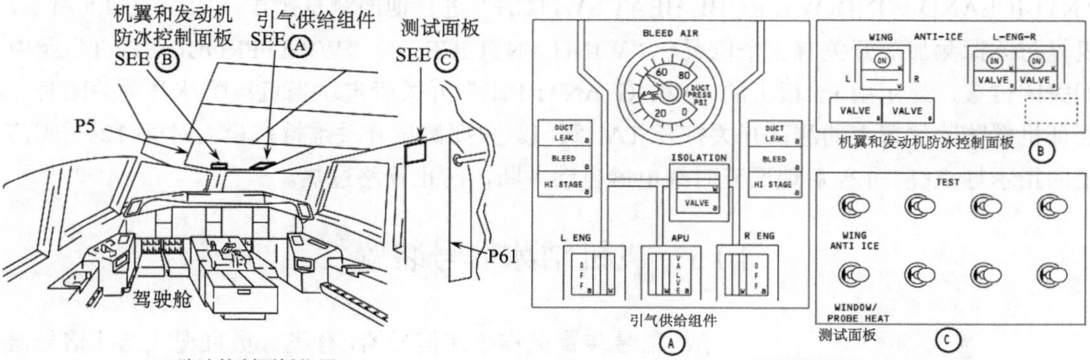

(a) 防冰控制面板位置　　(b) 测试面板

图 10.4.4　机翼和发动机防冰控制面板、引气供给组件及测试面板

如图 10.4.5 所示是机翼防冰电路图，按下“WING ANTI-ICE”开关给 TAI 阀门的线圈通电，打开热气防冰阀门，发动机引气则通过机翼前缘管路。当阀门处于开启时，面板上琥珀色阀门信号灯点亮。当阀门打开后，阀门指示灯熄灭。

如果 TAI 阀门的位置与指令要求的位置不一致，机翼的阀门灯亮。EICAS 计算机监视着阀门/开关的不一致问题。如果阀门位置与指令位置的不一致超过 2.5s，则在 EICAS 显示器 P2 板上显示机翼防冰信息。

发动机引气控制插件(Engine Bleed Control Plug-In，EBCPI)监视热气防冰阀的位置。EBCPI 由输出到发动机电子控制单元 EEC 微调发动机，满足引气要求的改变。

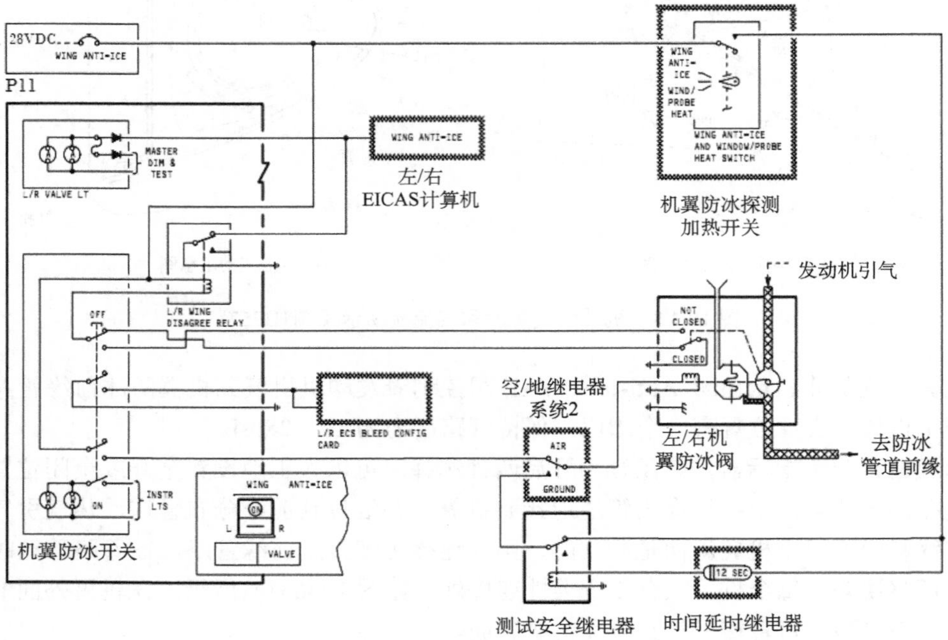

图 10.4.5　机翼防冰电路图(B757)

在地面测试时，空/地开关禁止了在地面加热。可采用面板上的选择开关“WING ANTI-ICEAND WINDOW/PROBE HEAT SWITCH”进行地面测试操作。如图 10.4.5 所示，机翼防冰探测加热开关有 3 个位置，“WING ANTI-ICE”、“WIND/PROBE HEAT”及中间关闭位置，显示由 P5 板上的“WING ANTI-ICE”开关确定。当机翼防冰开关关闭时，保证机翼防冰位置上的测试开关打开 TAI 阀门。只要测试开关维持在最大时间 12s，阀门上的指示灯点亮。12s 后地面延时继电器自动关断，防止管路过热。

10.5　飞机结冰信号装置

结冰信号装置又称结冰信号器，有飞行员直观式结冰信号器和自动结冰信号器两大类。直观式结冰信号器安装于飞行员容易看到的地方，当发现结冰后，飞行员用人工方法接通防冰系统；自动结冰信号器既可向飞行员发出结冰信号，又能自动地接通防冰加温系统。

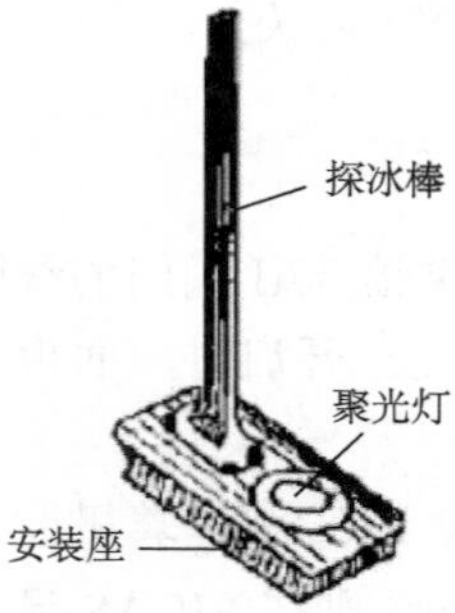

图 10.5.1　直观式结冰探棒

10.5.1　探冰棒和探冰灯

探冰棒是最简单的直观式结冰信号器，图 10.5.1 为其典型的结构形式。探冰棒的结构做成翼形截面以减小风阻。由于它的尺寸小，在轻微结冰状态下便会结冰。在探冰灯的旁边装有聚光灯以照明探棒，保证夜间飞行时用。

探冰棒装在机身外飞行员最容易看到的地方。当发现结冰后，飞行员人工接通防冰加温装置，探冰棒内装有电加热器，当接通防冰加温系统时也接通了探冰棒本身的电加热器，以除去棒上的冰。

多数飞机装有几种或几套结冰信号器，其中直观式探冰灯常作为探测结冰的辅助设备。探冰灯是一种专用的聚光灯，外形和普通灯差不多，一般安装在机身中部靠近机翼根部稍前部位，左右两侧共两盏。探冰灯接通时，灯光可集中照射到整个机翼前缘，还可观察到发动机进气道口的结冰情况。一般大中型飞机才装有探冰灯，如 B737 飞机。

10.5.2　压差式结冰信号器

压差式结冰信号器又称冲压空气式结冰信号器，利用迎面气流的动压（全压）与静压的差值而做成。结构形式多样，下面以 CO-4A 型结冰信号器为例介绍它的基本结构和工作原理。

如图 10.5.2 所示是冲压空气式结冰信号的结构简图。这种结冰信号器是利用金属波纹膜片的弹性而工作的。由膜片将静压室与动压室隔开，膜片上装有活动接触点，两室之间由泄压孔相通。动压室通过进气口端面上的小孔承受迎面气流的冲压；而静压室通过信号器侧面的小孔感受空气静压。结冰信号器的头部和根部还有两组加温电阻，是为了本身除冰用的。信号器通过插头与外电路连接。

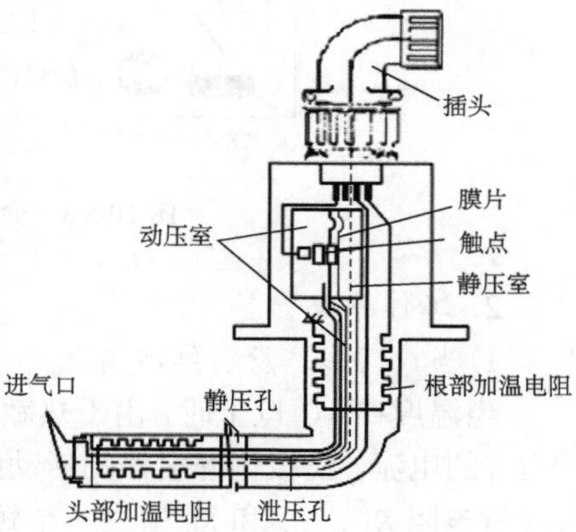

图 10.5.2　结冰信号器 CO-4A 原理图

冲压空气式结冰信号器用于探测发动机进气道口结冰情况时，被安装于发动机进气道内，进气口对准气流的方向。当发动机不工作没有冲压气流时，接触点处于闭合状态；发动机工作时，冲压气流进入动压室，由于动静压之差使膜片弯曲，接触点断开。

飞行中当发动机进气道出现结冰情况时，结冰信号器端口进气口上的小孔被冰堵塞，这时动压室失去冲压气流，动静压两个密闭室的压力通过泄压孔达到平衡，于是膜片上的活动接触点与固定接触点闭合，便接通驾驶舱内的结冰信号灯，同时接通发动机整流罩的防冰加温电路，也接通信号器本身的加温电路。

结冰信号器本身的加温电路接通后，经过一段时间，融化了结冰信号器头部动压孔的冰层（此时由于整流罩防冰加温电路的同时接通，进气道口结冰也应被融化），冲压空气又进入动压室，膜片弯曲又将接触点断开，信号灯熄灭，同时停止加温。这时，飞机如果仍在结冰区，又将重复过程。因此，飞机飞过较长结冰区域时，结冰信号灯将周期闪亮。

10.5.3　金属导电环式结冰信号器

1. 结构组成

如图 10.5.3 所示是金属导电环式结冰信号器，由受感器和随动器两大部分组成。

受感器里包含电阻温度系数为负的热敏电阻 R_0、除冰加温电阻丝 R_1 和金属导电环。导电环是由两个彼此绝缘的金属套环构成，安装于机身外，作为结冰探头，当表面结冰时两金属套环因短路而导通，而没有结冰时，导电环的内外层断开。

随动器由极化继电器 J_1、晶体管 VT、继电器 J_2 组成。机上直流电源由开关 K 引入，经电阻 R_2 加到导电环上。

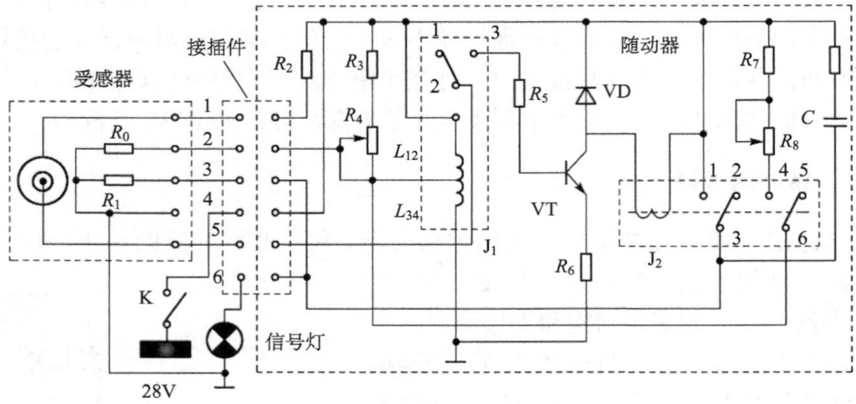

图 10.5.3 金属导电环式结冰信号器的工作原理

2. 工作原理

1) 当 $t>0$℃，没有结冰情况

当温度在 0℃ 以上时，由于热敏电阻 R_0 的阻值很小，通过极化继电器线圈 L_{12} 的电流大于 L_{34} 的电流，使极化继电器的活动触点处于电路断开的一边。极化继电器的两个绕组 L_{12}、L_{34} 与电阻 R_3、R_4 和 R_0 构成一个短路电桥。此时的晶体管 VT 的基极无触发信号而不能导通。

2) 当 $t<0$℃，但空气干燥不结冰情况

当受感器感受到 0℃ 以下温度时，如空气干燥飞机未结冰，热敏电阻 R_0 的阻值增大，通过极化继电器线圈 L_{34} 的电流增大而通过 L_{12} 的电流减小，使极化继电器 J_1 动作，活动触点接通电阻 R_5，因而将晶体管的基极与导电环的内套筒连通。但是此时没有结冰，晶体管 VT 的基极上仍然没有电压。

3) 当 $t<0$℃，并已结冰，需要除冰情况

只有当飞机进入结冰区，环境温度低于 0℃ 的结冰云层时，受感器导电环内外套环之间由于结冰而导通，这时机上直流电源通过电阻 R_2，导通后的内、外套筒，J_1 的接通触点和电阻 R_5 加到晶体管的基极上。晶体管导通使继电器 J_2 工作。J_2 的一对触点接通结冰信号灯，发出结冰信号。同时给受感器内加温电阻 R_1 通电，使结冰融化，J_2 另一对触点将电阻 R_8 和 R_9 与短路电桥的上两桥臂并联，使通过线圈 L_{34} 中的电流增大，而 L_{12} 中的电流减小，从而使极化继电器更可靠地保持在工作状态。C 和 R_7 是为了减弱触点火花。

4) 当温度 t 升高，冰融化后的情况

受感器加热后，冰层融化，热敏电阻 R_0 的阻值随温度 t 的升高而减小，通过极化继电器 L_{34} 的电流减小，直到极化继电器的触点断开，晶体管由于基极断电而关闭，继电器 J_2 断

电，受感器停止加热，结冰信号灯熄灭。经过一段时间，受感器冷却后，若内外套环之间重新结冰，则重复上述过程。

受感器的接地线连到起落架空地感觉开关的接点上，因此在地面，加温电路是不会被接通的，以避免地面通电由于散热条件不好而烧坏受感器。在地面检查时，用一个电阻接在内外套环之间模拟结冰状态，另外在加温电路内串入一个电阻，以免受感器不致过热烧坏。

10.5.4 放射性同位素结冰信号器

如图 10.5.4 所示是放射性同位素结冰信号器。结冰信号器有传感仪，敏感结冰情况并发出信号。信号经过放大器放大和最后显示系统显示，相应还应有一些控制加热电路。这里重点介绍放射性同位素结冰信号器的传感仪。

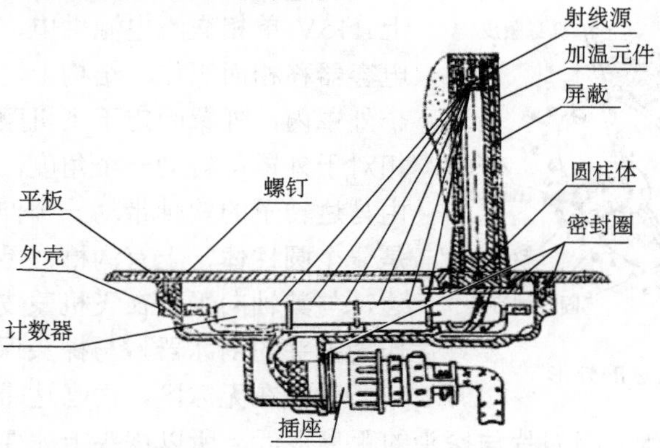

图 10.5.4 放射性同位素结冰信号器传感仪射线源

射线源使用的放射性材料是锶(38Sr90)或钇(39Y90)，它们都放射出β粒子形成β射线。锶的半衰期为 28.4 年，由于它衰减慢，可以认为在使用中β射线强度不变，即单位时间放射出来的β粒子数不变。

传感仪带放射源的圆柱体部分伸到飞机外，其“平板”与飞机蒙皮齐平。传感仪中另一重要部件是“计数器”。这里采用盖革-米勒管(G-M)型号为 CTC-5 型作为计数管。它是目前广泛采用的一种脉冲计数器，可以计数β粒子的多少。

如图 10.5.5 所示是盖革-米勒计数管，它是一个密闭的玻璃管，中间一条细钨丝作为阳极，管壁涂上薄层导电物作为阴极；管内充入低压惰性气体和少量卤族元素(溴或氯)气体。计数管的电源电压 U 比较高，为直流 1000～1500V。

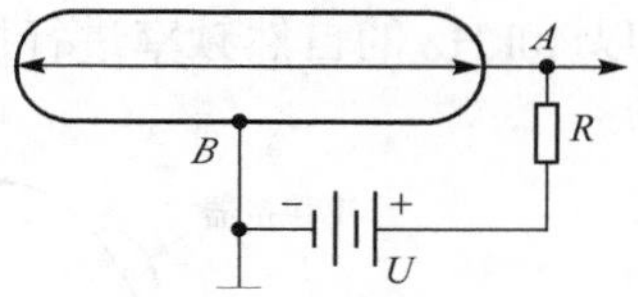

图 10.5.5 盖革-米勒计数管

当没有结冰时，射线源射出的β射线，即β粒子流可以电离，迅速使计数管阳极与阴极之间发生雪崩击穿，使计数管输出端(阳极)电位瞬间降低，也即 A 端的电位接近地，产生负脉冲，然后放电迅速停止。没有结冰时，有大量β粒子，即连续密度较大的β粒子穿过圆柱体窗口到达计数管，因而计数管 A 端输出负脉冲数很多。

而当有结冰现象时，圆柱体窗口开始被结冰层所覆盖，将使到达计数管的β粒子减少，即β粒子流的连续密度减小，因而计数管 A 的输出负脉冲数减少。可见计数管输出负脉冲数的多少，可以反映结冰的情况。这个信号被放大处理后即可用于控制加热系统和显示信号。

对放射性同位素结冰信号器进行维护操作时必须注意安全问题。长时间接触放射源或者对放射源进行错误操作，则对人体是有危害的，因此必须遵守安全技术规范。

10.5.5 探冰马达

探冰马达是一种机电式的结冰信号器，不仅能发出结冰信号，而且能自动控制发动机防冰系统和大翼、尾翼防冰系统的工作。

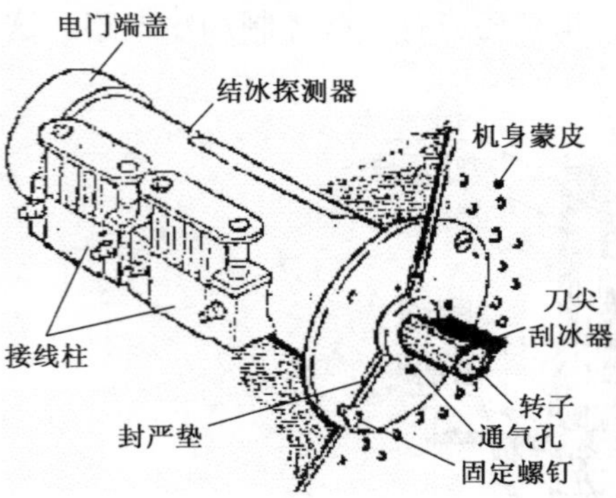

图 10.5.6 探冰马达的外形

如图 10.5.6 所示是探冰马达的外形及安装关系图。探冰马达是一个特制的单相异步电动机，由机上 115V 单相交流电源供电，在启动和运行时，因电容器移相而工作。结构上，它是将电机套装在一个外罩内，外罩固定于飞机蒙皮上，而电机的定子相对于外罩可转动一个角度，因此称为浮动安装。由马达转子的软轴带动一个伸到机外的探头，探头是一个圆柱体，上有沟槽，易于结冰。在探头的旁边，与其轴向平行在飞机蒙皮上装有固定的刀片，作为探头的刮冰器，与探头保持很小的间隙。

飞机在无冰区，由马达带动探头自由旋转；进入结冰区后，探头结冰，因刀片与探头的距离很近，所以探头上冰要被刀片切削，使马达的负载增大，马达转子要转动，而刀片不让它转动，根据作用力与反作用力的关系，结果使浮动安装的电机定子相对于转子反方向转动一个小角度，达到转矩的平衡。定子转动一个角度后，将电机内的一个微动电门压通，于是接通飞机上的直流电源使驾驶舱的结冰信号灯亮，同时还通过延时组件使中央警告系统发出信号，并自动操纵发动机防冰系统和大翼、尾翼防冰系统的工作。

10.5.6 超声波探冰技术

如图 10.5.7 所示是一种超声波结冰探测器，感测探头暴露在气流中，由一个电磁线圈以 40kHz 的自然频率进行振动。当探头结冰后，由于质量增加使其振动频率降低。

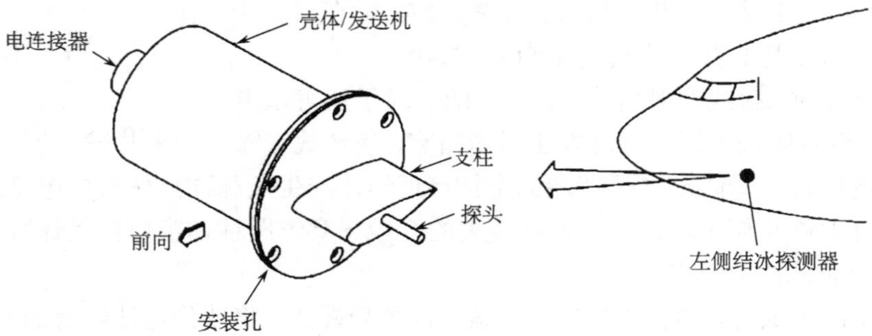

图 10.5.7 超声波结冰探测器

如图 10.5.8 所示是超声波探测系统图，探测器壳体内的一个逻辑单元确定探头的振动何时低于 39867Hz(约 40kHz)。根据超声波探测原理，达到该频率时，说明一定质量的冰形成，此时系统就会对圆筒加热把冰融化。

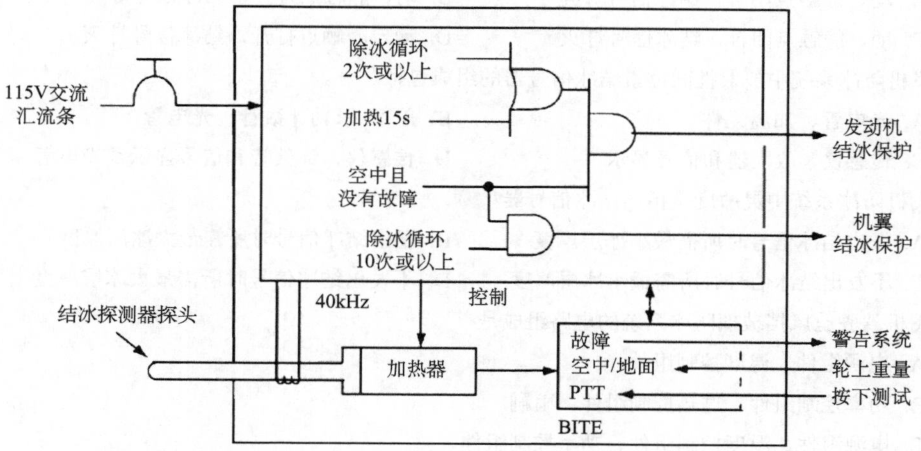

图 10.5.8　超声波探测系统

如图 10.5.9 所示是用于检测频率变化所花时间的超声波系统定时器，加热器一直打开，直到探头的振动回到其标称的 40kHz。标称加热时间是 6s，如果加热器工作时间超过 25s，电源就会切断，同时这个故障条件被发给机组人员。探测器带有控制功能，用于对发动机和机翼的结冰保护进行选择。

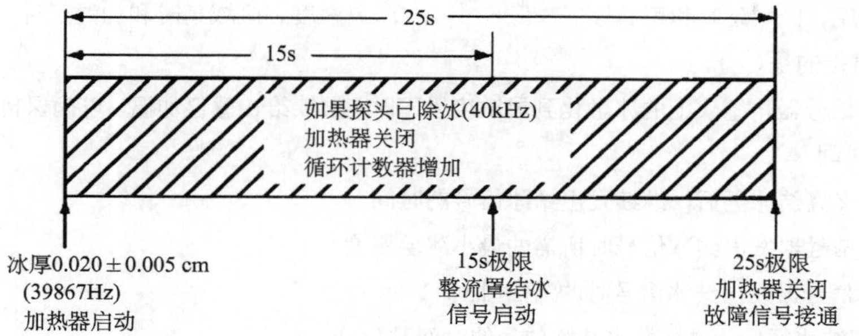

图 10.5.9　超声波系统定时器

10.6　飞机防冰系统举例

相关内容请扫描二维码观看。

飞机防冰系统举例

10.7　防冰与除冰技术展望

相关内容请扫描二维码观看。

防冰与除冰技术展望

习　题

1. 在飞行中，当飞机发动机进气道出现结冰情况时，压差式结冰信号器(　)。

A. 动、静触点闭合，结冰信号灯亮　　B. 动、静触点打开，结冰信号灯亮

C. 动、静触点闭合，结冰信号灯灭　　D. 动、静触点打开，结冰信号灯灭

2. 飞机防冰系统中放射性同位素结冰信号器的组成包括(　)。

A. 光电管、加温元件　　B. 盖革-米勒计数管、光电管

C. 传感仪、放大器和信号显示　　D. 传感仪、计数管和信号显示及光电管

3. 飞机防冰系统中灵敏度是指当结冰信号器(　)。

A. 发出结冰信号时所需最小冰层厚度　　B. 发出结冰信号时所需最大冰层厚度

C. 不发出结冰信号时所需最小冰层厚度　　D. 不发出结冰信号时所需最大冰层厚度

4. 飞机驾驶舱风挡玻璃防冰系统的电路组成是(　)。

A. 电源组件、温度控制组件

B. 功率控制组件、过热控制组件、雨刷

C. 电源组件、温度控制组件、功率控制组件

D. 电源组件、温度控制组件、功率控制组件、过热控制组件

5. 结冰信号器有多种形式，一般可以分成(　)。

A. 飞行员直观式和自动结冰信号器两大类　　B. 探冰棒和探冰灯两类

C. 探冰棒和压差式结冰信号器两类　　D. 探冰灯和压差式结冰信号器两类

6. 各种类型结冰信号器的主要技术参数包括(　)。

A. 区域延时、加温延时和可靠性　　B. 灵敏度、加温延时和可靠性

C. 灵敏度、区域延时和可靠性　　D. 灵敏度、区域延时和加温延时

7. 加温延时指的是(　)。

A. 结冰信号器传感仪上的冰融化到灵敏度以下时，继续给传感仪加温，以确保传感仪上的冰完全化除的时间

B. 飞机飞离结冰区后，继续发出结冰信号的时间

C. 结冰信号器发出结冰信号时所需的最小冰层厚度

D. 结冰信号器发出结冰信号时的滞后时间

8. 飞机飞离结冰区后，继续发出结冰信号的时间是(　)。

A. 加温延时　　B. 区域延时　　C. 报警延时　　D. 固定延时

9. 风挡玻璃的防冰主要采用(　)。

A. 液体防冰　　B. 气热防冰　　C. 电热防冰　　D. 化学物防冰

10. 热气防冰的结构形式主要包括(　)。

A. 双层壁式热空气和外表面喷射热气流式　　B. 电阻丝式和导电膜式

C. 电阻丝式和双层壁热空气式　　D. 导电膜式和外表面喷射热气流式

11. 风挡玻璃加温控制系统的核心部件是(　)。

A. 过热控制组件　　B. 功率控制组件

C. 加温控制组件　　D. 电源组件

12. 风挡玻璃加温控制系统中功率控制组件的功用是(　)。
    A. 调节加温电流的大小，使系统在调定温度值正常工作
    B. 控制过热继电器的工作，对系统起过热保护作用
    C. 保护风挡玻璃在开始加温时免受热冲击
    D. 控制加温电源的通断
13. 探冰棒和放射性同位素结冰信号器(　)。
    A. 均属于直观式结冰信号器
    B. 均属于自动结冰信号器
    C. 前者属于自动结冰信号器，后者属于直观式结冰信号器
    D. 前者属于直观式结冰信号器，后者属于自动结冰信号器
14. 防冰和除冰有什么不同？查阅关于飞机最新的防冰与除冰方法的资料。
15. 为什么风挡玻璃防冰采取阶梯式供电？
16. 试分析放射性同位素结冰仪的工作原理。
17. 试画出金属导电环式结冰信号器的各个阶段的等效电路图。

第 11 章　飞机火警与烟雾探测及灭火系统

11.1　概　　述

不管是在飞行中还是在地面，火对飞机来说是最危险的威胁之一，所以火警的探测与灭火极其重要，应在飞机的动力装置和机体的关键部位安置火警探测装置，再配以灭火装置进行灭火。火警的种类较多，表现形式不一样，有时温度很高(如发动机周围的温度)，但不是火警；有时温度不高(如明火出现早期)，却是火警；有时飞机没有明火但有烟雾，也可能导致火灾；有时灰尘或粉末散落在空中，也会影响烟雾探测的准确性，误当成火警。火警的分布范围广而复杂，如发动机周围的火警，它的分布范围广，单纯安装一个或几个传感器是解决不了问题的，而需要像网格一样的安置方案才能解决。另外，如货舱、盥洗间(吸烟烟头丢入废纸篓)常以烟雾的形式出现，……鉴于这些情况，应研究不同情况下的火警形式与检测方法，以期准确地判断火警是否发生。

所有飞机上都有可燃物、高温区与起火点，因此存在着火危险。飞机着火不仅烧坏发动机、引爆油箱直接导致机毁人亡，而且座舱失火的烟雾可使机上人员窒息而死，国内外都曾多次发生飞机着火事故。所以通常在动力装置和机体的某些部位上安装固定式火警探测器和灭火设备。以便对可能“火区”进行防护，在乘客和机组人员座舱内，则配备足够数量的轻型灭火器进行灭火。如图 11.1.1 所示为某运输机火警探测器分布图。

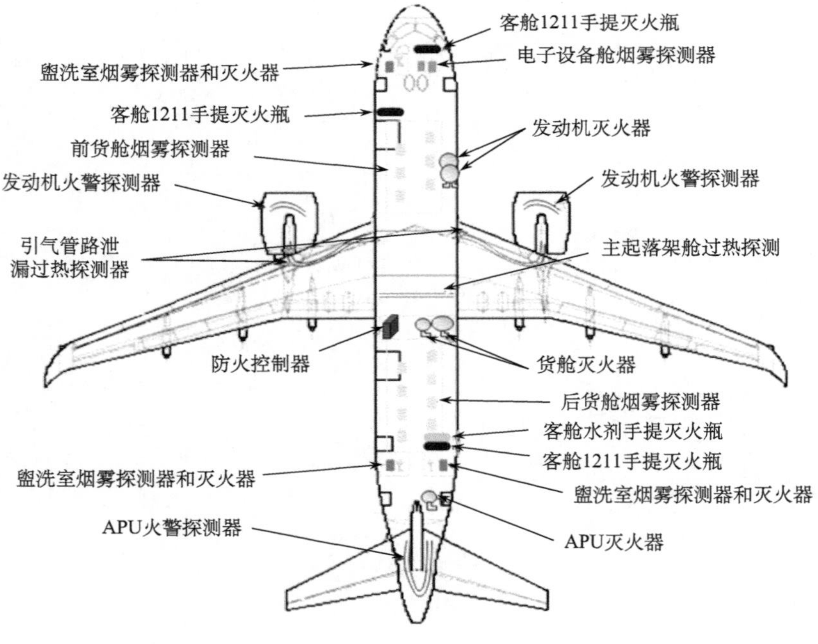

图 11.1.1　运输机火警探测器分布

现代飞机都安装有自动化程度很高的火警探测和灭火系统，尤其在发动机、辅助动力装置等高温区域大都安装有双环路的探测元件，一旦探测到高温或者火情就会在驾驶舱产生明显的灯光与声响警告，并提示机组采取灭火措施。机组通过操作位于驾驶舱的灭火手柄，使特定区域安装的惰性气体灭火瓶释放灭火。如图 11.1.2 所示是飞机防火系统的主要组成框图。

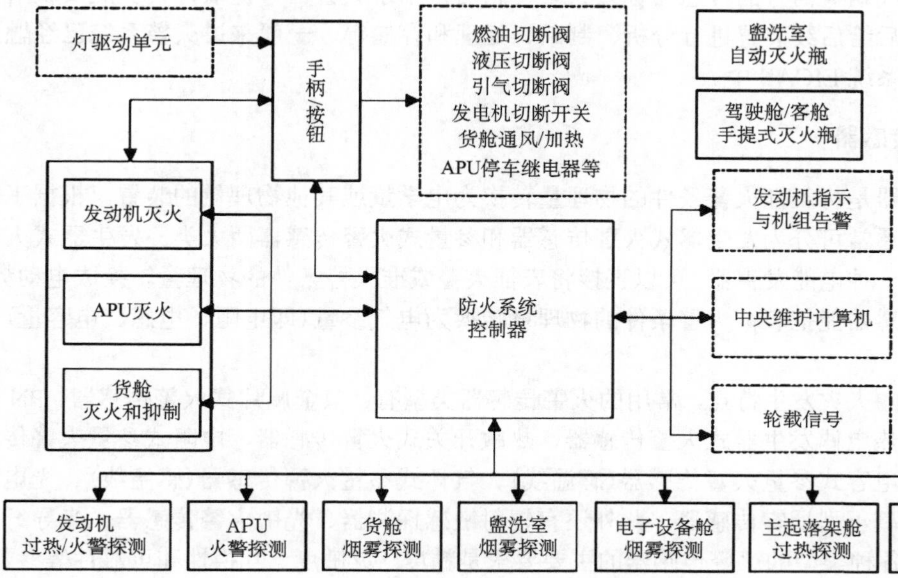

图 11.1.2　运输机火警探测与防火系统组成框图

11.1.1　火警探测系统的基本要求

火警探测系统通常由火警传感器、火警控制盒、火警信号装置和连接导线等组成用以探测火警或准火警条件，并以灯光或音响等形式发出火警信号，以便机组人员及时采取灭火措施。有的还能在发出火警信号的同时，自动接通灭火电路。有些飞机已经采用不同探测原理的多重火警探测装置与微处理器一起工作，以提高报警的准确性和可靠性。

飞机上常应用过热探测器、温升探测器、火焰探测器、烟雾探测器、机组人员观察等方法中的一种或几种进行火情探测，机组人员的观察只是作为探测着火的辅助手段，而理想的火警探测系统将尽可能多地满足下列要求：

(1) 在任何飞行或地面状态下，系统不应发出错误的警报；

(2) 迅速显示着火信号和准确的着火位置；

(3) 准确指示火的熄灭和火的重燃；

(4) 着火期间连续指示；

(5) 飞机驾驶舱中有探测系统的电器试验设备；

(6) 探测器在油、水、振动、极限温度的环境中或运输中不易损坏；

(7) 探测器重量轻，并易于安装；

(8) 探测器电路直接由飞机电源系统控制，没有变换器，常用应急蓄电池供电；

(9) 无火警指示时，所需电流最小，功耗最低；

(10) 每个探测系统都能接通驾驶舱的警告灯，指示出着火的部位，并有发声警告系统，每台发动机都有单独的探测系统。

表征火警或烟雾信号的传感器称为火警传感器，用于火警信号提取，转变成反映火警的电学量，然后给后续装置进行分析、判断、处理和存储等，一般来讲火警系统已经融入机组综合显示系统 EICAS 中。

11.1.2 火警传感器

火警传感器是将表征火警条件的物理量转换为电学量或其他物理量的装置。根据工作效应的性质，通常可分为发生器式火警传感器和参量式火警传感器两大类。发生器式火警传感器本身是一种电能发生器，可以直接将表征火警或准火警条件的物理量转换成电动势。参量式火警传感器能把表征火警条件的物理量转换为电气参量(即电阻、电感、电容量)的变化。

根据不同的火灾发生特点，常用的火警传感器类型有：双金属片式火警传感器、PN 结温度传感器、热电偶发生器式火警传感器、热敏开关式火警传感器、电阻式参量火警传感器(感温线)、电容式参量火警传感器(感温线)、气体式参量火警传感器(感温线)、光电式烟雾探测器、离子型烟雾传感器。此外还有辐射敏感探测器、光敏火警传感器、光导纤维传感器等。对各种类型的火警传感器的主要要求是精度、灵敏度、互换性和可靠性等参数，表 11.1.1 列出了 B757-200 飞机的火警探测器布置方案。

表 11.1.1 B757-200 飞机的火警探测器布置方案

序号	检测名称	英文名称	检测部位	传感器类型
1	发动机火警和过热检测	Engine fire and overheat detection	左、右发动机过热和火警检测	火警线用于过热检测 热电偶用于火警检测
2	厕所烟雾检测	Lavatory smoke detection	所有卫生间	光电型传感器 离子型传感器
3	APU 火警检测	APU fire detection	APU 发动机过热和火警检测	与发动机的火警检测类似，增加遥测功能
4	上、下货舱烟雾检测	Upper and lower cargo compartment smoke detection	货舱布置多个烟雾传感器，烟雾弥散后才能检测	离子型烟雾传感器 光电型烟雾传感器
5	轮舱火警检测	Wheel well fire detection	主轮的过热检测	在摩擦严重部位布置一定量的温度传感器

火警探测器在飞机上不同部位的布置示意图如图 11.1.3 所示。

11.1.3 火警信号处理与控制单元

将各种传感器检测到的火警信号输入到火警信号与控制单元，经过对火警信号处理输出一个表示火警存在信号的装置。通常将火警传感器的信号处理为电平信号或者可以与

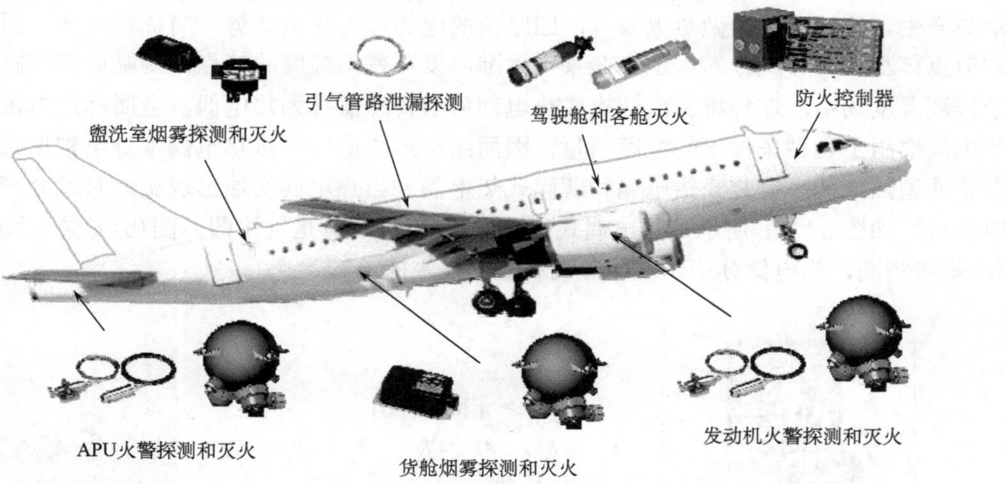

图 11.1.3　飞机火警探测系统示意图

MCU 微机系统接口的标准信号等，它实际上是带有微处理器的线路板或包含各种功能的信号处理装置。根据所用火警传感器类型及技术发展的情况，火警信号处理与控制单元可分为极化继电器式、晶体管电路式、带有微处理机的固体电路印制板式。

随着微电子技术的发展，火警控制盒以微处理为核心的计算机控制电路，可以实现智能化、自检测、自诊断功能，并降低功率损耗，在没有火警时可以处于休眠状态，有火警时立即准确报警，进一步提高系统的准确性、可靠性、低功耗和智能化程度。

在选择微处理器时要注意单片机芯片具有低功耗和睡眠、抗干扰能力强、具有与上位通信的接口功能等，一旦发生火警必须告知中央处理器。

11.1.4　火警信号装置

飞机上为了表示火警信号发生的部位、发生的具体情况，在显示器的面板上通常为带有“火警”(FIRE)字样的红色标记或发光二极管，并且还带有音响信号装置，它可以为电磁式振铃、耳机或扬声器。在装有电子显示系统的飞机上，还设有例如“No.1 ENG FIRE”(1号发动机火警)等文字信息显示。

根据火情发生的特点，应采用不同的火警传感器，如表 11.1.1 所列的各种火警情况应采用不同的探测方法，否则无法准确地进行判断和灭火。下面针对各种火警情况，讨论飞机上常用的火警检测方法。

11.2　火警探测技术

火警探测方法有很多，主要有热电偶式、电阻感温线式、电容感温线式、气体感温线式和光学原理等方法。

11.2.1　热电偶式火警探测系统

将两种不同导体 A、B 连成闭合回路，且两节点的温度 T_0、T_1 不同，则回路内将有电动势产生，这种现象叫做热电效应，回路内的电势称为热电动势，简称热电势。固定温度的节点称基准端(冷端) T_0，恒定在某一标准温度，待测温度的节点称测温点(热端) T_1，置于被测温度场中。这种将温度转换成热电动势的传感器称为热电偶，金属称热电极。由于热电偶惯用于各种条件下的温度测量，因而结构形式多样，按热电偶本身结构形式划分，有普通型热电偶、铠装式热电偶和薄膜式热电偶。当热电偶两端出现温差时就会产生温差电动势，如图 11.2.1 所示是热电偶式火警传感器，图(a)是结构图，图(b)是热电动势，图(c)是实物图，热电偶分工作端即热端和非工作端即冷端。

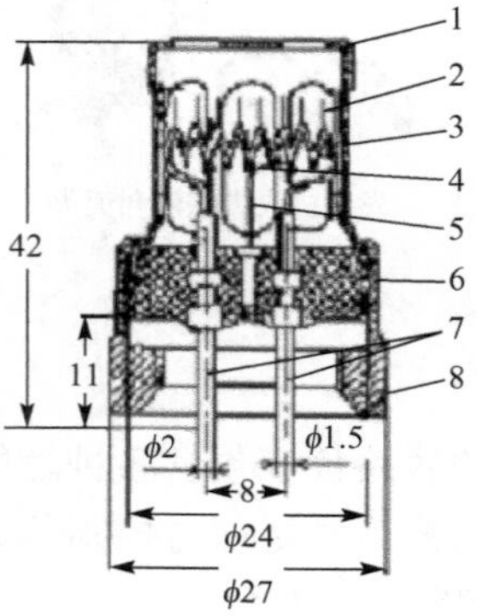

(a) 结构组成(长度单位：mm)

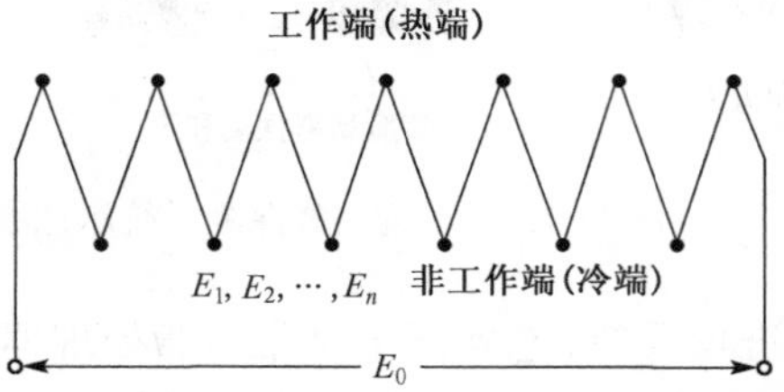

(b) 热电动势

(c) 实物

图 11.2.1 热电偶式火警传感器

1-保护罩；2-热电偶；3-热端；4-冷端；5-支柱；6-底座；7-插钉；8-外套螺帽

热电偶式火警传感器是由几个串联铬镍合金烤铜热电偶组成的，金属丝的直径为 0.7mm。其工作端(热端)焊接在薄圆片上；非工作端(冷端)的两根金属丝直接焊接在一起。工作端与非工作端分别暴露在传感器底座的上方，可以与周围空气相通。故当遇到火焰时，圆片的面积大，热端的温度升高快，而冷端的温度升高慢。这时，在冷端和热端之间便产生温差电动势，几个热电偶串联总电动势是相加的，即

$$E_0 = E_1 + E_2 + \cdots + E_n = E(T) \tag{11.2.1}$$

利用热电偶产生的温差电动势与其他元器件可制成火警探测与灭火器装置，如图 11.2.2 所示，热电偶式火警信号系统由火警传感器(即热电偶)、控制盒(内装极化继电器)和火警信号灯组成。

当出现火情时，热电偶的输出电动势上升，继电器 R_1 的线圈得电，触点“1”和“2”接通，使失火警告灯亮，同时给灭火电路的继电器送出 28V 直流信号，自动打开灭火分配电磁活门组和使用第 1 组灭火瓶向失火区喷射灭火剂。

飞机上已将火警传感器和火警控制盒分别安装，通常火警传感器布置在火灾易发区，而控制盒安装在电子舱，常用极化继电器作为动作装置，当热电偶感受到火焰而温度突然升高时，可得到较大的电动势，可以使一个高灵敏度的极化继电器动作。

在火警探测系统中，极化继电器可用于接收来自发动机、机翼和副油箱等部位火警传感器发出的失火信号，接通极化继电器以控制火警信号和自动灭火的操纵电路。盒内装有多个高灵敏度、低阻抗的极化继电器(具体数目可根据可能着火的区域数目而定)。极化继

电器本身带有一个永久磁铁，如图 11.2.3 所示，目的是提高继电器的灵敏度。中间的杠杆(即衔铁)上绕有线圈，衔铁的运动方向取决于通入线圈电流的方向。衔铁平时停在中立位置，因热电偶产生的电流方向只有一个，故接触点只向一个方向接通。

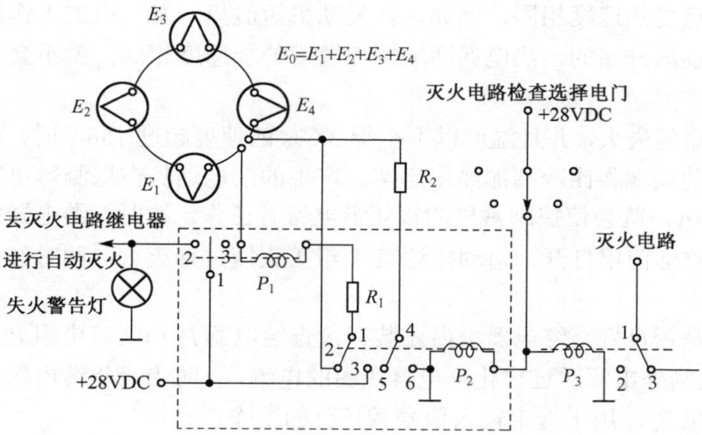

图 11.2.2 热电偶式火警探测与灭火电路

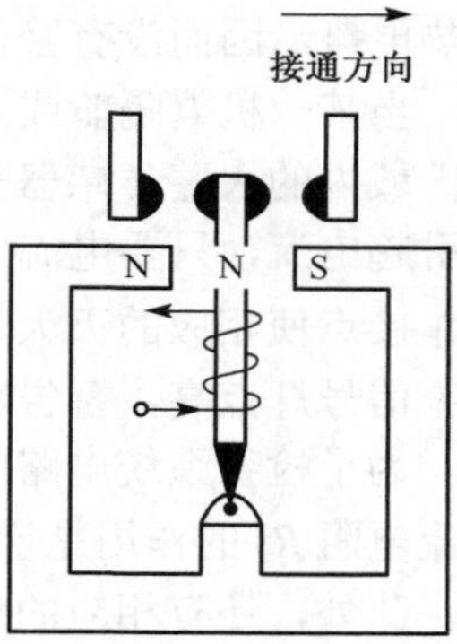

图 11.2.3 极化继电器

当火警探测器的感温元件由于感受到的失火火焰，温度升高时，热电势便增大，假设电流的方向如图 11.2.3 所示，衔铁的极性柱上方为N极，下方为 S 极，因此接通右边接触点，从而接通火警信号灯和自动灭火电路。

由于极化继电器的体积重量大，触点外露，动作与晶体管比较慢等特点，随着电子技术的发展已采用晶体管电路作为火警控制的主要电路。如图 11.2.4 所示火警探测与处理系统原理框图，图 11.2.5 是火警控制盒的外形图，其体积小、重量轻、维护方便且故障率低，已在现代飞机中广泛地采用。

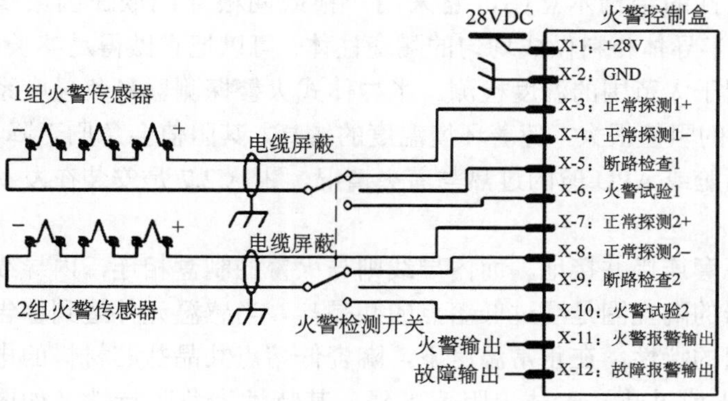

图 11.2.4 火警探测与处理系统原理框图

图 11.2.5 火警控制盒外形

值得注意的是热电偶式火警信号系统的工作原理是利用传感器(热电偶)将周围介质温度的变化转变为热电动势，输出控制信号而使系统工作。热电偶只能感受由于火焰引起的温升速率而输出相应的热电势。在缓慢的温升速率下，这种传感器输出的热电势很小，甚至无输出，从而能区分火焰或呈超温现象的准火警状态。

假如热电偶冷、热两端接点受热速度相同，例如，在发动机短舱里，发动机的工作使温度正常地逐渐升高，由于是逐渐升高的，热电偶两端接点温度的加速度相同，就不会产生热电势，因而没有警告信号发生。

当某一机翼隔舱或发动机短舱失火，并且温度以不小于 2℃/s 的速度超过 150℃时，在该区域内的火警传感器热电偶的热端将比冷端加热得迅速。产生的热电动势在探测器电路内引起电流，只要电流大于 4mA，就会使控制盒里的极化继电器 P_1 工作。这时，继电器的工作接点使相应的灭火分配电磁活门组打开，自动接通第 I 组灭火瓶进行灭火；同时红色火警信号灯点亮，警告喇叭响。

为了检查系统电路的工作是否良好，继电器盒内还装有检查继电器 P_2 和限流电阻 R_2。限流电阻 R_2 的作用是检查时限制外电源通过极化继电器线圈的电流，以防止极化继电器烧坏。此外，还有相应的调节电阻 R_1，用于选定输入信号(温度)的工作点。

飞机上有些场合，如发动机周围经常温度较高，但不一定是故障，当只有温度超过某一值时才认为是故障，但这种故障不是明火，而是以过热的方式出现，另外发动机所涉及的范围比较广，单纯用多点布置的温度传感器检测，会出现误报现象，而且所使用的温度传感器数量太多，处理电路非常复杂，为了解决范围较大的火警测量问题，可以采用参量传感器，常用的参量传感器有电阻感温线式传感器和电容感温线式传感器，用这些传感器缠绕在需要检测的部位，根据其受温度变化而参量发生改变进行检测。下面分别介绍其工作原理和应用。

11.2.2 电阻感温线式火警探测系统

1. 电阻感温线的构造及工作原理

图 11.2.6 所示是电阻感温元件的结构示意图，它采用一根或两根导线嵌在因康镍(Inconel)合金管中，两者之间填充半导体材料做成均匀的陶瓷柱体，可以把它做得足够长，缠绕在需要检测的部位，特别适用于大范围的温度检测。半导体式火警探测器是负温度系数工作原理，在常温下火警探测器的阻值很大，随着环境温度的增高，其阻值会急剧下降，通过阻值的变化监测飞机发动机隔舱或 APU 舱的过热与着火情况，图 11.2.7 是安装在发动机隔舱中的火警探测系统。

感温线外层合金管与其保护管套连接并接地，而内导线则与火警控制盒相连，内导线与外壳之间等效为一电阻，探测器的陶瓷圈是浸过低熔点的共晶盐，当感温元件达到警告温度时，它具有突然降低自身电阻的特性。在正常温度下，陶瓷低熔点共晶盐芯材料的电阻能阻止电流通过。一旦出现着火或过热，芯体电阻值下降，其特性为负阻特性，如图 11.2.6(c)所示，如果将这个电阻接入恒流源或电压电路，并配以适当的处理电路就可以得到表征温度信号的电压或电流信号，根据信号的大小就可以向外发送火警信息，使警告系统工作。

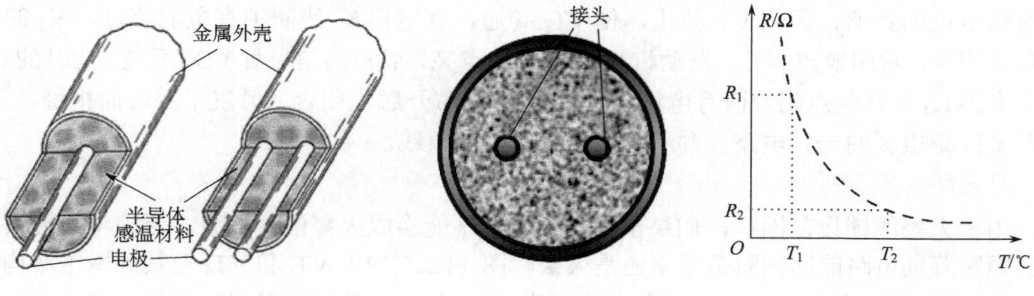

(a) 结构　　(b) 截面等效电路　　(c) 负温度特性

图 11.2.6　电阻感温线的结构及特性

2. 电阻感温线式火警探测系统的工作原理

图 11.2.7 所示为 B707 飞机发动机火警探测电路，火警探测控制电路由晶体管 VT_1 和 VT_2 组成一个单稳态触发电路，在各种状态下的工作情况分析如下。

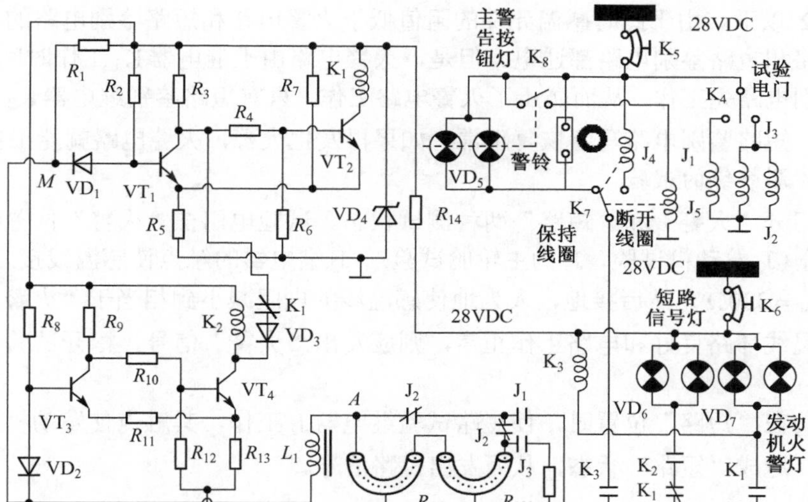

图 11.2.7　B707 飞机电阻感温线式火警探测电路

1) 无火警情况

无火警情况，不应报警，警铃不应响，警告灯不应点亮。由于发动机火警探测器的等效电阻值 R_{AB} 很高，经 R_1 与 R_{AB} 等分压使 M 点的电位足够高，使 VD_1 反偏截止，另外 VT_1 的基极电位比发射极电位高，使 VT_1 导通，U_{C1} 低电平输出，VT_2 截止。继电器 K_1 线圈中没有电流流过。当 VT_1 导通时，二极管 VD_3 导通，VD_3 的导通阻止了继电器 K_2 线圈的通电。从图 11.2.7 可以分析出，发动机火警灯 VD_7、短路信号灯 VD_6、警铃都不工作。

2) 有火警情况

有火警时应立即报警，发动机火警灯点亮、警铃响、短路信号灯不亮。由于温度升高，感温元件的电阻 R_{AB} 减小，当电阻 $R_{AB} \leqslant 450\Omega$ 时，感温元件 R_{AB} 上的压降减小到约等于 VT_1

发射极电位的数值，因而 VT_1 截止，使 VT_2 导通，继电器 K_1 线圈中有电流流过，K_1 的常开触点闭合，常闭触点断开，发动机火警灯 VD_7 点亮，而短路信号灯 VD_6 不亮。此时的 K_3 线圈中因 K_1 常开触点闭合而有电流，从而使 K_3 的常开触点闭合，触发了警铃而报警。K_1 断开 VT_4 集电极的一条电路，并断开短路信号灯的负线。

3) 短路故障鉴别

由于火警线铺设范围广，如果出现短路，决不能当成火警信号报警，否则将出现误报警。短路鉴别电路能够判断是短路还是火警。图 11.2.7 中的 VT_3 和 VT_4 及其外围电路构成了短路鉴别电路，其工作方式与火警探测电路基本相同。短路时感温器的等效电阻 $R_{AB}=0$，所以晶体管 VT_3 截止，VT_4 导通，不同的是当 VT_4 导通时，会使 VT_1 的集电极电阻 R_3 中流过一股大电流，并使 VT_2 保持截止，从而继电器 K_1 不能通电，此时的电流通路是，电源 → R_3 → K_1（常闭）→ VD_3 → VT_4 → R_{13} → 地，VT_4 的集电极电流使继电器 K_2 通电，从而接通短路信号灯的电路。火警电路调定感温元件电阻在 450Ω 时工作，短路鉴别电路则将感温电阻调定在大约 225Ω 或以下时工作。

如果感温元件电阻值的减小是由于短路而不是由于着火引起的，电阻值实际上是瞬间就降到 225Ω 以下。由于此时感温元件的阻值低于火警电路和短路鉴别电路的工作值，故此时火警电路和短路鉴别电路都通电。但是，火警电路由于继电器 K_1 工作时间稍有延迟，就使短路鉴别电路先工作，从而防止了火警电路工作，只有短路鉴别继电器 K_2 通电。如果消除了短路，短路鉴别电路马上恢复正常；如果再发生火警，火警电路就能工作。

4) 火警探测系统的试验

试验电门分“火警”和“短路”两种测试状态。试验电门在“火警”位置时，使继电器 J_2、J_3 工作（J_2 发动机试验，J_3 为主轮舱试验）。J_2 继电器的触点使感温线接入一个 330Ω 的电阻即 $R_{190}=330\Omega$，然后接地，人为地使感温线的电阻减小到相当于“火警”状态。此时，如果感温线环路良好和电路工作正常，则应发出“火警”信号，松开试验电门后，电路恢复正常。

试验电门在“短路”位置时，使短路试验继电器 J_1 工作，其触点使发动机感温元件环路直接接地，造成“短路”状态，从而发出短路信号。

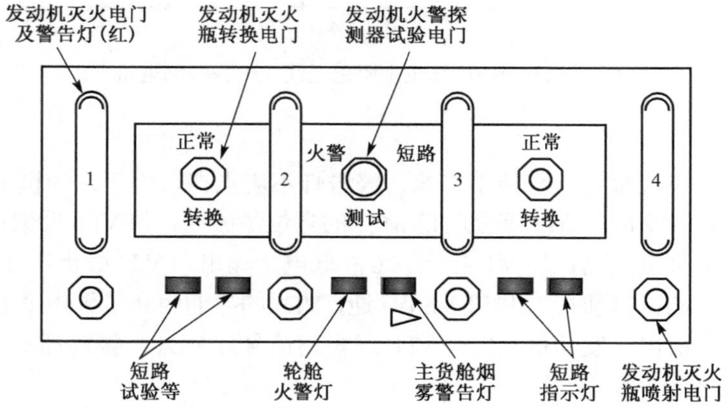

图 11.2.8 火警探测系统试验面板

系统的警告装置控制盒可使已发出的实际警告或试验时的警告信号(主火警灯和警铃)解除，包括断开线圈和保持线圈。当按压主火警灯电门后，使“断开线圈”通电，从而断开往火警灯和警铃的负线；同时，“保持线圈”接通，直到实际警告信号或试验信号消失，图 11.2.8 为火警探测系统试验面板，根据面板指示完成各种功能的试验。

火警线探测一般用在发动机隔舱中，图 11.2.9 所示是发动机电阻式火警探测线应用。

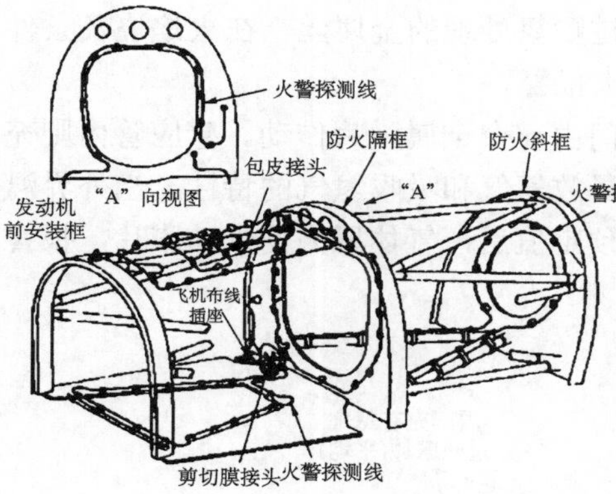

(a) 隔舱中的火警探测线

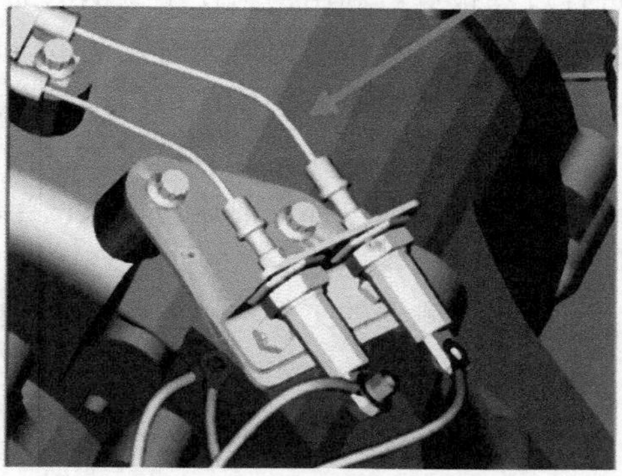

(b) 火警探测线安装接头

图 11.2.9　发动机电阻式火警探测线应用

11.2.3　电容式感温线火警探测系统

相关内容请扫描二维码观看。

电容式感温线火警探测系统

11.2.4　气体感温线式火警与过热探测系统

气体式火警探测器是由气体压力操纵工作的，其构造如图 11.2.10 所示，产品外形如图 11.2.11 所示。探测器主要由感应管等零件组成。感应管是一个不锈钢管，直径为 1.6mm，其长度可由用户自定，最长可达 12m。因此常称为气体感温线式火警探测器。

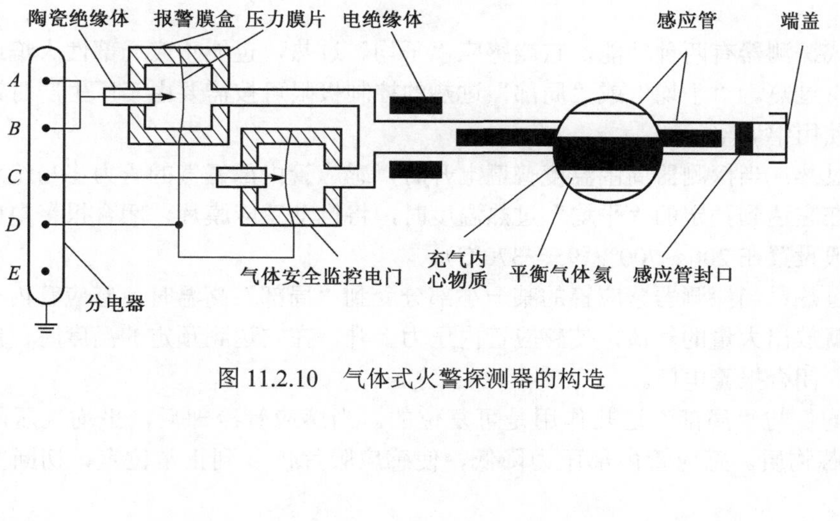

图 11.2.10　气体式火警探测器的构造

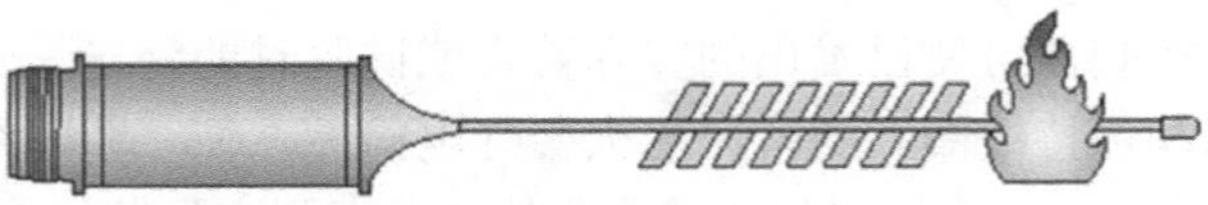

图 11.2.11 气体式火警探测器外形示意图

气体式火警探测器是利用密封在不锈钢毛细管内的惰性气体高温膨胀的原理对发动机舱进行过热报警；利用密封在不锈钢毛细管内经过贮氢处理的金属丝，在火焰烧及条件下释放氢气，管内气体压力增加对发动机舱进行着火报警。

感应管连通两个压力感应电门，每个压力电门由一个金属膜片作动。感应管内则充满氦气；中间的内心物质是充有氦气的材料，它有释放氦气和吸收氦气的特性。当外界温度上升时，感应管内气体受热压力增大，当增大到预定值后，气体压力便推动膜片，报警电门闭合，接通报警电路。

气体式探测器的工作特性如图 11.2.12 所示。

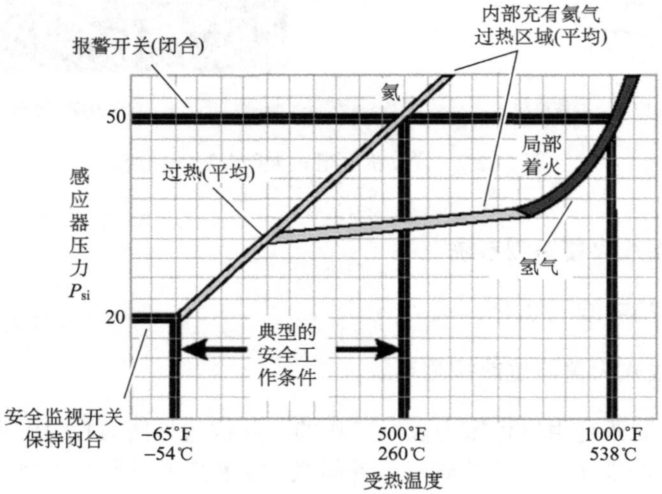

图 11.2.12 气体式火警探测器报警曲线

气体式探测器有两种功能，它能感应“平均”过热，也能感应局部性火焰或热气引起的“局部”过热。“平均”或“局部”过热的控制极限可按需要由工厂生产时调定，一般不允许在使用中调整。

平均过热：当探测器周围温度普遍上升时，感应管内部氦气的压力将与绝对温度成正比增加，在它达到预定的“平均”过热温度时，将推动感应膜片，闭合报警电门。平均过热温度一般设置在 200～700℉(95～370℃)。

局部过热：当探测器感应管的某一小部分受到“局部”高温时，感应管内充满氦气的内芯材料就放出大量的气体，使感应管内压力上升，在它达到预定的温度时，同样将推动感应膜片，闭合报警电门。

“平均”与“局部”过热作用是可复位的。当感应管冷却后，平均气压降低，氦气将返回内芯物质。感应管内部压力降低，使感应膜片恢复到正常位置，切断了报警系统的电路。

安全监视：气体安全监控电门在–65℉(–54℃)以上任何温度时，由感应管内均衡气压保持监控电门处于闭合状态。一旦感应管漏气了，压力降低则导致安全监控电门断开而发出信号，显示探测器作用不完全。因此，气体安全监控电门又称完整性监控电门。

气体探测器电气接口电路如图 11.2.13 所示，这个试验电路用来检查电源、监控电路和报警器是否正常。28V 电源由 *A* 端输入，从 *B* 端插孔输出，连接到自检开关，当自检开关闭合时，则故障灯灭，故障膜盒处于闭合状态，火警灯亮，表示线路正常。

正常工作时，如果有火警，则火警膜盒闭合，由接头 *D* 输出，火警灯亮。

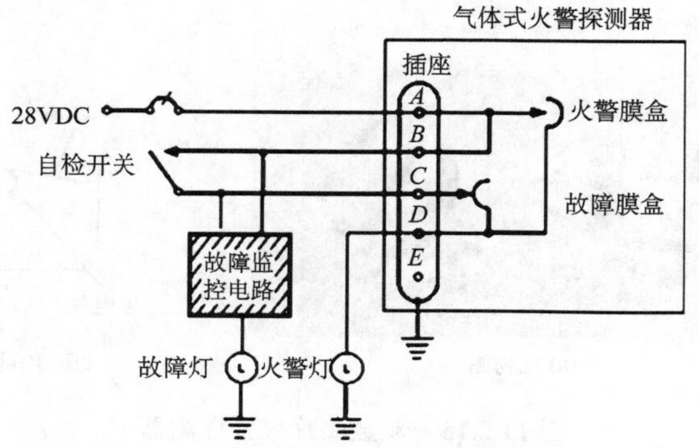

图 11.2.13　气体式火警探测器电气接口示意图

如图 11.2.14 所示的火警及超温探测系统是用来探测和指示发动机短舱内的火警及超温状况的传感器，打开发动机整流罩则可以接近该传感器，左右发动机相同，其安装位置如图 11.2.14(b)所示，需要注意的是左发动机的火警探测系统由右电源汇流条对其供电，右发动机的火警探测系统部分由左馈线电源汇流条供电。

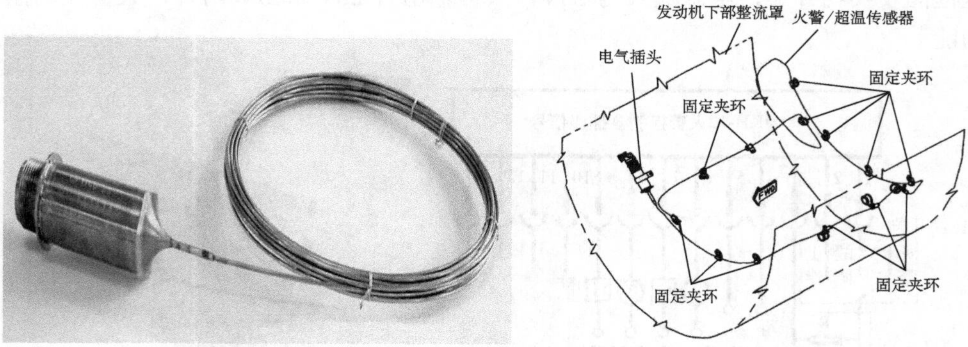

(a) 火警线实物　　(b) 火警线在发动机上的安装

图 11.2.14　MGQ-25A 气体火警线外形及安装位置

11.2.5　双金属片火警探测系统

1. 双金属片火警传感器

双金属片火警传感器实际上是一种热继电器，或称为热能接触开关，用于探测环境超温或火焰引起的高温条件。双金属片在温度变化时产生变形，而使触点动作输出信号，此种火警传感器的热惯性大，其触点常呈裸露状态，易受玷污而影响其电接触可靠性，有逐渐被淘汰的趋势。

2. 双金属片火警探测系统

双金属片火警探测器如图 11.2.15 所示，是一个用双金属片制成的热接触器。平时双金属片呈球面突起，当周围温度达到 150～170℃时，双金属片变形，球面凹下，使一对通电的触点相碰，接通火警信号电路。双金属片探测系统的探测器通常由几个相同的探测器并联连接，而探测器又分别固定在不同的部位，任何一个探测器感受到高温时，触点接通就发出火警警告。

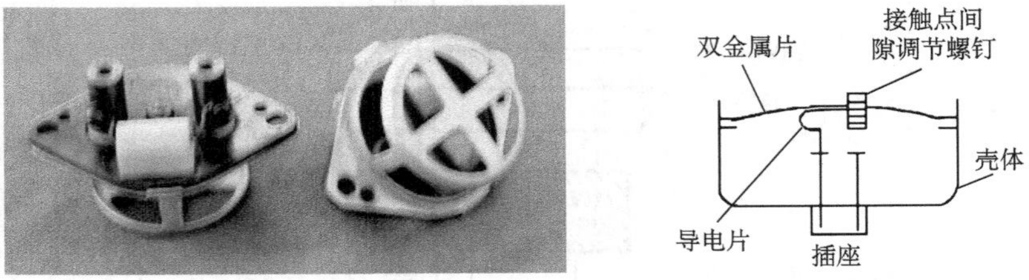

(a) 实物图 (b) 内部结构示意图

图 11.2.15 双金属片火警探测器

球面中间装有调整螺钉，用以调节接触点之间间隙，以保证工作的可靠性。接触点的接通主要取决于双金属片的温度膜片的材料、面积和形状。禁止用手触摸膜片，以防失去弹性。

双金属片火警探测器利用周围介质温度升高时双金属变形原理对过热或火灾进行探测。工作时还必须配有火警控制盒，把火警信号输出。如图 11.2.16 是 HKH-12 火警控制盒原理框图及实物外形，电源输入为 28V，火警输出有 28V 和 5V 两种，火警控制盒具有自检功能。

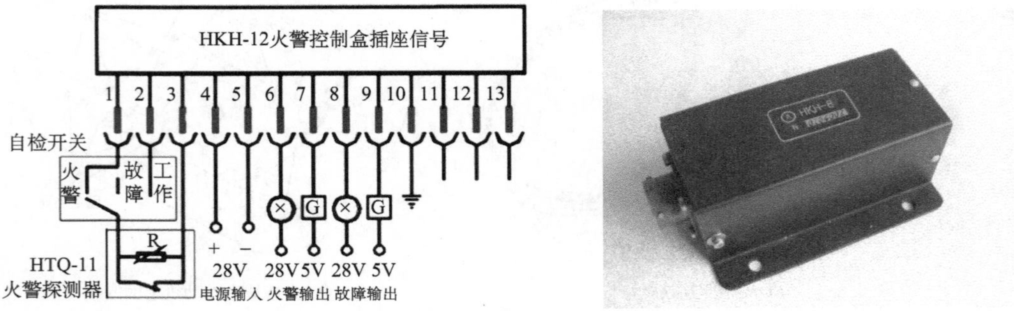

(a) 插座引线图 (b) 外形图

图 11.2.16 HKH-12 双金属片火警控制盒及其外形

双金属片火警探测器工作性能不好，主要有如下缺点：

(1) 使用时间过久，容易失去弹性或弹性减小，一经振动就容易接通，输出假信号；

(2) 只感受温度而不能感受火焰，一旦发生着火，周围尚未达到一定温度就不能及时发出信号；

(3) 当火灾已经扑灭，需等待一个时间冷却后，才能断开信号。

11.2.6　热敏电门式过热探测系统

1. 热敏电门

热敏电门也称热控开关，它是双金属片火警传感器的一种改进。热敏电门一般包括一个快速动作的双金属圆盘敏感元件，它通过弹簧触臂提供接通和断开开关动作。所有元件密封在一个不锈钢壳体内。热敏电门标定在预调温度，并使其在预置温度时闭合电门触点，在温度减至预调温度以下时即断开电门触点。

2. 大翼前缘过热探测

B747 飞机每个大翼前缘上沿着热气导管装有 9 个热控开关，各热控开关并联。在正常情况下，两个大翼前缘的所有热控开关均处于开启状态。如引气导管泄漏或破裂导致过热情况发生时，在这些区域的一个或几个热控开关即闭合，接通“大翼过热”指示灯。大翼前缘过热探测系统简明线路如图 11.2.17 所示。

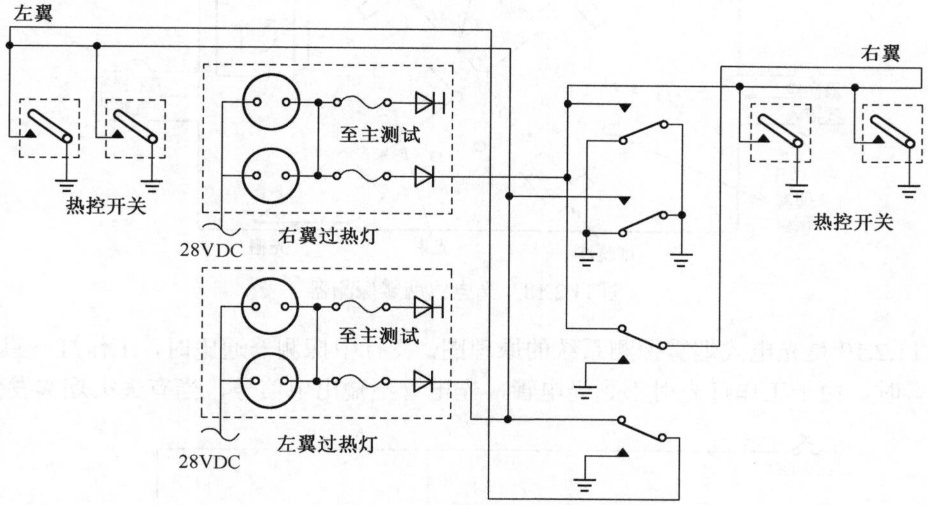

图 11.2.17　B747 飞机大翼前缘过热探测系统简图

大翼前缘过热探测系统采用 28V 直流电源。正常工作时，试验电门应放在中央(关断)位置，过热指示灯熄灭。每侧大翼前缘的热控开关，根据安装部位的不同，分别选定外界温度在 300ºF、250ºF 和 200ºF 时闭合。一个或多个开关的闭合会给相应的“大翼过热”指示灯提供接地途径，造成指示灯亮。当外界温度降低时，即操纵热控开关重新开启，“大翼过热”指示灯熄灭。

11.2.7　烟雾探测系统

烟雾探测系统用来监测货舱和行李舱是否有着火征兆的烟雾存在。它采用“烟雾探测器”或“探烟器”以及有关警告电路和元件，根据烟雾的浓度改变其输出的电信号。利用不同的探测原理，可制成各种烟雾传感器，如利用烟雾对光线的吸收和反射原理可制成光电式烟雾传感器；根据烟雾存在改变空间的电离状态和非化学配比这一原理，可分别制成离子型烟雾传感器和半导体烟雾传感器。烟雾探测装置主要有一氧化碳探测器、光电烟雾探测器与目视烟雾探测器等。

一氧化碳(CO)探测器常用于驾驶舱和客舱，安装于易见处。一种类型是当 CO 含量正常时，指示器感受剂为绿色，深浅与 CO 浓度成正比。另一种类型是感受剂正常时为棕黄色，随 CO 浓度增大逐渐变为深灰色与黑色，以此显示可能有不完全燃烧存在。

如图 11.2.18 所示为光电式烟雾探测器的剖面结构。烟雾探测器包括试验灯、信标灯、光电管、连接电路以及具有一个进气口和一个排气口的烟雾集散室。室内元件的安排使得信标灯垂直于光电管的视线投射光束。当室内出现烟雾，来自信标灯的光线被烟雾反射到光电管，使光电管的电阻减小，于是有足够的电流经过控制放大器，启动报警信号。只要烟雾集散室内有烟雾存在，使透射的光比透过清晰空气的光弱 5%，放大器电路就工作。烟雾发射来自信标灯的光，只反映烟雾特性，没有减小光的透射度。

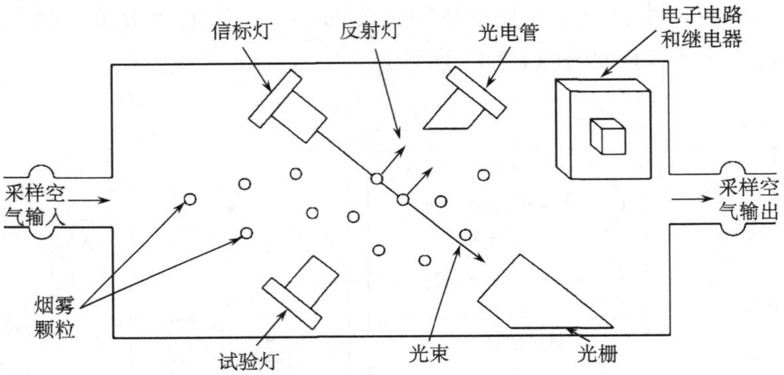

图 11.2.18　光电式烟雾探测器

图 11.2.19 是光电式烟雾探测系统的原理图，飞行中探测器通电时，工作灯一直亮，当没有烟雾时，由于工作灯光射不到光电管，光电管不输出电信号，当有失火烟雾发生时进

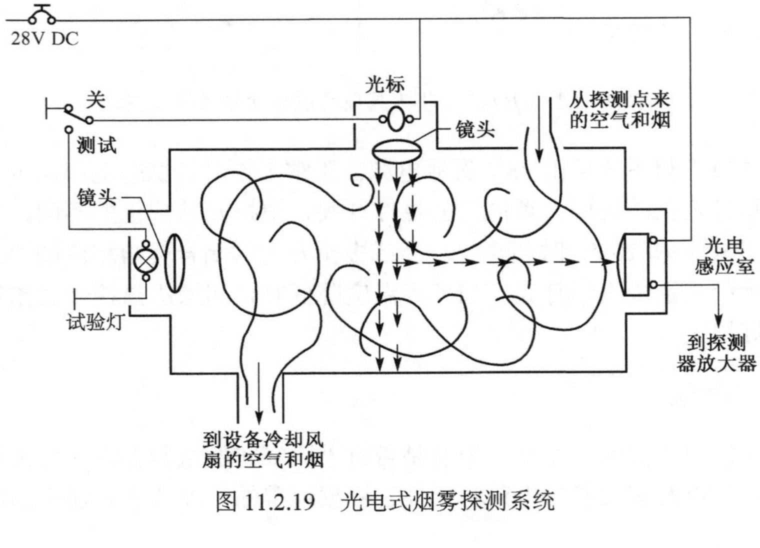

图 11.2.19　光电式烟雾探测系统

入探测器的烟雾使工作灯光折射到光电管，光电管内电阻显著下降而输出电信号，发出火警信号。检查试验时，接通试验灯，光线直射光电管而发出信号，表明探测系统工作正常。

11.3　火警探测系统举例

相关内容请扫描二维码观看。

火警探测系统举例

11.4　灭 火 系 统

11.4.1　灭火剂的种类

飞机上常采用若干固定式灭火系统，以对可能的“火区”进行防护。“火区”是设计制造时划定的若干个区域范围，它需要有火警探测系统和灭火系统，其本身也应有较高的抗燃性。“固定式”是指永久固定性安装的灭火系统，它不同于任何手提式的灭火设备。

根据灭火作用，灭火剂可分为两类，即卤代烃(氟利昂)灭火剂和惰性气体灭火剂。

1. 卤代烃(氟利昂)灭火剂

卤代烃(氟利昂)灭火剂是由烃基甲烷和烃基乙烷用卤素原子置换一个或多个氢原子而形成的化合物。这里卤素是氟、溴或氯。

卤化剂能够灭火的机理是：在燃油和氧化剂两者一起燃烧的过程中，卤化剂起一种“化学阻碍物”的作用，它能够有效地阻挡住未燃烧的燃油分子，则燃烧过程减慢到完全停止而熄灭，称为“化学冷却”或“能量传递中断”。这种灭火机理比减少氧和冷却有效得多。

应当注意到问题的另外一面，在灭火过程中，加热而引起的化学反应，使得某些灭火剂有相当大的毒性。例如，四氯化碳灭火剂可形成光气(碳酰氯)，它是一种有毒气体，应慎重使用。有效的灭火剂应是用量少，灭火作用快，生成物少。

灭火剂是按 Halon(海龙)数系列分类的，这个 Halon 数说明由几种化学元素构成灭火剂的种类。在化合物分子中，第一位数表示碳原子的数量；第二位表示氟原子的数量；第三位数表示氯原子的数量；第四位数表示溴原子的数量；第五位表示碘原子的数量。“零”表示某一位数所代表的原子不存在。例如：溴三氟甲烷 $CBrF_3$，称为 Halon1301。

2. 惰性冷却气体灭火剂

常见惰性气体灭火剂有二氧化碳(CO_2)和氮气(N_2)，两者都是有效的灭火剂。

1) 二氧化碳

二氧化碳不可燃，并且不与任何物质起反应。二氧化碳是有效的灭火剂，它主要用于易燃液体着火和电气设备着火，但在自供氧的化学剂着火时，如硝酸盐纤维(某些飞机上的涂料)，二氧化碳灭火剂是无效的。另外，当镁和钛(在飞机结构和部件材料中使用)着火时，不能使用二氧化碳灭火。

二氧化碳被认为只有轻微毒性，但在灭火过程中，人若稍长时间呼吸二氧化碳，也能引起窒息或死亡。

2) 氮气

氮气是一种更好的灭火剂，它是通过冲淡氧气和隔离氧气来达到灭火。氮对人体的危害与二氧化碳相同。氮的主要缺点是必须以液态氮储存，这就需要一个能承受高压的真空瓶和相应的连接管路。液态氮要保持在–360°F(–160℃)的温度。

能长时间排放液态氮的系统一般比只能短时间排放的系统更具有其优越性。因为灭火以后，它能冷却可能重新点燃的火源。液态氮系统在不久的将来可望得到大量使用。

3) 其他灭火剂

水和水基灭火剂，干化学品灭火剂多作为轻便式手提灭火瓶配备于飞机上，以供驾驶舱和座舱着火时用。水用于含有碳质材料的着火灭火，它是通过把燃烧物冷却到燃点以下来灭火。干化学品灭火剂通过将火覆盖住，将氧隔离开而灭火。干化学品的覆盖能阻止再次起火。干化学品均是非导电体，因此更适用电气设备的灭火。

11.4.2 灭火系统举例

飞机灭火系统常由 5 个部分组成，即发动机灭火、APU 灭火、盥洗间废物箱灭火、货舱灭火及手提灭火器。限于篇幅仅以 B757 飞机发动机灭火系统为例进行说明。

如图 11.4.1 所示，发动机灭火系统具有向每侧发动机舱喷射灭火剂的作用；发动机灭火系统包括下列组成部件：2 个发动机灭火瓶、发动机火警面板及爆破测试控制面板。

发动机灭火系统接收来自 28V 热蓄电瓶电压，通过各自的主电源配电板 P6 板上的断路器向各自的电路供电。发动机灭火瓶有左、右共 2 组，每组有 2 只灭火瓶。

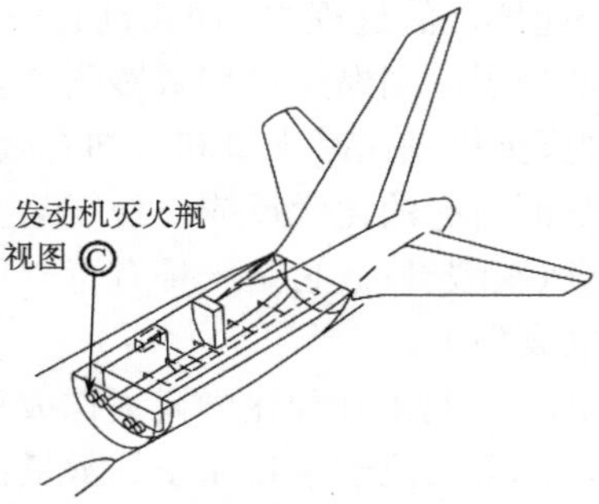

(a) 发动机灭火瓶安装位置

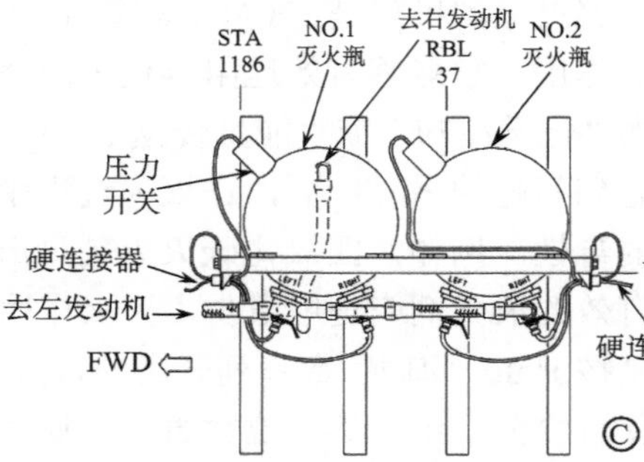

(b) 发动机灭火瓶外形安装图

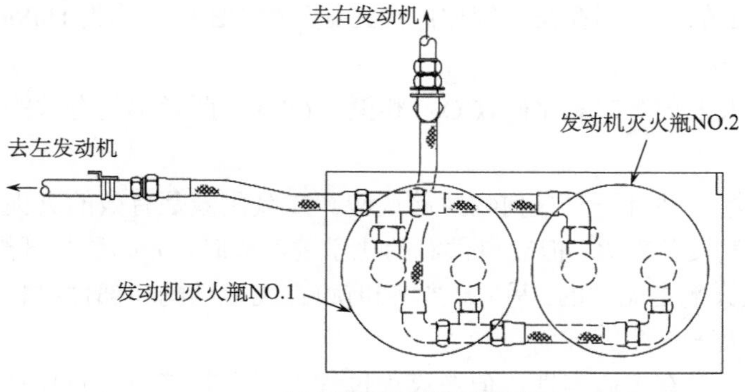

(c) 发动机灭火瓶输送管路

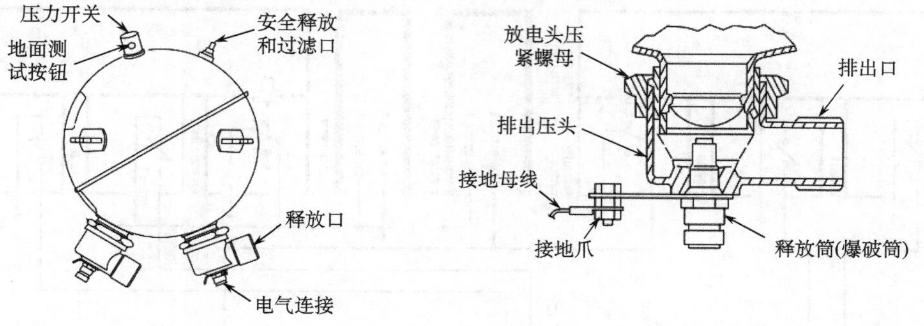

(d) 灭火瓶接口图　　(e) 灭火瓶释放爆破筒结构图

图 11.4.1　发动机灭火系统组件

如图 11.4.1 所示，发动机灭火瓶安置在后货舱前部，灭火瓶包括 2 个爆破筒，一个压力开关及安全释放和过滤口；每个灭火瓶在排放阀处有 2 个爆破筒，当爆破筒破裂时，打开阀门释放灭火剂。压力开关检测到灭火瓶压力下降后点亮灭火瓶释放灯。压力开关能采用手动测试。

如果瓶的压力过高，安全释放阀门破裂，允许灭火瓶释放，注入口允许灭火剂和气体注入。

图 11.4.2 所示为发动机灭火电路，当探测到发动机火警时，合适的火警开关手柄和红色警告灯点亮。电磁阀门断电使手柄的机械互锁解除。

把火警开关手柄拉出后转动，灭火剂释放喷射到发动机舱的适当部位。逆时针转动手柄，1 号灭火瓶释放灭火剂；顺时针转动手柄，2 号灭火瓶释放灭火剂。

由于灭火剂的释放或泄漏，灭火瓶的压力减小，激活压力开关并送出一个信号，点亮标有“ENG BTL DISCH”的琥珀色灯。在发动机火警控制板 P8 上的“ENG BTL 1and 2 DISCH”灯亮。在灭火瓶压力下降到标志处，“ENG BTL 1 or 2 DISCH”信息在 EICAS 显示器上出现。发动机灭火剂分别对每侧发动机喷射。从灭火瓶经机翼翼梁到每个发动机舱。灭火剂从发动机舱的前部和后部的出口喷嘴喷出。

发动机灭火系统测试有爆破测试和压力开关测试两种。

1) 爆破测试

在爆破片测试控制面板，完整检查灭火瓶爆破片。按下测试开关 1 和 2，应用当前有限的压力给合适的灭火瓶爆破片释放筒。测试开关 1 检查灭火瓶 1 的左右爆破片，测试开关 2 检查灭火瓶 2 的左右爆破片。如果爆破和电路都正常，面板上绿色的 ENG L/R 灯点亮。

2) 压力开关测试

手动激活灭火瓶压力开关连续测试释放灯电路。当地面测试按钮按下并保持时，琥珀色“ENG BTL1 or 2 DISCH”灯亮，且“ENG BTL 1or 2 DISCH”信息出现在 EICAS 显示页面上指示测试成功。

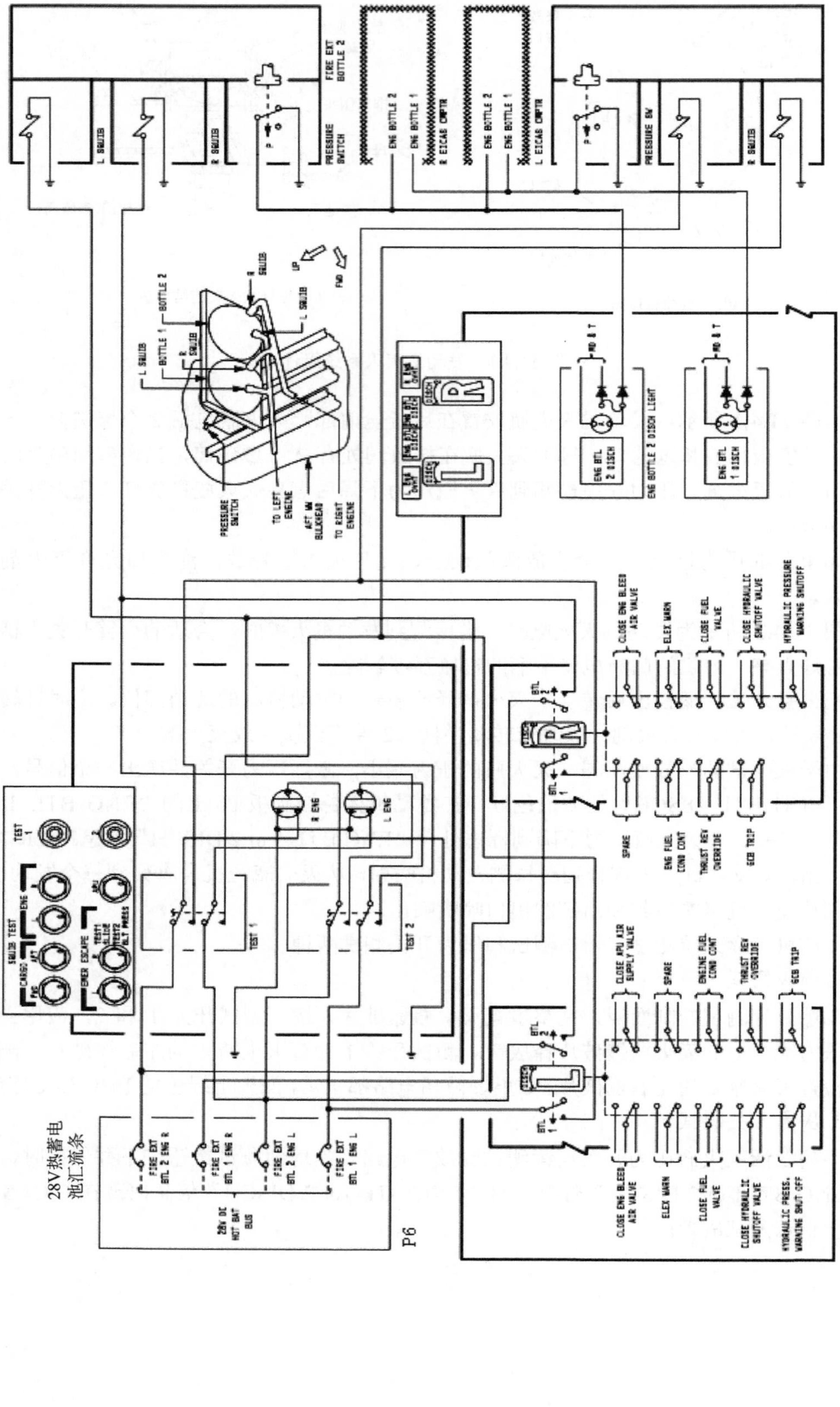

图 11.4.2 发动机灭火电路

习　题

1. 安装在飞机内部的灭火瓶通常灌充的是(　)。

A. 溴氟甲烷(Halon1301)　B. 干粉灭火剂　C. 水和碳酸钠　D. 四氯化碳

2. 安装在飞机上的手提式灭火瓶中，灭火剂一般是(　)。

A. 水　B. 四氯化碳　C. 干粉　D. 二氧化碳

3. 什么形式的二氧化碳手提式灭火瓶可用于扑灭电气失火？(　)

A. 喷射喇叭管是非金属的　B. 手柄是非金属的

C. 喷射喇叭管是铝合金的　D. 操纵手柄是非磁性的

4. 热电偶火警系统是(　)。

A. 由缓慢地加热到某一温度值而引起工作的

B. 由于加热而引起热电偶的电阻变化而引起工作的

C. 由温度上升的速率超过一定值而引起工作的

D. 由受热时热电偶两种金属膨胀系数不同变形而引起工作的

5. 使用氟利昂灭火剂灭火之后，需要(　)。

A. 用氮气吹洗整个系统并更换灭火瓶　B. 用水冲洗整个系统并更换灭火瓶

C. 更换灭火瓶　D. 用空气吹洗整个系统并更换灭火瓶

6. 光电式烟雾探测器的工作原理是(　)。

A. 由烟雾颗粒把光折射入光电池，而发出信号

B. 由烟雾作用使射入光电池的光减弱而发出信号

C. 一种电气机械装置测量在空气中的光线传输率的变化而发出信号

D. 一种电气测量装置直接测量光线的明暗变化情况而发出信号

7. 在飞机的(　)区域安装一氧化碳探测器。

A. 燃烧加温器舱内　B. 驾驶舱和座舱内　C. 辅助动力装置　D. 发动机吊舱内

8. 飞机上光电烟雾探测器的组成有(　)。

A. 光电池、收集器和日光灯　B. 光电池、收集器、信标灯和日光灯

C. 光电池、收集器、试验灯和信标灯　D. 光电池、收集器、报警灯和信标灯

9. 飞机火警探测系统的主要维护工作是(　)。

A. 修理损坏的敏感元件　B. 更换损坏的敏感元件

C. 重新校准敏感元件　D. 重新检查和校准敏感元件

10. 飞机上“火区”的防火要求是(　)。

A. 具有火警探测系统和灭火瓶　B. 具有灭火系统和灭火瓶

C. 具有火警探测和灭火功能　D. 具有火警探测和灭火功能，本身具有抗燃性

11. 飞机客舱内采用的灭火方式是(　)。

A. 自动灭火　B. 自动喷射灭火

C. 人工手提灭火瓶灭火　D. 自动报警和人工灭火

12. 飞机上采用自动报警人工灭火方式的部位是(　)

A. 驾驶舱和客舱　B. 发动机舱和 APU 舱

C. 电子舱和货舱　D. 客舱和货舱

第 12 章　警 告 系 统

警告信号系统是用来对危及飞行安全的最危险的故障状态提供目视和音响的报警，以及时引起空勤人员的注意和采取必要的纠正措施。

警告信号通常分为系统警告和主警告。系统警告是指与飞机各个系统对应的警告。它可以是一个单独的信号灯、信号牌，也可以是按照飞机的系统排列的由警告灯、提醒灯组成的信号装置，每一个信号器均具有说明有关系统失效的文字。

警告信号的采集与处理以及报警都由带微处理机的计算机系统实现，通过软件编程，可以实现友好的人机交互界面，可以有存储、打印系统自动检测等智能化功能。

12.1　警告信号系统

为了提高信号的易识别性，常用不同的颜色来表示各种飞机各系统的状况。红色信号灯表示某种警告性失效，需要立即采取纠正措施；琥珀色信号灯表示某种提醒失效，需要引起注意，不必立即采取纠正措施。

主警告和系统警告是协同工作的。这由安装在驾驶舱前遮光板上的两套主警告灯和主提醒灯组成。一套在正驾驶员前方，另一套在副驾驶员前方。当系统警告发出任何警告信号时，主警告灯或主提醒灯就燃亮。系统警告中一些警告性失效信号可同时燃亮主警告灯，另一些提醒性失效信号则使主提醒灯燃亮。主警告灯一般为红色，主提醒灯一般为琥珀色。

主警告灯和主提醒灯可通过按压灯罩而使其熄灭。但相应的系统警告信号灯仍保持亮，直至系统故障排除。

飞机上通常采用的警告信号装置，按其工作方式来讲，可分为三种类型：灯光式、音响式和文字信息式。其中，音响警告信号一般都是伴随着灯光或文字信息警告一起出现的。

12.1.1　警告信号系统主要组成

警告信号系统主要由指示灯、信号灯盒、检灯装置、调光装置和主警告灯装置组成。指示灯是飞机上主要用于显示各系统和机构工作状态的灯光信号装置，有时也作为系统警告的灯光信号。

指示灯前端的滤光片可以有各种颜色，一般红色作为紧急信号指示用；黄色(或琥珀色)作为提醒用；白色、绿色、蓝色等则作为一般通用指示用。

信号灯盒又称“信号盒”“信号盘”。它是由两个或两个以上指示灯组合而成的集合装置，用于座舱内以各种颜色的灯光信号指示各系统或某一机构的工作状态。信号灯盒一般由信标显示、调光装置和检灯装置三个基本部分组成。有关系统或机构的电信号使相应的指示灯燃亮，显示规定标志，电信号消失后，指示灯即熄灭。

检灯装置是检查指示灯、信号灯盒中发光器件及其电路工作可靠性的装置，通过由开关、继电器和晶体管元件组成的电路，对座舱内设置的指示灯和信号灯盒中的发光器件及其电路进行模拟检测。操作开关接通检测电路，被检测的所有发光器件应发亮。

通常在每个信号灯盒中都单独设有检灯装置，可随时对所有信号灯进行快速检查。对于分散的指示灯，可按系统设置检灯装置对其进行集中检测，也可以采用按压检查显示式指示灯单个进行检测。调光装置是用来调节灯具的光照特性(光通量、发光强度、亮度)的装置。

电气调光装置直接调节发光体的电流或电压，有连续式和分段式两种，其特点是调节方便，工作可靠，工作寿命长，一般用于各种信号灯盒、荧光灯和座舱灯等。

主警告灯是危及飞机安全的最危险报警灯光显示装置。从各系统警告信号中，引出几个最紧急的信号，输给总警告灯，并用闪烁的高亮度红光(表示警告)或琥珀色(表示提醒)信号报警，以及时引起空勤人员的注意。信号控制盒可收到一个或几个紧急电信号。

12.1.2 飞机紧急状态信号概述

如果飞机处于紧急状态，必须向飞行人员发出警告信号而且还需要马上采取措施，通常有燃油剩油量、滑油剩油量、直流应急供电、交流和直流发电机故障、舱门打开、座舱失密、燃油压力低、油滤堵塞、发动机危险振动和飞机危险高度以及空速管加温故障的灯光信号，紧急故障如表 12.1.1 所列，紧急状态信号均属于系统警告范围。

表 12.1.1 飞机紧急状态信号

序号	名 称	内 容
1	燃油油量警告	当某一侧机翼油箱中的燃油余量为 375L 时，剩油警告信号灯亮。向飞行人员发出燃油剩余油量警告信号，提醒飞行人员必须在半小时内寻找机场着陆
2	滑油油量警告	当某一发动机的滑油剩余 20L 时，滑油剩油警告信号灯亮，向飞行人员发出发动机剩余滑油警告信号
3	直流发电机故障信号	当左(或右)直流发电机故障时，相应信号灯燃亮，发出左(或右)直流发电机故障信号
4	应急供电信号	当两台直流发电机故障，由机上蓄电瓶向应急供电信号灯供电，并点亮信号灯，警告飞行人员飞机直流电源处在应急状态
5	交流发电机故障信号	当左(或右)交流发电机故障时，相应信号灯燃亮，发出左(右)交流发电机故障信号
6	发动机故障信号	当发动机的滑油压力减小到 $10kg/cm^2$ 以下时，发动机故障信号灯燃亮。与此同时，自动顺桨系统立即开始工作，使该发动机顺桨停车
7	舱门信号	用来向飞行人员发出飞机应急舱门、登机门和货舱门关好以及应急窗口销子未插好的灯光信号，当任一个舱门未销好或应急窗的销子未插上时，位于中央仪表板上的信号牌中的舱门信号燃亮，提醒和警告飞行人员应立即关好有关舱门
8	燃油压力低	当发动机低压燃油泵出口处的燃油压力低于 $1.8kg/cm^2$ 时，信号灯亮，发出燃油压力过低的警告信号
9	发动机油滤堵塞信号	当发动机细油滤出入口的燃油压差达到 $0.4kg/cm^2$ 时，油滤堵塞信号器工作，燃亮信号灯，发出油滤堵塞信号
10	危险高度警告	当飞机的飞行高度下降到 45～50m 时，左右仪表板信号牌上的两个危险高度信号灯亮。提醒飞行人员注意飞机的高度
11	发动机振动信号	当发动机的振动超过 5.5 级时，发动机振动放大器发出信号，燃亮信号灯，向飞行人员发出危险振动信号
12	空速管加温故障	当左(或右)座飞行员的空速管加温电路发生故障时，燃亮相应的信号灯，表示空速管加温电路故障

注：表中数据以运-7 飞机为例说明。

12.1.3 飞机起落架和襟翼位置信号指示

起落架的状态和襟翼的位置对飞行安全十分重要，是绝对不能发生错误状态的，因此设置专门信号指示系统指示飞机起落架位置信号(前、左、右)和襟翼位置信号，并在飞机起飞和着陆时发出起落架和襟翼所处位置的灯光和音响警告信号。

如图 12.1.1 所示为某着陆信号器的外形图，安装在一个铸铝矩形盒中。壳体内装有带卡口的灯头和灯泡，底板上装有散热片、栅格、调光片和滤光玻璃盖子。此外调光片上装有“昼一夜”位置转换和灯泡检查按钮，调光片用来调节信号着陆器的亮度。在白天飞行时，调光片将栅格窗口全部打开，而在夜间飞行时，调光片可将栅格窗口遮蔽，仅留下缝隙透光。

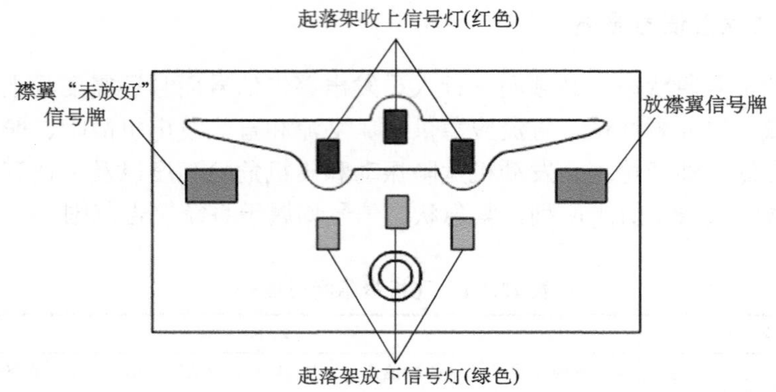

图 12.1.1　着陆信号器外形

在信号器壳体内装有一个检查信号灯用的按钮，当按下外部按钮时，接通信号灯电路，使信号灯燃亮。直观起见，在信号器的起落架位置信号灯的窗口处有小飞机轮廓线，以红、绿灯分别显示起落架收上或放下位置。

如图 12.1.2 所示是起落架和襟翼的控制原理图，主要由起落架放下信号电路、起落架收上信号电路、提醒放起落架电路、提醒放襟翼电路和断开喇叭音响信号电路等组成。

1. 起落架放下信号电路

当起落架(前、左、右)在放下位置时，终点电门 157、159、162 接通。28VDC 正电从配电板 → 保险电门(183) → 终点电门 157、159、162 的(3－4) → 信号器(1、3、6)的信号灯 → 地。放下位置绿色信号灯点亮，表示起落架已放好，并在锁上位置。

2. 起落架收上信号电路

当起落架(前、左、右)在收上位置时，终点电门 156、158、161 接通。28VDC 正电从配电板 → 保险电门(183) → 终点电门 156、158、161 的(1－2) → 信号器的(2、4、5)信号灯 → 地。起落架收上位置红色信号灯亮，表示起落架已收上，并在锁上位置。

3. 提醒放起落架电路

当起落架未放好(未在放下锁好位置)时飞行员收油门着陆(油门小于 24°±2°)的情况下，位于信号器中的“起落架未放好”红色信号灯亮，并发出音响(喇叭响)警告信号，以提醒飞行员放下起落架，其工作电路如下：

28VDC 正电从配电板 → 保险电门 183 → 终点电门 157、159、162 的(1−2) → 继电器 169 → 终点电门 170(3−4) → 171(3−4) → 地。

继电器 169 工作后：正电从配电板 → 保险电门 183 → 继电器 169(3−2) → “起落架未放好”红色信号灯 → 地。另一路从继电器 169(6−5) → 继电器 167(4−5) → 继电器 168(1−2) → 喇叭 190 → 地。此时，信号灯亮，喇叭响，提醒飞行员放起落架。

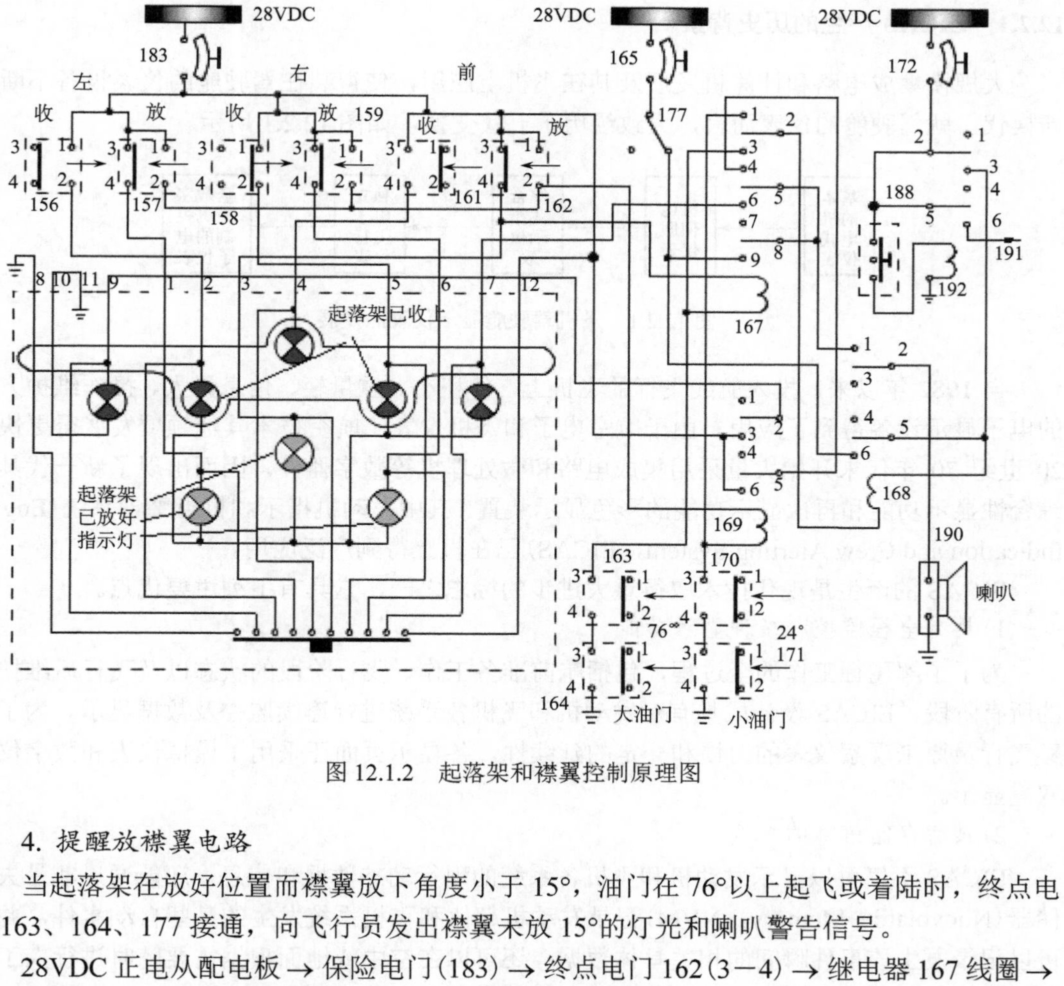

图 12.1.2 起落架和襟翼控制原理图

4. 提醒放襟翼电路

当起落架在放好位置而襟翼放下角度小于 15°，油门在 76°以上起飞或着陆时，终点电门 163、164、177 接通，向飞行员发出襟翼未放 15°的灯光和喇叭警告信号。

28VDC 正电从配电板 → 保险电门(183) → 终点电门 162(3−4) → 继电器 167 线圈 → 终点电门 163(3−4) → 164(3−4) → 地，继电器 167 接通工作。

继电器 167 工作后，正电从配电板 → 保险电门 165 → 终点电门 177 → 继电器 167(9−8)、(5−6) → 信号器内“襟翼未放好”红色信号灯 → 地。与此同时，正电从继电器 167(9−8) → 继电器 168(1−2) → 喇叭 190 → 地，此时信号灯亮，喇叭响，提醒飞行员放好襟翼。

5. 断开喇叭音响信号电路

断开提醒放起落架喇叭电路。按下喇叭断开按钮 188，使继电器 192 工作。继电器工作后：28VDC 正电从配电板 → 保险电门 172 → 继电器 192(2−3) → 继电器 168 线圈 → 继电器 167(2−1) → 终点电门 170(3−4) → 171(3−4) → 地。继电器 168 工作后，其触点

(1－2)断开喇叭电路。而其(5－6)借助终点电门177保持继电器168自锁。

断开提醒放襟翼喇叭电路。此电路与断开提醒放起落架喇叭电路相仿。只是由于油门大小不同继电器168通过继电器167(2－3)→终点电门163(3－4)→164(3－4)→地。继电器168工作，断开触点(1－2)，使喇叭停止发声。

12.2 EICAS警告系统

12.2.1 EICAS产生的历史背景

大规模集成电路和计算机发展及其在飞机上应用，使得装在驾驶舱的仪表设备不断更新换代，就驾驶舱的仪表而言，大致经历了五代变换，如图12.2.1所示。

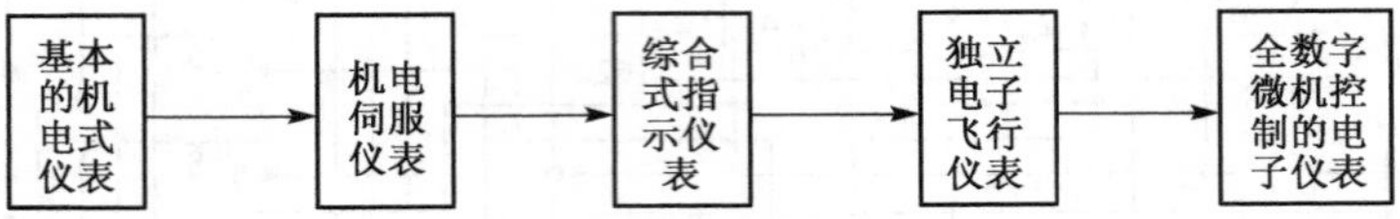

图12.2.1 飞机驾驶舱显示仪表的发展

自1982年以来，投入航线飞行的飞机上，体积小、重量轻、信息量大、操作维护方便的电子显示设备得到了应用。由于航空电子和飞机仪表比航空技术其他领域发展得更快。20世纪70年代末开始大量采用集成电路和微处理机等数字器件，因而出现了新一代具有综合性显示功能和再次显示功能的彩色显示装置，其中发动机指示和机组警告系统(Engine Indication and Crew Alerting System，EICAS)已在机上得到广泛应用。

EICAS的诞生是现代技术取得重大进步的标志之一，它具有下列主要优点。

1)具有全程监控和多种显示功能

为了了解飞行工作的全过程，包括航前准备工作、飞行阶段的状态以及飞行后维护等的所有阶段，EICAS设计成具有对发动机和飞机各系统进行连续监控及数据显示。为了照顾飞行员原来观察仪表的习惯和一定的延续性，各显示页面还采用了模拟仪表和数字仪表双重显示。

2)具有存储信息的功能

EICAS不仅可以显示发动机和飞机各系统的现行动态数据和信息，还能通过非易失存储器(Nonvolatile Memory，NVM)记录发动机超值和飞机系统发生的某些自动事件，并且可以记录发生该事件瞬间的相关具体数据；还可以在空中或地面根据需要随时进行人工事件记录。这些数据信息，可供地面维护人员调用，作为排除故障的参考。

3)分级报警

在飞行中，警告信息按不同的等级设计成不同的颜色、不同的方式，以表达其相应的紧迫性及故障程度，并且还根据实际需要设置状态信息和维护信息。

4)采用彩色显示可提供鲜明的视觉警告

为了减轻飞行员的负担，常用颜色代表不同的故障状态，为此EICAS显示器采用8种颜色显示不同的状态信息。

用白色、淡蓝色或绿色表示系统正常工作；用黄色(琥珀色)、红色表示不正常的工作状态，例如：发动机排气温度接近极限值(即进入黄区)时，则指针、数字及其方框都由白色变为黄色；当达到或超过极限值后，则指针、数字及其方框都变成了引人注目的红色。又如液压系统，当加注过满或欠加油时，均显示粉红色的提示字符。而文字信息，可根据报警等级用红色、黄色及白色加以区分，在出现警告或告诫信息的同时，响应红色主警告灯或琥珀色的主告诫灯亮，并有相应的声响警告。

飞行过程中，EICAS 能对发动机和飞机各系统进行连续监控，可以帮助机组人员进行正确操作，同时减轻了机组人员在飞行后填写飞行记录的负担。特别是在出现空中停车和再启动前，EICAS 自动显示飞行包络线和接通燃油开关标记，免除了机组人员繁重的人工计算任务。在地面维护时，地勤人员可以通过按压维护面板电门，将检测到的故障和数据记录再显示出来，从而很容易对系统和部件进行故障诊断，这不仅缩短了维修时间，还提高了飞机的利用率，从而降低了运行成本。

EICAS 问世以来，虽然在设计和显示编排上还存在着某些缺点，但它具有显著的优点，显示了强大的生命力，在新型飞机上得到了广泛的应用。

12.2.2 B757、B767 型飞机的发动机指示和机组警戒系统

1. 概述

B757、B767 型飞机，采用了先进的电子显示技术，以屏幕文字显示取代了以往通用的机电式指示器和复杂的目视与音响报警方式。这是一个全新的指示和报警系统，在 B757、B767 型飞机上称为发动机指示和机组警戒系统。

EICAS 的显示组件是两个全色的阴极射线管，随着技术的发展，液晶显示器、LED 显示器相继出现。除了显示发动机各参数指示外，飞机各系统参数也可显示出来。与各系统相关的故障或各种不正常情况，可以将各种类型的文字信息(简略的文字叙述)显示出来。

2. EICAS 的基本组成

图 12.2.2 所示为典型的 EICAS 简图，包括两个全色阴极射线管显示器、两台计算机、两个控制面板、两个显示转换组件以及“取消/重读”电门和主警告灯等。EICAS 计算机按机组的要求处理所有发动机和飞机系统的信息。两个显示转换组件同时显示，只需要一个计算机工作。计算机的工作与否可通过显示选择板来选定。

发动机主要参数和机组警告信息在上显示组件上显示，发动机次要参数在下显示组件上显示，飞机各系统参数和状态信息或者维护数据和信息也可在下显示组件上显示。

两个主提醒灯(CAUTION)位于正、副驾驶员遮光板上，它们是提醒信息显示的后备指示。按压主提醒灯灯罩(按钮式电门)，主提醒灯被取消，但提醒信息仍然显示。提醒信息和咨询信息可使用取消和重读电门进行查询和控制。

两个主警告灯(WARNING)与主提醒灯组合在一起(主警告灯占上一半，主提醒灯占下一半)，它们是警告信息显示的后备指示。

3. EICAS 信息显示的工作情况

EICAS 监视着来自发动机和飞机各系统传感器 400 多个模拟输入信号，并产生相应的警戒、状态和维护等信息。警戒信息使用红色和黄色显示，状态和维护信息使用白色显示。

信息级别

A 级——警告(Warning)，显示红色文字信息，红色信号灯和红色主警告灯亮，并伴随有相应的音响报警。机组需立即采取纠正措施。

B 级——提醒(Caution)，显示黄色文字信息，黄色信号灯和黄色主提醒灯亮，并伴随有相应的音响报警。机组需立即知道，允许随后采取纠正措施。

C 级——咨询(Advisory)，显示黄色文字信息，需要机组知道并待以后再采取纠正措施。

D 级——状态(Status)，显示白色状态信息，反映与最低设备放行清单有关的项目，需机组在放行之前知道。

M 级——维护(Maintenance)，显示维护信息，仅供地面维护使用。

E 级——发动机电子控制维护(EEC Maintenance)，显示发动机有关的维护信息。

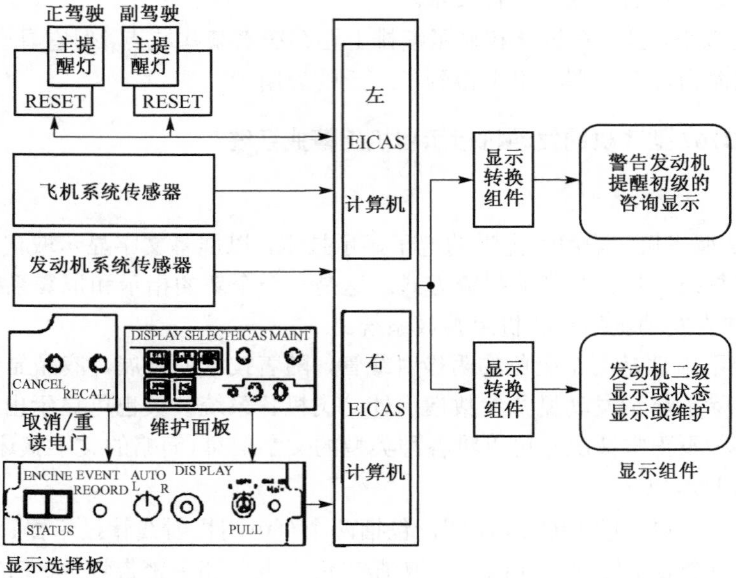

图 12.2.2　EICAS 简图

4. EICAS 警戒信息的工作情况

EICAS 警戒信息是指 A 级、B 级和 C 级三类信息。警戒信息的显示都是在 EICAS 上部显示器的左上角出现，并按下述次序排列如图 12.2.3 所示。

A 级：红色警告信息——位于显示器的顶部。

B 级：黄色提醒信息——位于警告信息之下。

C 级：黄色咨询信息——位于提醒信息之下，并且比提醒信息向右退一个字格。

仅存在单一警戒信息时，它总是出现在显示器的顶部。一旦出现某警戒的最新信息，该最新信息总是在某同类信息的上部显示出来。

1) A 级警告信息及其有关的指示

任何时候产生了 A 级警告，EICAS 上部显示器便出现红色警告信息。同时，警告系统信号使主警告灯亮，并使火警铃或报警器发出音响警告。

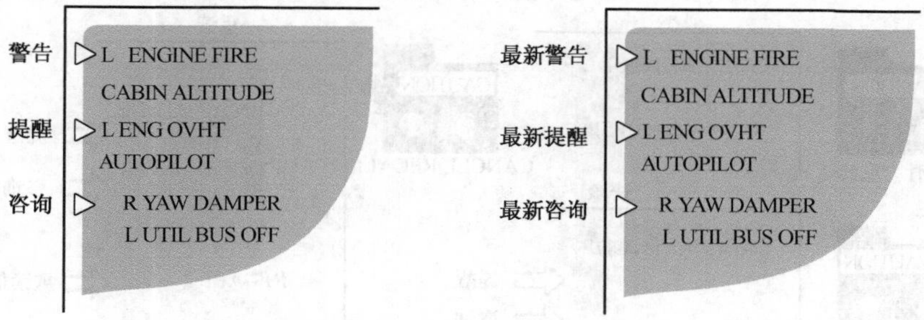

图 12.2.3　EICAS 警戒信息显示格式

按压任一警告灯，可以恢复主警告灯和有关的 A 级音响警告系统的电路。结果是使主警告灯熄灭。警告音响停止。

2) B 级提醒及其有关的指示

任何时候产生了 B 级提醒信号，EICAS 上部显示器便出现黄色的提醒信息。同时，两个主提醒灯亮，警告系统发出嘟嘟的音响。按压任一主提醒灯，可以恢复主提醒灯的控制电路，结果是使两个主提醒灯熄灭。

3) C 级咨询信息

任何时候产生了 C 级咨询信号，EICAS 上部显示器便出现黄色咨询信息。该信息位于 B 级信息下面，并且比 B 级信息向右退一字格。咨询信息没有音响和主警告一系列的指示信号。

4) EICAS 警戒信息的取消和重读(检索)

EICAS 警告信息不能被取消。但 EICAS 提醒信息和咨询信息可以从显示器上取消，并且可以重新查询，此功用由 EICAS 取消/重读开关完成。

如图 12.2.4 所示，EICAS 上部显示有三条警戒信息，从上至下分别为：座舱高度(A 级)、左发动机过热(B 级)和右偏航阻尼器故障(C 级)。

按压“取消”(CANCEL)电门，只是从显示器上清除 B 级和 C 级信息，红色的 A 级信息，即座舱高度-警告信息仍然保留不动。再按压“重读”(RECALL)电门，被取消的 B 级和 C 级信息可以重新显示出来。与此同时，在信息显示的最下一行还瞬时出现“重读”(Recall)字迹信息。

5) EICAS 警戒信息的翻页功能显示清除提醒咨询重读信息

如图 12.2.5 所示，EICAS 警戒信息具有多页显示功能。在同一时刻(或在同一页面)最多只能显示出 11 条警戒信息。如果存在 11 条以上的信息需要显示，则此时只有 10 条信息显示，在第 11 条信息的位置则依次被推进到以下的页面，这就是信息溢出特性。

使用“取消”和“重读”电门可以使提醒信息和咨询信息进行循环显示。按压“取消”电门，清除了正在显示的 B 级和 C 级信息，并使溢出的 B 级和 C 级信息得到显示。同时，页面号码相应增加。

当出现最后一页信息显示之后再按“取消”电门，在清除 B 级和 C 级信息的同时，页面号码也将消失。注意，警告信息不受影响。

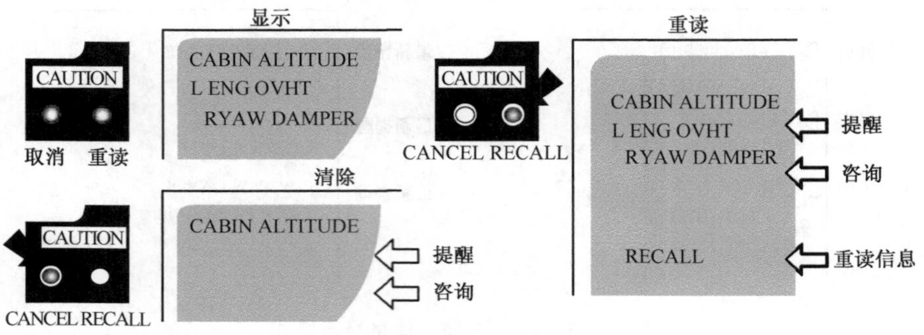

图 12.2.4 EICAS 信息的取消和重读

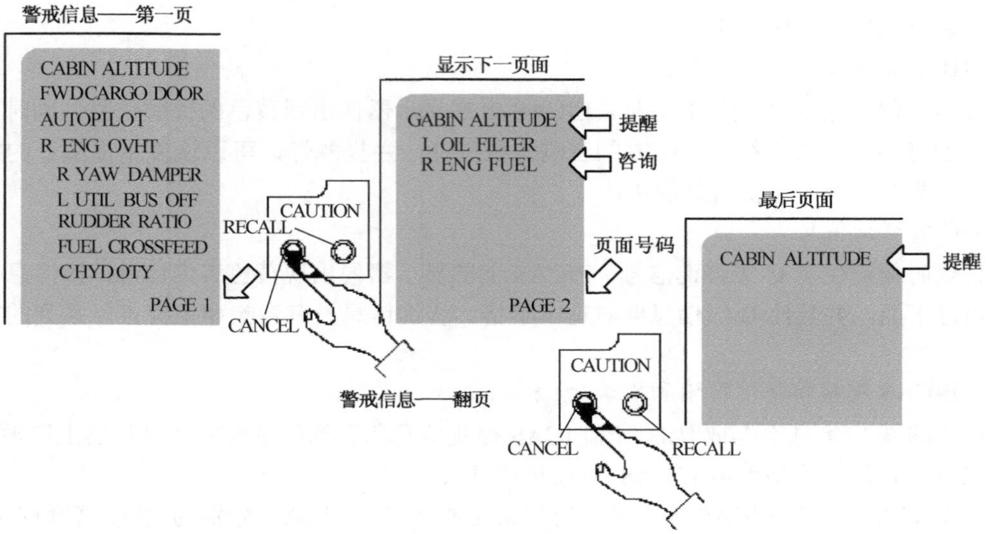

图 12.2.5 EICAS 信息的翻页功能

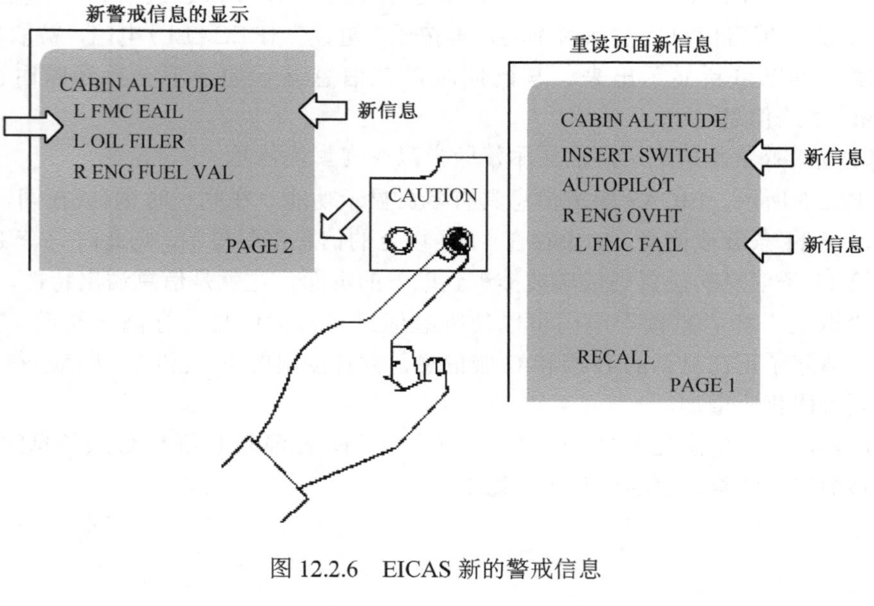

图 12.2.6 EICAS 新的警戒信息

6) 新的警戒信息

如图 12.2.6 所示，在所有 B 级和 C 级信息被清除后，或者在第一页以外的页面显示时再产生新的信息，则新的信息将自动地出现在当时的显示页面上。根据新信息的级别，将分别定位在 A 级、B 级或 C 级信息的最上一行，显示下一页最后页面提醒。

按压“重读”电门，使第一页的信息显示重现。在信息条款的最下一行，除有“第一页”(PAGE1) 指示以外，还有“重读”(RECALL) 字样瞬时显现。如前所述，新的信息仍然位于它所在信息类别的最上一行。

习 题

1. EICAS 的主要组成包括(　)。
   A. 两台计算机、两台显示器、两块控制面板和 EICAS 继电器
   B. 一台计算机、一台显示器、一块控制面板和 EICAS 继电器
   C. 一台计算机、两台显示器、一块控制面板和 EICAS 继电器
   D. 一台计算机、两台显示器、两块控制面板和 EICAS 继电器

2. 按照功能和使用要求，EICAS 的显示方式分为(　)。
   A. 工作方式和维护方式　　B. 工作方式、状态方式和维护方式
   C. 状态方式和维护方式　　D. 工作方式和状态方式

3. EICAS 按飞行中的要求显示发动机参数和机组警告信息，并对发动机和飞机系统进行连续监控的显示方式是(　)。
   A. 巡航方式　B. 状态方式　C. 工作方式　D. 维护方式

4. EICAS 提供与飞机放飞的适航准备状态有关的系统信息，并以模拟图形形式或数据信息形式显示在下显示器，显示方式为(　)。
   A. 巡航方式　B. 工作方式　C. 维护方式　D. 状态方式

5. EICAS 系统在下显示器显示与维护有关的维护信息、发动机性能数据以及飞机系统的参数，显示方式为(　)。
   A. 维护方式　B. 工作方式　C. 状态方式　D. 巡航方式

6. 下述关于 EICAS 计算机的说法，正确的是(　)。
   A. 正常时，右 EICAS 计算机主用，左 EICAS 计算机热等待
   B. 正常时，左 EICAS 计算机主用，右 EICAS 计算机热等待
   C. 正常时，左 EICAS 计算机工作，右 EICAS 计算机不工作
   D. 正常时，右 EICAS 计算机工作，左 EICAS 计算机不工作

7. 下述关于 EICAS 计算机的说法，不正确的是(　)。
   A. 正常时，左、右 EICAS 计算机都工作
   B. 左 EICAS 计算机失效时，由右 EICAS 计算机驱动显示
   C. 正常时，左 EICAS 计算机工作，右 EICAS 计算机不工作
   D. 正常时，左 EICAS 计算机主用，右 EICAS 计算机热等待

8. EICAS 正常工作为(　)。
   A. 两台计算机都不驱动显示　　B. 两台计算机轮流驱动显示
   C. 两台计算机分别驱动上下显示器显示　　D. 只有一台计算机驱动显示

9. EICAS 的信息级别划分，除 E 级外，包括（ ）。

A. A 级、B 级和 C 级　　B. A 级、B 级、C 级和 M 级

C. A 级、B 级和 C 级、S 级和 M 级　　D. S 级和 M 级

10. 按压 EICAS 的“取消”电门，可以取消（ ）。

A. A 级、B 级、C 级、S 级和 M 级信息　　B. A 级、B 级和 C 级信息

C. A 级信息　　D. B 级和 C 级信息

11. 当 EICAS 显示器出现 A 级警告信息时，（ ）。

A. 红色文字信息显示，主警告灯亮，并有强烈的声响警告

B. 黄色文字信息显示，主警告灯亮，有较弱声响警告

C. 只有黄色文字信息显示

D. 只有声响警告提醒飞行员注意

12. 当 EICAS 显示器出现 B 级警告信息时，（ ）。

A. 红色文字信息显示，主警告灯亮，并有强烈的声响警告

B. 黄色文字信息显示，主警告灯亮，有较弱声响警告

C. 只有黄色文字信息显示

D. 只有声响警告提醒飞行员注意

13. 当 ECAM 控制面板失效后、下述说法正确的是（ ）。

A. 除“CANCEL”按钮外，其余按钮全部失效

B. 除“ALL”按钮外，其余按钮全部失效

C. 除“CLEAR”按钮外，其余按钮全部失效

D. 除“RECALL”按钮外，其余按钮全部失效

14. 当 EICAS 显示器出现 C 级警告信息时，（ ）。

A. 红色文字信息显示，主警告灯亮，并有强烈的声响警告

B. 黄色文字信息显示，主警告灯亮，有较弱声响警告

C. 只有黄色文字信息显示

D. 只有声响警告提醒飞行员注意

第13章　灯光照明系统

机上配备照明系统的原因包括安全、运行和维护需要以及旅客的方便。飞机照明的应用可以分成四个区域：飞行舱(驾驶舱)、客舱、外部和服务(货舱和设备舱)。照明灯由通断开关、可变电阻器或自动控制电路控制。机上使用的照明技术有很多种，如白炽灯、荧光灯、闪光灯、电致发光和发光效率高的LED照明及其功率驱动技术也在飞机上逐渐得到应用。照明一般分成三类，即机内照明、机外照明和其他照明。

13.1　机 内 照 明

机内照明可以分为三类，即驾驶舱设备和控制板的照明、客舱照明以及乘客信息标志、系统运行状态的指示和警告的应急照明，其中服务照明包括餐厅、厕所、货舱以及设备舱。

13.1.1　驾驶舱设备和控制板的照明

驾驶舱照明最重要的是保证对所有仪器、开关和控制等的足够照明，同时也要保证对这些设备安装面板的照明。有的光源放置在仪器内部，或用灯柱照明，很多照明装置安置在面板上来照亮附近的小区域，并且提供对单个仪器的照明。

驾驶舱还采用泛光照明，灯被放置在驾驶舱以提供对操纵台或一整片区域的泛光照明；有时在夜间和能见度差的情况下需要提供对一些操纵、提醒和指示的文字信息的临时照明；用来为仪器仪表、控制面板、基座、侧面操纵杆以及驾驶舱地板的一些区域提供总体照明。这些灯通常是一些白炽灯和荧光管，主要由飞机的种类决定，有时两种形式可能共同采用。

电致发光照明通常作为乘客信息标志使用，在某些情况下，可以提供仪表盘的位置及需选择的阀或开关的照明。电光灯是很薄的平面结构，两个电极把一层磷颗粒包在中间，其中的一个电极是透明的，灯的工作需要交流电源，通电后电极和磷颗粒发光，也就是说，可见光从透明的电极中发射出来，光强度取决于交流电源的电压和频率。当通电时产生“电光”现象的磷实际上是夹在两个电极之间的；如果光后面的电极被做成了字母或图形的形状，通过透明电极射出的光线就是后面的电极所示的图像。

13.1.2　客舱照明以及乘客信息标志

客舱照明的强度取决于客舱的大小，而且很大程度上取决于这种飞机的内部装饰，安全起见，所需要的电源一般是28V直流或115V交流电。灯的控制开关通常安置在客舱的服务员间的控制面板处。除了座舱照明外，照明还用于乘客信息知识，如“系紧安全带”和“回到客舱”等。随着信息技术的发展，飞机客舱的装备越来越直观、简便和人性化，服务质量大大提高，图13.1.1是空客A380的客舱照明实景，图13.1.2是座位信息指示系统。

图 13.1.1 A380 座舱照明实景

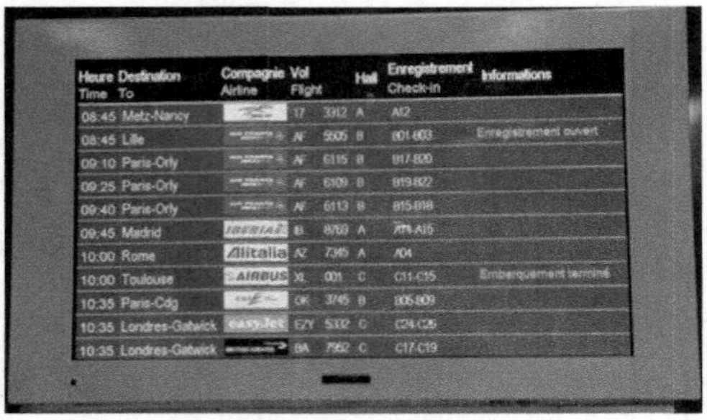

图 13.1.2 A380 座位提示信息屏

随着计算机技术和现实技术的发展，座舱发生了巨大的变化，高清晰度的液晶 LCD 显示屏在座舱里显示了飞行中所需要的各种数据。

13.1.3 系统运行状态的指示和警告的应急照明

飞机处于应急状态，为完成迫降和迫降后机上人员应急撤离时，则需要应急照明。图 13.1.3 是飞机应急逃生出口示意图，各应急出口都必须安装应急照明灯。应急照明主要包括确保安全迫降所需要的仪表如磁罗盘、地平仪等的照明；以及客机迫降后为机上人员迅速撤离飞机而设置的客舱主通道、应急出口区域、出口指示、应急撤离路线和应急撤离设施的照明。

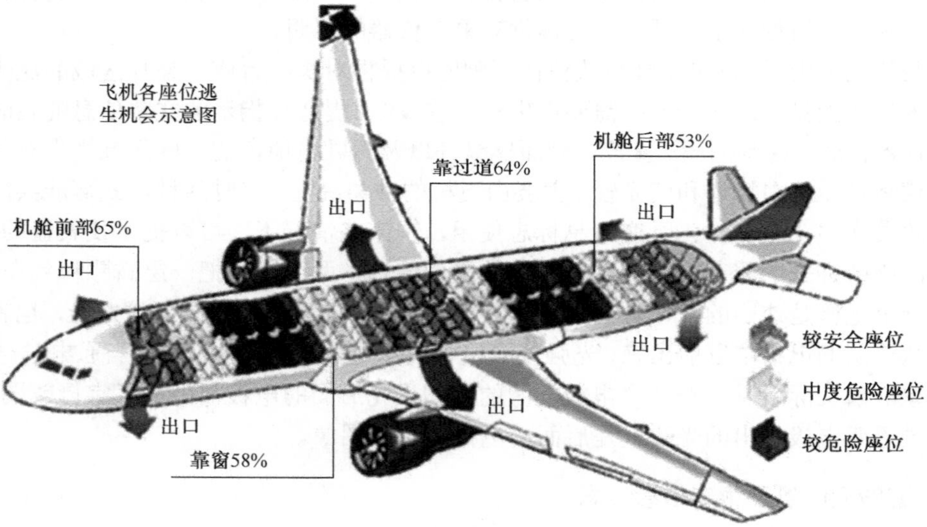

图 13.1.3 飞机应急逃生出口

因应急灯光与机上人员的安全直接有关，对其有下列特殊要求：

(1) 应急灯光独立于机上正常的照明系统，通常使用自备充电电池供电；

(2) 具有规定的亮度、照度、颜色和照明时间；

(3) 主电源失效或接通应急电门时，应急灯点亮。

应急电门应安装在有关人员易接近处，并有防止偶然误动作的措施。

应急撤离通道照明灯有传统型和荧光条型两种。传统型采用块状分立式的高亮度灯泡 HID 或 LED 作为发光源，LED 型耗电量小，持续时间长，采用独立自备的应急照明电池组件为应急灯供电。

飞机不同位置按需求装有应急照明电池组件，如 B757 飞机装有 9 个应急照明电池组件，一般至少在每个客舱门和应急舱门附近都装有应急照明电池组件，以向每个舱门、附近通道应急灯和出口指示灯供电，应急撤离通道照明组件至少有两个电池组件供电，提高应急照明的可靠性。如图 13.1.4 所示是 B757 飞机应急灯安装位置，每个应急照明组件供电的应急照明灯如表 13.1.1 所列，其中 STA 为站位号。

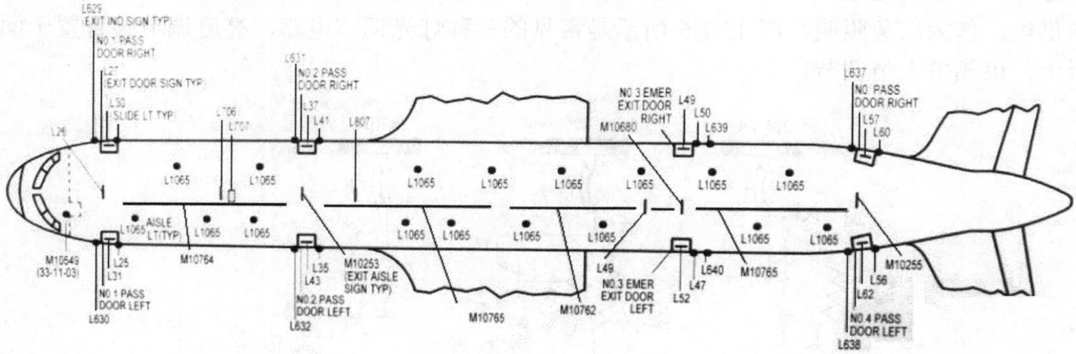

图 13.1.4　B757 飞机应急灯安装位置

表 13.1.1　B757 飞机每个应急照明电池组件供电范围

序号	应急照明电池组件编号	应急照明灯、应急出口指示、应急出口位置、通道指示组件等编号
1	M730	L26、L27、L30、L629、M10764、L1065（STA 470R）、L1065（STA 420L）
2	M731	L25、L31、L630、L707、M10764、L1065（STA 530L）、L1065（STA 650L）
3	M732	L37、L41、L631、M10253、M10764
4	M733	L35、L43、L632、L706、M10763、L1065（STA 590R）、L1065（STA830L）
5	M734	L50、L639、M10680、M10765、L1065（STA 1130R）
6	M735	L47、L52、L640、M10762、L1065（STA 1190L）、L1065（STA 1240R）、L1065（STA 1470L）
7	M736	L57、L60、L637、M10765、L1065（STA 590R）、L1065（STA 830L）
8	M737	L56、L62、L638、M10255、M10765、L1065（STA 1585L）
9	M738	L49、L807、M10762、M10763、L1065（STA 950L）、L1065（STA 890R）、L1065（STA 1010R）、L1065（STA 1070L）

荧光条型采用连续长条形独立的荧光条作为发光源，一般用来指示撤离通道，它不需要任何电源，但必须采用光照的方法，在始发航班前完成荧光条发光能量的初始补充。

当驾驶舱里的应急灯总电门处于“自动”或“预备”位置时，且飞机失去了正常照明电源时，全部应急灯光自动转由自备电池供电，并点亮，此时，客舱内部的应急照明灯、应急撤离通道照明灯、头顶应急出口指示牌和应急出口外部照明灯等均由自备充电电池供电，自动为旅客照明撤离路线、“出口”标志和应急出口外部区域，协助乘务员组织旅客按顺序以最快的速度沿着最近的应急出口撤离飞机。机内自备充电电池的放电时间应大于15min，安全撤离工作必须在此段时间内完成。当应急灯总电门处于“接通”位置时，全部应急灯光由人工强制转由自备电池供电点亮，其工作与“自动”方式类似。

另外滑梯内部还配有应急滑梯。当滑梯在“预位”状态下，乘务员打开舱门时滑梯放出，滑梯灯点亮，这样可使旅客迅速撤离飞机。

应急灯是飞机处于应急状态，主电源不能正常供电时，仍能维持必要照明的灯光设置。应急灯一般由灯具、光源、蓄电池和控制线路组成。飞机电源正常供电时，由机上电网对应急灯的应急蓄电池充电。当飞机电源发生故障时，则通过控制线路迅速使应急灯由蓄电池供电，作为应急照明，图 13.1.5 所示是常见的三种灯光调节电路，亮度调节装置置于面板上，供相关人员调节。

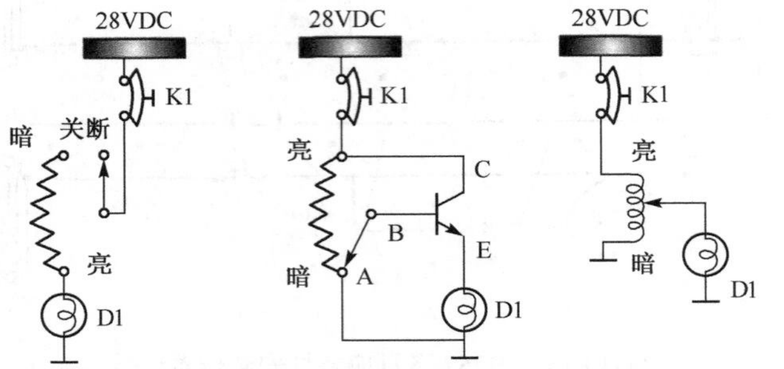

(a) 亮暗两档式 (b) 滑动电阻连续可调式 (c) 线圈抽头连续可调式

图 13.1.5 灯光亮度调节装置

13.2 机 外 照 明

机外照明是飞机在夜里或能见度差时飞行和飞行前准备时必不可少的，它是飞机在夜间或复杂气象条件下飞行和准备时必不可少的条件之一。如图 13.2.1 所示，主要有下列功能：通过导航灯来标记飞行器的方位；通过闪光灯来标记方位；降落和着陆时前方照明；对机翼和引擎的空气入口的照明以检查是否结冰；在紧急迫降后使乘客快速撤离的照明。下面就其各种功能性灯进行介绍。

13.2.1 着陆灯

着陆灯安装在两侧机翼翼根，左右各两只。在夜间或天气条件恶劣能见度低的时候，着陆灯提供飞行器着陆、跑道滑行以及到终端地区的基本照明，如图 13.2.2 所示。

在某些飞行器的着陆灯以固定的预定角度发射光线。可以通过电机和机械设备驱动到预先选定的角度并缩回。微型的限制开关被安装到电机回路中，在某些飞行的极限情况下可以停止电机的运行。

用于照明的电能一般需要功率为 600～1000W 的白炽灯，功率很大，使用时产热很高，因此需要高速气流进行冷却。因此在地面起飞前才能打开。飞机起飞滑跑前打开，离地后关闭。飞机最后进近阶段打开，落地后即关闭。

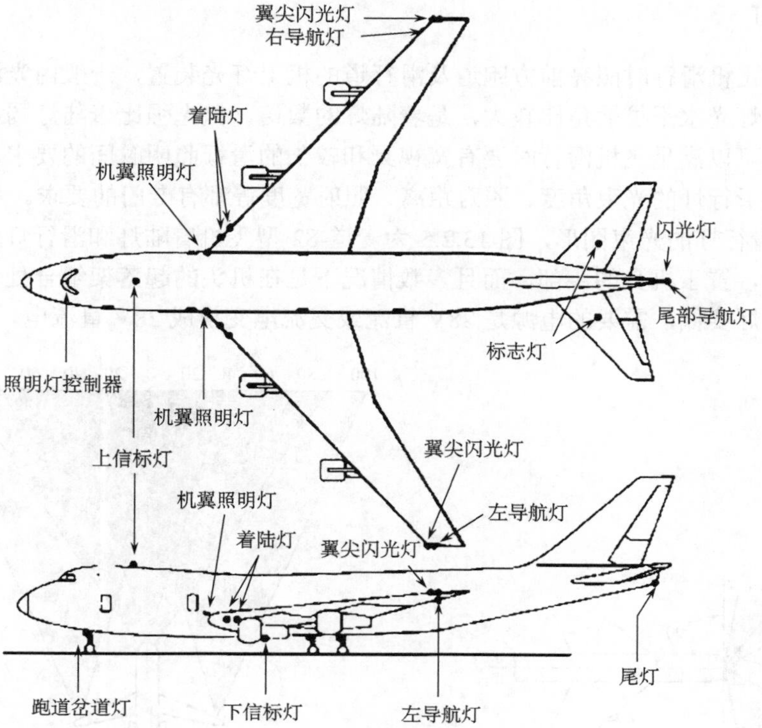

图 13.2.1　大型客机的外部灯

电源可以是 28V 直流或 115V 交流通过变压整流器整流成 28V 直流。灯和电动机的电源供给由驾驶舱控制板上的开关控制。图 13.2.3 所示为一可伸缩照明系统电路，其中 M 为电动机，按照开关的工作状态，带动三个凸轮转动，可以自动断开或接通供电电路。

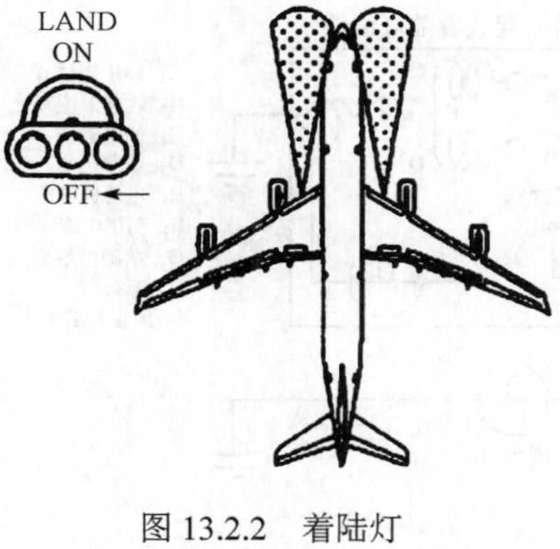

图 13.2.2　着陆灯

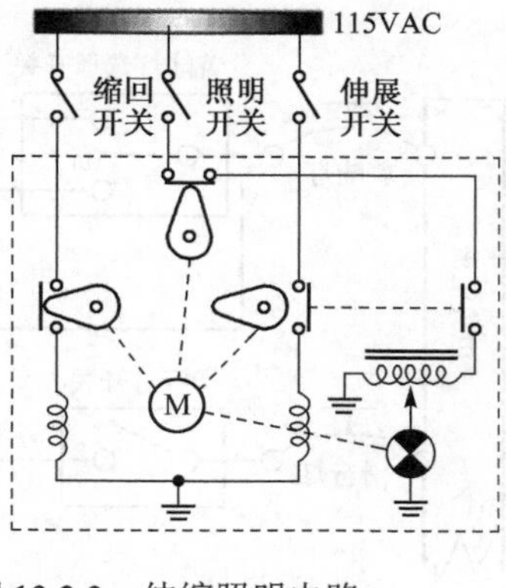

图 13.2.3　伸缩照明电路

现代大中型飞机一般都装有两只活动的或固定的着陆灯，以保证有足够的光强和可靠性，目前着陆灯的光强为数十万烛光。某些飞机还采用了光效高、光色好、寿命长的新型光源作为着陆灯光源，如氙灯、溴钨灯、石英碘灯等。

13.2.2 滑行灯

滑行灯是飞机滑行时照亮前方跑道及滑行道的机上灯光装置，一般由光源和棱镜等几部分组成，其灯光水平扩散角比较大，是着陆灯的数倍，但光强比着陆灯弱，一般只有几万烛光。这样可以满足飞机滑行时要有宽视野和较长的滑行照明时间的要求。根据不同机型，着陆灯和滑行灯的光束角度、照射距离、照射宽度等都有专门的要求。如图 13.2.4 为 B747 型飞机滑行灯的光束图形，图 13.2.5 为麦道-82 型飞机着陆灯和滑行灯光束图形。滑行灯是密封的，置于机身的头部，而且多数情况下是在机头的起落架组合处。滑行灯的功率通常比着陆灯要低，需要的电源是 28V 直流或交流电变换成 28V 直流电。

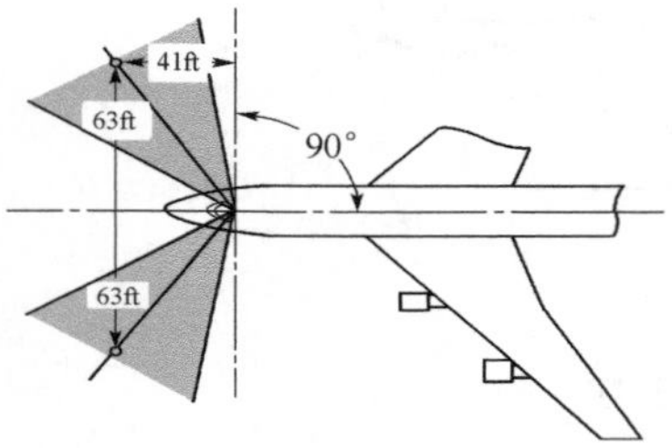

图 13.2.4　B747 型飞机滑行灯的光束图形

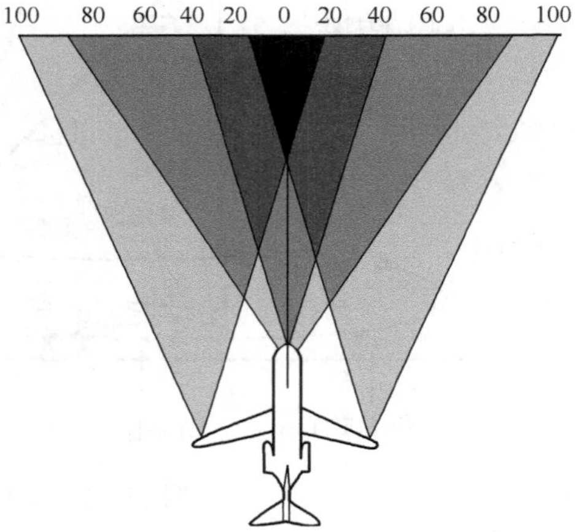

图 13.2.5　麦道-82 型飞机着陆滑行灯光束图形

图 13.2.6 所示是收起式着陆/滑行灯电路图，电源是 28V 直流或 115V 交流通过变压整流器整流成 28V 直流。灯和电动机的电源供给由驾驶舱控制板上的开关控制。

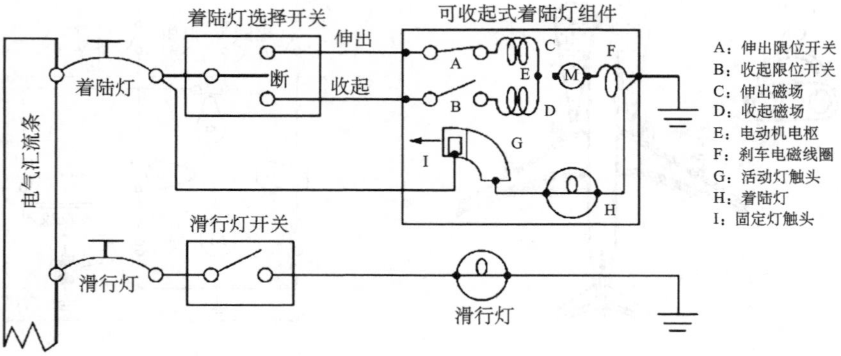

图 13.2.6　收起式着陆/滑行灯电路图

13.2.3　航行及标志灯

图 13.2.7 所示是航行灯及标志灯，显示飞机轮廓的机外灯光信号装置，便于暗中辨认飞机的位置及运动方向以免碰撞。航行灯分别为左红、右绿、尾椎白，分别安装在机翼尖和尾部，用于判明飞行物是飞机及指示飞行方向。标志灯分别安装在两侧的水平安定面翼尖上，对垂直安定面上的航空公司标志提供照明。空客飞机有两组航行灯，当主起落架减震支柱被压缩或襟翼伸出 15°以上时标志灯亮，航行灯只要飞机上有人就必须打开。

航行灯采用功率为数十瓦航空低压白炽灯作为光源并带有反射镜和滤光罩。航行灯有装在机翼两端的翼尖灯(左红右绿)和装在机尾的尾灯(白)。国际上对航行灯的位置、颜色和空间能见范围有统一规定。能见距离取决于飞机飞行相对速度和飞行员从看清航行灯到做完机动转弯所需的时间。各种飞机航行灯飞行方向光强有 30～150cd，在 7000m 高空时能见度达 15～20km，尾灯最大光强为 3～50cd。航行灯有连续工作和闪光工作两种工作状态，以闪光方式工作的航行灯可代替防撞灯。

13.2.4　机头灯(空客飞机)

机头灯(NOSE)，安装在前起落架上，两个灯分别称为起飞灯和滑行灯。如图 13.2.8 所示，开关放在 T.O 位置时起飞灯和滑行灯都亮，放在 TAXI 时只有滑行灯亮。此灯用于滑行道及跑道的前照明，飞机滑行时放在 TAXI 位，进跑道后放在 T.O 位置。飞机起飞后关闭，前起落架收起时，自动关闭。

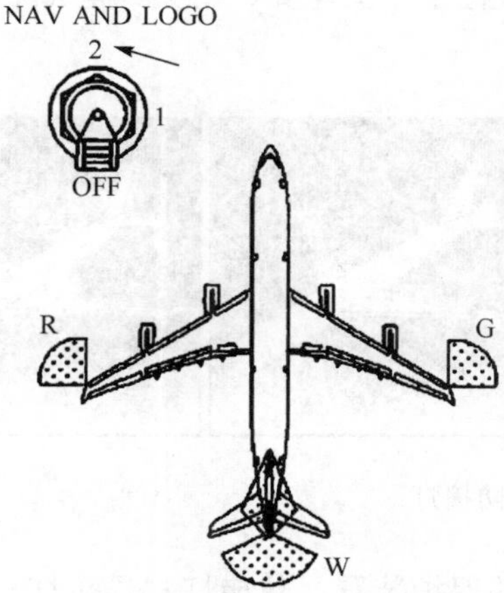

图 13.2.7　航行灯及标志灯

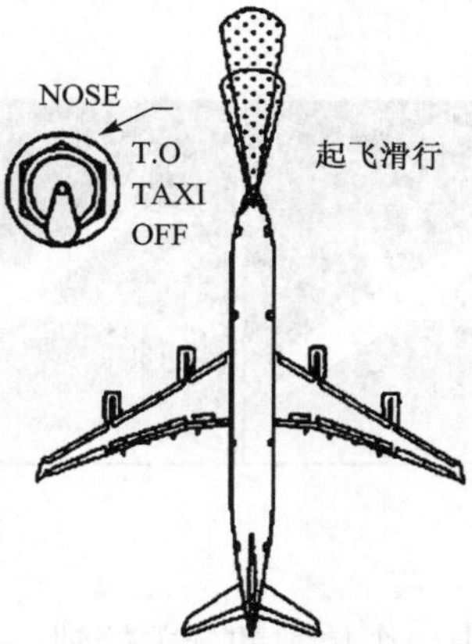

图 13.2.8　机头灯(起飞灯和滑行灯)

13.2.5　信标灯

信标灯也称红色防撞灯(EACON LIGHT 或 BEACON)，如图 13.2.9 所示，分别有一只安装在飞机的上下中部。用途是防止飞机在空中相撞。根据机型适配的控制器不同，以一定的频率闪烁。只要飞机开始动就必须打开此灯，即在飞机推出及发动机运行时打开。

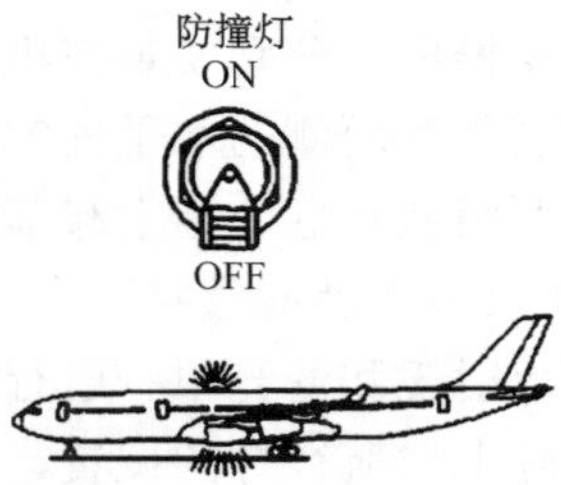

图 13.2.9 信标灯

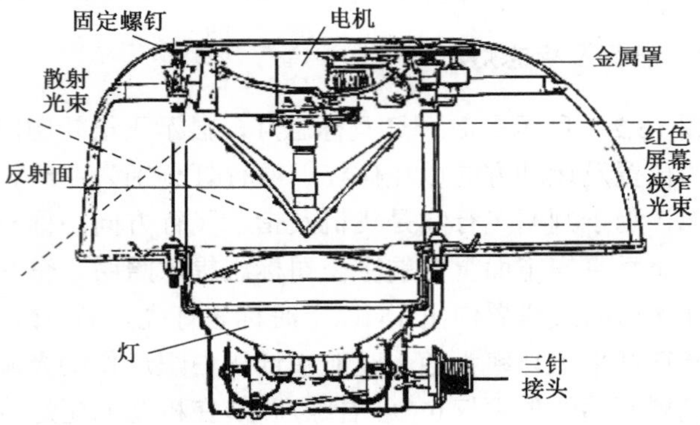

图 13.2.10 旋转灯柱式防撞灯

防撞照明起到标记飞机位置的作用，并与航行灯相连后提供更稳定的照明，并提前确定飞机的位置。照明系统的灯光可以是旋转的光柱，图 13.2.10 所示是旋转灯柱式防撞灯。也可以是短周期高强度的闪光灯。在有些飞机中前述两种方式都被采用了，后者起到了一种补充照明的作用。

13.2.6 防撞灯

防撞灯常常是强化导航灯，它可以采用闪光灯、旋转信标灯或两者的组合，如图 13.2.11 所示。防撞灯还可用作一种警告灯，表示发动机正在运转或准备启动。它们一般在地面人员可以安全地接近飞机时才会关闭。闪光灯一般位于垂直尾翼、翼尖、尾翼/机翼下表面和机身。

图 13.2.11 防撞灯

防撞灯由一个单独的开关控制，带有单独的保护装置，防撞灯与导航灯一起使用可以增强附近飞行员的现场感知能力，尤其是在夜间飞行或能见度比较低的情况下。旋转灯柱式防撞灯通常由灯泡和电动机组成。电动机用来驱动反射器，传动系统常常由大小齿轮啮合而成，并可改变旋转速度。所有的部件都安装在一个由红色玻璃封盖的壳体里。供给灯的电源通常为 28V 直流，但是有相当数量的供电采用交流电源。电动机需要 115V 供电，而灯只需要通过变压整流器转换成 28V 直流供电。通过调节电机的转速和齿轮的齿轮比使得反射器和灯泡提供一个恒定转速的光柱，通常设计成转速为 40～45r/min。

闪光灯位于翼尖和垂直尾翼，以强化导航灯的效果。闪光灯通过白色或红色滤光片产生高亮度白色闪光灯，发光时间为 1ms，频率约为每分钟 70 次。

13.2.7　高亮度白色频闪灯

高亮度白色频闪灯(STROBE)又称为高亮度白色防撞灯，如图 13.2.12 所示。此灯安装在翼梢前后各一只，尾椎一只，波音飞机安装在左右翼梢后尖各一只，尾椎一只共 3 只，空客飞机安装在左右机翼前后翼尖及尾椎，共 5 只，用途同防撞灯，防止飞机在空中相撞。此灯根据机型适配的控制器不同，以一定的频率爆破闪烁，亮度很高。 注意在得到进跑道许可后才可以打开此灯，落地脱离跑道前要关闭此灯。

13.2.8　机翼灯

如图 13.2.13 所示，机翼灯(WING LIGHT)位于机翼每侧的两个单光束灯光，照明机翼前缘及发动机进气口，用于检查结冰情况，供机组人员目视检查机翼前缘和发动机进气口等部位的结冰情况。在飞机有结冰时应打开，实际应用中一般为常开。光源采用功率为几十瓦至上百瓦的航空白炽灯。

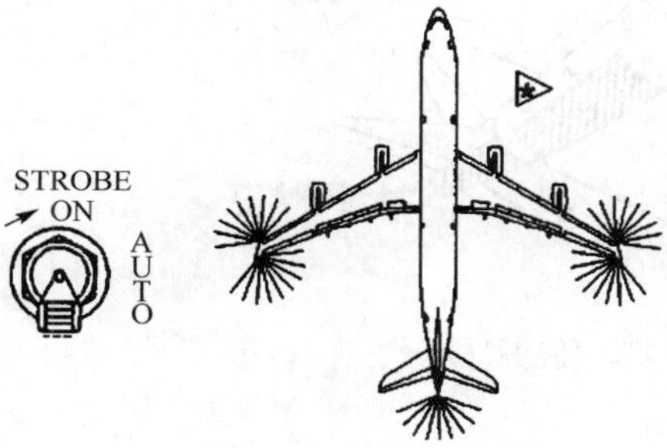

图 13.2.12　高亮度白色频闪灯

图 13.2.13　机翼灯

飞机之间或飞机与地面之间进行联络的各种信号灯，指示飞机内部各系统或机构工作状态的指示灯，带有色滤光罩，红色表示警告或紧急信号，白色、绿色或蓝色供一般指示。

13.3　其 他 照 明

13.3.1　标志照明

如图 13.3.1 所示是外部照明灯(岔道/标志灯)，标志灯用于照亮垂直尾翼。有时为了宣传，在机场凸显航空公司的标志，常用于在繁忙的空域引起注意。滑行灯带有 250W 灯泡

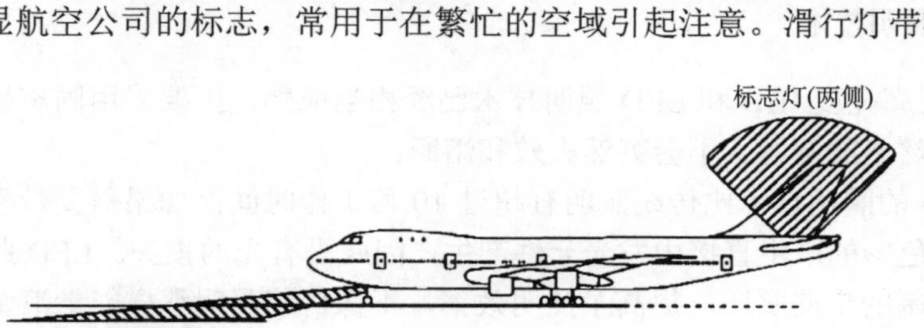

图 13.3.1　外部照明灯(岔道/标志灯)

的密封式光束装置，位于机头、起落架或机翼根部。它们有时与着陆灯相结合，在接近或离开跑道时使用。在地面运转期间，滑行灯能改善可见性。指向的角度要比着陆灯高。机翼根部的跑道岔道灯通常只在跑道照明比较差的晚上使用。

13.3.2 服务灯

飞机各部分都装有服务灯，如图 13.3.2 所示。这些灯由飞机地面服务汇流条供电，灯安装在如货舱、起落架舱、设备舱和加油面板舱。起落架舱照明灯不仅在夜间的飞行前检查中使用，也可以用于在夜间观察起落架的机械锁定标志。

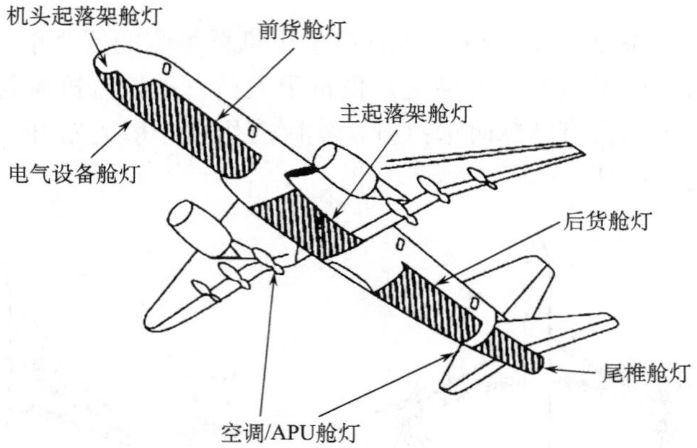

图 13.3.2 外部照明灯(服务灯)

13.4 B787 照明技术

13.4.1 外部照明系统概述

B787 的照明均以 LED 照明技术为技术背景。普通照明主要用在飞机位置标志灯和防撞灯等。高亮度(High Intensity Discharge，HID)①照明系统主要有着陆灯、跑道关闭灯、机翼频闪照明灯、航空公司的标记灯、外部货舱灯等。

机上的白炽灯用于飞机普通区域的照明，如起落架舱(机头和主起落架舱)、环境控制系统分隔区的照明(RH 和 LH)、机身前部和后部的电气设备舱照明以及 APU 和机尾照明。

13.4.2 LED 照明技术

B787 采用高亮度 HID 和 LED 照明技术已经相当成熟，主要采用固态技术，没有移动部件及没有灯丝熔断问题，不会突然失效和熔断。

采用 LED 的照明技术比传统照明有超过 10 倍工作时间；如果需要带颜色的照明还不需要滤光镜，色彩的产生直接由发光元件产生，因此没有光的损失。LED 照明容易实现在一定的视角范围的定向照明，提高了照明效率，不像传统照明那样能量浪费大。因此需要

① 英语字面译文为高强度放电，但不通俗易懂。用 HID 是表述了解决这个照明的技术体现。

的电能也大大减少。

发光二极管照明技术近年来得到广泛应用，它具有环保、节能、长寿命等优点，但对其驱动电源有特殊的要求。

1. LED 光源的特点

发光二极管属于场致发光器件，是一种把电能转化为光能的电子器件，具有普通二极管的特性。其基本结构是一块电致发光的半导体模块封装在环氧树脂中，通过正、负两个管脚与外部驱动电源相连。LED 与其他光源相比，主要优点如下：

(1) 高节能。LED 的工作电流为毫安级，单管功率在 0.03~1W 之间，电光转换效率接近 100%。

(2) 长寿命 LED 光源的工作温度低，属于固体冷光源，采用环氧树脂封装，灯体内没有灯丝，不存在灯丝发光易烧坏、热沉积、光衰快等缺点，使用寿命可达 5 万~10 万小时，比传统光源寿命长 10 倍以上。

(3) 利环保。LED 光谱中没有紫外线和红外线，热量低，无频闪，无辐射，无汞等污染物，废弃物可回收，可以安全触摸，属于典型的绿色照明光源。

此外，LED 照明光源还具有光线质量高、抗冲击性和抗震性好，不易破碎、体积小、维护费用低等优点，因此其应用越来越广泛。

2. LED 驱动电源

LED 具有结构简单、使用方便等诸多优点，但要想让 LED 发出其功效，必须给 LED 配置合适的驱动电源。根据 LED 的工作特性，LED 最适合恒流驱动电路，可以有效地提高 LED 的发光效率，减少 LED 的光衰度。LED 的正向伏安特性斜率非常大，正向动态电阻非常小，如果加在 LED 灯上的电压略有变化，就会引起 LED 灯中流过电流的大幅度变化，从而损坏 LED。为了使 LED 的工作电流保持稳定，以确保 LED 能正常、可靠地工作，设计出了各种各样的 LED 驱动电路。下面简要介绍几种驱动电路。

1) 串联限流电阻

在 LED 中串联一只限流电阻，如图 13.4.1 所示，当多只小功率 LED 作为一个光源使用时，常采用串联接法，先在每条 LED 串联支路中接入限流电阻，然后再并联。这种接法可避免一只 LED 故障时，不影响整个电路的工作。

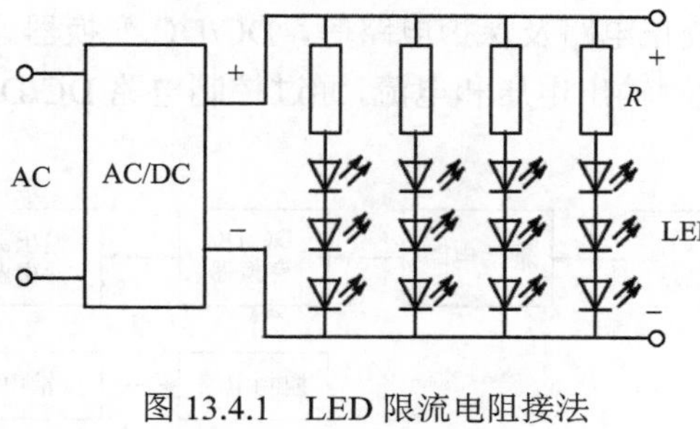

图 13.4.1　LED 限流电阻接法

驱动电路的优点是简单，成本低；缺点是电流稳定度不高，电阻发热消耗功率，导致用电效率低，仅适用于小功率 LED 的驱动。

2) 线性恒流驱动

如图 13.4.2 所示为分立元件组成的线性恒流驱动电路。该电路只用了 6 个电子元器件，即三极管 VT_1， VT_2，电阻 R_1、R_2 和 R_3 以及电容 C_1。为了得到较高的电流放大倍数和较大的输出电流，调整管 VT_2 采用达林顿管。

电路的恒流工作原理如下：当电源电压 U 升高或 LED 负载减小时，LED 中的电流 I 将升高，则电路发生以下调节作用：$I\uparrow \rightarrow U_{R1}\uparrow \rightarrow I_{b1}\uparrow \rightarrow I_{c1}\uparrow \rightarrow U_{R3}\uparrow \rightarrow I_{b2}\downarrow \rightarrow I\downarrow$；当 LED 中的电流 I 受干扰下降时，调节作用相反。正是这种电流负反馈作用，维持了负载电流 I 的基本恒定。

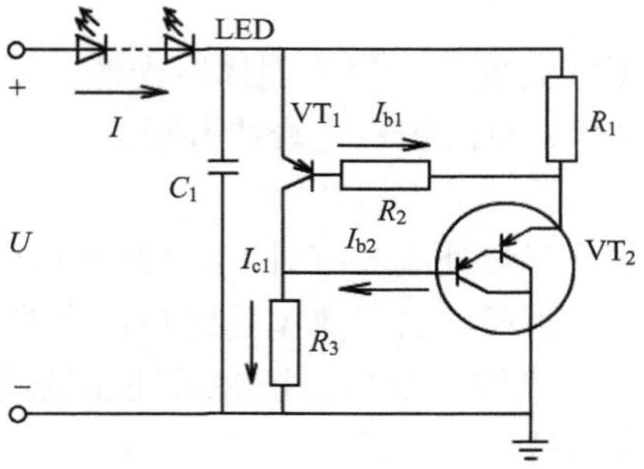

图 13.4.2　线性恒流驱动电路

线性恒流驱动电路虽然具有电路简单、元件少、成本低、工作可靠等优点，但也存在不足之处：

(1) 调整管（VT_2）工作在线性状态，工作时功耗大，发热严重，不仅要求较大尺寸的散热器，而且降低了用电效率。

(2) 电路对电源电压及 LED 负载变化适应性差。更换不同的 LED 灯时，驱动电路的参数必须进行调整。此外，线性恒流驱动器只能工作在降压状态，不能工作在升压状态，即电源电压必须高于 LED 的工作电压。

3) 开关恒流驱动

采用开关电源，再辅以其他电路，就可以组成恒流驱动电路，其组成框图如图 13.4.3 所示。图中的输入处理电路是对输入电压进行变换、整流、滤波、隔离等，辅助电路包括浪涌吸收电路、功率因数校正电路及保护电路等，DC/DC 变换器通过各种控制方法，实现恒流输出，反馈电路用于检测输出电压和电流，通过控制电路 DC/DC 开关电路的工作状态，以保持恒流输出。

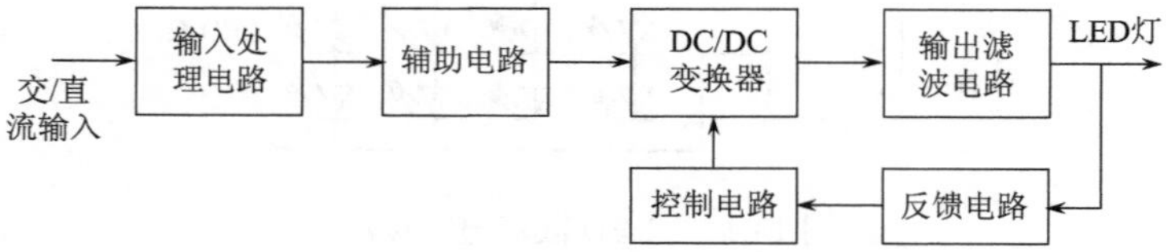

图 13.4.3　开关恒流驱动电路组成框图

尽管 LED 是一种节能、环保、小尺寸、多色彩、长寿命的新型光源，但与 LED 配套的驱动器却存在各种各样的问题。实践证明，LED 灯的故障 80%都是源于驱动电路的可靠性问题，由此造成 LED 灯的实际使用寿命远低于其 10 万小时的设计寿命。由此可见，研制出高性能和高可靠性的 LED 灯驱动电源还有许多技术问题要解决。

3. LED 照明技术在 B787 上的应用

图 13.4.4 所示是 B787 采用的照明技术应用实例，图(a)是驾驶舱照明，图(b)是内部照明。

B787 的外部照明系统也采用 LED 技术，图 13.4.5 所示是机上用的 LED 照明灯头，现役飞机上使用霍尼韦尔公司生产的系列高性能 LED 照明灯，具有低功耗，比现有的标志照明灯和防撞照明灯的可靠性更高，估计有 20000 小时的工作寿命。

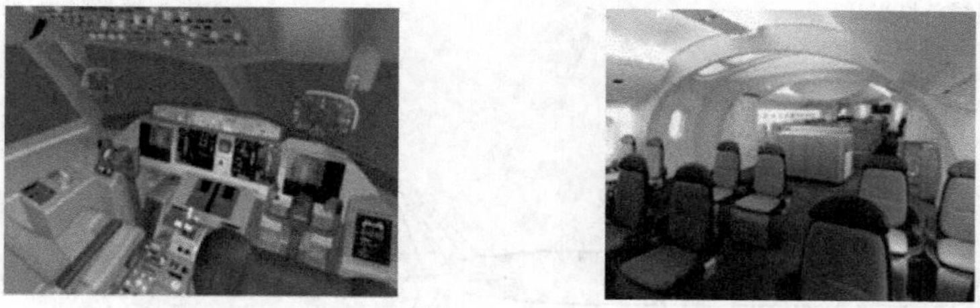

(a) 驾驶舱照明　　(b) 内部照明

图 13.4.4　B787 照明技术应用

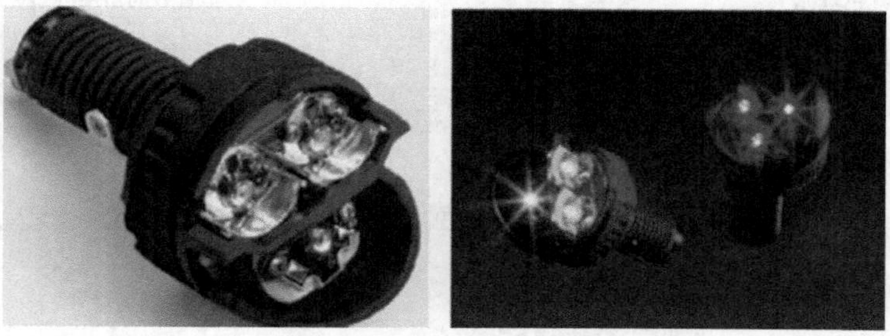

图 13.4.5　高性能 LED 照明灯实物(霍尼韦尔产品)

图 13.4.6 所示是 B787 的机外照明灯图，其标志灯、防撞灯均采用 LED 照明技术。

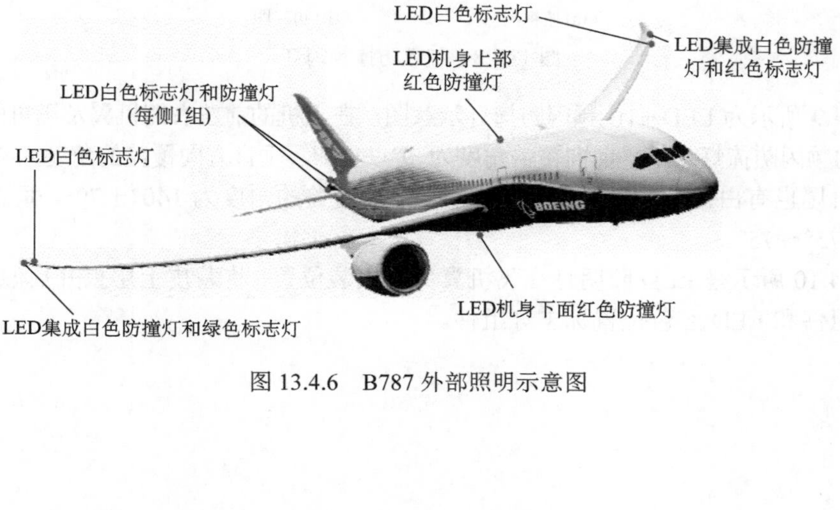

图 13.4.6　B787 外部照明示意图

图 13.4.7 是 B787 的位置标志信号灯，左侧为红色灯光，右侧为绿色灯光，水平方向覆盖的角度为 0°～110°，垂直方向的覆盖角度为–90°～90°。机身后部的照明灯颜色为白色，水平方向覆盖角度为 140°±70°，垂直方向覆盖的角度为–90°～90°。夜间飞行时，一架飞机对另一架飞机用红色、绿色和白色三种颜色信号表示飞机飞行方向的信息。

图 13.4.8 所示是红色防撞频闪灯，频闪灯位于机身的上面和下面，图(a)是防撞频闪灯的俯视图，图(b)是频闪灯的侧视图，其水平方向 360°覆盖，垂直方向 0°～75°覆盖。

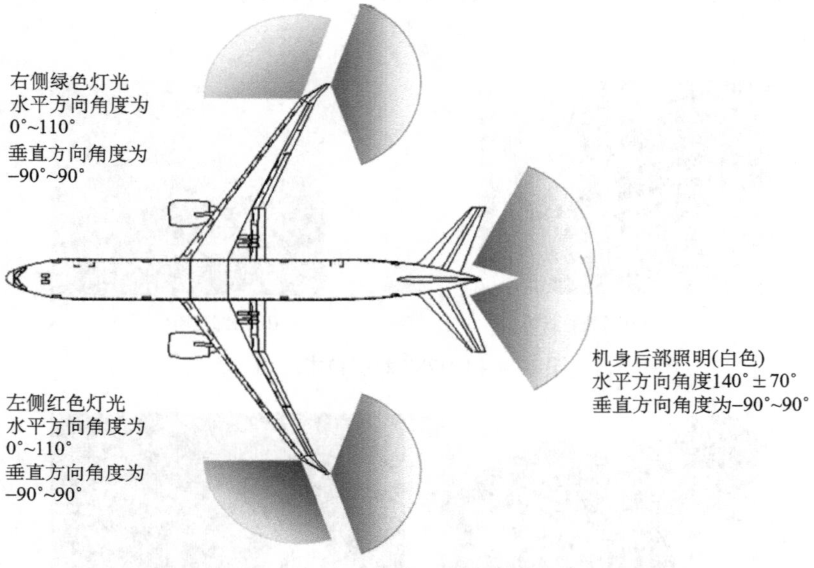

图 13.4.7　B787 红色、绿色、白色的位置标志信号灯

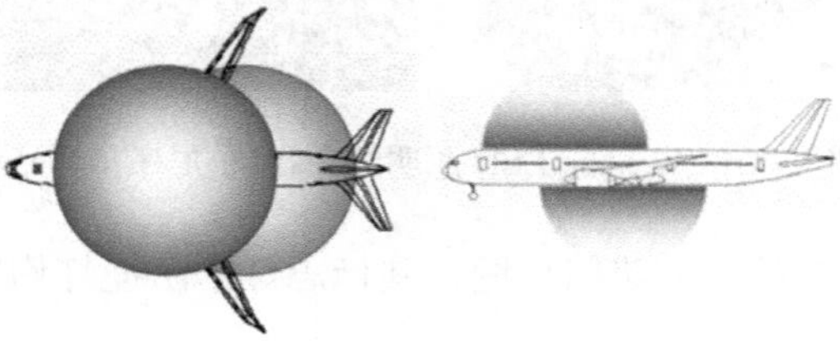

(a) 俯视图　　(b) 侧视图

图 13.4.8　红色防撞频闪灯

图 13.4.9 所示为 LED 白色频闪防撞灯示意图，在飞机的前左右侧机翼及飞机的尾部都安装有白色的频闪防撞灯。水平前向覆盖角度为 0°～110°，垂直方向覆盖的角度为–75°～75°，在飞机的机尾也有白色的频闪防撞灯，其水平后向覆盖的角度为 140°±70°，垂直方向覆盖的角度为–75°～75°。

图 13.4.10 所示是 LED 照明灯在飞机翼尖的安装位置，将蒙皮上层揭开后漏出 LED 白色防撞灯组件和 LED 红色位置标志灯组件。

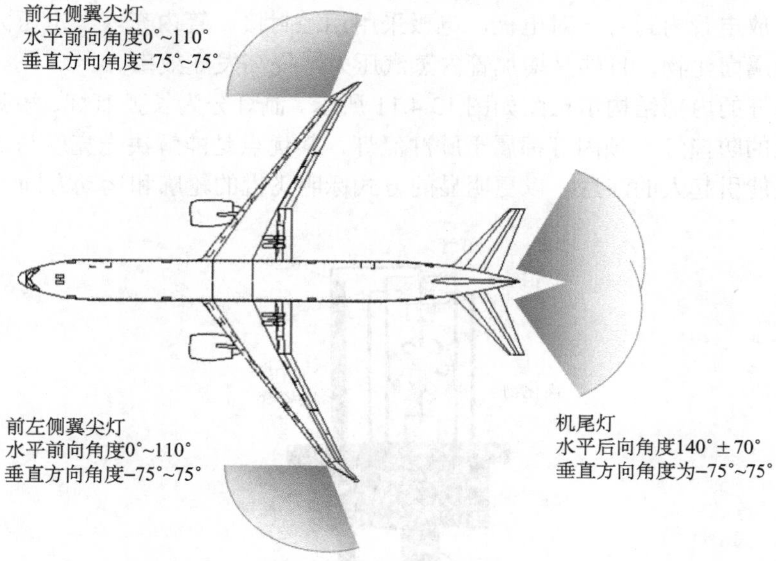

图 13.4.9　LED 白色频闪防撞灯

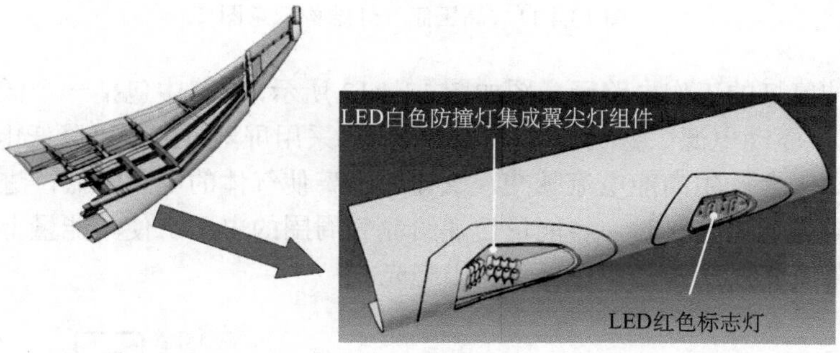

图 13.4.10　LED 照明的翼尖安装位置(左侧翼尖，蒙皮上层揭开)

13.4.3　HID 高亮度照明系统

飞机需要高亮度照明主要有着陆灯、飞机跑道照明灯、滑行灯、机翼照明灯、标志灯、外部货舱照明灯等。

由于采用 HID 照明技术使可靠性提高，主要体现在：

(1)采用氙气放电替代逐渐点亮的白炽灯灯丝产生 HID 照明的灯光。

(2)机身下部照明设备，由于采用 HID 技术其功率损耗相当于白炽灯功率的 20%。

(3)采用 HID 照明技术，比白炽灯照明的可靠性至少高出 10 倍。

HID 灯主要包括高压汞灯、高压钠灯、金属卤化物灯和氙灯等。许多飞机上的防撞灯、频闪等使用的是高压氙气灯。B787 飞机的着陆灯、滑行灯和跑道转弯灯都是 HID 灯。下面介绍其基本结构和工作原理。

1. 高压氙气灯的基本结构和工作原理

高压氙气灯工作时壁管的温度高，管内压力大，因此其灯泡采用耐高温和耐高压的石英玻璃制成。放电管内封有一对电极，电极采用钼箔封接。管内充入一定压力的惰性气体（氙气）和金属卤化物，目的是增加管内蒸汽压力，提高发光效率。

高压氙气灯的内部结构示意图如图 13.4.11 所示。氙灯分为长弧氙灯、短弧氙灯和脉冲氙灯。飞机上的防撞灯、频闪灯都属于脉冲氙灯，其优点是能解决光亮度与热量的矛盾，另外闪光灯更能引起人的注意，以更明显的方式标明飞机的轮廓和运动方向。

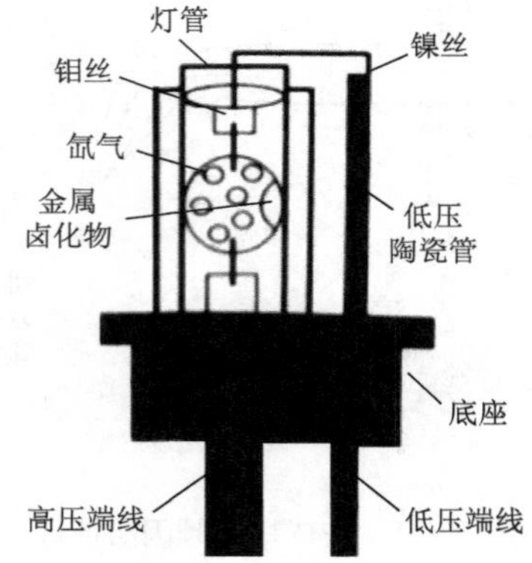

图 13.4.11　高压氙气灯结构示意图

典型的脉冲氙灯的工作电路示意图如图 13.4.12 所示，电路中包括一个低压电源和一个 400V 的高压直流驱动电源。驱动电源和氙气之间要采用屏蔽导线，以降低电磁干扰。当灯管内的气体电离时会产生高能电流脉冲，气体的电离使气体的电阻降低，进而产生数千安培的电流。当电流流过灯管时，将能量传递给氙气周围的电子，使其能量上升。当电子能量等级迅速回落时产生光子，使得灯管发出亮光。

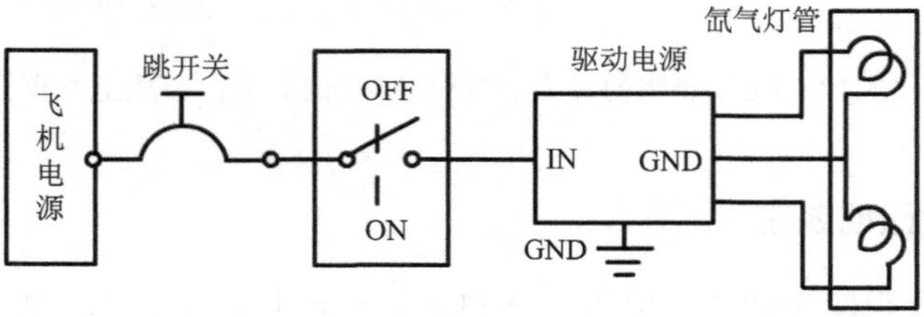

图 13.4.12　高压氙灯工作电路示意图

飞机上的频闪灯是短波紫外线辐射和强烈的近红外线辐射光源，由其产生的总体效应是高强度的白色闪光。

2. 高压氙气灯的特点

高压氙灯被誉为 21 世纪照明领域的革命性产品，其主要优点如下：

(1) 亮度高。氙气灯的光通量约为卤素灯的 3 倍，非常适合于需要高亮度照明的场合，如飞机防撞灯和着陆灯等。

(2) 寿命长。氙气灯是利用电子激发气体发光的，并无钨丝存在，因此寿命长，可达 3000h，而卤素灯的寿命只有 250h 左右。

(3) 节能。需要同样亮度照明的场所，采用氙气灯比卤素灯可节电 40%，比传统的光源节电 70%，是一种性能优良的绿色节能灯。

(4) 光衰小。与 LED 灯相比，氙灯的光衰小，实际使用寿命长。

(5) 成本低。与 LED 灯相比，其成本不及 LED 灯的三分之一。

3. HID 氙气灯的使用注意

氙气灯不同于白炽灯和卤钨灯，使用时应注意：

(1) 灯泡接线时必须特别注意正、负极，不能接反，粗电极“+”端为阳极，细电极“−”端为阴极，如果接反，则几秒钟内就会将阴极烧坏。

(2) 维护时注意不要污染石英灯泡壳，可采用酒精棉擦拭，以防止灯泡受热不均而爆裂。

(3) 由于氙气灯工作时电流较大，灯头和灯座之间接触必须良好，并保持接触点清洁。

(4) 因为灯内充有高压气体，故在装卸运输时，尤其是在装机时要避免碰撞。

(5) 在地面试验 HID 灯时，由于没有迎面气流冷却，通电时间不要太长，以防过热烧坏。

4. HID 在 B787 上的使用情况

HID 照明灯自 1998 年开始生产，并在航空上应用成功。图 13.4.13 是 HID 高亮度照明的关键组件图，主要由发光组件、控制单元和氙气灯管组成。

(a) 发光组件　(b) 控制单元　(c) 氙气灯管

图 13.4.13　HID 照明的关键组件

图 13.4.14 所示为 B787 机外采用 HID 照明技术的示意图，主要有着陆灯、跑道转向灯、货舱照明灯、机翼照明灯和标志照明灯等。

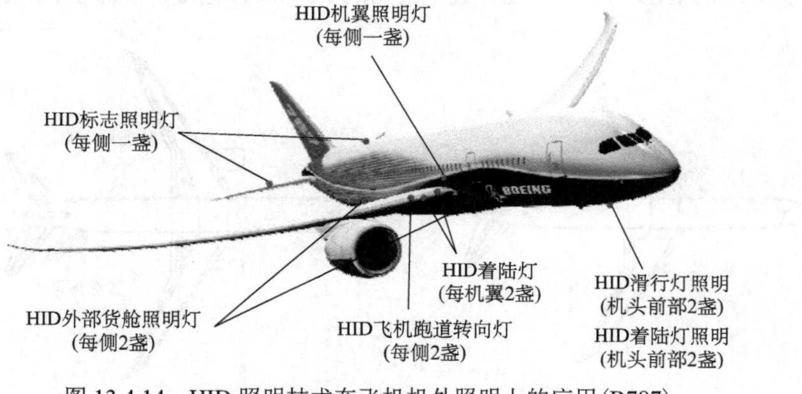

图 13.4.14　HID 照明技术在飞机机外照明上的应用(B787)

图 13.4.15 所示为 HID 着陆灯，共 6 盏，是具有足够的照亮距离的远光灯。机翼头部安装 2 盏 50W 的 HID 着陆灯，每侧机翼根部各有 2 盏 50W 的 HID 灯。图 13.4.16 是飞机跑道照明灯，除了足够的远光灯外，还需要足够的照亮视角宽度。每侧有 1 盏 50W 的 HID 灯源，用于飞机跑道起飞灯。每侧还有 2 盏 50W 的 HID 照明源安装在机头，用于飞机的滑行，如图 13.4.17 和图 13.4.18 所示。

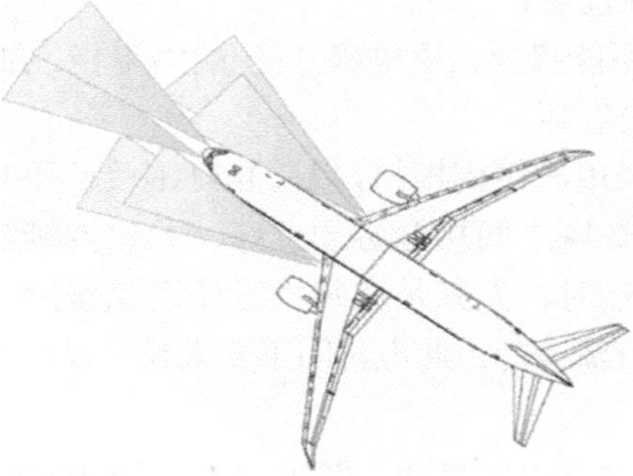

图 13.4.15 HID 着陆灯(共 6 盏)

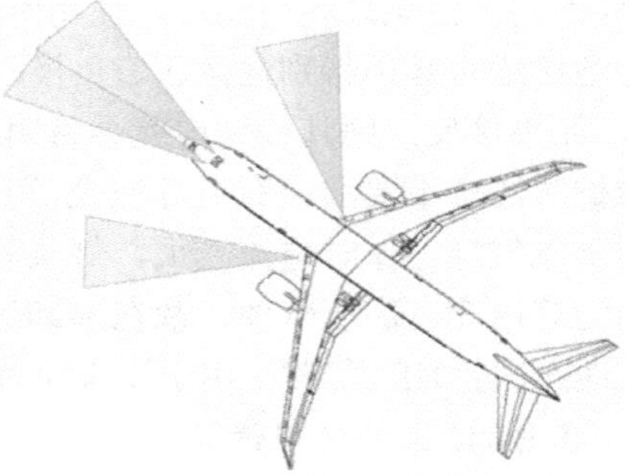

图 13.4.16 HID 飞机跑道照明灯(滑行灯)

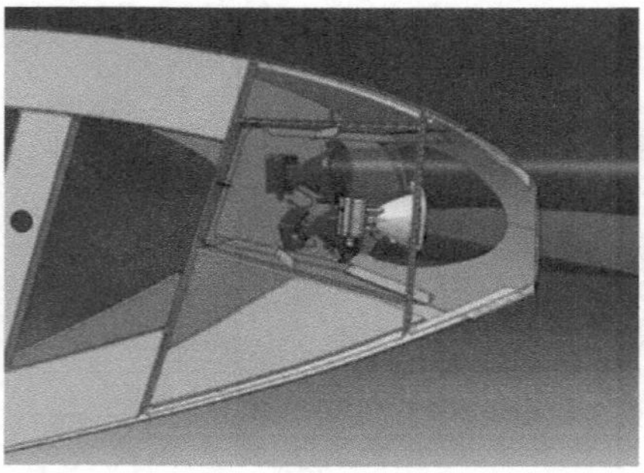

图 13.4.17 HID 着陆灯和滑行灯(安装在机翼)

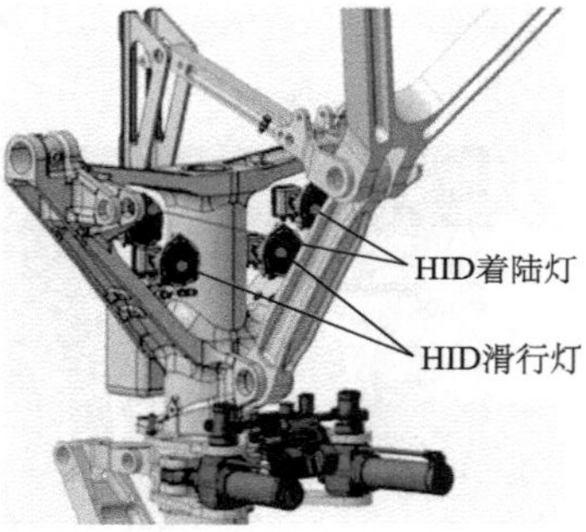

图 13.4.18 安装在起落架上的 HID 着陆灯和滑行灯

图 13.4.19 所示为 HID 机翼照明灯示意图，每侧各有 1 盏 50W 的 HID 灯。图 13.4.20 是 HID 外部货舱照明灯和标志灯，接近每个货舱门的是 50W 的 HID 灯；其中接近大货舱门的是 2 盏 50W 的 HID 灯。图中还有航空公司的 LOGO 标记灯，每侧有 1 盏 50W 的 HID 灯。

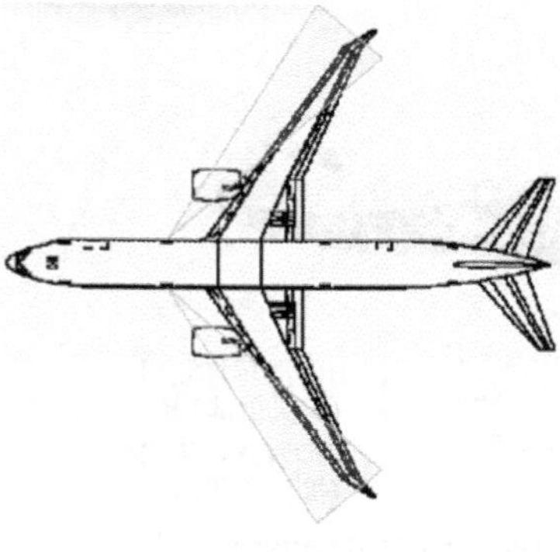

图 13.4.19 HID 机翼照明灯示意图

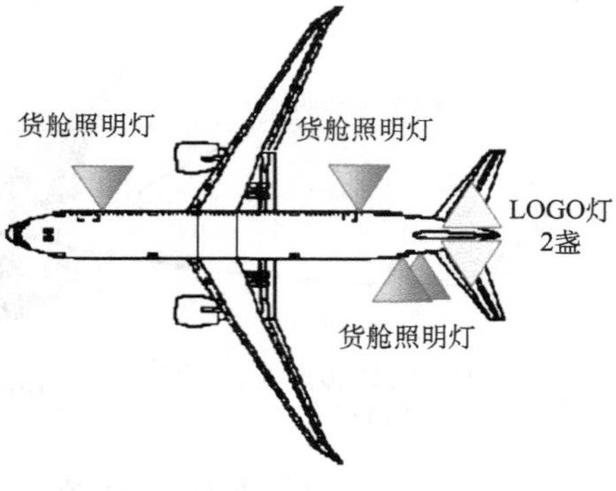

图 13.4.20 HID 外部货舱照明灯和标志灯

13.4.4　外部照明系统的照明控制

图 13.4.21 所示为单通道控制开关，用于外部照明系统的照明控制。

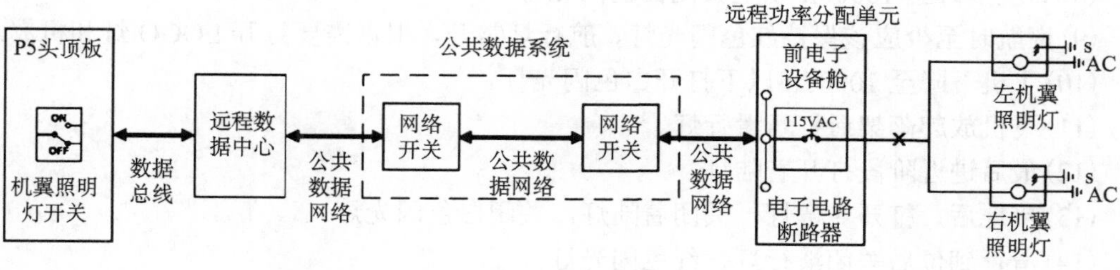

图 13.4.21　单通道控制开关

机翼照明灯的总开关在驾驶舱的 P5 头顶板上，通过数据总线与远程数据中心(Remote Date Center，RDC)通信，经公共数据网络(Common Data Network，CDN)总线与公共数据中心系统通信，再经过公共数据网络与前电子设备舱的电子电路断路器相连，在远程功率分配单元(Remote Power Distribution Unit，RPDU)的控制下给左右机翼照明灯供电，图中供电电源采用 115VAC。

图 13.4.22 所示是带内部时钟的软件开关控制系统，除了采用公共数据系统进行数据分配与控制外，其余与单通道开关控制类似，不再重复。

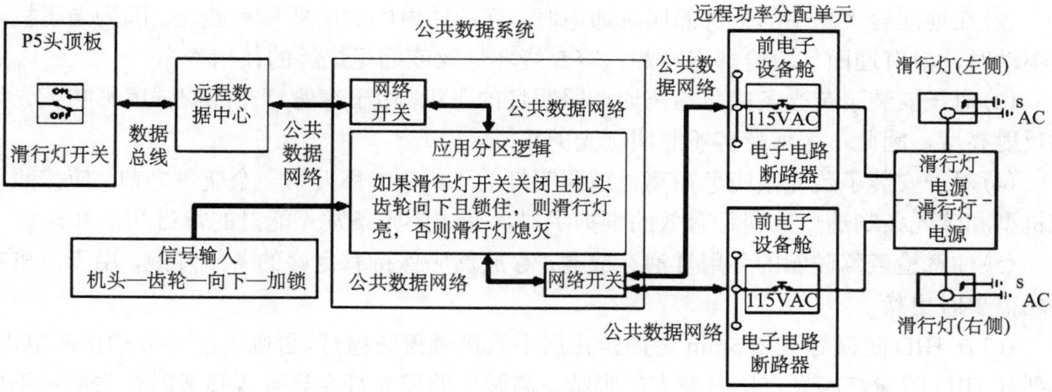

图 13.4.22　带内部时钟的软件开关控制系统

13.5　灯光系统的使用和维护

13.5.1　正常飞机外部灯光使用的顺序

(1) 飞机打开总电源开关后，由航前机务打开航行灯，根据需要打开机翼灯、LOGO 灯。

(2) 飞机推出时打开红色防撞灯(地面试车也要打开)。

(3) 飞机启动发动机后，打开转弯灯准备滑出。

(4) 得到滑出许可后，打开滑行灯开始滑行。

(5) 进入跑道后，打开白色防撞灯。

(6) 得到起飞许可后打开着陆灯起飞。

(7) 离地后，关闭滑行灯、转弯灯(收起落架后可以自动关闭)。

(8) 高度上升至 10000ft 以上关闭白色闪光灯。

(9) 巡航时至少应该保持红色闪光灯、航行灯常开，根据需要打开 LOGO 灯和机翼灯。

(10) 飞机下降至 10000ft 以下打开白色闪光灯。

(11) 飞机放起落架后打开滑行灯。

(12) 最后进近阶段打开着陆灯。

(13) 接地后，打开转弯灯，关闭着陆灯，关闭白色闪光灯。

(14) 滑行到位后关闭滑行灯、红色闪光灯。

(15) 如果不再有航班任务停机过夜，由航后机务最后关闭航行灯后，关闭飞机总电源离机。

13.5.2 注意事项

灯光系统的日常维护工作主要是清洁和更换灯泡，在进行维护时，应遵守下列注意事项。

(1) 要做好外部灯光的清洁。尤其是在夏天飞机起飞着陆时，蚊子和飞虫等会迎面撞在着陆灯、滑行灯和转弯灯等灯泡上，从而影响灯泡的正常照明。因此需要及时清洁，同时清洁工作有利于发现灯泡是否损伤，灯丝是否烧坏等故障。

(2) 在地面给大功率的外部照明灯通电时，灯丝通电的时间要尽可能短，因为当飞机静止不动时，没有迎面气流给灯泡冷却，容易烧坏灯丝或缩短灯丝的使用寿命。

(3) 对于安装了荧光条应急撤离通道照明灯的飞机，由于客舱灯光照明强度影响荧光灯的反射亮度，因此，应保持客舱照明灯光的正常。

(4) 对于安装了荧光条应急撤离通道照明灯的飞机，在每天第一个航班之前，应按照相应机型和荧光条制造厂家现行有效的维护手册，完成荧光条发光能量的每日初始补充。

(5) 注意检查驾驶舱的备用灯泡存放盒，存放盒应保持有足够的备用灯泡，用于飞机在外场需要时更换。

(6) 在 HID 防撞灯关闭 5min 之内禁止用手直接触摸防撞灯，否则可能导致灼伤或电击；不要让 HID 防撞灯闪光直接对着人的眼睛，高强度的闪光灯会导致人员暂时性失明；不要用手直接触摸灯泡，指纹可能会模糊灯光，导致灯的照明范围和工作寿命降低。

(7) 维护着陆灯和下防撞灯时，必须确保灯的接线头密封，以防止火花放电，导致燃油蒸气爆炸。

(8) 维护滑行灯时，必须仔细安装所有起落架安全销，防止因起落架突然作动而引发安全事故。

习 题

1. 飞机灯光照明系统包括( )。

A. 机内照明、机外照明和应急照明　　B. 普通照明和航行标志照明及显示器亮度

C. 客舱照明和驾驶舱照明及显示器亮度　　D. 客舱照明和驾驶舱照明和货舱照明

2. 飞机在夜间或复杂气象条件下飞行或准备时，使用(　)。

A. 机内照明和应急照明　　B. 机内照明和机外照明

C. 机外照明和应急照明　　D. 驾驶舱照明和客舱照明

3. 飞机在夜航或复杂气象条件下飞行，驾驶舱必需照明，驾驶舱照明包括(　)。

A. 机内照明和应急照明　　B. 机内照明、机外照明和应急照明

C. 一般照明和局部照明　　D. 一般照明和应急照明

4. 飞机的机外照明，对不同灯有不同的要求，但对它们的共同要求是(　)。

A. 足够的发光强度和高的发光效率及闪亮

B. 足够的发光强度和可靠的作用范围及闪亮

C. 可靠的作用范围和适当的颜色

D. 足够的发光强度、可靠的作用范围和适当的颜色

5. 在机外照明中，要求光强最大的、会聚性最好的灯是(　)。

A. 活动式和固定式着陆灯　　B. 着陆灯和滑行灯

C. 着陆灯和防撞灯　　D. 着陆灯、滑行灯和防撞灯

6. 用于标明飞机的轮廓、位置和运动方向的灯是(　)。

A. 防撞灯　　B. 航行灯　　C. 滑行灯　　D. 标志灯

7. 应急照明灯用于(　)。

A. 某些客舱灯失效时备用　　B. 某些驾驶舱灯失效时备用

C. 主电源全部中断时使用　　D. 某些驾驶舱灯或客舱灯失效时备用

8. 检查活动式着陆灯时，应注意(　)。

A. 不要作放下或收上操作　　B. 不要放下

C. 不要在白天进行　　D. 不要长时燃亮灯丝

9. 航行灯是显示飞机轮廓的机外灯光信号，因此，它的颜色规定为(　)。

A. 左红右绿尾白　　B. 左绿右红尾白

C. 左红右红尾白　　D. 左绿右绿尾红

10. 用于给垂直安定面上的航徽提供照明的灯是(　)。

A. 探冰灯　　B. 标志灯　　C. 航行灯　　D. 防撞灯

第 14 章 电力电子技术在多电飞机上的应用

航空电气设备的工作环境恶劣，对性能、可靠性、重量、体积和能耗等方面都有着极其苛刻的要求。传统的电气设备中主要采用 Si 半导体材料制成的电力电子器件。但由于 Si 电力电子器件经过近 60 年的发展，其性能已接近其理论极限，难以再有大幅度提升，这成为制约航空二次电源进一步提升性能的瓶颈之一。由于 Si 基电力电子器件的允许结温低，工作时必须在飞机的增压舱中，冷却方式采用风冷，已经不再满足要求。例如，B787 飞机的大功率调速电动机的 DC/AC 变换器、4 台环境控制系统压缩机、2 台 RAM 风扇、4 台液压泵、1 台氮气发生器、4 台自耦合变压整流器等需要水冷进行冷却，导致散热系统相当复杂。

以 SiC 为代表的宽禁带半导体材料逐渐显示其优异的性能。SiC 功率器件耐高温、抗辐射、具有较高的击穿电压和工作频率，适于在恶劣条件下工作。与传统 Si 功率器件相比，SiC 功率器件可大大降低功耗，可大幅度降低电力电子装置体积和重量，提高可靠性，在多电飞机中具有极其广阔的应用前景。美国早已将研究热点投向了 SiC 器件，其第三代多电飞机在功率变换和分配单元中主要使用 SiC 器件。

14.1 多电飞机对电力电子变换器的要求

多电飞机主电源常采用变频交流电源或高压直流电源，容量达到MW 级，用电设备品种和数量大幅度增加，需要提供不同类型和质量的电能，因此需要不同类型的电力电子变换器进行电能变换。

多电飞机上典型的电力电子装置有 AC/DC 变换器、DC/DC 变换器、DC/AC 变换器、AC/AC 变换器及固态功率控制器，下面做简要介绍。

14.1.1 AC/DC 变换器

AC/DC 变换器把变频交流电源转换为直流电。常采用自耦合变压整流器(ATRU)和 PWM 整流器。ATRU 通过将相移变压器和二极管整流器相结合，利用谐波抵消的方法实现高功率因数 AC/DC 无源整流变换，PWM 整流是有源高功率因数整流变换。

在多电飞机变频交流电源系统中，主电源为 230V 变频交流电，频率范围为 360～800Hz，为了便于负载使用，通常会通过 AC/DC 变换器转换成高压直流电，例如，B787 飞机的±270VDC 或 540VDC 或其他适用于后级用电设备的电压值，采用 ARTU 实现将主电源 230V 变频交流电源转变为 270VDC，即 AC/DC 功率变换，为多电飞机的电动液压泵、氮气发生系统、环境控制系统压缩机、环境控制系统冷却风扇及发动机启动提供电源。

但由于 ATRU 只能单向传输功率，无法吸收调速电动机的制动再生能量，而只能用电阻消耗能量，造成效率降低。且从长远发展看，除非出现更高性能的磁性材料，ATRU 的功率密度很难再有大幅度提高。

14.1.2　DC/DC 变换器

DC/DC 变换器把一种直流电转换为另一种电压的直流电，如蓄电池可调充电器、电子式变压整流器和电子设备机内稳压电源。

航空电子设备的供电电源，蓄电池的充电器等采用 DC/DC 变换器，典型的 DC/DC 变换器包括 Buck、Boost、推挽类等拓扑结构，其中的功率开关器件的开通和关断损耗、续流二极管的反向恢复时间是损耗的主要来源。SiC 二极管没有反向恢复特性，可以显著减小二极管损耗，SiC-MOSFET、SiC-JFET 的开关速度比 Si-CoolMOS、Si-IGBT 大大提高，可以显著降低开关损耗。同时，SiC 器件的高结温工作能力允许开关频率进一步提高，从而减小无源元件的尺寸及整体体积重量。

14.1.3　DC/AC 变换器

DC/AC 变换器将直流电转换为交流电，如静止变流器、电机驱动器等采用 DC/AC 变换器。静止变流器将 270VDC 转变为 400Hz 单相或三相交流电，输出交流电压为 115/200V，36V 或 26V。DC/AC 类电机驱动器将 270VDC 转变为变压变频交流电供给电机，驱动电机工作。还有在主发电机失效的情况下，将 24V 蓄电池电压进行变换，为追降需要的交流用电设备提供电源。

由于 SiC 器件具有更优的特性，在电机驱动系统中的应用得到研究。其类别有 SiC/Si 混合器件、全 SiC-JFET、全 SiC-MOSFET 和全 SiC-BJT 电机驱动器。

14.1.4　AC/AC 变换器

AC/AC 变换器是把一种电压和频率的交流电转换为另一种电压和频率的交流电，如矩阵变换器，通过开关组合，实现变频交流电至恒频交流电的直接变换，或将恒频交流电转为变频交流电。机上还有自耦合变压单元(ATU)，具有能量双向传输的特点。例如，B787 有 2 台 ATU，各 90kV・A，它们将 230VAC 变换为 115VAC。

14.1.5　固态功率控制器

如图 14.1.1 所示是固态功率控制器(SSPC)和电气负载控制器组合的等效电路，其中 SSPC 是固态配电技术的核心器件，是集继电器的转换功能和断路器的电路保护功能于一体的智能开关设备。它能够实现负载的快速接通和关断，同时还具有过载保护和自检测功能，

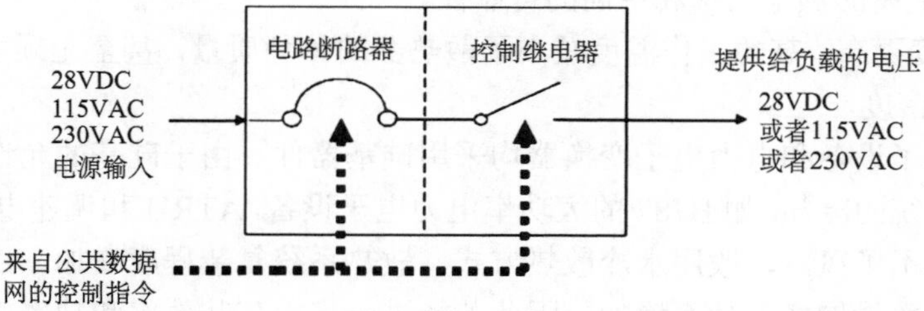

图 14.1.1　固态功率控制器和电气负载控制器组合等效电路

可以指示负载是否发生跳闸、出现故障，综合了常规配电的继电器、断路器与机械开关的功能。SSPC 内部没有活动部件，无机械磨损，不产生电弧，过载保护可以按反时限特性切断负载，具有电气隔离措施，高空性能好，抗干扰能力强等许多显著优势。

典型 SSPC 结构如图 14.1.2 所示，SSPC 由功率电路、控制电路和通信电路组成。功率电路主要由功率开关、电流检测部分、外界用电设备构成。一般选用 MOSFET 或 IGBT 作为功率开关实现对功率电路的开通/关断控制。电流检测常利用串联在功率电路中的采样电阻或电流传感器来实现。调理电路则需要实现对采集电流信号的放大，若电流大于设定的最大电流，迅速关断功率管的驱动电路，实现短路保护；否则根据反延时曲线实现对电路的延时保护。数字式智能 SSPC 可以通过软件来实现延时保护并让 SSPC 具有热记忆功能。SSPC 通过隔离电路和通信接口实现与控制计算机之间控制命令和状态信号的传递。

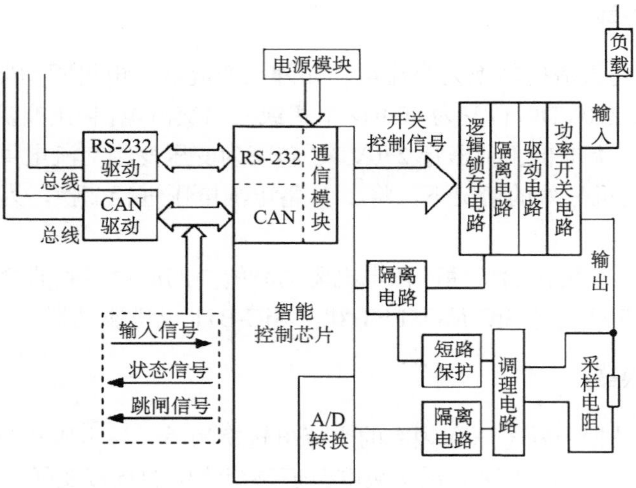

图 14.1.2 典型 SSPC 结构框图

SSPC 表现出了比继电器和断路器更优越的性能。引入 SiC 开关器件后，固态功率控制器的性能将进一步提升，表现在以下三个方面。

(1) 响应更快。SiC 的开关器件具有更好的高频性能，应用 SiC 器件的 SSPC 响应时间小于 1μs 。

(2) 额定功率更大、可靠性更高。SiC 器件可以工作在更高的温度，更高的电压下，SiC SSPC 可以拥有更高的额定功率和更高的可靠性。

(3) 功率密度更高。高的工作温度减小了散热器的体积质量，甚至无须主动散热，提高了 SSPC 的功率密度。

过去航空电子设备和电力电子变换器均采用硅基器件。由于硅基的允许结温低，工作时依赖于环控系统的冷却。如 B787 的大功率电力电子设备，ATRU 和调速电动机的 DC/AC 变换器已经适应不了风冷，改用水冷散热方式，散热系统复杂程度增加。由于多电飞机所用电力电子装置数量增多，功率增加，因此若能进一步提高其效率和功率密度，必能促进多电飞机电气系统的发展，进而使飞机减重，降低燃油消耗，提高飞机性能。

14.2 SiC 器件及特性

SiC 器件及特性

相关内容请扫描二维码观看。

14.3 SiC 器件在航空航天等领域的应用

美国第三代多电飞机计划中提出的功率变换和分配单元主要使用 SiC 功率器件，而航天应用环境中多重能离子的特殊性，对设备及器件具有抗辐照等要求。SiC，GaN 等宽带半导体材料功率器件因其具有优良的抗辐照特性具有非常好的应用前景。

根据多电飞机的需求，法国航空发动机制造公司 Safran 将 Si-IGBT 与 SiC-SBD 结合研制了 2kW 的航空逆变器，开关损耗减小了 45%，提高了效率。英国诺丁汉大学将 SiC-SBD 应用于航空矩阵逆变器，同样达到了降低开关损耗、增大开关频率、提升系统效率的目的。

由于航空、航天和车辆运载工具中电源系统呈现大功率高电压的发展趋势，机械式直流断路器开关过程中，尤其是高压条件下易产生电弧，可靠性和寿命低，噪声干扰大，通常为了避免拉弧而采取真空消弧装置。对于空间有限的工作场合，如航空、航天、装甲车、船舰等，工作环境复杂恶劣，要求直流断路器体积小、重量轻、高可靠、长寿命和低噪声。必须采用无弧无触点、寿命及可靠性高的固态保护开关。

高压条件下 SiC 器件比 Si 具有更低的导通电阻、更好的耐高温能力等，适用于高温高压大功率和高可靠性要求场合，基于 SiC 功率器件的固态保护开关也非常具有研究价值。

SiC 及 GaN 功率管都已逐渐开始应用并带来了较大的性能提升，新型宽带功率半导体器件在未来必将得到广泛应用。

根据 SiC 功率器件的优势，有必要分析 SiC 在航空二次电源中的应用及整机性能带来的影响。与 Si 器件相比，由 SiC 功率器件制作的电力电子变换器将会获得整机性能的提升。这里以典型变换器为例，介绍其获得性能提升情况。

14.3.1 SiC 器件在航空静止变流器中的应用

航空静止变流器(Aeronautical Static Inverter, ASI)是将直流电变换为交流电，在主电源失效时供机上的应急交流负载供电，是机上的二次电源。直流电源为主电源的飞机上，用于向交流用电设备供电；在交流电源为主电源的飞机上作为应急备用电源。ASI 是采用功率半导体器件，将低压 $U_i = 28V$ 或 270VDC 变换成输出电压为 $U_o = 115V/200V$、36V 或 26V，频率为 400Hz 的单相或三相交流电的一种静止变流装置。

如图 14.3.1 所示是典型的正弦脉宽调制两级式静止变流器原理框图，前级为 DC/DC 级，将 $U_i = 270VDC$ 变换为 360VDC，并实现电气隔离，后级为 DC/AC 级，将 360VDC 逆变为 230V/400Hz 交流电。

第 1 级电路常采用双管正激、推挽、半桥、全桥等 DC/DC 变换拓扑。半桥、全桥电路与双管正激、推挽电路相比，主开关管承受的电压应力减小一半，考虑安全裕量后，应选用耐压 500V 左右的功率器件。对于这种耐压等级的器件，普通 Si 功率管的导通电阻为 1Ω 左右，而 SiC 功率管的导通电阻只有几十毫欧，导通损耗理论上只有硅管的百分之一，采用 SiC 器件使系统效率得到提高；对于副边整流二极管一般选择反向恢复时间较短的肖特基二极管，而普通 Si 肖特基二极管不能承受高压要求，因此需采用耐压高的 SiC 肖特基二极管。

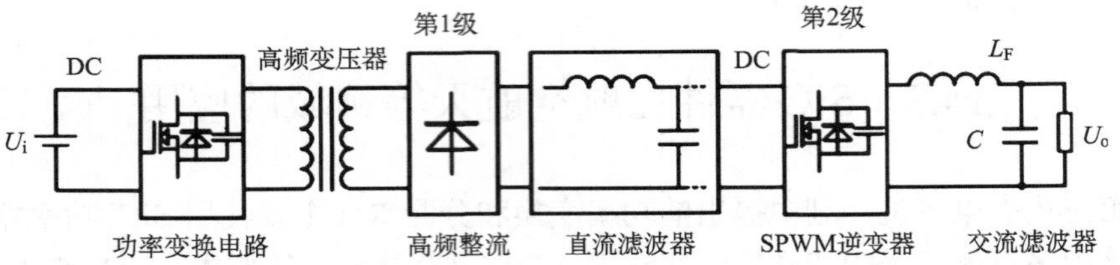

图 14.3.1 典型的正弦脉宽调制两级式静止变流器原理框图

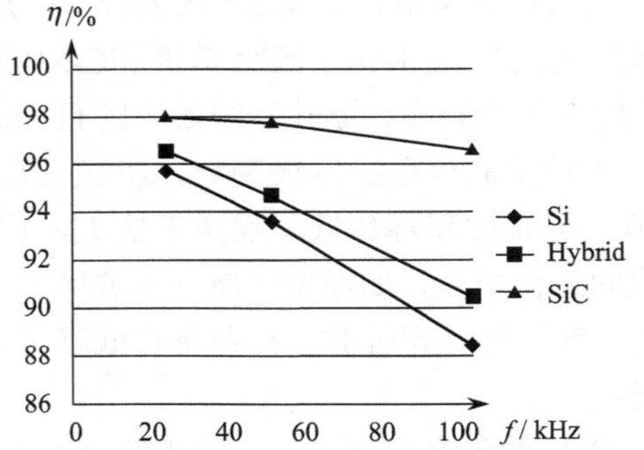

图 14.3.2 不同器件在不同频率下的效率比较

第 2 级逆变器的效率和功率密度是功率变换器的关键指标。选择输入直流电压 360V，输出交流电压 230V/50Hz，额定输出功率为 1000 V•A 的逆变器作为分析对象，如图 14.3.2 所示是不同器件在不同频率下的效率比较图，分别采用全 Si 器件、Hybrid 混合型器件(Si 功率管和 SiC 二极管组合)、SiC 器件三种不同器件组合。

由图 14.3.2 可以看出，采用全 Si 器件时，随着开关频率的增加，开关损耗增幅最大，效率下降最多。对于较低开关频率 23.4kHz 时，全 Si 器件逆变器与全 SiC 器件逆变器效率相差不大，仅 1.8%，但当开关频率提升到 100kHz 时，效率相差较大，全 SiC 器件的逆变器效率可比全 Si 器件的逆变器高 8%。

14.3.2 SiC 器件在变压整流器中的应用

在以交流电源为主电源的供电系统中，为了向机载电子设备供电，直流二次电源是必不可少的。变压整流器按整流器中变压器的类型可以分为多脉冲变压整流器和多脉冲自耦变压整流器，在 B787、A380 中已大量使用多脉冲整流器。如 B787 电源系统中使用的多脉冲变压整流器主要用于将交流母线电压整流为 28V 低压直流输出，供电给燃油泵、点火装置、飞行舱显示器等负载装置；而多脉冲自耦变压整流器将交流母线电压整流为 270VDC，供液压电动泵、氮气发电机系统、环控压缩机以及发动机启动等负载装置使用，如图 14.3.3 所示是 12 脉冲变压整流器原理图。

从图 14.3.3 中看出，12 脉冲变压整流器由输入为星形，输出为星形和三角形连接的三相变压器，将三相交流电经两路三相桥式整流电路组成，两路桥式整流器的输出直流电压经平衡电抗器 L_P 后输出给负载。

图 14.3.4 是对称 12 脉冲自耦变压整流器，由于整流电路的主要元件为二极管，其电压应力即为整流桥输入线电压的最大值，对于多脉冲变压整流器而言，一般选用耐压几十伏、电流定额几十到几百安的二极管，因此普通 Si 二极管可以满足要求；而对于多脉冲自耦变

压整流器来说，一般选用耐压 600V、电流定额为几十到几百安的快恢复二极管，存在反向恢复问题，且传统的 Si 二极管不能耐受高温，而采用 SiC 肖特基二极管几乎没有反向恢复电流，因而可以减小器件的开关损耗，并且 SiC 肖特基二极管能耐高温，可以减轻散热压力，较为适合航空系统中的高温要求。

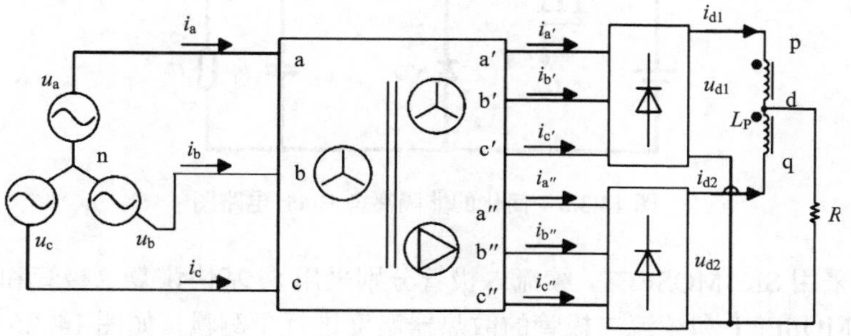

图 14.3.3　12 脉冲变压整流器原理图

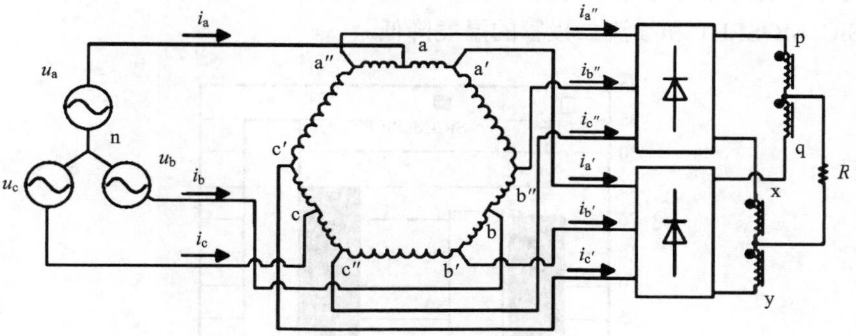

图 14.3.4　对称 12 脉冲自耦变压整流器原理图

在多电飞机变频交流电源系统中，常需要将 230V，360～800Hz 的交流电转变为 270V、540V 高压直流电，采用 PWM 开关工作的 AC/DC 功率变换器有较多方案，其中三电平维也纳整流器具有较低的器件阻断电压和小的输入电感尺寸，成为高功率密度 AC/DC 的常用拓扑之一。

14.3.3　SiC 器件在直直变换器中的应用

直直变换器在飞机上应用广泛，恒速恒频（CSCF）电源和变速恒频（VSCF）电源控制器 GCU 的内部电源采用普通降压式（Buck）和升降压式（Boost/Buck）开关电源，变换器的输入电压为永磁副励磁机整流滤波后的直流电压，输出为有正负极性，大小不同的电压供 GCU 内不同功能的模板使用。

航空电子设备内部电源的输入电压有两种：一种是低压直流电，额定电压为 28VDC；另一种是交流电，单相电压为 115VAC，三相为 115/200VAC 或高压直流电压为 270VDC。输出电压也有两类：低压和高压。后者主要用于通信、雷达、电子对抗设备的发射机和各种阴极射线管显示器，电压达上万伏至数万伏；低压输出有 24VDC、±12VDC、±5VDC、

+6.3VDC 和+3.3VDC 等。在输入和输出电压较低的场合，大多采用模块电源。输入为高压，输出为高压或低压的场合，大多采用隔离式直直变换器。

为了研究 SiC 的性能，选择非隔离型 Buck 变换器为研究对象，如图 14.3.5 所示。

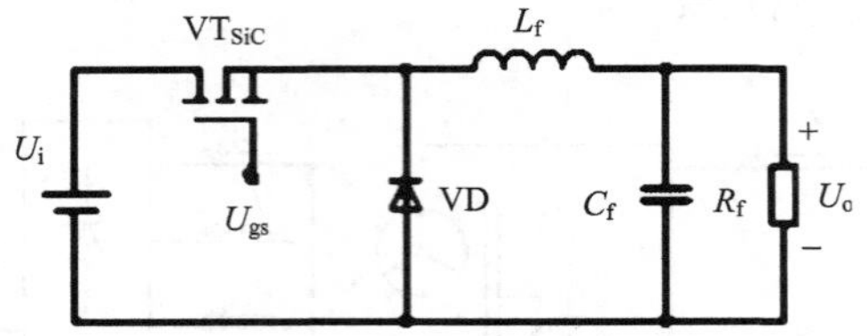

图 14.3.5 简化的非隔离型 Buck 电路图

主功率管采用 SiC-MOSFET，续流二极管分别采用 Si 基快恢复二极管和 SiC 肖特基二极管，对 SiC-MOSFET 和续流二极管的散热器温度进行了测量，如图 14.3.6 所示是采用 Si 基快恢复二极管与 SiC 肖特基二极管时的测量结果比较，反映出采用 SiC 肖特基二极管作为续流二极管可以使温升更低。这主要是由于 SiC 肖特基二极管能够大幅度减小系统的损耗，使得 SiC_MOSFET 和续流二极管的温度降低。

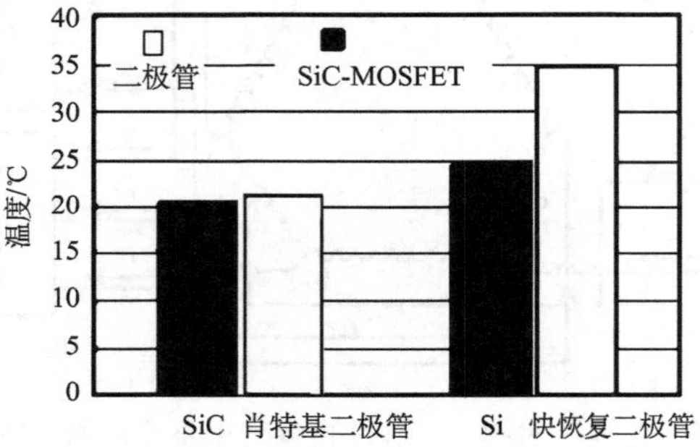

图 14.3.6 采用 Si 基快恢复二极管与 SiC 肖特基二极管时的散热器温度对比图

如图 14.3.7 为谐振正激电路原理图，当输入电压 $U_i = 270\text{VDC}$，输出电压为 $U_i = 28\text{VDC}$ 时，原边主功率管的选取需考虑到最大阻断电压与谐振峰值的关系，假定谐振电压峰值为 800V，考虑到安全裕量，就需采用最大阻断电压为 1200V 的功率管。

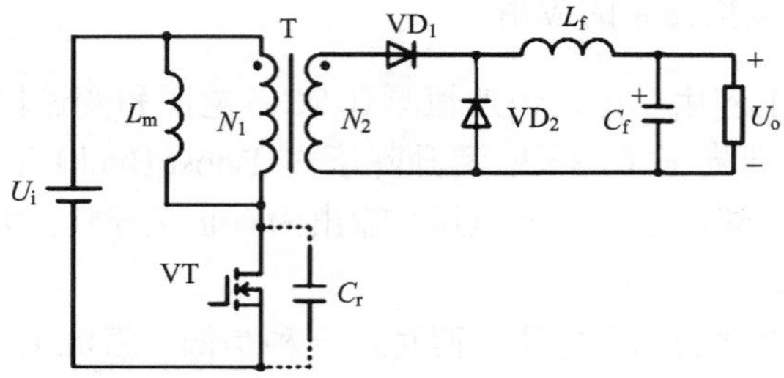

图 14.3.7 谐振正激电路原理图

在此定额下，Si-MOSFET 导通电阻较大，Si-IGBT 存在电流拖尾问题，限制了开关频率。SiC-MOSFET 既具有较小的导通电阻，又能高频工作，较为适合采用。副边整流二极管理论最大电压约为 200V，而续流二极管的理论最大电压为 85V，因此二者需要采用不同的二极管，整流管选择 400V/40A，续流管选择 200V/20A。此时，若采用普通 Si 二极管，其反向恢复时间一般为几十纳秒，这将影响整机效率，使发热增加，若将其换为 SiC 肖特基二极管，可以使系统温度降低，效率提高。

14.3.4　SiC 器件在电机驱动器中的应用

飞机上的飞形控制作动器、燃油泵电动机以及环境控制系统中的风机都需要电动机驱动器，且功率需求日趋增加，但由于机上的蓄电瓶电压的限制，只有提升电流才能输出足够的功率。而大的电流带来了更大的耗散功率和发热量，增加驱动器的体积、重量，无形中就增加了整个系统的无效载荷，缩短了行程。

SiC 肖特基二极管所具有的耐高温、反向恢复电流几乎为零的特性，可极大地提高电机驱动器的性能，减小耗散功率、体积和重量，提高产品的可靠性。

另外当 SiC-MOSFET 制作工艺成熟后，如能替代当前使用的开关功率器件，因其高温性能卓著，还可进一步降低电机驱动器的体积和重量。如图 14.3.8 所示是三相逆变器与电机连接的原理示意图。

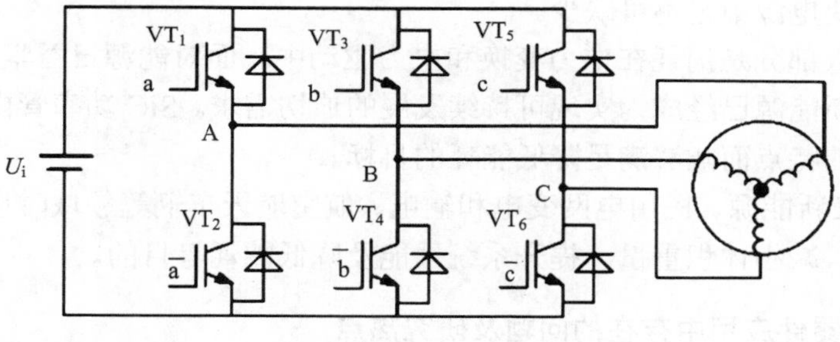

图 14.3.8　三相逆变器与电机连接的原理示意图

表 14.3.1 和表 14.3.2 是用于某电动机的驱动器，对分别采用全 Si 器件、混合型器件、全 SiC 器件三种不同器件组合在 10 kHz、20kHz 两种频率下不同温度时的效率和损耗进行了对比。

表 14.3.1　电机驱动用逆变器效率　(单位：%)

温度/℃	10 kHz			20 kHz		
	Si	混合型	SiC	Si	混合型	SiC
70	95.10	96.00	97.10	92.20	93.82	95.70
105	94.50	95.80	97.00	90.70	93.52	95.60

表 14.3.2 电机驱动用逆变器损耗 （单位：kJ）

温度/℃	10 kHz			20 kHz		
	Si	混合型	SiC	Si	混合型	SiC
70	771.68	627.52	458.57	1280.7	997.23	681.69
105	879.42	663.72	468.22	552.3	1049.0	69.80

从表 14.3.1 可以看出，在开关频率为 10kHz 时，Si 逆变器的效率在 105℃时比 70℃下降 0.6%，然而由于 SiC 逆变器的耐高温特性，其效率仅下降 0.1%，对于混合型逆变器效率下降 0.2%。开关频率由 10kHz 提高到 20kHz 时，Si 逆变器效率在 70℃时下降 3.0%，在 105℃下降 4.0%，而 SiC 逆变器效率仅下降 1.4%。这些实验结果已初步反映出 SiC 器件具有更优的高温高频特性。而且随着 SiC 器件制造技术的进一步提升和成熟，SiC 器件及其在整机中的优势必将获得更大的拓展。

近 50 年来，电力电子学在航空航天器中获得了广泛应用，促进了航空科学技术的发展。但由于航空航天技术本身的快速发展，对电力电子器件和装置提出了新的要求，即必须加快发展高温电力电子器件和高温集成电路，进而才能提高系统可靠性，降低电力电子装置的体积和重量；必须发展低通态压降器件，包括二极管和晶体管。电力电子器件不仅在固态功率控制器中要用，在实现直流供电系统的不中断供电方面也有重要价值，低电压输出的开关电源和模块电源中也不可缺少。

能源变换中大部分是消耗在电力变换和电力驱动中。面对能源日益紧张的现状，降低系统能耗及开发新能源已经成为实现可持续发展的迫切需求。SiC 功率管由于具有耐高温、耐高压、低损耗的特点而能够满足降低能耗的目标。

SiC 功率管在新能源、民用电网变电和输电、航空航天车辆等领域时也有不俗的表现，实现了提高效率、减小体积重量、提升系统性能及降低能耗等目的。

14.3.5 SiC 功率器件应用中存在的问题及研究热点

新型宽带 SiC 功率器件的发展仍存在以下问题。

1) 生产工艺的限制

由于生产过程中受到外延、掺杂、挖槽、封装等工艺的限制，而且 SiC-MOSFET 还存在栅极氧化层长期工作稳定性的问题，SiC 功率器件在高温、高可靠性要求的电力电子装置中的应用受到严重影响，因此 SiC 功率器件生产工艺的限制是制约器件性能提升的主要原因之一。在现有商用 SiC 功率器件性能的前提下，应权衡系统各项性能要求选用合适的器件。

2) 较高的生产成本

SiC 功率器件必须使用 SiC 材料作为衬底，使 SiC 功率器件的成本较 Si 功率器件高出很多，这也是制约着 SiC 功率器件在民用电力电子领域大量普及的主要原因之一，而如何通过提高晶元尺寸及合格率等方式降低生产成本也是未来需要进一步研究和解决的问题。

SiC 功率器件在电力电子中的应用主要有以下研究热点。

(1) SiC 功率器件特性的分析与建模研究。

SiC 材料与 Si 材料性质的较大差异导致了 SiC 功率器件的特性与 Si 功率器件存在一定区别， SiC 功率器件应用于电力电子装置中时必须对其特性进行分析，以降低器件使用的失效率，提高设备的性能与可靠性，对功率器件的建模研究有助于对器件特性进行深入分析，简化设计流程，优化 SiC 器件的应用。

(2) SiC 功率器件驱动电路的设计。

SiC 功率器件取代 Si 功率器件应用于成熟的电力电子装置时必须考虑其驱动的兼容性。在满足设备性能需求的前提下，现有的商用 SiC-MOSFET 可以较好地兼容 Si-MOSFET / IGBT 应用场合。某些常断型 SiC-JFET 使用时需要提供足够的驱动电流，并且驱动电压可控范围较窄，在需要精确控制驱动电压数值的电力电子装置中有必要进一步设计驱动电路。而常通型 SiC-JFET 正常处于导通状态，不适合直接应用在需要可靠关断的场合，使用时驱动电路必须额外增加负向偏置电源以保证可靠关断。IXYS 公司已经生产出较为成熟适合 SiC-JFET 使用的驱动芯片。

(3) 高频磁元件技术的研究。

SiC 功率器件适用于高频场合，并能够大大提升系统性能。由于功率管使系统开关频率的增加成为可能，系统对磁性元器件如高频变压器和功率电感元件等的性能也提出了更高的要求：高频化、高可靠性。但无论是磁芯材料的选择、磁芯生产制造工艺，还是变压器和电感的结构设计、性能优化等，都有待深入的研究。

(4) 拓扑的优化与创新。

SiC 功率器件的使用旨在提升系统性能、满足恶劣环境的要求，而如何通过电力电子装置拓扑优化实现 SiC 功率器件突出的性能优势也是需要特别关注的一大问题。

(5) SiC 功率器件的装配研究。

SiC 功率器件可以应用于高温、高压、大功率场合，满足了航空航天器电源系统等功率容量不断增加的需求。但系统功率容量的增加也带来了大功率器件热设计的问题。如何通过热设计优化系统散热结构，提高散热能力，减小散热重量和体积是需要关注的，也是确保器件和设备安全可靠运行的必要条件。

(6) 其他元器件的耐高温性能研究。

虽然受限于封装工艺而 SiC 功率器件的最高结温无法达到理论高温水平，但研究表明 SiC 功率器件的裸片已经可以应用于高温场合。若要保证整个系统都能在高温条件下正常运行， 设备中的其他元器件也需要能够适应相应的恶劣环境，因此提高系统中其他元器件的耐高温水平也是值得研究者关注的问题。

SiC 功率管应用，具有大大提升设备性能、降低损耗、减小体积和重量、简化散热条件、抗辐照等诸多优点。但同时也带来了诸多新的问题及挑战，如适用于高压直流电网的具有灭弧功能的高可靠性配电开关、耐高温的制造及封表工艺、驱动电路及拓扑的优化、系统其他元器件的性能要求的提高等。SiC 能否在航空领域中得到广泛应用还将受其较高生产成本的制约，一旦其生产成本得到有效降低，SiC 功率器件必将会迅速在电力电子各相关领域迅速普及。

习 题

1. SiC 功率器件有哪三个最重要特性?
2. 多电飞机上有哪些典型的电力电子装置？
3. 固态功率控制器 SSPC 具有什么特性和优点？
4. 固态功率控制器如引入 SiC 开关器件后，性能有哪些方面的提升？
5. 电力电子器件失效的主要决定性因素有哪些？
6. 硅器件的导通电阻、结电容难以大幅度减小，主要影响着电力电子产品的哪些性能？
7. SiC 比 Si 具有哪些更优越的物理性能？

参 考 文 献

党晓民, 林丽, 成杰, 2009. 我国大型飞机环境控制系统研制展望[J]. 飞机工程(4): 42-45.

莫伊尔, 西布里奇, 2011. 飞机系统: 机械、电气和航空电子分系统综合[M]. 3 版. 凌和生, 译. 北京: 航空工业出版社.

谭卫娟, 白冰如, 2012. 航空电气设备与维修[M]. 北京: 国防工业出版社.

田建学, 2011. 机载设备电磁兼容设计与实施[M]. 北京: 国防工业出版社.

图利, 怀亚特, 2011. 飞机电气和电子系统——原理、维护和使用[M]. 张天光, 张博宇, 译. 上海: 上海交通大学出版社.

严仰光, 1995. 航空航天器供电系统[M]. 北京: 航空工业出版社.

严仰光, 谢少军, 1998. 民航飞机供电系统[M]. 北京: 航空工业出版社.

曾允文, 2011. 变频调速 SVPWM 技术的原理、算法与应用[M]. 北京: 机械工业出版社.

张专成, 黄天录, 庞新法, 2008. 多参量火警监测器的软判决与单片机实现[J]. 单片机开发与应用(8): 149-151.

郑先成, 张晓斌, 黄铁山, 2007. 国外飞机电气技术的现状及对我国多电飞机技术发展的考虑[J]. 航空计算技术, 37(5): 120-126.

周洁敏, 2010. 飞机电气系统[M]. 北京: 科学出版社.

周洁敏, 2012. 开关电源理论及设计[M]. 北京: 北京航空航天大学出版社.

CAO W P, MECROW B C, ATKINSON G J, et al., 2012. Atkinson overview of electric motor technologies used for more electric aircraft[C]. IEEE transactions on industrial electronics, 59(9): 3523-3531.

EISMIN T K, 1995. Aircraft Electricity and Electronics[M]. 5th ed. Westerville: McGraw-Hill.

SAFT, 2008. Operating and Maintenance Manual for Nickel-Cadmium Aircraft Batteries. chapter 24-30-99.

SHANGHAI AIRLINES, 2003. Boeing digital technical documents for Boeing 737-300/400/500. chapter 24.

WILD T W, 2008. Transport Category Aircraft System[M]. 3rd ed. Englewood: Jeppesen.

附　　录

附录 1　中英文对照缩写表

中英文对照缩写表

附录 2　常用单位及换算关系

类　别	名　称	符　号	换算关系
长度	米	m	
	千米，公里	km	1km=1000m
	厘米	cm	100cm=1m
	毫米	mm	1000mm=1m
	微米	μm	1×10^6μm=1m
	英里	mile	1mile=1609.344m
	英尺	ft	1ft=0.3048m
	英寸	in	1in=2.54cm
	海里	mile	1n mile=1852m（只用于航行）
时间	小时	h	
	分	min	
	秒	s	
	毫秒	ms	1000ms=1s
速度	米/秒	m/s	
	公里/小时	km/h	1km/h=0.2778m/s
	海里/小时	n mile/h	1n mile/h=0.5144m/s
	英尺/秒	ft/s	1ft/s=0.3048m/s
转速	转/分	r/min	1r/min=1rpm=（1/60）s^{-1}
质量	克	g	
	千克，公斤	kg	1kg=1000g
	磅	lb	1 lb=0.454kg
	盎司	oz	1 oz=28.35g
密度	克/立方厘米	g/cm^3	
容积、体积	立方米	m^3	
	立方厘米	cm^3	$1\times10^6cm^3=1m^3$
	升	L	$1L=10^{-3}m^3$
	美加仑	USgal	1USgal=3.785L
	英加仑	UKgal	1UKgal=4.546L
压力、压强	帕斯卡	Pa	$1Pa=1N/m^2$
	标准大气压	atm	$1atm=1.013\times10^5Pa$
	毫米汞柱	mmHg	1mmHg=133.32Pa
	公斤/平方厘米	kg/cm^2	$1kg/cm^2=9.8\times10^4Pa$
	磅/平方英寸	psi	$1psi=1\ lb/in^2=6894.76Pa$

续表

类　别	名　称	符　号	换算关系
电工单位	伏特	V	
	千伏	kV	1kV=1000V
	毫伏	mV	1V=1000mV
	安	A	
	毫安	mA	1A=1000mA
	微安	μA	$1A=10^6\mu A$
	欧姆	Ω	
	千欧	kΩ	
	兆欧	MΩ	
	微法	μF	
	瓦	W	1W=1J/s
	千瓦	kW	1kW=1000W
	伏安	V•A	
	乏	var	
	赫兹	Hz	
	千赫	kHz	
	周/秒	c/s	
	安时	A・h	
流量	千克/秒	kg/s	
	磅/秒	lb/s	1 lb/s=0.454kg/s
	磅/分	lb/min	1 lb/min=0.00757kg/s
	升/分	L/min	
温度	开(尔文)	K	T(K)=t(℃)+273.15
	摄氏度	℃	
	华氏度	°F	T(°F)=1.8t(℃)+32
其他	分贝	dB	
	焦耳	J	1J=1N•m
	卡	cal	1cal=4.18J
	千卡/小时，大卡/小时	kcal/h	

附录3　主要变量符号注释表

序号	符号	定　义	序号	符号	定　义
1	B	磁通密度(磁感应强度)	13	E_m	电势最大值
2	B_r	剩磁	14	E_p	相电势有效值
3	B_m	磁通密度的最大值(幅值)	15	E_1、E_2	变压器一次侧、二次侧电势(有效值)
4	C	常数，电容	16	e	电动势的瞬时值
5	C_e	电机电势系数	17	F	磁势，力
6	C_m	电机转矩常数	18	f	频率
7	D	占空比	19	f_N	额定频率
8	d	电解液密度	20	I	电流有效值
9	E	感应电动势(交流有效值)电枢反电势	21	I_a	电枢电流
10	E_0	空载电势(有效值)，励磁电势	22	I_N	额定电流
11	E_a	电枢反电势(交流为有效值)	23	I_k	短路电流
12	E_l	线电势有效值	24	I_p	相电流

续表

序号	符号	定　义	序号	符号	定　义
25	I_1	线电流	55	s	转差率
26	I_{st}	启动电流	56	t	时间
27	i	电流瞬时值	57	T	周期，转矩，温度
28	j	电流密度	58	T_{em}	电磁转矩
29	k	变压器变比	59	T_N	额定转矩
30	K_z	整流系数	60	THD	失真度
31	L	自感	61	U_2	变压器副边电压的有效值
32	L_σ	漏磁电感	62	U	电压(直流电压或交流有效值)
33	m	相数	63	U_d	整流输出电压平均值
34	n	电机转速	64	U_f	励磁电压有效值
35	n_1	同步转速	65	U_N	额定电压
36	p	极对数	66	U_{pk}	峰值电压
37	p	微分算子	67	U_{ref}	基准电压
38	P	功率	68	U_{rms}	电压有效值
39	P_N	额定功率	69	u_1	基波电压、变压器原边电压瞬时值
40	P_0	空载功率	70	u_2	变压器副边电压瞬时值
41	P_1	输入功率	71	u_d	整流输出电压瞬时值
42	P_2	输出功率	72	u_e	误差电压
43	P_{Cu}	铜耗	73	u_G	发电机端电压瞬时值
44	P_{Fe}	铁耗	74	W	变压器线圈匝数
45	PF	功率因数	75	W_f	主发电机励磁绕组
46	ΔP	总功率损耗	76	W_{ff}	励磁机励磁绕组
47	Q	无功功率	77	$x_{1\sigma}$、$x_{2\sigma}$	变压器一次侧、二次侧绕组漏电抗
48	q	纹波因数	78	Φ	磁通量，发电机每极下总磁通
49	R_f	励磁回路总电阻	79	Φ_m	变压器或异步电机的主磁通幅值
50	R_L	负载电阻	80	Φ_σ	漏磁通
51	R_m	磁阻	81	Φ_a	电枢反应磁通
52	r_a	电枢回路电阻	82	Φ_0	基本磁通
53	S	容量，视在功率，脉动系数	83	φ	功率因数角，相位角
54	S_N	额定容量	84	δ	气隙